普通高等教育“十五”国家级规划教材

粮油食品加工工艺学

主　编　陆启玉
副主编　李新华　周惠明
编　委　陈　洁　陆启玉　李新华　王显伦
周惠明　田少君　刘国琴

中国轻工业出版社

图书在版编目（CIP）数据

粮油食品加工工艺学/陆启玉主编．—北京：中国轻工业出版社，2024.2
普通高等教育“十五”国家级规划教材
ISBN 978-7-5019-5017-1

Ⅰ．粮…　Ⅱ．陆…　Ⅲ．①粮食加工-高等学校-教材②食用油-油料加工-高等学校-教材　Ⅳ．TS2

中国版本图书馆CIP数据核字（2005）第080402号

责任编辑：李亦兵　马　妍　　责任终审：劳国强　　封面设计：锋尚设计
版式设计：马金路　　责任校对：李　靖　　责任监印：张　可

出版发行：中国轻工业出版社（北京鲁谷东街5号，邮编：100040）
印　　刷：河北鑫兆源印刷有限公司
经　　销：各地新华书店
版　　次：2024年2月第1版第15次印刷
开　　本：787×1092　1/16　印张：21
字　　数：496千字
书　　号：ISBN 978-7-5019-5017-1　定价：42.00元
邮购电话：010-85119873
发行电话：010-85119832　010-85119912
网　　址：http://www.chlip.com.cn
Email：club@chlip.com.cn

240216J1C115ZBQ

前　言

《粮油食品加工工艺学》是一本关于粮油食品加工理论及应用的大学本科教材，是普通高等教育“十五”国家级规划教材。本书是在教育部高等学校食品科学与工程专业教学指导分委员会组织指导下，以2002年成都会议审查的编写大纲为依据而编写的。

食品是人类生长发育、从事活动的能量来源，是人类赖以生存的物质基础。以粮油为主要原料的食品一般是为人体提供热量和主要营养成分的主食食品，发展粮油食品工业对于农产品转化、提高人民的生活质量具有重要意义。

本书的编写宗旨是注重对学生综合素质的培养，因此在内容方面更重视粮油食品加工理论；对于一般生产工艺和技术，有选择性地阐述典型生产过程。这样做的目的是提高学生发现、分析和解决问题的能力。

本书内容包括原料及辅助原料、焙烤食品、面制品、米制品、冷冻食品、膨化食品、植物蛋白及产品等，是食品科学与工程专业特别是以粮油食品为主要特色的食品科学与工程专业的学生必须掌握的主要的专业课内容。

本书由河南工业大学陆启玉教授担任主编，沈阳农业大学李新华教授、江南大学周惠明教授担任副主编。其中绪论及第五章由陆启玉编写，第一章由周惠明编写，第八章、第九章由李新华编写，第二章由王显伦编写，第三章、第四章的前两节由陈洁编写，第七章由刘国琴编写，第四章的第三节、第六章由田少君编写。全书由陆启玉统稿。

本书在编写过程中得到了河南工业大学教务处、粮油食品学院的大力支持和帮助，在此表示衷心的感谢。

由于本书涉及内容范围广，加之编者水平和能力有限，难免有谬误不妥之处，敬请同行专家和广大读者批评指正，以使本书在使用中不断完善。

编者

目　录

绪　论

食品是人类赖以生存的物质基础，是人体生长发育、更新细胞、修补组织、调节机能必不可少的营养物质，也是产生热量保持体温、从事劳动的能量来源。而粮油食品是食品中最重要的部分，粮油食品主要是植物性食品，它和动物性食品一起几乎构成了人类的全部食品，在我国的饮食结构中，粮油食品占主导地位。

食物必须含有足够的蛋白质、糖类、脂肪、维生素及无机盐类等，以满足人体的生理需要，而粮油食品中的化学成分包括人体所需的全部营养成分。人类的食物几乎全部来自动植物，主要是通过采集、种植、饲养、捕捞、狩猎来获得食物。为了使食物易于食用和保藏，需要进行加工处理，即以动、植物为原料经过加工得到形状、风味各不相同的加工品。经过加工制作的食物称为食品。

人类文明与饮食有密切的关系。劳动创造了人类，而一切劳动首先是把食物的占有和生产作为目的的，人类最初的生产劳动是从谋取食物开始的。人类发展的历史表明，无论是广义的文明，还是狭义的文明，都与饮食有着密切的关系。

人类支配能量的历史是从用火制熟食物开始的。文明史是人类控制能量的历史，人类利用能量的水平，是衡量任何时代、任何民族文明发展程度的尺度。火的使用，第一次使人支配了一种自然力，从而最早把人与动物区分开。人类从利用自然火、保存火种到人工钻燧取火，经历了若干万年，人们用火不仅是为御寒或防御野兽毒虫，一个非常重要的目的在于熟食。

人类制造工具从谋取或加工食物开始。人类为了实现对能源的支配，制造了很多工具，使自己的器官功能得到延伸。当然，使用工具的不仅是人类，但能创造工具特别是通过用火制造金属工具的只有人类。人类制造工具的历史也是从谋取食物开始的，比如石器，无论是打制的粗石器还是磨制的光面石器，都是为了谋取食物或加工食物。人类最初制造的工具有陶器和金属工具，陶器的出现不仅使体积较大的动物胴体成为人类的美食，而且使体积细小的不便直接上火加热的谷物逐步成为人类的主食，促进了农业的发展。金属工具的诞生是人类用火经验的发展，也是为适应人类饮食需要而产生的。

人类发明医药自饮食开始。人类开始用火制熟食物，产生了“民无腹疾”的积极效果，表明了用火制熟食物的重要性，这便是食药的开始。

人类的市场交易是从交换食物和谋取工具开始的，上古先民起初并无市场交易活动，大约在进入农业社会时期以后，人们有了少量的剩余食物，才开始有市场交换活动，出现了商品交易。当时的交换货币贝，实际上是食物。人类在市场出现之前就以贝为食物了，这就进一步证明市场交易与食物有密切关系。

人类礼教的出现从饮食开始。礼的出现是人类脱离野蛮状态走向“天下文明”的重要一步，“夫礼之初，始诸饮食”，以美食敬神求福是礼的本来意义，礼的物化形式是以食物敬神。古代礼教的目的在于建立一种行为规范，以建立并维持社会秩序，在阶级社会里，礼的核心是建立并维护统治阶级的等级制度，在开始时，这种等级的高低往往是以饮食水平高低作为尺度的。

另外，人类文字符号的诞生及人类艺术均与饮食有密切关系。

粮油食品工业的发展与其他工业的发展密切相关。粮油食品的原料均来自农业，因此，粮油食品工业与农业的发展有着密切的关系。农业是发展食品工业的基本保证，发展粮油食品工业可以提高农副产品的效率、促进农业生产，粮油食品工业的某些副产品及下脚料还可以作饲料或肥料支援农业。同样，机械制造业的发展使传统食品的工业生产变为可能，材料工业的发展为食品工业的发展提供包装材料，使一些产品的加工保藏更为有效；事实证明，微波技术、辐照技术、超高压技术、膜分离技术、生物工程技术等，对食品工业的发展有很大的促进作用。

作为食品的重要一部分，粮油食品作为商品应符合以下要求：

①保持应有的色泽、形态。食品的外观对消费者的选购有很大的影响，为此，生产过程中必须力求保持或改善食品原有色泽，并赋予其完整的形态，包装也应力求做到形态完整、整齐美观。

②具有一定的香气和味感。食品中的香气系挥发性物质，在加热过程中极易挥发而使食品失去香气，因而保持食品的香气就成为食品生产者面对的重要课题。我们往往用改进生产技术来尽可能地保持原有香气，同时回收或加入香料也就成为改善食品香气的一种重要手段。调味也是食品生产者常用于改善食品风味的方法。食品的鲜味主要来自各种氨基酸，也可添加谷氨酸钠、琥珀酸和呈味核苷酸来增强食品的鲜味。

③具有一定的营养和易消化性。营养是人们对食品最重要的要求，现在有些国家要求将食品营养成分标明在商品标签上，以供消费者选择。易消化性是指食品能容易地被人体消化吸收。食品只有被消化吸收以后，才可能成为人体的营养物质。加工过程中的去粗存细，不仅是为提高食品的营养价值，而且是提高食品易消化性的重要措施。但也应适度，不然会失去营养成分，甚至有可能引起疾病。

④具备卫生和安全性。任何食品如受到有害微生物、有害金属的污染，或含有残留农药以及禁用添加剂，或添加剂用量超过规定时，就会给人体的健康带来严重的危害。食品生产部门必须严格遵守国家卫生部门的规定，积极采取措施，严格控制和消灭污染源，生产卫生安全的食品，保证人民的身体健康。

⑤具备一定的方便性。近年来，国内外食品工业在发展方便食品方面已取得显著的进展，得到了消费者的青睐。这一类方便食品可使集体食堂（如工厂、学校、医院、航运、军队等）和许许多多家庭准备伙食的时间大为缩短，为家务劳动社会化创造条件。为此，食品的方便性也是不容忽略的一项重要指标。

⑥具有一定的耐贮藏性。这是在大规模食品生产中必须注意的问题。因为一般来说，食品容易腐败，食品生产者对它的耐贮藏性应该有所保证，否则就难以维持城市食品常年供应和地区间的交流。出口产品，如果不耐运输贮藏，发生变质事故，更有损于外贸信誉，影响国际贸易。

粮油食品加工工艺学是一门运用化学、物理学、生物学、微生物学、食品营养学、食品卫生学和食品工程原理等方面的知识，研究食品资源利用和生产中的各种问题，探索解决这些问题的途径和方法，实现生产合理化、科学化，为消费者提供营养丰富、品质优良、食用方便、卫生安全的食品的一门科学。食品工艺学的主要任务有以下几方面：研究充分利用现有食品资源和开辟食品资源的途径；探索食品生产、贮运和分配过程中食品腐败变质的机理及控制途径；改善食品包装，提高食品保藏质量，以便于输送、贮藏和食用；创造新型、方便和特需食品；研究合理的食品生产组织、先进的生产方法和合理的生产工艺；研究食品工厂的综合利用及三废处理问题。

第一章　原料及辅助原料

第一节　小　麦　粉

一、小麦的分类

小麦是加工小麦粉的原料，对小麦粉品质有最直接的影响。

我国的小麦种植面积和总产量均居世界第一。在我国的粮食产量中，小麦仅次于水稻居第二位。我国地域辽阔，各地区自然条件相差悬殊，所以，栽培制度、品种类型和生产技术等方面都不同，形成了明显的自然区域。全国可分为8个小麦种植区：

黄淮平原麦区：包括鲁、冀、豫平原大部分，苏、皖两省，淮北平原，晋南，陕关中平原。这是最主要的产麦区。

北部麦区：东北、西北以外，黄淮平原以北的麦区。

西北麦区：新疆、甘肃，青海高原春麦区。

东北麦区：春小麦主产区。

长江中下游麦区：沪、苏、赣、湘、鄂、浙大部分地区，皖南、豫南及陕汉中。

长江上游麦区：云、贵高原，四川盆地以及金沙江下游。

华南麦区：闽、粤、桂三省大部，台湾全省和滇南。

西藏高原麦区：冬小麦，在海拔2700～4100m之间。

冬天播种第二年夏季收获的小麦称为冬小麦，春天播种当年收获的小麦叫春小麦。北方冬麦以白硬为主，南方冬麦以红硬为主，春麦以红硬为主。

国家标准GB1351—1999《小麦》，根据小麦的皮色、粒质和播种季节分为10类：

①白色硬质冬小麦，②白色硬质春小麦，③白色软质冬小麦，④白色软质春小麦，⑤红色硬质冬小麦，⑥红色硬质春小麦，⑦红色软质冬小麦，⑧红色软质春小麦，⑨混合小麦，⑩其他类型小麦。

二、小麦的籽粒组织和成分

小麦籽粒由皮层、胚乳和胚芽三大部分

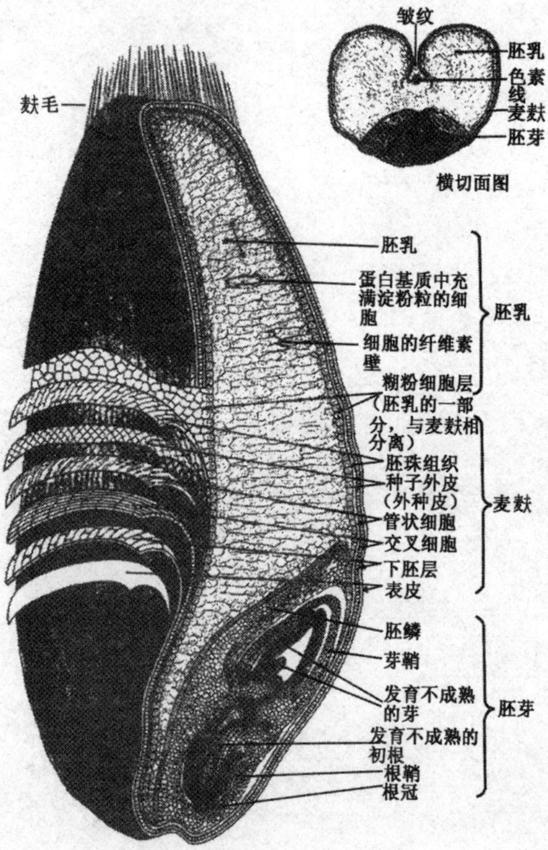

图1-1　麦粒的组织结构

组成，如图 1-1 所示。

小麦经过加工以后，皮层成为麸皮，胚乳成为小麦粉（面粉），胚芽成为单独的产品或也成为麸皮。

麦皮由表皮、果皮、种皮、珠心层、糊粉层组成。表皮是一组厚壁细胞。果皮有三层细胞，容易吸收膨胀使与内层的结合力减弱，稍加摩擦就会脱落。种皮围绕着胚在内的整个籽粒，是非常薄的束组织，含有麸皮的色素物质。珠心层是一层非常薄和相当透明的均匀的细胞。糊粉层是皮层最内的一层，是一组整齐的大型厚壁细胞，富含蛋白质、维生素和矿物质，灰分高。

小麦腹沟是在颖果背部对面的中央的一条凹槽，长度与籽粒一样长。其深度和宽度随小麦品种、类型等而变化。腹沟是小麦籽粒的一大特点。这条腹沟使小麦的清理和去皮变得困难，增加了小麦制粉的难度。

麦毛生根于表皮，这些麦毛是空腔细胞，除顶部一短节外，都是空的。

胚是小麦的再生组织。长约 2.5mm，宽约 1mm，通过上皮细胞和胚乳相接。通过打击容易脱落。胚内不含淀粉，但脂肪含量高，韧性大，容易酸败，不耐贮藏，对面团烘焙性能有很大影响。

胚乳由比较大的、内部蓄有淀粉和能构成面筋蛋白质的无色薄膜细胞构成。

在正常麦粒中，胚乳约占全粒质量的 81%，它的主要成分是淀粉，约占胚乳的 78%，还有约 13% 的蛋白质。胚乳含纤维极少，灰分低，易为人体消化吸收，是生产面粉的主要部分。但胚乳被包裹在皮层之中，与皮层结合紧密。要将小麦中的胚乳磨成粉，必须破碎麦粒，对麦皮进行剥刮，这就带来了麸皮剥刮不净和麸皮被磨碎混入面粉的问题。

因小麦品种不同，胚乳质地有硬软之分。硬质胚乳，淀粉粒牢固地嵌在间质蛋白中，胚乳细胞形状保持不变，角质程度高。软质胚乳，间质蛋白内有空气间隙，淀粉颗粒不太紧密，角质程度低，研磨时易被切裂破碎。硬质胚乳比软质胚乳含有更多的蛋白质。

小麦各部分的质量分布见表 1-1。

表 1-1　　小麦各部分的质量分布

成　　分	比　　例
果皮和种皮	8.93%
糊粉层	6.54%
胚　乳	81.6%
胚　芽	3.24%

三、面粉的化学成分及性质

小麦粉的化学组成如表 1-2 所示。从表中可以看出品种不同，成分含量差异相当大。

表 1-2　　小麦粉的化学组成　　单位：%

品种	水分	蛋白质	脂肪	碳水化合物		灰分
				糖类	纤维	
薄力粉	14.0	8.3	0.9	76.2	0.2	0.4
中力粉	14.5	8.5	1.0	75.3	0.3	0.4
强力粉 1	14.3	11.0	1.1	72.6	0.3	0.5
强力粉 2	14.0	12.6	1.1	71.2	0.3	0.4
特强粉	12.9	14.1	3.3	67.7	0.4	1.2

1. 蛋白质（Protein）

小麦中所含蛋白质的多少与品种有很大关系。一般小麦的蛋白质含量占全粒的8%～16%。制成面粉后的蛋白质含量基本与小麦中含量成正比，8%～15%，一般小麦蛋白质含量以硬麦为高、粉质的软麦为低。

（1）小麦蛋白质的组成　按Osborne的种子蛋白质分类法，小麦中所含蛋白质主要可分为麦白蛋白（Albumin）、球蛋白（Globulin）、麦胶蛋白（Gliadin）、麦谷蛋白（Glutenin）等四种。前两者易溶于水，后两者不溶于水。麦胶蛋白和麦谷蛋白的特点是能互相粘聚在一起成为面筋（Gluten），因此也称面筋蛋白。小麦中的蛋白质组成如表1-3所示，麦谷蛋白和麦胶蛋白占小麦中蛋白质含量的80%左右，通常这两种蛋白含量相当。

表1-3　　小麦中的主要蛋白质组成　　单位：%

蛋白质名称	春小麦	冬小麦	溶解性
麦胶蛋白（Gliadin）	3.96	3.90	可溶于70%酒精
麦谷蛋白（Glutenin）	4.68	4.17	不溶解
麦白蛋白（Albumin）	0.39	0.36	溶于水
麦球蛋白（Globulin）	0.62	0.63	溶于水

（2）面粉蛋白质所含的氨基酸　小麦蛋白质的氨基酸组成如表1-4所示。

表1-4　　小麦蛋白质的氨基酸组成　　单位：%

氨基酸	面筋蛋白	麦白蛋白	麦球蛋白
丙氨酸（Alanine）	2.1	3.4	3.3
精氨酸（Arginine）	2.3	3.9	8.2
天冬氨酸（Asperity acid）	2.8	3.9	7.1
半胱氨酸（Cysteine）	2.0	3.7	1.9
谷氨酸（Glutamic acid）	35.8	19.5	11.6
甘氨酸（Glycine）	2.6	3.2	9.0
组氨酸（Histidine）	2.1	3.4	3.2
异亮氨酸（Isoleucine）	3.8	3.6	
亮氨酸（Leucine）	6.5	6.7	11.4
赖氨酸（Lysine）	1.4	3.9	3.0
蛋氨酸（Methionine）	1.8	1.8	1.1
苯丙氨酸（Phenylalaninie）	4.8	3.8	3.5
脯氨酸（Proline）	12.6	10.0	2.2
丝氨酸（Serine）	4.7	1.6	6.7
苏氨酸（Threonine）	2.3	2.4	2.0
色氨酸（Tryptophan）	1.0	2.8	1.2
酪氨酸（Tyrosine）	3.8	3.9	3.2
缬氨酸（Valine）	3.8	5.7	4.6

①面粉蛋白质属于不完全蛋白质。因为一种重要的人体必需氨基酸——赖氨酸在面粉中只含有极少量。在面包中添加适量的氨基酸特别是赖氨酸（乳粉的酪蛋白中含有丰富的赖氨酸），来弥补面粉蛋白质的不足，使之成为较完全蛋白质食品的制作方法，越来越受到

重视。

②面粉蛋白中含有40%的谷氨酸。

③小麦中含有的半胱氨酸对小麦粉的加工性能有很大影响。半胱氨酸含有巯基(—SH)，—SH具有和—S—S—迅速交换位置，使蛋白分子间容易相对移动，促进面筋形成的作用，因而它的存在使面团产生黏性和伸展性。但当—SH含量较多时，这一作用将使面筋蛋白结构中的—S—S—结合点无法固定，面筋缺乏弹性，面团发黏不易操作，而且会使面团气体保留性差，成品体积小，组织粗糙。—SH还具有还原性，氧化后可成为连接蛋白质分子的—S—S—结合，增加面筋的弹性和强度。

2. 碳水化合物（Carbohydrate）

(1) 淀粉和糖　小麦淀粉主要集中在胚乳部分，糖分布于胚和糊粉层中。这两种碳水化合物占麦粒的70%以上（干物质），其中以淀粉为主，糖约占碳水化合物的10%。随着小麦粒的成熟，糖大多转化为淀粉。糖所占比例虽小，但在面团发酵时，却是酵母呼吸和发酵的基础物质，由酵母将糖分解为二氧化碳和醇。

小麦淀粉由直链淀粉（Amylose）和支链淀粉（Amylopectin）构成。前者由50~300个葡萄糖基构成，后者的葡萄糖基数量为300~500个。一般淀粉中直链淀粉占20%~30%。小麦淀粉中，直链淀粉为19%~26%，支链淀粉占74%~81%。直链淀粉易溶于温水，几乎不显示黏性；支链淀粉容易形成黏糊。用显微镜观察小麦淀粉时可以发现其淀粉颗粒分大颗粒和小颗粒两种，没有中间粒，大的形状如鹅卵石（25~35μm），小的接近球形（2~8μm）。

一般，淀粉在常温下不溶于水。但当加热到约65℃时，淀粉粒开始吸水膨润，继续加热到85℃，淀粉粒会膨润到原直径的5倍以上，变成半透明的糊状，成为有黏性的状态。这是因为淀粉粒胀裂后成为单分子状态，这些直链或支链淀粉分子在被搅动时相互缠绕，即呈现黏性。这种糊化状态的淀粉称α-淀粉。未糊化的淀粉分子排列很规则，称为β-淀粉。一般地，由β-淀粉变成α-淀粉，在65℃时，要经过十几小时，80℃时要经几小时，90℃时要3h，100℃时只要20min便可完全糊化。面类食品的由生到熟的过程，实际上就是由β-淀粉变成α-淀粉的过程。熟的α-淀粉比β-淀粉易消化。但α-淀粉在常温下放置时，又会依条件不同，逐渐变为β-淀粉。这种现象称为α-淀粉的老化。

在焙烤过程中，当面团中心温度达到55℃时，酵母会使淀粉酶（Amylase）加速活化，使淀粉分解为糖的速度加快，面团因此会变软。这时淀粉吸水膨润，形状变大，与网状面筋结合形成强劲结构。由于在膨润过程中，淀粉从面筋中吸取了水分，使得面团组织的弹性和强度大大加强。

(2) 粗纤维　小麦的粗纤维大多含在麸皮之中。因为它的存在影响面粉质量，所以，小麦制粉工艺中尽量降低小麦粉中的粗纤维含量。小麦粗纤维又可分为纤维素和半纤维素两种。小麦半纤维素中含有戊聚糖，它在小麦胚乳中只有2.2%~2.8%，皮部较多，虽不能消化吸收，但对面团的流变学性质影响很大，它有增加面团强度、防止成品老化的功能。

3. 脂肪

小麦的脂肪主要存在于胚和糊粉层中，含量很少，只有1%~2%。小麦的脂肪多由不饱和脂肪酸组成，易于氧化酸败，使面粉产生不愉快的气味，所以在制粉过程中一般都将小麦胚除去。

面粉本身脂肪含量很少，通常为1%~2%。面粉中的类脂质对面粉性质有很大影响。胚中脂质易酸败，而胚乳的类脂质是形成面筋的重要组成部分，如卵磷脂还是良好的乳化剂，它有使面包组织细匀、柔软和防止老化的作用。

一般也利用脂肪酸败的特征，通过测定面粉中的脂肪酸度或碘价来判别面粉的陈化程度。

4. 矿物质

小麦或面粉中的矿物质（钙、钠、磷、铁等）主要以盐类形式存在。小麦或面粉完全燃烧之后的残留物绝大部分为矿物质盐类，因而也称灰分。胚乳中的灰分是很少的，灰分大部分在麸皮中，所以，通常用灰分来规定小麦粉的等级，以表示麦皮的去除程度。

5. 维生素

小麦胚芽中含有丰富的维生素，维生素 B_1、维生素 B_2、维生素 B_5 较多，还含有少量的维生素 A，微量的维生素 C，但不含维生素 D。

6. 小麦粉中的酶

(1) 淀粉酶　面粉中含 α-淀粉酶和 β-淀粉酶。淀粉酶可以使一部分 α-淀粉（糊精）和 β-淀粉水解转化为麦芽糖，作为供给酵母发酵的主要能量来源。但 β-淀粉酶对热不稳定，所以它的糖化水解作用都在发酵阶段。α-淀粉酶能将可溶性淀粉变为糊精，它对热较为稳定，在 70～75℃仍能进行水解作用，温度越高作用越快。α-淀粉酶在烤炉中的作用可大大改善面包的品质。

正常的面粉内含有足量的 β-淀粉酶，而 α-淀粉酶一般在小麦发芽时才产生。在良好的贮藏条件下小麦几乎不发芽，因而 α-淀粉酶很少。为弥补这一缺点，可在面粉中加入适量的麦芽粉或含有 α-淀粉酶的麦芽糖浆。但淀粉酶的活性过大，会使大量的淀粉链支解断裂，使面团变弱、发黏，操作困难，产品粘牙。

(2) 蛋白酶　面粉中的蛋白酶可分为两种：一种是能直接作用于天然蛋白质的蛋白酶；另一种是能将蛋白质分解过程中的中间生成物多肽类再分解的多肽酶。发酵过程中起主要作用的是蛋白酶，它的水解作用可以降低面筋强度，缩短和面时间，使面筋易于完全扩展。

(3) 脂肪酶　脂肪酶对面包、饼干的制作影响不大，但对已调配好的蛋糕粉有影响，因为它可分解面粉中的脂肪成为脂肪酸，引起酸败，缩短贮藏时间。

四、面粉的种类和等级标准

1. 通用小麦粉

根据国家标准 GB1355—1986《小麦粉》的分类，小麦粉分成特制一等粉、特制二等粉、标准粉和普通粉 4 个等级。主要是按加工精度——灰分、色泽等的不同来划分的。

一般将加工精度高于标准粉的各个等级的小麦粉称为等级粉。

标准粉是出粉率比较高（80%～85%）、加工精度比较低的面粉。

由于标准粉的出粉率要求比较高，因此，允许有比较高的灰分、比较差的粉色，即允许部分麸屑混入粉中。标准粉的加工精度不高，其制粉工艺相应地比较简单。

等级粉要求的加工精度相对比较高：灰分低、粉色好。生产这样的面粉，必须防止麸屑混入粉中。等级粉的制粉工艺比较复杂一些，粉路比较长，心磨磨粉机用光辊，使用清粉机等。

目前，生产的小麦粉已不再局限于特制一等粉、特制二等粉、标准粉和普通粉 4 个等级，有加工精度高于特制一等粉的各种精粉、精制粉，有加工精度介于特制一等粉和特制二等粉之间的各种市场适销品种，不少小麦粉加工企业都积极地创自己的名牌产品，开发新的小麦粉产品，形成自己的产品特色。

小麦粉国家标准（GB 1355—1986）所列的质量指标有：加工精度、灰分、粗细度、面筋质、含砂量、磁性金属物、水分、脂肪酸值、气味和口味。不同等级面粉的差别主要在加工精度和灰分指标方面，如表1-5所示。

表1-5　小麦粉等级指标及其他质量指标

等级	加工精度	灰分（以干物计）/%	粗细度/%	面筋质（以湿重计）/%	含砂量/%	磁性金属物/（g/kg）	水分/%	脂肪酸值（以湿基计）	气味口味
特制一等	按实物标准样品对照检验粉色麸星	≤0.70	全部通过CB36号筛，留存CB42号筛的不超过10.0%	≥26.0	≤0.02	≤0.003	13.5±0.5	≤80	正常
特制二等	按实物标准样品对照检验粉色麸星	≤0.85	全部通过CB30号筛，留存CB36号筛的不超过10.0%	≥25.0	≤0.02	≤0.003	13.5±0.5	≤80	正常
标准粉	按实物标准样品对照检验粉色麸星	≤1.10	全部通过CQ20号筛，留存CB30号筛的不超过10.0%	≥24.0	≤0.02	≤0.003	13.0±0.5	≤80	正常
普通粉	按实物标准样品对照检验粉色麸星	≤1.40	全部通过CQ20号筛	≥22.0	≤0.02	≤0.003	13.0±0.5	≤80	正常

特制一等粉、特制二等粉和标准粉的加工精度，以国家制定的标准样品为准。普通粉的加工精度标准样品，由省、自治区、直辖市制定。粗细度中的筛上剩余物，用感量1/10天平称量不出数的，视为全部通过。气味、口味：一般小麦粉固有的综合气味和口味。卫生标准和动植物检疫项目按照国家有关规定执行。

(1) 加工精度　小麦粉的加工精度以粉色、麸星表示。粉色指小麦粉的色泽，麸星指混入小麦粉中的粉状麸皮。粉色高低、麸星多少，反映加工精度的高低。面粉的色泽是一项非常重要的外观质量指标。因为面粉的色泽给人的印象是直观的、明显的，在消费心理上，总认为面粉白一点好。

正常的小麦粉不是很白的，带一点点浅黄色。有两个原因：①粉中存在少量麦皮，它使小麦粉呈褐色或灰褐色。混在粉中的麦皮，不仅有显而易见的“微粒”，还有难以分辨的细粉末，使小麦粉的外观发暗。②自然存在于小麦胚乳中的黄色色素，胡萝卜素、叶黄素等。

这些色素在制粉过程中是去不掉的。

在制粉工艺方面，加工精度高，出粉率低，粉白，生产成本高；加工精度低，出粉率高，粉不白，生产成本低。当然加工精度高的小麦粉，主要是由麦心制成的，面筋质量相对比较好，所以，食用品质要好一点。但是，小麦粉的色泽还与胚乳的色泽有关，而胚乳所含的色素与小麦的品种、蛋白质含量有关。一般蛋白质含量高的小麦粉不是很白的。

(2) 灰分　小麦粉经高温灼烧后留下的残余物称灰分。

灰分指标对小麦制粉有特殊的意义：麦粒的不同组成部分，麦皮、麦胚和胚乳，灰分有明显的差异，麦皮、麦胚的灰分（5%～10%）比较高，胚乳的灰分（0.3%～0.5%）很低。通过测定小麦粉的灰分值来衡量小麦粉的加工精度，反映小麦粉中含麦皮的多少。小麦粉灰分高，说明粉中含麸星多，加工精度低，小麦清理效果差。

(3) 粗细度　粗细度指小麦粉的颗粒大小。国家小麦粉质量标准中规定的粗细度要求是必须能通过指定的筛绢，实际上是规定了粉粒必须小于规定的尺寸，但没有对小麦粉的平均颗粒大小做出规定。小麦粉的粗细度对食用品质有一定的影响，比如：吸水率、吸水的均匀性等。小麦粉的粗细度对其色泽也有一定的影响，颗粒细的，感官上白一些。但小麦粉越细，研磨所消耗的动力越多。

(4) 面筋质　面筋质是小麦粉品质的主要指标之一。小麦粉中面筋质数量的多少和质量的高低，对小麦粉的适用性（对各种面制品的生产和品质）有重要影响。

各种不同的面制食品对面筋质数量和质量的要求是各不相同的，有的要求数量多、筋力强，有的要求数量少、筋力弱。作为通用小麦粉对面筋质也有一定的要求，不能太低。

(5) 含砂量和磁性金属物　小麦粉中含粉状细砂的量称为含砂量。小麦粉含砂量高，影响食用品质，会造成牙碜的后果。

混入小麦粉中的磁性金属物有碍人体健康。各种等级的小麦粉都有严格的含砂量和磁性金属物含量上限限制，不能超过。

(6) 水分　水分是小麦粉的一项很重要的指标，允许有一定范围的升降幅度。水分过高，小麦粉不耐贮藏，易变质，特别是在高温潮湿的环境下容易出问题；水分过低，影响粉色和出粉率，还影响经济效益。

(7) 脂肪酸值　小麦含有2%左右的脂肪，加工成小麦粉后，脂肪含量应该在1%以下。虽然小麦粉的脂肪含量不高，但小麦粉与空气接触的表面积很大，脂肪容易氧化、分解。脂肪的氧化、分解会使小麦粉中的游离脂肪酸量增加，这是劣变的开始，进一步发展会产生令人生厌的“哈味”。脂肪酸值与小麦的新鲜程度或贮存时间有一定的关系。正常情况下，小麦粉的保质期一般为三个月。

(8) 气味、口味　小麦粉应无不正常的气味和口味。小麦和小麦粉都有一定的吸附能力，存放不当，特别是与有不良气味的物质混放，会严重影响小麦粉的气味，甚至口味。

小麦粉是必需消费品，与广大消费者的利益和生命安全有直接关系，所以小麦粉标准是强制性国家标准，必须达到规定的要求，特别是水分、卫生指标和重量等。

卫生指标应符合 GB2715 的规定，使用的食品添加剂应符合 GB2760 的规定。

2. 专用小麦粉

面制食品不仅种类很多，而且各种面制食品的特性千差万别。所以各种面制食品对小麦粉的要求也是决然不同的。比如：有的面制食品要求小麦粉的面筋含量高、筋力强，而有的面制食品要求小麦粉的面筋含量低、筋力弱。

通用小麦粉不可能同时完全满足各种面制食品对粉的各种要求，于是，出现了各种专用小麦粉，亦称食品专用粉，简称专用粉。专用粉可以通过小麦粉配制的方法来生产，又称配制粉。

专用小麦粉与通用小麦粉之间的主要不同在于用途的针对性。比如：面包专用粉就特别适合于制作面包，面筋含量高，面筋筋力强；饼干专用粉特别适合于制作饼干。因为专用小麦粉是根据各种面制食品对粉的特定要求组织生产的，并且十分强调粉质的稳定和均衡，品质更有保证，使用也方便。

专用小麦粉的种类很多。各种专用粉之间的主要差别在于粉中蛋白质（面筋）数量和质量的不同。对面制食品来说，小麦粉中蛋白质（面筋）的质量比数量更加重要。

面制食品对小麦粉蛋白质（面筋）数量和质量的要求可以分成三种类型：①面筋多而强；②中等数量和质量；③面筋少而弱。所以，专用小麦粉按蛋白质（面筋）数量和质量的不同分为：强力粉、中力粉、薄力粉或高筋粉、中筋粉、低筋粉。

按用途不同，专用小麦粉可分为：面包粉、馒头粉、面条粉、饺子粉、饼干粉、糕点粉等。

我国在1988年颁布实施了高筋小麦粉质量标准（GB/T8607—1988）和低筋小麦粉质量标准（GB/T8608—1988）。

1993年原商业部发布了专用小麦粉行业标准（SB/T10136～10145—1993），规定了面包专用粉、面条专用粉、馒头专用粉、饺子专用粉、发酵饼干专用粉、酥性饼干专用粉、蛋糕专用粉、酥性糕点专用粉、自发粉以及小麦胚（胚片、胚粉）的质量标准。每种专用粉都分成两个等级：一等为精制级专用小麦粉，二等为普通级专用小麦粉。

面制食品的食用品质是评价专用小麦粉质量的基本依据，表1-6至表1-16为各种专用小麦粉的质量标准。

表1-6　高筋小麦粉质量标准（摘自GB/T8607—1988）

等级	1	2
面筋质（以湿基计）/%	>30.0	
蛋白质（以干基计）/%	>12.2	
灰分（以干基计）/%	<0.7	<0.85
粉色、麸星	按实物标准样品对照检验	
粗细度	全部通过CB36号筛 留存CB42号筛≯10.0%	全部通过CB30号筛 留存CB36号筛≯10.0%
含砂量/%	<0.02	
磁性金属物/（g/kg）	<0.003	
水分/%	<14.5	
脂肪酸值（以湿基计）	<80	
气味、口味	正常	

表 1-7　　低筋小麦粉质量标准（摘自 GB/T8608—1988）

等　　级	1	2
面筋质（以湿基计）/%	≤24.0	
蛋白质（以干基计）/%	≤10.2	
灰分（以干基计）/%	<0.60	<0.80
粉色、麸星	按实物标准样品对照检验	
粗细度	全部通过 CB36 号筛 留存 CB42 号筛≯10.0%	全部通过 CB30 号筛 留存 CB36 号筛≯10.0%
含砂量/%	<0.02	
磁性金属物/（g/kg）	<0.003	
水分/%	<14.0	
脂肪酸值（以湿基计）	<80	
气味、口味	正　常	

表 1-8　　面包用小麦粉行业标准（摘自 SB/T 10136—1993）

项　　目	精制级	普通级
水分/%　≤	14.5	
灰分（以干基计）/%　≤	0.60	0.75
粗细度　CB30 号筛	全部通过	
CB36 号筛	残留量不超过 15.0%	
湿面筋/%　≥	33	30
粉质曲线稳定时间/min　≥	10	7
降落数值/s	250～350	
含砂量/%　≤	0.02	
磁性金属物/（g/kg）　≤	0.003	
气　　味	无异味	

表 1-9　　面条用小麦粉行业标准（摘自 SB/T 10137—1993）

项　　目	精制级	普通级
水分/%　≤	14.5	
灰分（以干基计）/%　≤	0.55	0.70
粗细度　CB36 号筛	全部通过	
CB42 号筛	残留量不超过 10.0%	
湿面筋/%　≥	28	26
粉质曲线稳定时间/min　≤	4.0	3.0
降落数值/min　≥	200	
含砂量/%　≤	0.02	
磁性金属物/（g/kg）　≤	0.003	
气味	无异味	

表 1-10　　馒头用小麦粉行业标准（摘自 SB/T 10139—1993）

项　　目	精制级	普通级
水分/%　≤	14.0	
灰分（以干基计）/%　≤	0.55	0.70
粗细度	全部通过 CB36 号筛	
湿面筋/%	25.0～30.0	
粉质曲线稳定时间/min　≤	3.0	
降落数值/min　≥	250	
含砂量/%　≤	0.02	
磁性金属物/（g/kg）　≤	0.003	
气　　味	无异味	

表 1-11　　饺子用小麦粉行业标准（摘自 SB/T 10138—1993）

项　　目	精制级	普通级
水分/%　≤	14.5	
灰分（以干基计）/%　≤	0.55	0.70
粗细度　CB36 号筛	全部通过	
CB42 号筛	残留量不超过 10.0%	
湿面筋/%	28～32	
粉质曲线稳定时间/min　≤	3.5	
降落数值/min　≥	200	
含砂量/%　≤	0.02	
磁性金属物/（g/kg）　≤	0.003	
气　　味	无异味	

表 1-12　　发酵饼干用小麦粉行业标准（摘自 SB/T 10140—1993）

项　　目	精制级	普通级
水分/%　≤	14.0	
灰分（以干基计）/%　≤	0.55	0.70
粗细度　CB36 号筛	全部通过	
CB42 号筛	残留量不超过 10.0%	
湿面筋/%	24～30	
粉质曲线稳定时间/min　≤	3.5	
降落数值/min　≥	250～350	
含砂量/%　≤	0.02	
磁性金属物/（g/kg）　≤	0.003	
气　　味	无异味	

表 1-13　　酥性饼干用小麦粉行业标准（摘自 SB/T 10141—1993）

项　　目		精 制 级	普 通 级
水分/%	≤	14.0	
灰分（以干基计）/%	≤	0.55	0.70
粗细度　CB36 号筛		全部通过	
CB42 号筛		残留量不超过 10.0%	
湿面筋/%		22～26	
粉质曲线稳定时间/min	≤	2.5	3.5
降落数值/min	≥	150	
含砂量/%	≤	0.02	
磁性金属物/（g/kg）	≤	0.003	
气　味		无异味	

表 1-14　　蛋糕用小麦粉行业标准（摘自 SB/T 10142—1993）

项　　目		精 制 级	普 通 级
水分/%	≤	14.0	
灰分（以干基计）/%	≤	0.53	0.65
粗细度		全部通过 CB42 号筛	
湿面筋/%		22.0	24.0
粉质曲线稳定时间/min	≤	1.5	2.0
降落数值/min	≥	150	
含砂量/%	≤	0.02	
磁性金属物/（g/kg）	≤	0.003	
气　味		无异味	

表 1-15　　糕点用小麦粉行业标准（摘自 SB/T 10143-1993）

项　　目		精 制 级	普 通 级
水分/%	≤	14.0	
灰分（以干基计）/%	≤	0.55	0.70
粗细度 CB36 号筛		全部通过	
CB42 号筛		残留量不超过 10.0%	
湿面筋/%		22.0	24.0
粉质曲线稳定时间/min	≤	1.5	2.0
降落数值/min	≥	160	
含砂量/%	≤	0.02	
磁性金属物/（g/kg）	≤	0.003	
气　味		无异味	

表 1-16　　自发小麦粉行业标准（摘自 SB/T10144—1993）

项　　目	理 化 指 标
水分/%	≤14.0
酸度　碱液 mL/10g 粮食	0～6
混合均匀度	变异系数≤7.0%
馒头比体积/（mL/g）	≥1.7

在小麦粉中添加食用膨松剂，不需发酵便可制作馒头（包子、花卷）以及蛋糕等膨松食品。

五、小麦淀粉性质与 α-淀粉酶活性

小麦粉的主要组成部分是淀粉，小麦粉的烘焙和蒸煮品质除了与蛋白质（面筋）的数量和质量有关外，在很大程度上也受到淀粉糊化特性和淀粉酶活性的影响。

淀粉特性及 α-淀粉酶活性可以用 α-淀粉酶测定仪（amylograph）、黏度仪（viscograph）、降落值仪（falling number）进行测定。

α-淀粉酶测定仪（amylograph）、黏度仪（viscograph）：用于测定小麦粉试样中淀粉的糊化性质（糊化温度、最高黏度、最低黏度与回生后黏度增加值）和 α-淀粉酶活性。其工作原理是：α-淀粉酶对小麦粉黏度的影响与温度有函数关系。淀粉糊的高黏度因 α-淀粉酶在搅拌加热过程中使淀粉液化而降低，仪器可反映出加热过程中 α-淀粉酶的影响情况，也能测定淀粉糊的流变学特性，可反映温度连续变化时，黏度的变化状态。

淀粉糊化的难易决定于淀粉分子间的结合力。直链淀粉结合力较强，糊化所需时间较长。小麦粉试样的最高黏度与 α-淀粉酶活性有关。最高黏度值大，则 α-淀粉酶活性小；最高黏度值小，则 α-淀粉酶活性高。

降落值仪（falling number）：降落值仪以 α-淀粉酶能使淀粉凝胶液化，使黏度下降原理为依据，以一定重量的搅拌器在被酶液化的热凝胶糊化液中下降一段特定高度所需的时间（秒数）来表示。根据黏度变化反映酶的含量。黏度小，降落数值小，表明酶活性强。对面包而言，降落值（FN）小于 200，α-淀粉酶活性过高，FN200～300，比较正常，FN 大于 300，则 α-淀粉酶活性过低。

六、面　筋

面筋是小麦蛋白质的最主要成分，是使小麦粉能形成面团的具有特殊物理性质的蛋白质。面粉加入适量的水揉搓成一块面团，泡在水里 30～60min，用清水将淀粉及可溶性部分洗去，剩下即为有弹性像橡皮似的物质，称为湿面筋。去掉水分的面筋称为干面筋。一般湿面筋与干面筋的主要成分如表 1-17 所示。

表 1-17　　湿面筋与干面筋的化学组成　　单位：%

面筋种类	水　分	粗蛋白质	淀　粉	粗脂肪	灰　分	粗纤维
湿面筋	67	26.1	3.3	2.0	1.0	0.3
干面筋		80	10	6	3	1

小麦中的蛋白质主要有麦胶蛋白和麦谷蛋白，这两种蛋白质也都并非单一成分，而是多种蛋白质的混合物。麦谷蛋白比麦胶蛋白相对分子质量大得多。这两种蛋白的氨基酸组成也很相似，都含有相当多的半胱氨酸，使分子内和分子间的交联结合比较容易。麦胶蛋白有良好的伸展性和强的黏性，但没有弹性。麦谷蛋白富有弹性，缺乏伸展性。所以，这两种蛋白经吸水膨润、充分搅拌后，相互结合使面团具有充分的弹性和伸展性。由于麦胶蛋白和麦谷蛋白都是具有—S—S—键结合的多肽链结构，因此，当分子在膨润状态下相互接触时，这些分子内的—S—S—键就会变为分子间的结合键，连成巨大的分子，形成网状结构。面粉内的淀粉就充塞在面团的网状组织（面筋）内，当面团产生气体时，网状组织就会形成包围小气泡的膜。当面团焙烤时，这些小气泡内气体由于受热而产生压力，使面团逐渐胀大，直至面团的蛋白质凝固，出炉后即成松软如海绵状的制品。之所以只有小麦可以做成面包，就是因为它含有其他谷物所没有的、可以连成巨大网状组织的面筋蛋白。所以，判断面粉加工性能时不仅要看面筋蛋白的数量，也要看其质量。如果面筋蛋白变性，—S—S—键结合受到破坏，就不会形成具有好的黏弹性、伸展性的面团。小麦粒糊粉层和外皮，蛋白质含量虽然很高，但由于不含面筋质，所以品质差。麦粒的中心部分，蛋白质含量虽低，但品质比外围的要好。面筋的性能常常与其胀润时的吸水能力有关，活性面筋蛋白的吸水量为自身重（干物）的2.8倍左右。

七、面粉的成熟

小麦具有明显的后熟作用和较长的后熟期。小麦收获以后处在后熟期，表现为呼吸强度高，酶活性大，生理代谢旺盛且发芽率低等。渡过后熟期，完成生理后熟的小麦，发芽率将显著提高。小麦的后熟期一般在2个月左右，且随种植季节及品种的不同而稍有差异。一般是春小麦后熟期较长，冬小麦则较短；红皮小麦后熟期较长，白皮小麦后熟期较短。除了生理后熟作用外，对于小麦往往还存在一个工艺后熟，完成工艺后熟的小麦，面筋含量增加，吸水量增大，出粉率高，面粉品质好。

小麦在后熟期间，酶活性在逐渐达到最高之后开始下降，并维持在较低的稳定水平。因此，完成后熟的小麦，呼吸强度降低，比其他禾谷类粮食都低，代谢水平下降，贮藏稳定性增加，其中红麦比白麦水平低，更易贮藏。同时，后熟作用完成后，小麦中的淀粉、蛋白质、脂肪等物质得到充分合成，干物质达到最高含量，品质有所改善。

小麦的后熟作用是其自身生理和生化变化的自然现象。

小麦种子在母体上形成时，不断积累有机物质，水分减少，原生质由溶胶状态转成凝胶状态。在植株上成熟以后，新陈代谢减弱，呼吸作用与有机物质的转化虽在微弱进行，但由于内因与外因的影响，一时不能发芽或发芽困难的自然现象称为“休眠”。一般成熟后的种子，离植株后即进入休眠状态。

种子的休眠有两种情况，一种是外表已成熟，亦有发芽条件，但在生理上还没有成熟、不能发芽的称为“自然休眠”或称“后熟休眠”；另一种是种子在生理上已完全成熟，具有发芽能力，但得不到适宜的条件，仍然不能发芽，称为“强迫休眠”。所以，后熟是休眠的一种状态。

小麦在田间成熟时，即进行收获。这时的小麦称为“收获成熟”，又称“技术成熟”，但在生理上并未完全成熟，表现为呼吸旺盛、耐藏性差、发芽率低、加工出品率低、食用品质差，需经过一段时间的贮藏，完成籽粒内部的生理成熟化过程，称为“后熟作用”。完成后熟作用所经过的时间称为“后熟期”。

小麦的后熟作用又可分为“生理后熟”和“工艺后熟”。小麦收获后，经过贮藏一段时间，其加工、食用品质提高，这种工艺、品质的提高过程称为“工艺后熟”，工艺后熟往往比生理后熟时间更长。

小麦后熟期间的生理变化是种子成熟期生理变化的继续。伴随后熟作用的进行，呼吸作用比较旺盛，其表现为：水分、可溶性糖、非蛋白质氨、游离脂肪酸等的含量继续减少，淀粉、蛋白质与脂肪增加，食用与工艺品质改善；酸度逐渐减少，酶的活性逐渐降低；呼吸渐趋减弱，有利于贮藏；种胚成熟，发芽率提高。

在生产实践中，判断后熟作用是否完成通常以发芽率是否达到80%～90%为标准。

新收获的小麦马上用来加工面粉，不仅制粉性能很差，而且筛理很困难，制成的小麦粉品质也较差，面团发黏。贮藏2～3个月后，制粉性能和食用品质都会得到改善。

刚磨好的小麦粉呈浅黄色，但存放一段时间（一般需要几个星期），其色泽会渐渐变白。这是由于自然陈化过程中出现的氧化反应使色素慢慢消失的结果。采用化学处理（小麦粉漂白）的方法可以加速这种自然陈化的过程。

刚磨制好的小麦粉，面团发黏，制作困难。因为在制粉过程中，由于机械力的作用，小麦粉中的蛋白质—S—S—键变为—SH键，使面筋的筋力和持气性下降。小麦粉中的—SH及—S—S—决定着面团的筋力。—SH转化成—S—S—的数目越多，面团的筋力越强。因为—S—S—可使许多蛋白质互相结合起来形成大分子网络结构，增强面团的持气性、弹性和韧性。—SH转化成—S—S—键主要靠氧化作用。虽然在制粉过程中，小麦粉的氧化反应就开始了，但速度比较慢。小麦粉制成后，需经历大约几个月的时间才能完成这个称之为自然熟化的过程。在小麦粉中添加熟化剂可以加快这个过程。主要的熟化剂为氧化剂，如：抗坏血酸等。

八、面团流变学性能

用小麦粉制作食品，一般先要和成面团。所以，相对来说，面团性质比蛋白质或面筋数量和质量与食品品质有更直接的关联。因此，面团流变学特性测定已成为小麦、小麦粉品质评价的重要内容。面团流变学特性测定的主要内容有粉质仪（farinograph）、拉伸仪（extensograph）、吹泡仪（alveograph）测定等。

1. 粉质仪与粉质图

粉质仪是根据揉制面团时会受到阻力的原理设计的。在定量的面粉中加入水，在恒定温度下开机揉成面团。根据揉制面团过程中混合搅拌刀所受到的阻力，由仪器自动绘出一条特性曲线，即粉质图（farinogram），如图1-2所示，作为分析面团品质的依据。

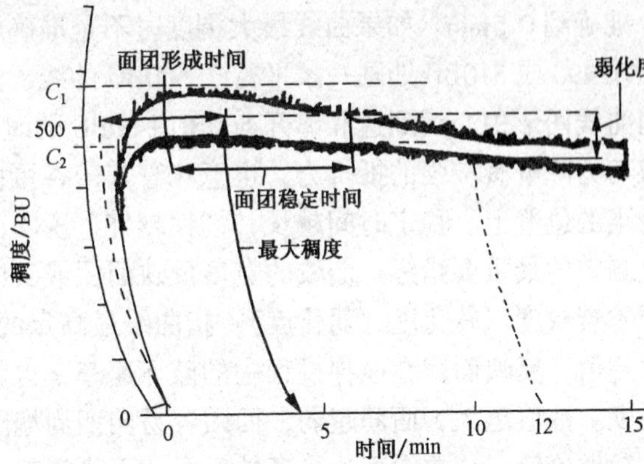

图1-2　粉质图

C_1. 500－20　C_2. 500＋20

在正式测试前，要提前1h开动恒温器，使揉面钵温度保持为30℃；装好记录纸和笔，调节好指针；小麦粉试样要充分混合均匀，保持松散和达到室温状态；将用于和面的水调至30℃并注入滴定管中；加水量测定：将50g或300g粉样（根据事先测定的面粉的水分，计算调整小麦粉质量，确保干物质质量与水分为14%时的干物质质量相等）放入揉面缸内，打开开关搅拌1min后，从滴定管在18～22s内注入37.5或225mL水，继续在短时间内注入足量的水，使指针的摆动中心最高时达到500BU，记录所加水的毫升数到小数点后1位。有时需要做几次才能使曲线最高位置达到500±20BU。每做下一次可根据上一次曲线的偏离情况调整加水量。曲线超过500BU，说明加水量偏少，阻力增加，反之则加水量偏多。可按近似关系20BU=0.6%～0.8%吸水量加减水量（用50g面粉相当于0.3～0.4mL水），不同小麦粉有所区别。经过调整加水量可使第二次成为正式测定。

正式测定时，将规定质量的小麦粉加入钵中，开动马达后，将上一次测得并经调整的水量一次性快速注入钵中。之后盖上揉面钵的有机玻璃盖，防止水分挥发。如果曲线中间的最大稠度达到500±20BU，即可使仪器开到所需搅拌时间后停止，取下记录纸进行分析。

根据粉质图可以得到样品的以下指标的数据：

①吸水率：指面团最大稠度处于500±20BU时所需加水量，以占14%湿基面粉质量分数表示，准确到0.1%。以正式测定时一次加水量（在25s内完成）为依据。以50g面粉的小号钵为例，吸水率计算方法为：

$$吸水率（\%）=2（x+y-50）$$

式中　x——最大稠度集中在500BU标线时所消耗的水的体积（mL）；

y——测定时所用小麦粉的质量，以50g水分为14%的面粉为基准。

小麦粉的吸水率高，则做面包时加水量大，不仅能提高单位质量小麦粉的面包出品率，而且能做出松软、存放时间较长的优质面包。但也有吸水率高的小麦粉做出的面包质量不好的情况，所以并非吸水率越高越好。一般面筋含量多的质量好的小麦粉，吸水率较高。

②面团形成时间：指从零点（开始加水）直至面团稠度达到最大时所需揉混的时间，准确到0.5min。一般软麦的弹性差，形成时间短，在1～4min之间，不适宜做面包；硬麦弹性强，形成时间达4min以上。

③稳定性：指曲线首次穿过500BU（到达时间）和离开500BU（衰减时间）之间的时间差，准确到0.5min。如果曲线最大稠度时不是准确地集中在500BU标线，如在490或510BU，必须在490或510BU处画一条平行于500BU的线，用这条线来计算达到和离开的时间差。也有用曲线图形中心线到达和离开500BU±20BU的时间进行计算的。面团的稳定性好，反映其对剪切力降解有较强的抵抗力，也意味着其麦谷蛋白的二硫键牢固，或者这些二硫键处在十分恰当的位置上。稳定时间越长，韧性越好，说明面筋强度越大，面团性质好。稳定性是粉质仪测定的最重要指标。曲线的宽度反映面团或其中面筋的弹性，曲线越宽，弹性越大。

④衰减度（软化度、弱化度）：指曲线最高点的中心与达到最高点后12min时曲线中心之间的差值，反映面团在搅拌过程中的破坏速率，也就是对机械搅拌的承受能力，也代表面筋的强度。数值越大，面筋越弱，面团容易向四周塌陷。

⑤评价值：从曲线到达最高处后开始下降算起，12min后用评价计记分，刻度为0～100。评价计是粉质仪特制的一种尺，它根据面团形成时间和面团衰减度等给粉质图一个单一的综合记分。一般认为，强力粉的评价值大于65，中力粉的评价值50～65，弱力粉的评价值小

于 50。

根据粉质曲线可以对小麦粉的品质作出大致的判断：面团形成时间和稳定时间短，急速从 500BU 线衰退，属弱力粉；面团形成时间和稳定时间较长，属中力粉；面团形成时间和稳定时间长，衰减度小，属强力粉；在正常的粉质仪搅拌速度（60r/min）下，稳定时间长达 20min 以上者，属筋力很强的小麦粉。

2. 拉伸仪与拉伸图

将通过粉质仪制备好的面团揉搓成粗短的面条，将面条两端固定，中间用钩向下拉，直到拉断为止，抗拉阻力以曲线的形式自动记录下来，作为分析面团品质的依据。

拉伸图，如图 1-3 所示。

首先用粉质仪的 300g 面粉钵，揉混 1min，加入事先用粉质仪测定出的所需水量（内含 6g 盐），其中少加 2% 的水以抵偿盐的影响。揉混 5min，使曲线最高处达 500BU。切取两份面团，每份 150g，模制成型后在 30℃的保温室中放置 45min 后进行第二次拉伸，同样再进行第三次拉伸。结果采用最后一次的测量值。

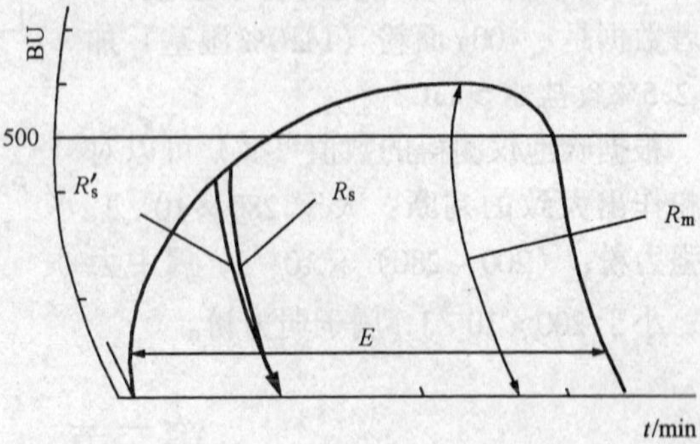

图 1-3　拉伸图

R'_s. 延伸阻力（抗拉力）　R_s. 校正阻力

R_m. 最大阻力　E. 延伸性

由拉伸图（extensogram）可以得到以下数据：

①面团抗拉伸阻力：曲线开始后在横坐标上达到 5cm 位置的高度，以 BU 表示。

②面团延伸性：曲线在横坐标上的长度，以毫米或厘米表示。

③拉伸比值（形状系数）：面团抗拉伸阻力与延伸性之比。

④最大抗拉阻力：曲线最高点的高度，以 BU 表示。

⑤能量：曲线所包围的面积，可用求积仪测量，以平方厘米表示，代表面团强度。

⑥抗拉伸强度：最大抗拉伸阻力与面团延伸性的比值。比值小，意味着抗拉性、延伸性大。

拉伸图上，反映面粉特性的最主要的指标是能量（曲线所包围的面积）和拉伸比值。能量越大，面团强度越大。

根据拉伸曲线可以对面粉作出大致的判断：面团抗拉伸阻力小于 200BU，延伸性也小，在 155mm 以下，或延伸性较大，达 270mm，抗拉伸阻力小于 200BU，属弱力粉；抗拉伸阻力较大，延伸性小，或抗拉伸阻力中等，延伸性小，属于中力粉；面团抗拉伸阻力大，达 350 ~ 500BU，延伸性大或适中，在 200 ~ 250mm，属于强力粉；抗拉伸阻力达 700BU，而延伸性只有 115mm 左右，属于筋力很强的面粉。

3. 吹泡仪与吹泡示功图

吹泡仪的测定原理与拉伸仪类似，都是根据面团变形所用比功、抗拉伸阻力和延伸性来测定面团的性质。不同的是，它用吹泡的方式使面团变形，而不是拉伸。

测定时，先在和面器中制备一个面团，将面团挤压成面片，再切成圆形，静置 20min 后将圆面片置于金属底板上，四周用一个金属环夹住。然后从面片下面底板中间的孔中压入空气，面团被吹成一个泡，直至破裂为止。泡中的压力是时间的函数，被仪器自动记录下来，绘成吹泡示功图（alveogram），如图 1-4 所示。曲线的最大高度和横坐标长度分别表示抗变形阻力（张力）和延伸性的数值，以毫米为单位。吹泡示功图的重点在曲线下所包括的面积上。由面积可以换算成 1g 面团变形直至破裂所需要的比功。

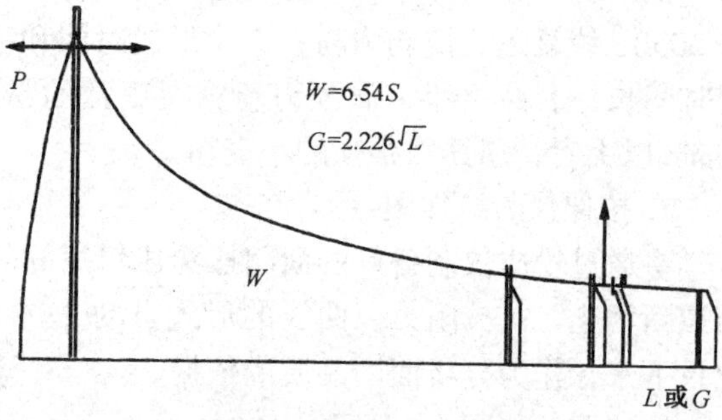

图 1-4　吹泡示功图

P. 吹泡过程中所需最大压力　*W*. 吹泡所用的功　*S*. 曲线下的面积　*L*. 破裂点的平均最大横坐标　*G*. 充气指数

吹泡仪要求供试面团的含水量较低，推荐数据是：100g 面粉（14.0%湿基）加入 2.5%食盐水 50mL。

根据吹泡仪测得的数值（*W*）可以对面粉作出大致的判断：大于 280×10^{-7} J，属强力粉；（200 ~ 280）$\times10^{-7}$ J，属中力粉；小于 200×10^{-7} J，属于弱力粉。

第二节　大　米

一、大米的分类

国家标准《大米》（GB 1354—1986）规定，大米根据稻谷分类方法分为籼米、粳米和糯米三类。例如，用粳稻谷制成的米即为粳米，米粒呈椭圆形。粳米按粒质和收获季节不同又分为早粳米和晚粳米。成品大米分成四个等级：特等，标准一等，标准二等，标准三等。决定大米精度等级的是米粒背沟和粒面留皮的多少。经精加工所得成品称之为特种米，包括蒸谷米（半煮米）、留胚米（胚芽米）、不淘洗米（清洁米）、强化米等。

精制米一般要求做到无石子、无稗子、无稻谷和无糠粉。

大米绝大多数都是整粒食用的，因此，整米出率是一个很重要的技术、经济指标。消费者对大米的要求不同地区之间有所不同。有些消费者喜欢吃干而蓬松的米饭，颗粒保持其形状，且相互分离；另一些消费者，喜欢吃比较柔软、颗粒粘连在一起的米饭。

新收获稻谷加工成的大米，煮成的粥很黏，有很浓的清香味。但贮藏一段时间之后，加工出的大米，煮成的粥就不太黏，原有的清香味也减少很多。

二、大米的籽粒结构

目前的栽培稻绝大多数属于禾本科稻属，普通栽培稻亚属，谷粒长 4 ~ 7mm，分布极广。

普通栽培稻可分为籼稻和粳稻两个亚种。籼稻粒形细长而稍扁平，稃毛短而稀，一般无芒，即使有芒也很短，稻壳较薄，腹白较大，耐压性差，易折断，加工时碎米多，米质胀性较大而黏性较弱，并且与野生稻易杂交结实。粳稻则粒形短而宽厚，稃毛长而密，芒较长，稻壳较厚，腹白和心白较小，或者完全没有，耐压性强，加工时不易产生碎米，故出米率高，米质胀性较小而黏性较强。

根据稻谷生长期的长短不同，可以分为早稻、中稻和晚稻，另外，根据栽种地区土壤水分的不同，又可分为水稻和旱稻等。

稻谷是我国重要的粮食作物，它高产、稳产，适应性强，经济价值高。稻谷在我国国民经济中有极其重要的地位。

稻谷在收获时，粘附着稻壳，稻壳约占毛稻质量的20%，它是由花被（外稃和内稃）形成的，稻壳含有丰富的纤维素（25%）、木素（30%）、戊聚糖（15%）和灰分（21%），灰分中含有大约95%的二氧化硅。稻谷颖果的纵剖面示意见图1-5。

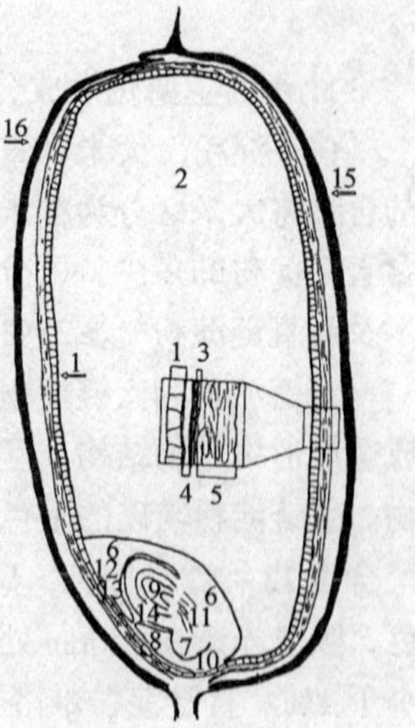

图1-5　稻谷颖果的纵剖面示意图

1—糊粉层　2—胚乳　3—种皮
4—珠心层　5—果皮　6—盾片
7—胚根　8—外胚叶　9—胚芽
10—胚根鞘　11—中胚轴
12—腹鳞　13—侧鳞
14—胚芽鞘　15—外稃
16—内稃

除去稻壳以后的稻谷称为糙米，它包括果皮、种皮、外胚乳、胚乳和胚各个部分，在其中，胚乳占到了米粒的最大部分，包括糊粉层和淀粉细胞。

通常，稻谷胚乳是硬质和半透明的，但是也有不透明的栽培品系，某些稻谷品种有不透明的区域（称为腹白），是由胚乳中的空气间隙所引起的，薄壁胚乳细胞紧紧地挤在一起，具有多角形的复粒淀粉（即一粒大的淀粉粒由许多小的淀粉粒所组成）和蛋白质，靠近糊粉层的胚乳细胞中的蛋白质比靠近胚乳中心细胞中的蛋白质多得多，多角形的复粒淀粉可能是在籽粒发育期内，由淀粉粒受压复合而成，在禾谷类作物中，稻谷和燕麦是仅有的两种具有复合淀粉粒结构的谷物，单个的稻谷淀粉颗粒是很小的，仅有2～4μm。

糊粉层由排列整齐的近乎方形的厚壁细胞组成。糊粉层细胞比较大，胞腔中充满着微小的粒状物质，叫作糊粉粒，其中含有蛋白质、脂肪、维生素和有机磷酸盐。淀粉细胞由横向排列的长形薄壁细胞组成。其细胞比糊粉层细胞更大，而且愈进入组织内部，细胞愈大。纵向长度几乎相等，只是横向伸长。胞腔中充满着一定形状的淀粉粒，越是深入胚乳组织内部的细胞，其中淀粉粒越大。淀粉粒的间隙中，充满着一种类蛋白质的物质，如果此类物质多，淀粉粒挤得紧密，则胚乳组织透明而坚实，为角质胚乳，如果此类物质少，淀粉粒之间空隙，则胚乳组织松散而呈粉状，为粉质胚乳。米粒的腹白和心白就是胚乳的粉质部分。

将稻谷经过一定的处理后制成横切片或纵切片，固定染色后在显微镜下观察，可以看出稻谷籽粒各部分的详细结构。

糙米碾白时，米粒的果皮、种皮、外胚乳和糊粉层等被剥离而成为米糠，果皮和种皮称为外糠层，外胚乳和糊粉层称为内糠层。

糙米出糠率的大小取决于米糠层的厚度和糠层的表面积。在加工同一精度的大米时，品质优良的品种及成熟而饱满的稻谷，因其纵沟较浅、糠层较薄，表面积相对减小，出糠率较低，出米率较高。此外，腹白和心白多的稻谷，结构疏松，硬度低，加工时易出碎米，品质较差，耐储性差。有爆腰的稻谷，加工时碎米多。爆腰率与稻谷的晒干程度有关，稻谷晒得过干，爆腰率高，影响米的品质。

碾米时，除糠层被碾去外，大部分的胚也被碾下来。加工高精度的白米时，胚几乎全部脱落，进入米糠中。从理论上讲，白米应当是纯胚乳，但实际上，糠层和胚都不会完全被碾去。因此，根据米粒留皮的程度和留胚的多少可以判断大米的精度。大米的精度愈高，除去的糠层和糊粉层愈多。糠层和糊粉层中含有极丰富的维生素和蛋白质。从营养角度看，不宜追求过高的加工精度。

三、米的化学成分及其对品质的贡献

1. 米的主要化学成分

（1）淀粉　大米中直链淀粉及支链淀粉的含量因品种、气候等不同而异，一般可用两者的含量将大米区分为糯米和非糯米。糯米含有较高的支链淀粉（约99%），非糯米可根据所含直链淀粉的多少，区分为低直链淀粉（9%～20%）大米、中等直链淀粉（20%～25%）大米及高直链淀粉（≥25%）大米等。

直链淀粉和支链淀粉由于组成和结构的不同，性质上也有很大差异。直链淀粉与碘能形成螺旋形络合物结构，呈深蓝色，所以常用碘液鉴定淀粉。支链淀粉与碘形成紫红色复合物。直链淀粉与碘的呈色反应与其分子长度有关：聚合度12以下短的直链淀粉遇碘不显色，聚合度12～15呈棕色，聚合度20～30呈红色，聚合度为35～40呈紫色，聚合度45以上呈蓝色，吸收光谱在650nm处具有最高值。直链淀粉吸收碘量为19%～20%，支链淀粉吸收碘量小于1%。直链淀粉难溶于水，溶液不稳定，凝沉性强。支链淀粉易溶于水，溶液较稳定，凝沉性弱。用直链淀粉能制成强度高、柔软性高的纤维和薄膜，具有纤维素制品的性质；用支链淀粉却不能制成上述制品。

淀粉分子在大米中以淀粉粒的形式存在。淀粉粒是淀粉分子的集聚体，不同品种的大米由于遗传及环境条件的影响形成形状、结构和性质皆不同的淀粉粒。大米的淀粉粒是已知谷物中淀粉颗粒最小的，为3～8μm，其原因可能是成熟时，稻粒干燥，淀粉颗粒受到挤压所致。大米的淀粉颗粒呈不规则的多角体。稻谷品种不同，其淀粉颗粒大小也有明显的差异。我国辽宁省生产的粳稻的淀粉粒只有4.1μm，而糯稻的淀粉粒则达7.8μm。

实际上，稻米淀粉是一种复合淀粉粒，呈球形或椭圆形，直径7～25μm，其内包含着20～60个小淀粉颗粒。用电子显微镜观察，可以看见复合淀粉粒表面有许多小洞。这些小洞是因为在内胚乳细胞内淀粉粒与蛋白体紧密结合，当两者分离时所造成的。

稻米淀粉在细胞质体中形成，其淀粉粒是由支链淀粉分子以疏密相间的结晶区与无定形非结晶区组合而成，中间掺入螺旋结构形式的直链淀粉分子。

直链淀粉分子和支链淀粉分子的侧链都是直链，它们趋向于平行排列，相邻羟基间经氢键结合成为放射状结晶性微晶束结构。水分子参与氢键的结合。淀粉分子之间，有的也是由水分子通过氢键彼此联结，水分子介于中间，犹如架桥。氢键的强度不高，但数量很多，因而微晶束具有一定强度，使淀粉具有较强颗粒结构。微晶束区域的分子排列没有规律性，较为杂乱，此为无定形区，支链淀粉分子庞大，串过多个结晶区和无定形区，在淀粉颗粒结构上起到骨架作用。淀粉颗粒中结晶区为颗粒体积的25%～50%，其余为无定形区。结晶区和无定形区并没有明确界限，变化是渐进的。

加淀粉于水中，经过搅拌得到不透明、乳白色的悬浮液，称为淀粉乳。由于淀粉不溶于冷水，其相对密度约为1.5，故放置片刻，淀粉乳就发生沉淀。如将淀粉乳加热，淀粉颗粒便吸水膨胀，这个阶段发生在淀粉粒的无定形区域，结晶性微晶束具有弹性，仍能保持颗粒的结构。随着温度的上升，淀粉粒吸水更多，体积膨胀更大，达到一定温度，高度膨胀的淀粉粒之间互相接触，变成半透明的黏稠糊状，称为淀粉糊。这种由淀粉乳转变成淀粉糊的现象称为糊化。

糊化的本质是淀粉粒中微晶束分子间氢键破裂而形成胶体溶液。稀碱溶液能够使淀粉糊化。常温下，在淀粉的悬浮液中加入强碱往往也能糊化淀粉。在淀粉水悬浮液中，水分子在加热时进入淀粉粒内部微晶束间隙与淀粉分子中含羟基的基团结合。随着温度的升高，一部分直链淀粉被水溶解和渗出，使更多的水分子进入淀粉内部，从而使微晶束分离，形成一种间隙大且不规则的立体网状结构，中间充满水或溶液，处于这种状态的淀粉称为 α 化淀粉。这种淀粉溶液黏稠度增加，易为淀粉酶水解，也就是易为人体所消化。市场上速煮米饭、方便米粉就是利用淀粉糊化呈现 α 化淀粉状态时，迅速脱水干燥制成。

为了测定大米淀粉的加热糊化特性，使用布拉班德淀粉黏度计，所得的温度和黏度的关系图称为淀粉黏度曲线。

应用布拉班德黏度计测定的大米淀粉糊化过程一般如图 1-6 所示。

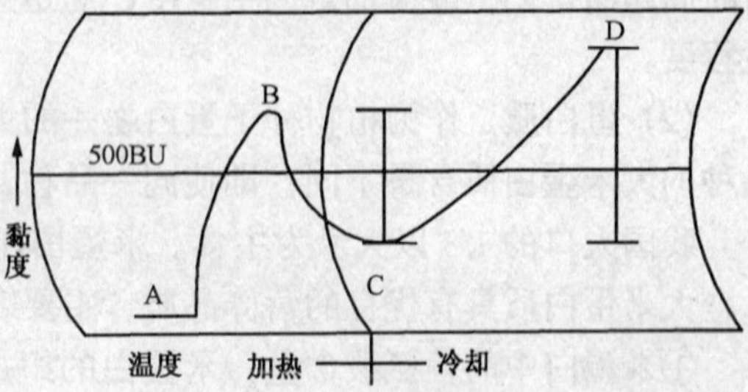

图 1-6　淀粉黏度曲线

A 表示糊化温度，是黏度开始增加时的温度，和淀粉粒开始胀润的温度基本一致。

B 表示最高黏度，是加热中黏度的最大值，也就是淀粉膨润的最大值。

C 表示最低黏度，是加热或冷却过程中黏度的最低值。

BC 表示黏度降低值，因加热而黏度降低，起因于淀粉集聚体的解体，表示淀粉糊的稳定性。

D 表示最后黏度，是在冷却过程中恢复到室温时的黏度。

DC 表示稠度，冷却时增加的黏度，起因于分散的淀粉分子起凝胶作用，和粘度相对应。

经糊化的 α 化淀粉，当温度逐渐冷却，或在室温下放置一段时间后，淀粉链则重新凝聚，排列紧密，变为 β 化淀粉，这种现象称为淀粉的回生（也称淀粉老化或凝沉）。淀粉一旦回生，不仅影响口感，而且不易被酶水解。

淀粉回生的本质是 α 化淀粉分子自动排列成序，互相靠拢，形成致密、不溶性淀粉分子微晶束。

淀粉粒中的直链淀粉及支链淀粉回生后性质有很大差异。直链淀粉回生后的粉末，其分子由无序的亚稳定态变为有序的稳定结晶态，在热水中不再溶解。而支链淀粉回生的粉末则相反，甚至在冷水中也很易溶胀并分散成胶体溶液。

在显微镜下可以明显发现回生的淀粉呈现纤维网状构造。Mestres 等人 1988 年用热分析仪、X 光衍射等方法研究米淀粉质的网状结构，进一步证实其是直链淀粉所形成的网状结构。可见，用于制作米粉的稻米以直链淀粉含量高、回生性强者为佳。

影响淀粉回生有以下几个因素：

①分子结构：直链淀粉分子呈直链状结构，在溶液中空间障碍小，易于取向，易于回生。支链淀粉分子呈树枝状结构，在溶液中空间障碍大，不易回生。

②分子大小：直链淀粉分子中相对分子质量大的，取向困难；相对分子质量小的，易于

扩散。只有相对分子质量适中的直链淀粉分子才易于回生。

③直链淀粉分子与支链淀粉分子比例：不同比例的直链淀粉与支链淀粉溶液的回生程度不同，支链淀粉含量高的难以回生，因此支链淀粉分子起到缓和直链淀粉分子回生的作用。

④溶液浓度：溶液浓度大，分子碰撞机会多，易于回生。溶液浓度小，分子碰撞机会少，不易回生。

⑤溶液 pH 及无机盐类：无机盐类离子阻止淀粉回生有下列顺序：$CNS^- > PO_4^{2-} > CO_3^{2-} > I^- > NO^{-3} > Br^- > Cl^- > Ba^{2+} > Sr^{2+} > K^+ > Na^+$。溶液的 pH 对淀粉的回生也有影响。

⑥冷却速度：淀粉溶液温度下降速度对其回生有很大的影响。缓慢冷却可以使淀粉分子有时间趋向排列，故又加重回生程度；而迅速冷却使淀粉分子来不及趋向排列，可以减少回生程度。

(2) 蛋白质　作为植物种子蛋白之一的大米蛋白质，其营养品质较佳。不同类型、不同品种的大米蛋白质含量不同；即使同一品种，也因产地、生长发育条件的不同而不同。

我国人口的 1/3 以大米为主食。米蛋白在膳食结构中所占比例还是较大的。

大米蛋白质具有优良的营养品质，主要表现在以下三个方面。

①米蛋白中的赖氨酸含量：米蛋白的组成中含赖氨酸高的碱溶性谷蛋白占 80%，因此，其赖氨酸含量比其他一些谷物种子高（见表 1-18）。

表 1-18　几种谷物中蛋白质的主要组成及赖氨酸含量　　单位：%（质量分数）

谷物	蛋白质含量（干基）	蛋白质组成							
		清蛋白		球蛋白		醇溶蛋白		碱溶蛋白	
		a	b	a	b	a	b	a	b
小麦	10~15	3~5	—	6~10	—	40~50	0.6	30~40	1.9
玉米	7~13	4.0	3.8	2	6.1	50~55	0.2	30~45	3.4
大麦	7~17	3~4	7.9	10~20	6.3	35~45	0.8	35~45	4.8
大米	8~10	5	4.9	10	2.6	5	0.5	80	3.5
高粱	9~13	1~8	4.5	1~8	4.8	50~60	0.5	30	2.7

注：a 为占总量蛋白质的质量分数。b 为蛋白质组成中氨基酸所占质量分数。

②米蛋白氨基酸组成：米蛋白的氨基酸组成配比比较合理，仅赖氨酸和苏氨酸欠缺，其分别为第一限制性氨基酸和第二限制性氨基酸。大米蛋白质的必需氨基酸组成和 WHO 认定的蛋白质氨基酸最佳配比模式（%）如表 1-19 所示。

表 1-19　大米氨基酸组成及 WHO 模式

必需氨基酸	大米蛋白质 $n=12$	WHO 模式
胱氨酸	1.7±0.2	3.5
蛋氨酸	2.24±0.3	3.5
赖氨酸	4.0±0.1	5.5
异亮氨酸	4.1±0.1	4.0

续表

必需氨基酸	大米蛋白质 $n=12$	WHO 模式
亮氨酸	8.2±0.3	7.0
苯丙氨酸	5.1±0.2	6.0
酪氨酸	5.2±0.3	6.0
苏氨酸	3.5±0.2	4.0
色氨酸	1.7±0.3	1.0
缬氨酸	5.8±0.4	5.0

注：*n* 为样品数。

③蛋白质的利用率高：大米蛋白质与其他谷物蛋白质比较，生物价（BV 值）和蛋白质效用比率（PER 值）都好（见表 1-20）。

表 1-20　　几种谷物蛋白质的 BV 和 PER 值

谷　物	BV	PER
大　米	77	1.36～2.56
小　麦	67	1.0
玉　米	60	1.2
大　豆	58	0.7～1.8
鸡　蛋	—	4.0
棉　籽	—	1.3～2.1

（3）脂肪　从大米中用石油醚萃取的脂肪酸，由约 20% 不饱和脂肪酸（包括亚油酸和亚麻酸）组成。油酸对亚麻酸之比基本上为 1.0∶1.0。脂肪在胚乳中的分布是不均匀的，外层含量最高，中心部位含量最低。整粒米的脂肪含量为 0.2%～0.92%。在游离脂肪酸和中性脂肪酸部分，从米粒的外层到内层，油酸含量减少，亚油酸含量增加。

大米中脂类含量是影响米饭可口性的主要因素，油酸含量越高，米饭光泽越好。据有关资料报道，米饭香味与米粒所含不饱和脂肪酸量有关。

（4）维生素　大米中的维生素含量较少，并且多数属于水溶性的 B 族维生素，如硫胺素、核黄素、烟酸、吡哆醇、泛酸、叶酸等，而水溶性抗坏血酸和脂溶性维生素 A、维生素 D 含量很少，几乎没有。

（5）矿物质　大米中的灰分约占稻谷灰分的 28%。稻谷的矿物质元素主要存在于稻壳、胚和皮层中，有些元素大量存在于白米中。糙米 63% 的钠和 74% 的钙存在于白米中。根据有关资料报道，大米和糙米中各种矿物质元素的含量如表 1-21 所示。

表 1-21　　糙米及其各部分矿物质元素组成及含量　　单位：μg/g（干基）

元素名称	糙　米	白　米	米　糠	米　胚	米糠粉
Al	—	0.73～7.23	53.5～369	—	—
Ca	400	80270	1310	2750	910
Cl	203～275	163～239	510～970	1520	—

续表

元素名称	糙　米	白　米	米　糠	米　胚	米糠粉
I	26～46	1.8～13.6	190	130	280
Mg	379～1170	239～374	9770～12300	15270	5680～7 590
P	2520～3830	1110～1850	14800	2100	2440
K	240～2470	577～1170	17700～22700	3850	9500
Si	280～900	140～370	1700～4400	560～1900	560～1200
Na	31～69	22～51	230	240	65
Zn	15～22	12～21	80	100	50

2. 大米的食味

食味不仅能使人们在感官上愉快，而且也直接影响着大米的消化、吸收。随着生活水平的提高，人们对大米的食味越来越关注。

(1) 评价大米食味的有效项目

①化学成分：如大米的蛋白质、脂类、直链淀粉；氨基酸中的丙氨酸、谷氨酸、异亮氨酸、苏氨酸；脂肪酸中的油酸、棕榈酸、亚油酸、硬脂酸、亚麻酸；无机成分中的磷、钙；米汤的碘显色度。

②物理特性：如黏度仪测定的最高黏度、黏溜度；组织测定仪测定的黏度、硬度、咀嚼性、黏着力；大米的精度、水分。

③感官指标：如香气、黏度、硬度、味道、综合评价等。

评价大米食味的方法可分两种，一种是以品尝人员的感觉为计量器，用语言或文字报告评定结果的感官评价法。另一种是借助仪器测定大米或米饭的某些理化特性，用图或数字表示评定结果。

(2) 影响大米食用品质的主要因素

①大米类型、品种：除少数例外，一般籼型大米的加热吸水率都较高，膨胀率较大，对碱液浸泡试验的反应小，淀粉糊化温度较高，最终黏度较大。一般籼型大米淀粉粒热变形较难，碘蓝值较低，含直链淀粉较多，煮饭所需时间较长，米汤固形物少。粳型大米则相反，其加热吸水率较低，膨胀率较小，对碱液浸泡试验的反应很强，淀粉糊化温度较低，最终黏度也较低。粳型大米淀粉粒热变形较易，碘蓝值较高，煮饭所需时间较短，米汤含固形物较多。

从米饭的特性来看，一般籼米饭比较干，饭粒比较完整，同时容易散开，翻动时有轻松柔软的感觉；但经过几小时冷却后，饭粒即行硬化（回生）。粳米饭比较湿，饭粒周边不保持完整，互相粘连不易散开，翻动时有黏重的感觉；但煮饭时沥去米汤可使饭粒分散而不致粘得很紧，冷却后饭黏不易变硬。

由此可见，籼米饭和粳米饭的适口性显然不同。由于各人口味爱好和习惯不同，很难说它们的食用品质孰优孰劣。但是就同一类型而言，不同品种之间仍然有品质优劣程度上的差别。例如，一般早籼米的品质总比晚籼米差。

②大米加工工艺：大米加工的精度对食用品质亦有很大影响。大米的精度高，则食用品质好，但维生素及矿物质等营养成分的损失比较大。糙米虽然含有较多的维生素及矿物质，但口感粗糙，食味差。不合理的加工工艺也会影响大米的食用品质。例如，大米中碎米含量

多，则食味下降。

③大米新陈度：大米随贮存时间的延长（尤其在高温季节），就会逐渐衰老，失去原有的色、香、味，这就是大米的陈化。其特征是光泽减退、香味消失、酸度增加、黏性下降，出现糠酸气（陈味），食用品质下降。

影响大米陈化的条件主要是水分和温度，但大米陈化与加工精度、糠粉含量以及虫霉危害也有密切关系。如水分大、温度高、精度差、糠粉多，陈化进展就快；反之，就慢。

大米陈化的发展比稻谷快，这与大米没有皮壳保护有关。以不同类型比较，糯米陈化最快，粳米次之，籼米较慢。陈化的进展与贮存时间成正比，贮存时间愈长，陈化愈重。为保持大米的新鲜品质与食用可口性，应注意掌握推陈储新的原则。此外，应尽可能地采用低温贮藏技术。

一般来说，陈米的加热吸水率比新米高；在吸水量相同的情况下，陈米膨胀率也比新米大；陈米饭松而不黏，新米饭黏性较强；从陈米饭沥出的米汤比较稀，米汤固形物含量和pH都减少，而从新米饭沥出的米汤则比较浓而且黏，固形物含量也比陈米米汤高。总而言之，新米食味较好。

④糊化温度：糊化温度是淀粉的一种物理特性，是指淀粉颗粒在热水中开始形成不可逆膨胀，并失去其双折性及结晶形的临界温度。一般大米的糊化温度介于50～79℃之间，大约可划分为三级：即低糊化温度（70℃以下）、中糊化温度（70～74℃）和高糊化温度（74℃以上）。目前利用碱性扩散值来预测淀粉的糊化温度最为简易，即当米粒受碱液作用程度愈高，其数值愈大，表示糊化温度越低。由于糊化温度直接影响煮饭时米粒的吸水率、膨胀容积及米粒伸长，故可用其估计大米的蒸煮性能。高糊化温度大米，蒸煮时需较长的煮饭时间及较多的水，适合加工罐制米或点心食品。低、中糊化温度的大米则适合作为蒸煮米饭。

⑤直链淀粉：大米的直链淀粉含量是影响大米食用品质的最主要因素，其含量因品种不同而有很大差异。除糯米外，一般品种大米的直链淀粉含量在7%～34%之间，而同一品种因种植环境的不同也会有所差异。

大米在蒸煮过程中吸水量和体积膨胀的大小，直接受直链淀粉含量多少的影响。糯性大米在蒸煮过程中膨胀最少，其米饭体积质量最大。米饭的耐破坏能力也与直链淀粉的含量有关。直链淀粉含量高的米饭，耐力大；而糯米饭的耐力较小。

由于直链淀粉含量不同，米饭的体积膨胀也不同，反映出的光泽也有所不同。糯性米饭光泽较好，似乎外面涂了一层油，但米饭白色度较差。高直链淀粉米饭由于米饭高度膨胀，外观阴暗，但色泽较白。直链淀粉含量还与大米的食味关系密切，当大米中直链淀粉含量低于2%时，大米呈糯性，煮后软而黏；中等直链淀粉含量（20%～24%）的大米，煮后米饭柔软，但黏性不大；高直链淀粉含量（大于25%）的大米，煮后米饭松散。

⑥胶凝度：大米的胶凝度和大米的食用品质有密切关系，可用作评价大米食味的一项指标。一般将大米淀粉胶体硬度划分为三个等级：硬胶体性质、中等胶体性质和软胶体性质。含有高直链淀粉大米的胶体展流长度较低（25～40mm），属于硬胶体性质。低直链淀粉含量大米，其胶体展流长度较长（大于60mm），属于软胶体性质。至于糯米则呈现更软化的胶体，其胶体展流长度大于90mm。通常硬胶体性质的米粒不受消费者欢迎。

⑦蛋白质：蛋白质是决定大米营养价值的最主要因素，尤其是氨基酸中赖氨酸的含量。

一般，大米中含有5%~14%的蛋白质（12%水分），主要由谷蛋白构成，其他如醇溶蛋白、清蛋白和球蛋白的含量则较少。蛋白质因大米品种不同，含量亦有所不同。一般而言籼稻的蛋白质含量较粳稻高约2%。蛋白质含量与米饭的胶凝度有较好的正相关性，蛋白质会阻碍水的扩散作用而影响蒸煮时间，故一般蛋白质含量高的大米，其蒸煮时需较多的水和较长的蒸煮时间，且米饭质地较硬。除此之外，蛋白质含量高低亦影响米饭的色泽，通常高蛋白质含量的米饭呈黄褐色。

四、大米的等级标准

根据国家标准《大米》（GB 1354—1986）中稻谷的分类方法，大米分为三类：

籼米：用籼型非糯性稻谷制成的米。米粒一般呈长椭圆形或细长形。按其粒质和籼稻收获季节分为以下两种：早籼米：腹白较大，硬质颗粒较少；晚籼米：腹白较小，硬质颗粒较多。

粳米：用粳型非糯性稻谷制成的米。米粒一般呈椭圆形。按其粒质和粳稻收获季节分为以下两种，早粳米：腹白较大，硬质颗粒较少；晚粳米：腹白较小，硬质颗粒较多。

糯米：用糯性稻谷制成的米。按其粒形分为以下两种，籼糯米：用籼型糯性稻谷制成的米。米粒一般呈长椭圆形或细长形，乳白色，不透明；也有的呈半透明状（俗称阴糯），黏性大。粳糯米：用粳型糯性稻谷制成的米。米粒一般呈椭圆形，乳白色，不透明；也有的呈半透明状（俗称阴糯），黏性大。

早籼米、籼糯米质量指标见表1-22。

表1-22　　早籼米、籼糯米质量指标

<table>
<tr><th rowspan="2">等级</th><th rowspan="2">加工精度</th><th rowspan="2">不完善粒/%</th><th colspan="5">最大限度杂质</th><th colspan="2">碎米/%</th><th rowspan="2">水分/%</th><th rowspan="2">色泽气味口味</th></tr>
<tr><th>总量/%</th><th>其中：糠粉/%</th><th>矿物质/%</th><th>带壳稗粒粒/kg</th><th>稻谷粒粒/kg</th><th>总量</th><th>其中：小碎米</th></tr>
<tr><td>特等</td><td>按实物标准样品对照检验留皮程度</td><td>3.0</td><td>0.25</td><td>0.15</td><td>0.02</td><td>20</td><td>8</td><td rowspan="4">35.0</td><td rowspan="4">2.5</td><td rowspan="4">14.0</td><td rowspan="4">正常</td></tr>
<tr><td>标准一等</td><td>按实物标准样品对照检验留皮程度</td><td>4.0</td><td>0.30</td><td>0.20</td><td>0.02</td><td>50</td><td>12</td></tr>
<tr><td>标准二等</td><td>按实物标准样品对照检验留皮程度</td><td>6.0</td><td>0.40</td><td>0.20</td><td>0.02</td><td>70</td><td>16</td></tr>
<tr><td>标准三等</td><td>按实物标准样品对照检验留皮程度</td><td>8.0</td><td>0.45</td><td>0.20</td><td>0.02</td><td>90</td><td>20</td></tr>
</table>

晚籼米质量指标见表 1-23。

表 1-23　　晚籼米质量指标

<table>
<tr><th rowspan="2">等级</th><th rowspan="2">加工精度</th><th rowspan="2">不完善粒/%</th><th colspan="5">最大限度杂质</th><th colspan="2">碎米/%</th><th colspan="2">水分/%</th><th rowspan="2">色泽气味口味</th></tr>
<tr><th>总量/%</th><th>其中：糠粉/%</th><th>矿物质/%</th><th>带壳稗粒粒/kg</th><th>稻谷粒粒/kg</th><th>总量</th><th>其中：小碎米</th><th>一类地区</th><th>二类地区</th></tr>
<tr><td>特等</td><td>按实物标准样品对照检验留皮程度</td><td>3.0</td><td>0.25</td><td>0.15</td><td>0.02</td><td>20</td><td>8</td><td rowspan="4">30.0</td><td rowspan="4">2.0</td><td rowspan="4">14.0</td><td rowspan="4">14.5</td><td rowspan="4">正常</td></tr>
<tr><td>标准一等</td><td>按实物标准样品对照检验留皮程度</td><td>4.0</td><td>0.30</td><td>0.20</td><td>0.02</td><td>50</td><td>12</td></tr>
<tr><td>标准二等</td><td>按实物标准样品对照检验留皮程度</td><td>6.0</td><td>0.40</td><td>0.20</td><td>0.02</td><td>70</td><td>16</td></tr>
<tr><td>标准三等</td><td>按实物标准样品对照检验留皮程度</td><td>8.0</td><td>0.45</td><td>0.20</td><td>0.02</td><td>90</td><td>20</td></tr>
</table>

注：一类地区：广东、广西、福建、四川、云南、贵州、湖北、河南、陕西。

二类地区：除一类地区以外的地区。

早粳米、粳糯米质量指标见表 1-24。

表 1-24　　早粳米、粳糯米质量指标

<table>
<tr><th rowspan="3">等级</th><th rowspan="3">加工精度</th><th rowspan="3">不完善粒/%</th><th colspan="5">最大限度杂质</th><th colspan="3">碎米/%</th><th rowspan="3">水分/%</th><th rowspan="3">色泽气味口味</th></tr>
<tr><th rowspan="2">总量/%</th><th rowspan="2">其中：糠粉/%</th><th rowspan="2">矿物质/%</th><th rowspan="2">带壳稗粒粒/kg</th><th rowspan="2">稻谷粒粒/kg</th><th colspan="2">总量</th><th rowspan="2">其中：小碎米</th></tr>
<tr><th>早粳</th><th>粳糯</th></tr>
<tr><td>特等</td><td>按实物标准样品对照检验留皮程度</td><td>3.0</td><td>0.25</td><td>0.15</td><td>0.02</td><td>20</td><td>4</td><td rowspan="4">30.0</td><td rowspan="4">20.0</td><td rowspan="4">2.0</td><td rowspan="4">14.5</td><td rowspan="4">正常</td></tr>
<tr><td>标准一等</td><td>按实物标准样品对照检验留皮程度</td><td>4.0</td><td>0.30</td><td>0.20</td><td>0.02</td><td>50</td><td>6</td></tr>
<tr><td>标准二等</td><td>按实物标准样品对照检验留皮程度</td><td>6.0</td><td>0.40</td><td>0.20</td><td>0.02</td><td>70</td><td>8</td></tr>
<tr><td>标准三等</td><td>按实物标准样品对照检验留皮程度</td><td>8.0</td><td>0.45</td><td>0.20</td><td>0.02</td><td>90</td><td>10</td></tr>
</table>

晚粳米质量指标见表 1-25。

表 1-25　　晚粳米质量指标

等级	加工精度	不完善粒/%	最大限度杂质					碎米/%		水分/%		色泽气味口味
			总量/%	其中：糠粉/%	矿物质/%	带壳稗粒 粒/kg	稻谷粒 粒/kg	总量	其中：小碎米	一般地区	六省区	
特等	按实物标准样品对照检验留皮程度	3.0	0.20	0.15	0.02	10	4	15.0	1.5	15.5	14.5	正常
标准一等	按实物标准样品对照检验留皮程度	4.0	0.25	0.20	0.02	20	6					
标准二等	按实物标准样品对照检验留皮程度	6.0	0.30	0.20	0.02	30	8					
标准三等	按实物标准样品对照检验留皮程度	8.0	0.35	0.20	0.02	40	10					

注：六省区指四川、贵州、云南、福建、广东、广西。

各类大米精度，以国家制定的精度标准样品对照检验。在制定精度标准样品时，要参照下述文字规定：

特等：背沟有皮，粒面米皮基本去净的占 85%以上；

标准一等：背沟有皮，粒面留皮不超过 1/5 的占 80%以上；

标准二等：背沟有皮，粒面留皮不超过 1/3 的占 75%以上；

标准三等：背沟有皮，粒面留皮不超过 1/2 的占 70%以上。

第三节　大　　豆

大豆在全国范围内广泛分布，种植面积大，尤其盛产于我国东北地区。

大豆的蛋白质和脂肪含量都很高，含有多种氨基酸，尤其是人体必需的 8 种氨基酸，并且赖氨酸和色氨酸含量很高，蛋氨酸含量虽较动物蛋白少，但也优于其他植物蛋白。从营养价值角度分析，大豆蛋白是优质蛋白。

大豆脂肪的优点是在人体内的消化率高达 98%，不饱和脂肪酸占 60%左右，像油酸、亚油酸、亚麻酸等都是体内必需的脂肪酸。此外，大豆中还含有卵磷脂、脑磷脂、肌醇磷脂等，是人体大脑和肝脏所必需的物质。大豆中还含有钙、铁、磷等矿物质元素和多种维生素。但是，大豆的组织坚固，具有独特的气味，并含有对生理有害的物质，如皂苷、胰蛋白酶阻碍因子、凝血素等，因此食用时必须进行适当的加工处理。

大豆的食用方法有很多种，例如将大豆加工成豆浆、豆腐及其制品等；或者将大豆蒸熟后再利用微生物进行加工处理，如酿制酱油、大酱，生产豆豉等。随着食品工业的不断发展，大豆的利用更加多样化。大豆先制油，脱脂豆粕再加工成浓缩大豆蛋白、分离大豆蛋白、组织化大豆蛋白等。这些大豆制品不仅蛋白质含量高达50%以上，而且具有许多功能特性，如乳化性、持水性、持油性、成膜性、起泡性等。

一、大豆的籽粒结构

大豆在植物分类中属于豆科，蝶形花亚科，大豆属。大豆是一年生草本植物。大豆籽粒是由受精的胚珠发育而成，包括种皮、子叶和胚三大部分，大豆籽粒结构如图1-7所示。

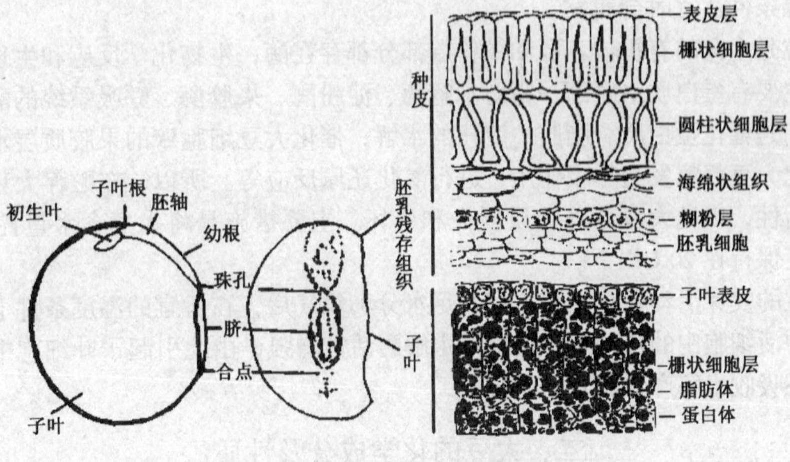

图1-7 大豆籽粒结构示意图

种皮为籽粒的最外部，由胚珠的内外珠被和珠心发育而成。种皮上有一明显的脐，为珠柄与籽粒相连接处的残迹。脐下方有一个凹陷的小点，称为合点，为珠柄维管束与种脉相连接处的残迹。胚芽和胚根之间有一个小孔，称为珠孔，是胚的幼根萌发处，也称“发芽孔”。

大豆种皮的颜色可分为黄、青、褐、黑及双色五种。黄豆是我国产量最多的大豆品种，是生产豆制品及榨油的重要原料。青豆、黑豆、褐豆和双色豆主要供人们直接食用或作牲畜饲料，一般不作为豆制品的原料。

大豆种皮对于整个大豆籽粒起保护作用。大豆种皮从外向内有五层形状不同的细胞组织结构，包括：

①栅状细胞组织，是由一层似栅状并排列整齐的长条形细胞组成，决定种皮颜色的各种色素就存在于栅状细胞内。

②圆柱状细胞组织，由两头较宽而中间较窄的细胞组成，长30～70μm，细胞间有空隙。在浸泡大豆时，此细胞膨胀极大。

③海绵状组织，由6～8层薄细胞壁的细胞组成，间隙较大，泡豆时吸水剧烈膨胀。

④糊粉层，是由类似长方形细胞组成，壁厚，含有蛋白质、脂肪和糖。

⑤胚乳残余物，是胚乳退化而养料转移到子叶部分后形成的胚乳残余物，紧附在种

皮上。

种皮约占大豆籽粒质量的8%，除糊粉层和胚乳残余物中含少量营养成分外，其他部分基本上不含营养成分，所以，一般在加工中将种皮去掉。大豆种皮的透水性直接影响泡豆时间及泡豆质量。

子叶又称豆瓣，约占整个大豆籽粒质量的90%。子叶的内部由长条状薄壁细胞构成，其中的营养成分有蛋白质、脂肪、糖类、矿物质和维生素等。

大豆蛋白质主要分布于小颗粒的蛋白体中，占蛋白体的90%左右。蛋白体的粒径3～8μm，主要存在于子叶皮下层内的薄壁细胞中。大豆脂肪主要分布在子叶的薄壁细胞中，呈球形小油滴，径长为0.2～0.5μm，均匀地分布在蛋白体颗粒之间。糖分和淀粉混置于蛋白体颗粒与小油滴之间，糖分呈溶解状态，淀粉呈小颗粒状态。

胚是由芽、茎、根三部分构成，约占整个大豆籽粒质量的2%。胚是具有活性的幼小植物体，当外界条件适宜时会萌发。

大豆籽粒是生命的有机体，胚和糊粉层部分都存在酶，生物化学反应和生理活动都很活跃。其酶类主要有蛋白质水解酶、脂肪水解酶、淀粉酶、果胶酶、呼吸系统的酶类等。这些酶类主要作用是催化蛋白质、脂肪、淀粉的水解；催化大豆细胞壁的果胶质层水解而使细胞壁软化；催化大豆籽粒发生呼吸作用，进行氧化还原反应等。所以，在贮存大豆时应创造条件抑制酶的活性，以免大豆营养物质损失和变坏。主要措施是将大豆含水量控制在12%以内，贮存温度保持在20℃以下。

大豆颗粒的发芽活动是在大豆得到充足水分和氧气后，在适宜的温度条件下，籽粒的胚部和糊粉层的活细胞中的各种酶，特别是水解酶活性增强，由此引起子叶细胞中各种营养成分水解并由胚吸收水解产物而开始萌发。

二、大豆的化学成分及性质

大豆的一般成分主要是指蛋白质和脂肪。这两种成分占整个大豆营养成分的60%以上。由于大豆的品种、产地、栽培条件等有所不同，蛋白质、脂肪含量以及其他营养成分的含量有些差异。一般地，大豆含蛋白质约为40%，脂肪20%，糖类20%，水分10%，粗纤维5%，灰分5%。

大豆籽粒及其组成部分的主要成分见表1-26。

表1-26　　大豆籽粒及其组成部分的主要成分表　　单位：%（干基）

成分名称	大豆籽粒	种　皮	胚	子　叶
粗蛋白质（N×5.71）	30～45	8.84	40.76	42.81
粗脂肪	16～24	1.02	11.41	22.83
糖类（包括粗纤维）	20～39	85.88	43.41	29.37
灰分	4.5～5	4.26	4.42	4.99

1. 大豆蛋白

大豆蛋白制品主要有三种，脱脂豆粉、浓缩大豆蛋白（SPC）和分离大豆蛋白（SPI）。将脱脂大豆粉碎即得脱脂豆粉，通常含蛋白质50%左右。由于脱脂方式及热处理方法的不同，所得脱脂豆粉的性能会有很大差异，主要是蛋白质的变性程度不同，影响其溶解度和功能特性。热变性程度低的豆粉，脂氧合酶活力较高，豆腥味大，抗营养因子活力较高，应用受到限制。经过焙炒的豆粉，色泽棕黄、风味较好，由于其蛋白质变性程度大，功能特性差。浓缩大豆蛋白是以低温脱脂豆粕为原料，经过湿热水处理，醇洗或酸洗等办法去除其中可溶性组分（可溶性糖类、灰分、肽类、植酸）而得到的蛋白质含量在70%（干基）以上的大豆蛋白制品。与脱脂豆粉相比，浓缩大豆蛋白的蛋白质含量高，大部分可溶性的抗营养物质、豆腥味物质都已除去。在制备SPC的三种方法中，热水和醇溶都会导致大豆蛋白质有较大程度的变性，从而影响其功能特性。酸洗法是利用大豆蛋白等电沉淀原理，将豆粉分散液用稀酸调pH至4.5来分离沉淀蛋白质，蛋白质的变性程度较小，产品的溶解性较好。分离大豆蛋白的制备工艺较为复杂，是最纯的大豆蛋白制品，蛋白质含量大于90%，产品有良好的功能特性，应用范围最广，但它只有60%左右的蛋白质回收率，价格较高。大豆蛋白制品的化学组成见表1-27。

表1-27　大豆蛋白制品的化学组成　　单位：g/16g氮

品　种	豆　粉	浓缩大豆蛋白	分离大豆蛋白
蛋白质	56.0	72.0	96.0
脂　肪	1.0	1.0	0.1
纤　维	3.5	4.5	0.1
灰　分	6.0	5.0	3.5
糖　类	33.5	17.5	0.3

大豆蛋白制品可作为高蛋白添加剂用于多种食品体系中以提高蛋白质含量。

大豆蛋白必需氨基酸含量接近或高于FAO/WHO建议的理想构成，高于FNB标准。不同的加工方法对大豆蛋白的必需氨基酸含量无显著影响。与其他植物（如谷类）蛋白相比，大豆蛋白中赖氨酸含量最高。添加到谷类食品中，可起到氨基酸互补作用。蛋氨酸是大豆蛋白的限制性氨基酸，若把大豆蛋白作为营养补剂或代替肉制品时，应考虑在其中强化蛋氨酸。大豆蛋白制品的必需氨基酸组成见表1-28。

表1-28　大豆蛋白制品的必需氨基酸组成　　单位：g/16g氮

项　目	赖氨酸	亮氨酸	缬氨酸	异亮氨酸	苏氨酸	苯丙氨酸+酪氨酸	蛋氨酸+胱氨酸	色氨酸
FAO/WHO	5.5	7.0	6.0	4.0	4.0	6.0	3.5	1.0
FNB	5.1	7.0	4.8	4.2	3.5	7.3	2.6	1.1
脱脂豆粉	6.9	7.7	5.4	5.1	4.3	8.9	3.2	1.3
浓缩蛋白	6.3	7.8	4.9	4.8	4.2	9.1	3.0	1.5
分离蛋白	6.1	7.7	4.8	4.9	3.7	9.1	2.1	1.4

注：FAO/WHO对应的数据为世界卫生组织建议的比例，FNB对应的数据为美国联邦营养局高级蛋白标准。

大豆蛋白的消化率与牛乳、牛肉、鸡蛋这些动物蛋白的差不多，PER亦比较高，见表1-29、表1-30。

表1-29　大豆蛋白的PER

	脱脂豆粉	浓缩蛋白	分离蛋白	酪蛋白
PER	2.2	1.8	1.6	2.5

表 1-30　　SPI相对消化率及相对质量

参照蛋白	相对消化率/%	相对质量/%
牛乳	98.9（儿童）	100
鸡、蛋	98.4（成年人）	83
牛肉	99.5（成年人）	108

(1) 大豆蛋白质的化学结构　大豆蛋白质用等电方法沉淀析出后再用超离心法进行分离，可分出2S、7S、11S和15S四种不同相对分子质量的球蛋白。表1-31是用超速离心法进行分离分析的大豆蛋白质的组分表，从表中可以看出，7S球蛋白和11S球蛋白之和占总大豆蛋白质的70%以上，它们的结构对整个大豆蛋白质的性质起决定性作用。

表 1-31　　水抽提大豆蛋白质各超速离心组分的数量及成分表

组分	占总量百分数	成分	相对分子质量
2S*	15.0	胰蛋白酶抑制剂	8000～21500
		细胞色素C	12000
7S	34.0	β-淀粉酶	61700
		血球凝集素	110000
		脂肪氧化酶	102000
		7S球蛋白	180000～210000
11S	41.9	11S球蛋白	350000
15S	9.1	—	600000以上

S*：超速离心法中分子沉降系数。

①2S组分：其相对分子质量范围为8000～21500，占大豆蛋白的15%，这一类蛋白质研究较少。它与酸沉淀蛋白质组分中分离出的相对分子质量为26000，*N*-末端结合天冬氨酸的蛋白质相似，其性质与一种胰蛋白酶抑制剂相似。

②7S组分：其相对分子质量范围为60 000～210 000，占大豆蛋白的34%。分离精制的7S成分是含有3.8%的甘露糖和1.2%氨基葡萄糖的糖蛋白质。7S的相对分子质量约为11S成分的一半，氨基酸组成与11S相比差别不大，只是含硫氨基酸较少，*N*-末端氨基酸的种类较多。

③11S组分：是大豆中含量最多的蛋白质成分，占大豆蛋白的34%，相对分子质量350000左右，含糖在1%以下，等电点为pH5.0，次级结构约有12个亚单位，*N*-末端的氨基酸中约有5个甘氨酸、2个亮氨酸或异亮氨酸、2个苯丙氨酸。

④15S组分：相对分子质量范围在600000以上，约占大豆蛋白的9%，不是单纯蛋白质，由多种成分构成。

11S和7S组分在一定化学或物理环境中，均可以发生聚合成多聚物或解离成亚单位的反应。对其构象进行旋光分散分析的结果表明，这两个组分主要是β-结构，有一部分为无规律结构，而α-结构几乎没有。

(2) 大豆蛋白质的理化特性　大豆蛋白质的理化特性包括大豆蛋白的溶解度、大豆蛋白质的变性、乳化作用、吸水与吸油特性、组织化作用、黏弹性、成膜性与起泡性等。

①大豆蛋白的溶解度：大豆蛋白的溶解度与pH有关，如图1-8所示。

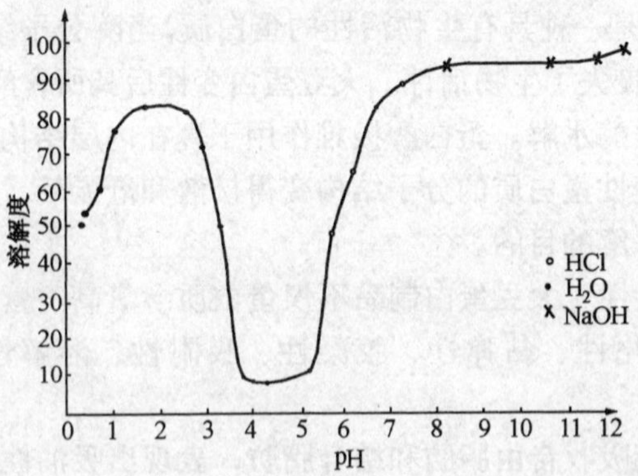

图 1-8　不同 pH 下的脱脂大豆粉中蛋白质的溶解度

从图 1-8 中可以看出，当 pH 为 0.5 时，50%左右的蛋白质被溶解，当体系的 pH 达 2.0 时，约 80%的蛋白质被溶解。其后随着 pH 的增加，蛋白质的溶解度降低，直至 pH 为 4～5 的等电点范围内，蛋白质溶解度趋于最小值，约为 10%。而后，随着 pH 的逐渐增加，蛋白质的溶解度再次迅速增加，在 pH 为 6.5 时，蛋白质的溶解度可达 80%以上，而在 pH 为 12 时，达到最大值，可达 90%以上。大豆蛋白的这一溶解性质被广泛应用在大豆蛋白食品的加工中。

在不超过蛋白质热变性温度的范围内，适当地提高温度有助于大豆蛋白的抽提。但当温度达到蛋白质的变性区域温度后，大豆蛋白质的溶解度则随着温度的升高和加热时间的延长而迅速下降。在大豆蛋白食品加工中，为了灭菌或钝化抗营养因子和改善风味，必须对大豆蛋白进行加热处理。这时为了防止热处理导致蛋白质溶解度降低，可采用“超高温短时处理”的办法，例如在 135℃下加热 2～5s。

②大豆蛋白的变性：由于物理的或者化学的因素，引起了大豆蛋白内部结构的改变，从而导致大豆蛋白质的物理、化学和功能特性改变，这种现象称为大豆蛋白的变性。

导致大豆蛋白变性的主要物理因素有过度加热、剧烈振荡、过分干燥、超声波处理等，化学因素有极端 pH、有机溶剂、重金属盐以及某些无机化合物等。

大豆蛋白变性的实质是原来维持蛋白质分子的空间构象，二、三、四级结构的次级键被破坏，双硫键转化为—SH，使紧缩的肽键充分舒展，形成新的构型。如果这些变化是发生在偏离蛋白质分子等电点的酸碱条件下，则由于变性的分子仍然带有和原蛋白质相同的电荷，根据静电同性相斥的原理，不易发生沉淀或絮凝。但如果这些变化发生在等电点的 pH 范围内，变性的电中性分子会因布朗运动相互碰撞、吸引而成絮团物析出。此时若向该体系提供能量如加热，则会加剧蛋白质的沉淀。

大豆蛋白变性后，其性质会发生变化：

a. 溶解度下降：由于肽链的舒展，使原先裹在分子内部的疏水基团被迫转移到分子的表面，致使蛋白质的溶解性下降。因此，可利用蛋白质的溶解度变化来判断蛋白质的变性程度。

b. 黏度增加：大豆蛋白变性时，蛋白质分子的紧密结构被破坏，多肽链充分舒展，使分子的体积增大。黏度则由相对分子质量大小和分子的形状所决定，当相对分子质量一定时，体系的黏度随分子体积的增大而增加。

c. 生物活性的丧失：酶是一种具有生物活性的蛋白质，当酶分子结构被破坏时，酶分子表面的活性也就被破坏，从而丧失了生物活性。大豆蛋白变性后其所含酶的活性也就没有了。

变性大豆蛋白易被蛋白酶水解。蛋白酶极难作用于裹在内层结构中的肽键，因此无法水解未变性的蛋白质，但当变性蛋白质的分子结构变得松散和舒展后，酶分子就很容易作用于暴露了的肽键，进而达到水解的目的。

（3）大豆蛋白的功能特性　大豆蛋白制品不仅蛋白质含量高、营养丰富，而且大都具有一定的功能特性，如：乳化性、黏弹性、胶凝性、吸附性、溶解性、吸水吸油性、起泡性等。

①吸油性：大豆蛋白能吸收自由脂肪和结合脂肪，表现出吸油性。组织化大豆粉能吸收为其自重的65%～130%的脂肪，并在15～20min内达到吸收最大值。脂肪的吸收是乳化作用的一种表现。

②吸水性：大豆蛋白质的结构长链中含有极性侧链，具有亲水性，因此，大豆蛋白质能吸收水分并能保留住食品中的水分。大豆蛋白分子中的极性部位有些是可以电离的，如羧基和氨基，这样通过pH的改变，其极性也随着发生变化。大豆蛋白凝胶的保水性与pH的关系同溶解度与pH的关系相类似。当pH为4.5时，其保留水分最少。在焙烤制品和糖果生产中，添加定量的大豆蛋白制品，能增加产品的持水能力，使产品有较长的货架期。

③乳化性：大豆蛋白能够帮助油在水中形成乳化液，形成乳化液后仍可使之保持稳定。因为大豆蛋白是表面活性物质，能降低油-水界面的表面张力，使油-水体系发生乳化。乳化的油滴表面集合的蛋白质则形成了一保护层，阻止油滴凝聚，从而提高乳化液的稳定性。

④胶凝性：含有8%以上分离大豆蛋白的溶液加热则形成胶凝体。大豆蛋白组分中7S的胶凝性很好，能做很好的豆腐，11S的溶解性好，能加工成奶酪一样的产品。

⑤起泡性：大豆蛋白质是表面活性物质，其胃蛋白酶水解产物可用作起泡剂，并且在pH4～5的溶液中也能溶解。大豆蛋白水解产物很容易起泡，在糖果生产中可用作起泡剂。起泡的原因也与少量的未水解的蛋白质有关。一种用醇洗过的起泡大豆蛋白能迅速起泡，并相当稳定，但它不再具有热胶凝性质，在蛋糕生产中可用来代替鸡蛋白。

大豆蛋白功能特性及其应用的食品体系见表1-32。

表1-32　大豆蛋白功能特性及其应用的食品体系

功能特性	作用方式	食品体系
溶解度	蛋白质溶解与pH、离子强度有关	饮料、整块肉制品
吸水、持水性	通过氢键结合水，不形成水滴	肉、香肠、面包、饼干
黏度	与H_2O结合，增稠	汤料、肉汁
凝胶性	蛋白质基质的形成与凝结	肉制品、奶酪、腌肉
粘结性	蛋白质作为粘结材料	肉制品、焙烤食品、香肠、面条
弹性	形成凝胶中二硫键	肉类、焙烤食品
乳化性	与水、脂肪形成乳状液	香肠、汤料、奶酪、蛋糕
吸油性	结合自由脂肪	肉类、香肠
风味吸附性	吸收、包裹	仿真肉、饼干
起泡性	形成稳定的膜	搅打糖裱花、安琪儿蛋糕
控制色泽	脂氧合酶漂白作用	面包、焙烤食品

2. 大豆脂肪

大豆的脂肪在常温下是黄色液体，为半干性油。大豆脂肪在人体内的消化率高达97.5%，不含胆固醇，因此它是优质食用植物油。大豆脂肪可在酶的作用下水解成脂肪酸和甘油。大豆脂肪的特点是以不饱和脂肪酸为主，如油酸、亚油酸、亚麻酸等，占总脂肪酸量的60%左右，易于氧化，也易于阻止胆固醇在血管中沉积。大豆脂肪酸的一般组成为：棕榈酸2.4%～6.8%，硬脂酸4.4%～7.3%，花生脂酸0.4%～1.0%，油酸32%～35%，亚油酸51.7%～57%，亚麻酸2%～10%等。

大豆脂肪中还含有不皂化物质，包括甾醇类（豆甾醇、谷甾醇等）和维生素E等。生育酚类含量约为0.2%，其中α-型约占10%，β-型约占60%，γ-型约占30%。生育酚类物质使油脂具有抗氧化性。

3. 糖类

大豆中糖类含量约为25%。其组成比较复杂，主要由蔗糖、棉子糖、水苏糖以及阿拉伯糖和半乳糖的多糖构成。这些碳水化合物，除蔗糖外都难以被人体所消化，但有些糖类物质在人体肠内能被菌类利用，而在肠内产生气体。在加工豆制品中，这些碳水化合物易转入浆水中除掉。

4. 无机物和维生素

大豆中含有丰富的矿物质和维生素。大豆中的无机元素有钾、钠、钙、镁、磷、硫、氯、铁、铜、锰、锌、铝等。维生素有维生素B_1、维生素B_2、维生素PP（烟酸）、维生素B_6、维生素B_3（泛酸）、维生素C、肌醇等。

大豆蛋白制品矿物质和维生素含量见表1-33。

表1-33　　大豆蛋白制品矿物质和维生素含量　　单位：mg/kg

大豆蛋白制品	钙	磷	铁	镁	钾	钠	锌	维生素B_1	维生素B_2	烟酸	维生素B_6	泛酸
豆粉	270	730	8	300	2500	20	5	1.5	0.4	1.9	0.5	1.7
SPC	350	810	10	320	2200	50	3	0.3	0.1	0.9	0.1	0.1
SPI	180	760	16	38	96	1100	4					

5. 磷酸脂类

大豆中的大部分磷酸脂类是植酸钙镁，有机磷中磷脂（卵磷脂和脑磷脂）含量较高，是脂肪酸的甘油酯和磷及胺类物的结合体，其含量为大豆油的1.8%～3.2%。磷脂质除了对人体有良好的营养作用外，还具有很好的乳化作用。

6. 大豆中的抗营养因子

大豆营养价值很高，但其中也含有多种对生理有害的物质。

（1）胰蛋白酶抑制因子　一般认为大豆中至少存在五种胰蛋白酶抑制剂。1947年、1961年Kunitz与Bowman-Birk分别提纯了两种胰蛋白酶抑制剂，它们在大豆中的含量分别为1.4%和0.6%。后来人们用他们的姓氏分别命名了这两种胰蛋白酶抑制剂，它们的性能见表1-34。

表1-34　　Kunitz和Bowman-Birk抑制剂的特性

特　　性	Kunitz抑制剂	Bowman-Birk抑制剂
等电点	4.5	4.2
相对分子质量	21500	7975

续表

特　性	Kunitz 抑制剂	Bowman-Birk 抑制剂
氨基酸残基数/（个/mol）	197	72
胱氨酸残基数/（个/mol）	2	7
对热、酸、胃蛋白酶的稳定性	不稳定	稳定
对胰凝乳蛋白酶的抑制作用	低	高
胰脏肿大	+	+

上述两种抑制剂的等电点都处在偏酸性范围，Bowman-Birk 抑制剂对热、酸、胃蛋白酶的稳定性及对胰凝乳酶的抑制作用均强于 Kuaitz 抑制剂，这是因为前者每摩尔具有 7 个胱氨酸残基，而后者只有 2 个。胱氨酸残基的二硫化物能有效地稳定大分子结构。

胰蛋白酶抑制剂的毒性是可引起胰脏肥大。

对于大多数大豆食品的生产来说，胰蛋白酶抑制剂的问题不难于克服，因为在湿热条件下，胰蛋白酶抑制剂较容易失去活性。

（2）血球凝集素　血球凝集素是一种能使动物血液中红血球凝集的物质。大豆中至少有四种蛋白质，能引起兔、鼠的红血细胞凝集成块。脱脂豆粉含有约 3% 的血球凝集素。大豆中的主要血球凝集素为含有 4.5% 的甘露糖和 1% 的氨基葡萄糖的蛋白质，相对分子质量为 110000，含有两条多肽链。胃蛋白酶很容易使血球凝集素失去活性。与胰蛋白酶抑制剂一样，湿热处理可使血球凝集素完全失活。

（3）大豆皂苷　脱脂大豆中含有约 0.6% 的皂苷。大豆皂苷是三萜系化合物乙醇的复合糖苷，从其配基分离出来的糖类有半乳糖、葡萄糖、木糖、鼠李糖、阿拉伯糖和葡萄糖酸。这些糖类的含量为 24% ~ 27%，易溶于水或 80% 乙醇，起泡性强，在高压锅中用蒸汽加热也很稳定。

将红血球置于试管中，加入大豆皂苷，可看到其溶血作用。用小动物试验，在胃和小肠内皂苷不发生分解反应，在小动物肠内通过而不被吸收。所以，大豆皂苷实际上是无害的。

（4）致甲状腺肿胀的因子　这种物质虽然不影响人体的成长，但它能使人体甲状腺素的合成受到阻碍，在大豆制品中加入微量碘化钾可消除这种影响，湿热处理也能使这种物质消失一部分。

（5）肠胃胀气因子　食用大豆后发生肠胃气胀是大豆中所含的棉子糖和水苏糖所造成的。人体消化道中不产生 α-半乳糖苷酶和 β-果糖苷酶，所以这些糖不能被人体肠胃内消化吸收，当它们到达下部肠道后，经大肠细菌的发酵作用，产生二氧化碳、氢气及少量甲烷，造成气胀现象，表现为恶心、腹泻、肚子咕咕作响及排气等。

但食用大豆制作的豆腐一般不会产生气胀现象，即使有"气胀"也是极微弱的。

近来研究表明，大豆中低聚糖不是有害因子，而是肠内双歧杆菌增殖因子。

7. 大豆中抗营养因子的消除方法

大豆中的抗营养因子按其耐热的程度可分为热稳定与热不稳定两种，如胰蛋白酶抑制剂、凝血素、甲状腺肿素等都是热不稳定的，通过加热处理可消除。另一类物质如棉子糖、水苏糖、皂角苷、植物激素等对热较稳定，只有在大豆制品的生产过程中通过水洗、醇溶液处理等办法来去除。

（1）远红外线加热处理　由于远红外线穿透力很强，故用远红外线加热处理大豆，能在较短时间内使热不稳定的抗营养因子失活，既节约能量又节省时间。

(2) 湿热处理　将大豆浸泡 4 h，再用常压蒸汽加热 30min，然后热风烘干；煮沸豆浆 5 ~ 100min；用98kPa 压力的蒸汽加热豆粉 20min 等等，都可在不同的豆制品加工工艺中采用。

三、大豆的等级标准

国家标准 GB 1352—1986《大豆》规定，大豆根据种皮颜色和粒形分为五类。

黄大豆：种皮为黄色。按其粒形分为以下两种：东北黄大豆，粒色为黄色。粒形多为圆形、椭圆形，有光泽或微光泽。脐色多为黄褐、淡褐或深褐色。一般黄大豆，粒色一般为黄色、淡黄色。粒形较小，多为扁圆和长椭圆形。脐色为黄褐、淡褐或深褐色。

青大豆：种皮为青色。按其子叶的颜色分为青皮青仁大豆、青皮黄仁大豆。

黑大豆：种皮为黑色。按其子叶的颜色分为黑皮青仁大豆、黑皮黄仁大豆。

其他大豆：种皮为褐色、棕色、赤色等单一颜色的大豆。

饲料豆（秣食豆）：一般籽粒较小，呈扁长椭圆形（肾脏形），两片子叶上有凹陷圆点，种皮略有光泽或无光泽。

大豆中的名贵品种和分类中不能包括的特殊品种，由省、自治区、直辖市另定标准。

各类大豆按纯粮率分等。

纯粮率是除去杂质的大豆（其中不完善粒折半计算）占试样的质量分数。大豆等级指标见表 1-35。

表 1-35　　**大豆等级指标**

纯粮率/%		杂质/%	水分/%		色泽、气味
等级	最低指标		东北、华北地区	其他地区	
1	96.0	1.0	13.0	14.0	正常
2	93.5				
3	91.0				
4	88.5				
5	86.0				

各类大豆以三等为中等标准，低于五等的为等外大豆。

第四节　玉　米

玉米是我国主要粮食作物之一，产量高，生长期短，能和多种作物套种，在我国种植广泛，不论是平原、丘陵地区，还是高寒地区都能栽培。我国有三大玉米生产区：一是北方春玉米生产区，大体位于北纬 40°以北，包括黑龙江、吉林、辽宁、内蒙古自治区、宁夏回族自治区以及河北、陕西、山西大部，约占全国播种面积的 27%，其单产最高。二是黄淮平原春、夏玉米区，包括山东、河南、河北及山西南部、江苏及安徽北部，播种面积约占全国的 40%。三是西南丘陵玉米区，包括四川、贵州、广西、云南等，约占全国播种面积的 25%。

玉米在谷物总产量中占据相当重要的地位，其产量约占世界谷物总产量的 1/4。在我国粮食产量中所占比例仅次于稻谷和小麦，居第三位。

一、玉米的籽粒结构

玉米属禾本科蜀黍属，为一年生高大草本植物，茎叶为牛马饲料。因栽培历史悠久，变种很多，茎实心，叶大而阔平，花单性同株，雄花序顶生，为点状花序排列大形圆锥花序，小穗成对，有小花 2 个，雌花序腋生，小穗成对以 8～18 行密集于粗状海绵质的总轴上，而成多数的纵列，轴外为多数的苞片包裹，花柱丝状，突出于花序外。

玉米籽粒由皮层、胚、胚乳和根冠等部分组成。玉米籽粒基部窄而薄，顶端宽而厚，一般长度为 7～17mm，宽为 5～12mm，厚为 3～7mm。玉米胚位于籽粒的基部，其体积约占整个籽粒的 1/4，质量占 8%～12%。玉米果皮和种皮的质量约占籽粒的 6%，其余部分为胚乳。玉米籽粒结构如图 1-9 所示。

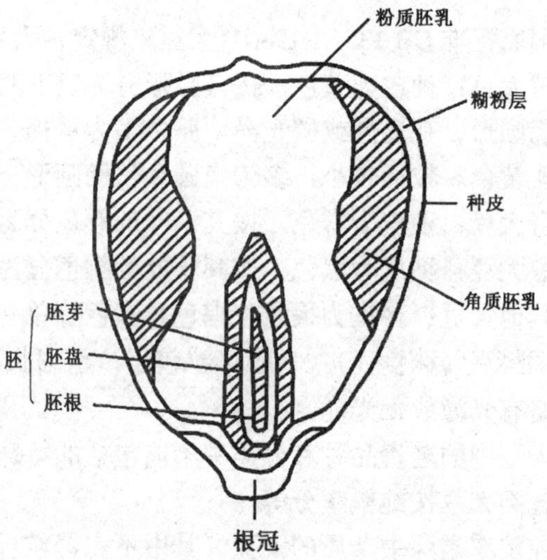

图 1-9　玉米籽粒的纵剖面示意图

二、玉米的类型及特点

玉米颖果的植物学结构与小麦相似，籽粒颜色变化较多，从白到黑褐或紫红色，可能是纯色的，也可能是杂色的，白色或黄色是最普遍的颜色。

按照籽粒形状、胚乳性质和有无稃壳，玉米可以分成 8 大类型。

①硬粒型（flint corn）：籽粒一般呈圆形，质地坚硬平滑，顶部和四周大部分胚乳为致密、半透明的角质淀粉，表面光泽好，籽粒中间有少量疏松、不透明的粉质淀粉。籽粒有黄、白、红、紫等色，适于高寒地栽培，食感好，多作为饲料和工业原料。

②马齿型（dent corn）：籽粒顶部凹陷成坑（因此得名“dent”），棱角较为分明，近于长方形，很像马齿。籽粒四周为一薄层角质淀粉，中间和顶部由粉质淀粉所充实，成熟时由于粉质淀粉收缩，造成粒顶下陷呈马齿形。籽粒有黄、白等色，不透明，籽粒大，产量高，但食感较差，是栽培最多的品种。主要用作饲料、淀粉、油脂原料。高油玉米、高直链淀粉玉米、高蛋白玉米、糯质玉米等变异品种多与马齿型玉米近缘。

③粉质型（soft corn）：籽粒胚乳全部由粉质淀粉组成，表面暗淡无光泽。由于粉质淀粉质地松软，所以又可称为软质型，籽粒外形与硬粒型相似。软质玉米产量偏低，不耐储藏。它是较古老的玉米类型，中国部分省区曾有种植。

④爆裂型（pop corn）：籽粒小，坚硬光亮，胚乳全部由角质淀粉组成，通热爆裂膨胀。有的可达原来体积的 20 倍以上。爆裂玉米有圆形和尖形两种，有黄、白、红、紫等不同粒色。这种玉米产量低，一般做爆米花食用。

⑤甜质型(sweet corn)：籽粒含糖分较多,淀粉较少,成熟后外形呈皱缩或凹陷状。一般在

乳熟期采摘,作为嫩玉米食用,茎叶用作青饲料。甜玉米可分为普通甜玉米和超甜玉米两种。

普通甜玉米：胚乳由角质淀粉构成，一般种皮较薄，成熟后籽粒呈半透明状。乳熟期含糖分可达8%左右。采摘后一部分糖分会逐渐转化为淀粉，因此甜味就会降低。它含有多种水溶性多糖，故有很好的风味。

超甜玉米：这种玉米完全成熟后，籽粒外表皱瘪凹陷，并不透明。乳熟期含糖分高达8%～20%，为普通玉米的7～8倍，但胚乳中缺乏水溶性多糖，种皮较厚，不宜用于制罐头。超甜玉米籽粒中糖分转化淀粉的速度比普通甜玉米慢，所以比普通甜玉米存放时间长。

⑥糯质型（waxy corn)：籽粒不透明，无光泽，外观似蜡状，故称蜡质玉米。它的胚乳全部由支链淀粉组成，煮熟后黏软，富于糯性，俗称黏玉米或糯玉米。糯玉米在中国常作为嫩玉米鲜食，或制成各种糕点。

⑦甜粉型(starchy sweet corn)：籽粒上部为富含糖分的皱缩状角质,下部为粉质。它比较罕见。

⑧有稃型(pod corn)：每颗籽粒都有颖壳包裹,颖壳顶端有时有芒状物,籽粒坚硬,为原始类型。

特用玉米（specialty corn）具有较高的经济价值、营养价值或加工利用价值，其技术含量和遗传附加值较高，也称作遗传增值玉米，主要包括以下7种。

①高赖氨酸玉米：普通玉米通过遗传改良，使籽粒中赖氨酸含量提高70%以上，又称优质蛋白玉米或高营养玉米，高赖氨酸玉米吃起来感觉鲜、甜、香而适口，嚼之松软。

②高油玉米：籽粒胚芽所占比率增大，淀粉减少，含油量比普通玉米平均高50%以上(含油率可达20%以上)，它是人工育种创造的一种新型玉米。

③爆裂玉米：一种专门用来制作爆玉米花食用的特用玉米。好的爆裂玉米爆裂率达99%，膨胀倍数达30倍，一般家庭中用铁锅、微波炉均可加工爆米花，食用简易方便。

④甜玉米：它的用途和食用方法类似于蔬菜的性质，又被称为“蔬菜玉米”。它可加工成各种风味罐头。

⑤笋玉米：即嫩穗玉米，专门用来生产玉米笋的专用型品种，幼嫩果穗形似竹笋。

⑥糯玉米：籽粒中淀粉100%为支链淀粉，具有甜、糯、香、软的特点。

⑦青贮玉米：以新鲜茎叶（包括穗）生产青饲料或青贮饲料的玉米品种或类型。它的独特之处在于完全符合饲养业的要求。

全世界种植的玉米有很多种类，最常见的是马齿型玉米，它是普通谷物种子中粒度最大的一种，粒重平均为370mg，籽粒分为四个基本部分，即皮（果皮和种皮)、胚、胚乳和基部，基部是籽粒与玉米棒子的连接点，脱粒时可能与籽粒相连，也可能被去掉。

我国种植较多的玉米品种是硬粒型、马齿型和半马齿型玉米三种。大部分用作饲料原料(占70%～80%)，小部分用于淀粉工业、酒精工业、啤酒工业和食品工业等。

玉米加工，生产玉米粉、玉米糁、玉米淀粉的主要原料是马齿型玉米和硬质玉米。

三、玉米的化学成分及标准

普通玉米糖类约占70%，其中淀粉是主要成分。玉米胚乳中含角质淀粉较多的品种品质较好，含粉质淀粉较多的品质较差。

在一颗玉米籽粒中存在半透明和不透明的胚乳。半透明胚乳结构紧密，没有空气间隙。淀粉粒呈多边形，紧密地结合在间质蛋白质中。在不透明胚乳中，淀粉粒是球形，为间质蛋白体所覆盖，其不透明性是因为有许多空气间隙。不透明和半透明的胚乳所含的蛋白质类型不同。

通常，玉米籽粒是相当硬的，蛋白质和淀粉颗粒之间的结合是非常牢固的。玉米湿法加工中，单用水不能使蛋白质和淀粉很好地分离。玉米中的不透明胚乳一般称为“软”胚乳。

普通种玉米和糯质玉米的淀粉颗粒比马铃薯、木薯、小麦淀粉小，比大米淀粉大一些，平均粒径 15μm。高直链淀粉玉米的淀粉颗粒稍小，形状也不规则。普通玉米淀粉直链淀粉约占 27%，其余是支链淀粉。高直链淀粉玉米中直链淀粉可达 50%～80%。普通玉米（包括糯质种）淀粉结晶化度较高，为 α 型，直链淀粉玉米为 β 型。淀粉分子的多苷链卷曲成螺旋形，每一回转含 6.5 个葡萄糖残基，螺旋中包接有脂质，由直链淀粉包接，不同的淀粉含脂质不同，玉米淀粉在所有淀粉中脂质含量最多，普通玉米淀粉中的含量为 0.5%～1.0%。这部分脂质也称为“内部油分”，它和淀粉结合紧密，一般不能用溶剂提取。

各种淀粉糊的加工功能特性如表 1-36 所示。

表 1-36　　各种玉米淀粉糊的特性

功能特性	普通玉米	糯玉米	高直链淀粉玉米
易糊化度	较强	很强	一般
保水性	较强	强	差
抗老化性	较强	强	差
搅拌耐性	较强	差	较强
易凝胶性	较强	一般	很强
增黏效果	较强	较强	差
透明度	较强	强	差
胶体保护性	较强	强	差
成膜性	一般	一般	强
易水解性	较强	强	一般

除淀粉外，玉米还含有各种多糖、寡糖、单糖，大部分存在于胚中。甜玉米是个例外，胚乳中含有大量蔗糖。

玉米的蛋白质含量为 6.5%～13.2%，仅次于小麦和大米，是重要的食品和饲料蛋白质资源。

玉米蛋白在籽粒中的分布为，胚乳 80%，胚 16%，种皮 4%，大部分在胚乳中，但胚中蛋白含量最高。胚乳中主要是贮藏蛋白质，几乎都以颗粒状存在，其余是包裹淀粉的蛋白膜（主要是玉米醇溶蛋白）。玉米蛋白成分可分为：白蛋白（可溶于水）、球蛋白（溶于食盐水）、醇溶谷蛋白（只溶于 70%～80% 的酒精，大部分为玉米醇溶蛋白）、谷蛋白（不溶于水、乙醇和中性盐溶液，可溶于 NaOH 等的稀碱液或稀酸液）和其他蛋白。

玉米胚乳蛋白中醇溶谷蛋白（大部分为玉米醇溶蛋白）占 45%，谷蛋白占 40%；而胚中白蛋白、球蛋白、谷蛋白各占 30%左右。玉米醇溶蛋白中几乎不含赖氨酸，因此玉米蛋白的营养价值不高。玉米胚中的蛋白质的氨基酸组成相对比较全面。

玉米的粗脂肪含量为 5%～6%，80%～85%集中在胚中，所以玉米胚是一种重要的食用油资源，脂肪含量高达34%～47%，其中44.8%～45.1%为不饱和脂肪酸。

玉米胚乳中的脂肪含量不完全相同，特别高的玉米品种可达1%以上。一般通过脱皮、脱胚工艺加工生产的玉米粉，脂肪含量可以降低至1.0%以下。但是，如果玉米加工过程中不去皮、不提胚，则玉米粉和玉米糁的脂肪含量比较高，因为玉米胚的大部分被压碎，玉米皮也混在一起。

玉米纤维的一半以上含在种皮中，主要由中性膳食纤维（NDF）、酸性膳食纤维（ADF）、戊聚糖、半纤维素、纤维素、木素、水溶性纤维组成。种皮可作为膳食纤维的原料，其中NDF含量高达10%，ADF仅占4%左右。经加工、处理的玉米皮是很好的膳食纤维来源。

玉米矿物质含量按灰分测定在1.1%～3.9%范围，爆玉米花含量最高。普通玉米籽粒的灰分为1.3%，加工成玉米粉后，灰分减少很多。矿物质中含钾最多，其次为磷、镁，含钙特别少。

玉米还含有多种维生素，其中黄玉米含有较多的β-胡萝卜素。含量较丰富的维生素为油溶性的维生素E、水溶性的维生素B_1和维生素B_6。虽然维生素B_5含量也相当多，但属于结合型，单胃动物不能吸收。甜嫩玉米还含有其他谷物中不含的维生素C。

玉米各部分的平均化学组成、玉米与大麦的平均组成成分比较见表1-37、表1-38。

表1-37　　玉米各部分的平均化学组成　　单位：%

籽粒部位	占整粒质量	淀粉	糖	蛋白	油脂	灰分
胚乳	81.9	86.4	0.64	9.4	0.8	0.31
胚芽	11.9	8.2	10.8	18.8	34.5	10.10
种皮	5.3	7.3	0.34	3.7	1.0	0.84

表1-38　　玉米与大麦的平均组成成分比较　　单位：%

品种	淀粉	蛋白质	糖	纤维	脂肪	灰分
玉米	71.5	10.3	6.2	4.2	4.8	1.4
大麦	62.0	11.8	10.3	5.7	2.5	3.1

玉米可能具有功能性。长期食用玉米对心血管系统疾病有明显的防治效果。玉米中所含的亚油酸、维生素E等物质，具有降低血液中胆固醇的作用。经常食用玉米及其制品，对冠心病、动脉硬化症有辅助疗效；玉米含有谷胱甘肽，它在人体内能与多种外来的致癌物质相结合而排出体外。玉米中所含的纤维素比较丰富，食后能促进肠蠕动，缩短食物通过消化道的时间，减少有毒物质的吸收和致癌物质对结肠的刺激，能减少结肠癌的发病率。

四、玉米的等级标准

国家标准《玉米》（GB1353—1999）根据玉米种皮颜色分为三类。

黄玉米：种皮为黄色，并包括略带红色的黄色玉米。

白玉米：种皮为白色，并包括略带淡黄色或粉红色的白色玉米。

混合玉米：混入本类以外玉米超过5.0%的。

玉米的特殊品种，由省、自治区、直辖市另定标准。

各类玉米按体积质量定等，其质量指标见表1-39。

表1-39　　玉米质量指标

等级	体积质量/（g/L）	杂质/%	水分/%	不完善粒/%		色泽、气味
				总量	其中生霉粒	
1	≥710	≤1.0	≤14.0	≤5.0	≤2.0	正常
2	≥685	≤1.0	≤14.0	≤5.0	≤2.0	正常
3	≥660	≤1.0	≤14.0	≤5.0	≤2.0	正常

注：水分大于表1规定的玉米的收购，按国家有关规定执行。

各类玉米以二等为中等玉米，低于三等的为等外玉米。

上述体积质量指标只适用于水分在23%（含）以下的玉米。

五、玉米粉、玉米粗粒

玉米干法加工的产品主要有玉米粉、玉米糁和玉米胚三类。辽宁省对玉米糁和玉米粉质量提出如下标准。

1. 玉米粉质量标准，见表1-40

表1-40　　玉米粉质量标准（辽LS39—1973）

种类	粗细度	牙碜	磁性金属	水分	色泽、气味
细粉	全部通过40W，留存60W不超过30%	砂土含量不超过0.03%，咀嚼时无牙碜感觉	每千克不超过3mg	15.0	正常
粗粉	全部通过20W，留存40W不超过15%			15.0	正常

2. 玉米糁质量标准（辽LS37—1973）

（1）糁的类型

①大糁，留存4.5mm圆孔筛上的糁粒。混有中糁、小糁总量不得超过10%。

②中糁，通过4.5mm圆孔，留存3.0mm圆孔筛上的糁粒。混有大糁、小糁总量不得超过15%。

③小糁，通过3.0mm圆孔，留存1.5mm圆孔筛上的糁粒。混有大糁、中糁总量不得超过5%。

大、中、小糁互混超过上述规定限度时，其超过部分按不完善粒检验。

（2）糁的等级标准（表1-41）

表1-41　　糁的等级标准

等级	不得少于纯粮/%	不得多于							
		杂质/%			粉/%			水分/%	色泽气味
		总量	胚	矿物质	大糁	中糁	小糁		
1	90	1.5	1.0	0.05	0.5	1.0	1.5	15.0	正常
2	85	1.5	1.0	0.07	0.5	1.0	1.5	15.0	正常
3	80	1.5	1.0	0.09	0.5	1.0	1.5	15.0	正常

以纯粮率作为确定等级的基础。定等后，杂质总量、胚、粉、矿物质四项有一项或多项不符合等级规定时，降一个等级。外果皮脱掉不足糁粒表面（不包括断面）1/2以上的糁粒各级均为20%，超过部分按不完善粒检验。粉是指通过1.5mm圆孔的筛下物。不得少于纯粮（%），即指的是糁的整齐度。

玉米加工产品的出品率因玉米水分和品质不同有很大的差别。通常玉米加工不提胚时，出粉率为95%～98%，只提出2%～5%玉米皮；如果提胚，玉米的出粉率为约90%。一般为了节约粮食，玉米糁不单独生产。生产玉米糁剩下的玉米粉可回收作饲料或工业用粉，总出品率要求不低于90%，其中玉米糁的出品率为60%～65%。

玉米联产（同时生产玉米粉和玉米糁）加工时，总出品率要求为80%～84%。黑龙江省规定，若糁与粉的比例为4:6，则出品率要求为80%；若两者之比为2:8，出品率为84%。吉林省规定，玉米联产品加工出品率不低于75%（包括玉米胚），其中糁不超过30%～35%。

第五节　油　　脂

一、油脂的种类

食品中常用的油脂种类有植物油、动物油、氢化油、人造奶油、起酥油等。

1. 植物油

植物油中主要含有不饱和脂肪酸，其营养价值高于动物油脂，但加工性能不如动物油脂或固态油脂。

(1) 大豆油　大豆油中亚油酸含量高，不含胆固醇，是一种很好的营养食用油，消化率高达95%，长期食用对人体动脉硬化有预防作用。大豆油起酥性比动物油或固态油差，颜色较黄。

(2) 芝麻油　芝麻油具有特殊的香气，俗称香油，其中小磨麻油香气醇厚，品质最佳。芝麻油中含有芝麻酚，使其带有特殊的香气，并具有抗氧化作用，故芝麻油比其他植物油不易酸败。芝麻油价格较贵，多用于高档糕点的馅料中，也用于饼干和糕点的皮料中作为增香剂。

(3) 葵花籽油　葵花籽油具有诱人的清香味，含有十分丰富的营养物质。亚油酸的含量高于大豆油、花生油、棉籽油、芝麻油。高浓度的亚油酸在营养学上具有重要意义。

葵花籽油含有丰富的维生素E，约0.12%；胡萝卜素约0.045%；植物甾醇0.4%；磷脂0.2%。这些成分能和亚油酸相互作用，进一步增强了亚油酸降低胆固醇的功效。葵花籽油具有较高的降低胆固醇的功能。

(4) 菜籽油　菜籽油中芥酸和油酸含量高，饱和脂肪酸（棕榈酸、硬脂酸等）含量较低，一烯脂肪酸含量较高。除东北地区外，全国各地均有生产，长江和珠江流域各省生产较多。

(5) 花生油　花生油的重要特征是饱和脂肪酸含量较高，达13%～22%，含有高分子脂肪酸，如花生酸和木焦酸。因此，在我国北方地区，春、夏、秋三季，花生油为液态，冬季则成为白色半固体，故花生油是人造奶油的良好原料。

我国华北、华东等盛产花生的地区，多用花生油作为糕点的油脂原料。

(6) 椰子油　椰子油是椰子果实中提取出来的，在常温下呈固体，熔点为24～27℃，经氢化后提高至45℃左右。这与它含有大量的低相对分子质量饱和脂肪酸有关。在糕点中，多用椰子油代替人造奶油使用。当升高温度时，椰子油并不是逐渐软化，而是在几度的温度范围内，由脆性固体骤然转变为液体。这种现象与它的脂肪酸构成有关。椰子油的不饱和度较低，故氧化酸败较慢。

(7) 棕榈油　棕榈油是全世界最高产、使用最广泛的油脂，目前主要作为食品工业的原料油和加工用油。棕榈油是一种半固态油脂，饱和脂肪酸含量在50%以上，不饱和脂肪酸在45%左右。棕榈油是经过分提、精炼、加工制成的液体油或固体油脂，经过脱脂、脱酸、脱臭、脱氧、脱色、脱味等工艺处理，可加工出低、中、高不同熔点等级的食用油。

棕榈油的特点是发烟点高，稳定性好，使用时间长，不易氧化，气味清淡透明，无异味，耐贮存，特别适合于油炸面包和糕点。棕榈油是油炸面包、糕点、方便面、锅巴及其他油炸类食品的最理想用油之一。它可以制成人造奶油、起酥油、烹调油和凉拌油等。棕榈油中含有丰富的维生素A（类胡萝卜素，含量为0.5～1mg/kg），维生素E（即生育酚，含量为0.5～7mg/kg），磷脂（含量为0.5～0.7mg/kg）及谷甾醇（含量为0.18～0.2mg/kg）。

用棕榈油制成的人造奶油是生产起酥面包和起酥糕点的理想油脂。由于该油脂熔点高、塑性强，易于在面团中形成多层次饼层。另外，在烘焙过程中，由于该油脂比较坚韧和可塑性强，不能很快融解，细薄的油层能阻止饼坯中蒸发的水分消散，形成糕点清晰的层次和松软的结构。

(8) 玉米油　玉米油，亦称玉米胚芽油，是从玉米胚芽中榨取出来的植物油。玉米油香气诱人，清淡，味道好，无刺激味，容易消化和吸收，货架寿命长，具有较高的营养价值。

玉米油中含有丰富的亚油酸和维生素E，是一种营养保健油脂。

玉米油中含46%～60%的亚油酸、1%的亚麻酸，对于大多数人来说，每天食用1汤匙的玉米油（约15g）就可以满足人体对必需脂肪酸的需要。

玉米油中的脂肪酸主要是不饱和脂肪酸，长期食用玉米油可以防止心血管疾病，改善血脂代谢，减少对动物脂肪中的饱和脂肪酸和胆固醇的吸收，阻止人体血清中胆固醇沉积，预防动脉硬化、角膜炎、夜盲症等。因此，玉米油特别适合于中老年人食用。

玉米油中的多聚不饱和脂肪酸对于降低血压、预防高血压、冠心病有一定效果，其中的亚油酸、亚麻酸和花生四烯酸（在体内由亚油酸合成）是人体前列腺素的前体。前列腺素是一类激素，对人体特别是在心血管方面，有着重要生理功能。它可促进血液循环，减少周围阻力，促进血管舒张。另外前列腺素能够促进钠盐的排出。

维生素E，是一种天然抗氧化剂，它可以防止精制玉米油在贮运过程中氧化酸败。精制后的玉米油保持着原有80%的维生素E。

玉米油是儿童生长、妇女妊娠、哺乳期间理想的食用油。

玉米油可用于人造奶油、起酥油、凉拌油、调味剂、煎炸油、快餐食品、面包、糕点、家庭烹调等方面。

2. 动物油

动物油中常用的是奶油和猪油。大多数动物油都具有熔点高、可塑性强、起酥性好的特点。

(1) 奶油　又称黄油或白脱油，是从牛乳中分离加工出来的。它因有特殊的芳香和营养价值而受到人们的普遍欢迎。丁酸是奶油特殊芳香的主要来源。奶油中含有较多的饱和脂肪酸甘油酯和磷脂，它们是天然乳化剂，使奶油具有良好的稳定性。加工过程中又充入1%～5%的空气，使奶油具一定的硬度和可塑性，适于西式糕点的装饰和保持糕点外形的完整。

奶油的熔点为28～34℃，凝固点为15～25℃，在常温下呈固态，在高温下软化变形，这是奶油的弱点。

奶油在高温下易受细菌和霉菌的污染，其中的酪酸首先被分解而产生不愉快的气味。奶油中的不饱和脂肪酸易被氧化而酸败，高温和光照也会促进氧化的进行。因此，奶油应在冷藏库或冰箱中贮存。

(2) 猪油　精制猪油色泽洁白，可塑性强，起酥性好，制出的产品品质细腻、口味肥美。在面包中添加4%的精制猪油，相当于添加0.5%硬脂酰乳酸钠（SSL）乳化剂的效果。猪油在中式糕点中用量很大，它的使用也很普遍。

(3) 牛、羊油　牛、羊油都有特殊气味，需经熔炼脱臭后才能使用。这两种油熔点高，前者40～46℃，后者43～55℃，可塑性强，起酥性较好，便于成型和操作。但由于熔点高于人的体温，故不易消化。

3. 氢化油

氢化油亦称硬化油。通过油脂氢化将氢原子加到动、植物油不饱和脂肪酸的双键上，使液态油转变成饱和度和熔点较高的固态油脂。油脂氢化使不饱和脂肪酸变为饱和脂肪酸，液态油变为固态油，油脂可塑性、起酥性、熔点提高，有利于加工和操作。

氢化油多以植物油和部分动物油为原料，如棉籽油、葵花籽油、大豆油、花生油、椰子油、猪油、牛油和羊油等。氢化油很少直接食用，多作为人造奶油、起酥油的原料。

食用氢化油具备以下特性：在常温下有可塑性，在体温下能迅速熔化，即口溶性好，不含高熔点成分，即在较高温度下固体脂肪指数的温度梯度较大。食用氢化油不仅要控制一定的氢化程度，而且还要掌握氢化反应的选择性，使产品中的脂肪酸组成与结构符合不同食用油脂的需要。例如，营养方面，油脂中的亚油酸含量要高，饱和酸及不饱和异构酸含量要低；油脂稳定性方面，不饱和脂肪酸要少，尤其是亚麻酸等高度不饱和脂肪酸含量要低；要有合适的塑性范围等等。

4. 人造奶油

人造奶油又称为麦淇淋，是目前食品工业使用最广泛的油脂品种之一。人造奶油是以氢化油为主要原料，添加适量的牛乳或乳制品、色素、香料、乳化剂、防腐剂、抗氧化剂、食盐和维生素，经混合、乳化等工序而制成的。它的软硬度可根据各成分的配比来调整，乳化性能和加工性能比奶油好，是奶油的良好代用品。

人造奶油的种类较多，有面包用人造奶油、起酥制品用人造奶油、通用人造奶油等。

(1) 面包用人造奶油　既可以加入面包面团中，又可以进行面包的装饰和涂抹。可以缩短面团发酵时间和醒发时间，降低面团黏性使之有利于操作。改善面包的品质，使组织更加均匀、松软，体积增大，延长面包保鲜期，并使面包具有奶油风味。涂抹面包片的人造奶油，很容易涂在面包上，在口内易于熔化，味道应与奶油相似。加入面团内的人造奶油具有良好的乳化性。

（2）起酥制品用人造奶油　用于酥层类产品如千层酥、丹麦酥等的包油起层，与起酥面包相似。起酥制品的面团一般都较软、延伸性好，要求人造奶油熔点要高，可塑性要好。如果人造奶油太软，在包油、折叠时无法形成层次，而且易于熔化，渗入面团内，达不到起层效果，出现“混酥”现象。如果人造奶油太硬或太脆，在包油、折叠时易穿破面团，出现“穿酥”的后果。

（3）通用人造奶油　一类适用性很强的人造奶油，可用于面包、蛋糕、饼干、裱花装饰等多种食品。在任何气温下都具有良好的可塑性和充气性，一般熔点较低、口溶性好、可塑性范围宽。

人造奶油的主要成分见表1-42。

表1-42　人造奶油的主要成分

油相		水相	
成分	含量	成分	含量
油脂	80%左右	水	16%左右
卵磷脂	0.3%～0.5%（以脂肪计）	凝乳	>1.2%
单酸甘油酯	0.2%～0.5%	脱脂乳粉	0.5%～1.5%
BHA	≤0.1g/kg	食盐	1.5%～3%
BHT	≤0.1g/kg	苯甲酸钠	≤1g/kg
PG	≤0.1g/kg	山梨酸钾	≤1g/kg
生育酚浓缩物	0.005%～0.05%	脱氢醋酸	0.05%
β-胡萝卜素	微量	柠檬酸	微量
维生素A	1500～3000IU/100g	香精	微量
维生素D	100IU/100g		

5. 起酥油

起酥油是指精炼的动植物油脂、氢化油或这些油脂的混合物，经混合、冷却塑化而加工出来的具有可塑性、乳化性等加工性能的固态或流动性的油脂产品。起酥油不能直接食用，是食品加工的原料油脂，因而必须具备各种食品加工性能。起酥油与人造奶油的主要区别是起酥油中没有水相。

起酥油的品种很多，几乎可以用于所有的食品中，其中以加工糕点、面包、饼干的用途最广。

通用型起酥油：应用范围很广，但主要用于加工面包和饼干等。油脂的塑性范围可根据季节来调整其熔点，冬季为30℃左右，夏季为42℃左右。

乳化型起酥油：含乳化剂较多，具有良好的乳化性、起酥性和加工性能。适用于重油、重糖类糕点及面包、饼干中，可增大面包、糕点的体积，不易老化，松软，口感好。

高稳定型起酥油：可以长期保存，不易氧化变质，适用于加工饼干及油炸食品。全氢化植物起酥油多属于这种类型。

面包用液体起酥油：以食用植物油为主要成分，添加适量的乳化剂和高熔点的氢化油，使之成为具有加工性能、呈乳白色并具有流动性的油脂。乳化剂在起酥油中作为面包的面团改良剂和组织柔软剂。

二、油脂制品及工艺性能（油脂的工艺性能）

1. 油脂的起酥性

在调制酥性面团时，加入大量油脂后，由于油脂的疏水性，会限制面筋蛋白质的吸水作用。面团中含油越多其吸水率越低。一般每增加1%的油脂，面粉吸水率相应降低1%。油脂能覆盖于面粉的周围并形成油膜，除了降低面粉吸水率，限制面筋形成外，还由于油脂的隔离作用，使已形成的面筋不能互相粘合而形成大的面筋网络，也使淀粉和面筋之间不能结合，从而降低了面团的弹性和韧性，增加面团的塑性。此外，油脂能一层一层地分布在面团中，起着润滑作用，使面包、糕点、饼干产生层次，口感酥松，入口易化。起酥性是油脂在烘焙食品中的最重要作用之一。

①固态油比液态油的起酥性好。固态油中饱和脂肪酸占绝大多数，稳定性好。固态油的表面张力较小，油脂在面团中呈片条状分布，覆盖面粉颗粒表面积大，起酥性状好，而液态油表面张力大，油脂在面团中呈点状、球状分布，覆盖面粉颗粒表面积小，并且分布不均匀，故起酥性差。因此，制作有层次的食品时必须使用奶油、人造奶油或起酥油。在制作一般性的酥类糕点时，猪油的起酥性是非常好的。

②油脂的用量越多，起酥性越好。

③温度影响油脂的起酥性。油脂中的固体脂肪指数和可塑性与温度密切相关，而可塑性又直接影响油脂对面粉颗粒的覆盖面积。

④鸡蛋、乳化剂、乳粉等原料对起酥性有辅助作用。

⑤面团的搅拌、混合的方法及程度要恰当，乳化要均匀，投料顺序要正确。

2. 油脂的可塑性

可塑性是人造奶油、奶油、起酥油、猪油的最基本特性。固态油在糕点、饼干面团中能呈片状、条状及薄膜状分布，而在相同条件下液体油可能分散成点状、球状。因此，固态油要比液态油能润滑更大的面团表面积。用可塑性好的油脂加工面团时，面团的延展性好，制品的质地、体积和口感都比较理想。

可塑性是指油脂在外力作用下可以改变自身形状，甚至可以像液体一样流动的性质。例如将奶油抹在面包片上，就是其塑性流动的一例。若使固态油脂具有一定的可塑性，必须在其成分中包括一定的固体脂和液体油。固体脂以极细的微粒分散在液体油中，由于内聚力的作用，以致液体不能从固体脂中渗出。固体微粒越细、越多，可塑性越小；固体微粒越粗、越少，可塑性越大。因此，固体和液体的比例必须适当才能得到所需的可塑性，这是某些人造油脂要比天然固态油具有更好的加工性能的原因。

油脂可塑性还与温度有关。温度升高，部分固体脂肪熔化，油脂变软，可塑性变大；温度降低，部分液体油固化，未固化的液体油黏度增加、油脂变硬，可塑性变小。

3. 固体脂肪指数（SFI）

固态油，如人造奶油和起酥油在一定的温度下都含有一定比率的固体脂和液体油。油脂的起酥性、可塑性、稠度及塑性范围等重要性质都和其中固体脂肪的含量、结晶的大小以及同质多晶现象等因素有关，其中以固体脂肪含量最为关键。

SFI为40~50时，油脂过硬，基本没有可塑性；SFI<5时油脂过软，接近液体油。人造

奶油与起酥油的 SFI 一般要求在 15～20 范围内，此时具有较好的起酥性、可塑性等加工性能。

4. 熔点

固体脂肪变为液体油的温度称为油脂的熔点。熔点是衡量油脂起酥性、可塑性和稠度等加工特性的重要指标。油脂的熔点既影响其加工性能又影响到在人体内的消化吸收。例如，牛羊油的成分中含有较多的高熔点饱和三酸甘油酯，这类脂肪食用不但口溶性差、风味不好，而且熔点高于 40℃，不易为人体消化吸收。

5. 油脂的充气性

油脂在空气中经高速搅拌起泡时，空气中的细小气泡被油脂吸入，这种性质称为油脂的充气性。充气性是糕点、饼干、面包加工的重要性质。油脂的充气性对酥类糕点和饼干质量会产生影响。在调制酥类制品的面团时，首先要搅打油、糖和水，使之充分乳化。在搅打过程中，油脂中结合一定量的空气。油脂结合空气的量与搅打程度和糖的颗粒状态有关。糖的颗粒越细，搅拌越充分，油脂中结合的空气就越多。当面团成型后，进行烘焙时，油脂受热流散，气体膨胀并向两相的界面流动。此时由化学疏松剂分解释放出的二氧化碳及面团中的水蒸气，也向油脂流散的界面聚结，制品碎裂，成为片状或椭圆形的多孔结构，使产品体积膨大、酥松。

油脂的充气性与其成分有关。起酥油的充气性比人造奶油好，猪油的充气性较差。此外，还与油脂的饱和程度有关，饱和程度越高，搅拌时吸入的空气量越多。不同油脂在 21℃ 搅拌吸入空气的体积见表 1-43。

表 1-43　　不同油脂在 21℃搅拌吸入空气的体积　　单位：%

油　脂	碘值	搅拌时间/min						
		4	8	12	16	20	24	28
全氢化植物起酥油	62	165	215	240	265	275	280	280
混合起酥油	73	150	161	230	255	270	275	275
猪油	69	85	125	145	150	155	155	155
氢化猪油	61	150	200	245	260	270	275	280

6. 油脂的乳化性

油和水互不相溶。油脂属非极性化合物，而水属于极性化合物。根据相似相溶的原则，这两类物质是互不相溶的。但在食品生产中经常要碰到油和水混合的问题。如果在油脂中添加一定量的乳化剂，则有利于油滴在水相中的稳定分散，或水相均匀地分散在油相中，使加工出来的产品组织酥松，体积大，风味好。因此，添加了乳化剂的起酥油、人造奶油最适宜制作重糖、重油类的糕点和饼干。

7. 油脂的润滑作用

油脂在面包生产中的最重要作用，是充当面筋和淀粉之间的润滑剂。油脂能在面筋和淀粉之间的分界面上形成润滑膜，使面筋网络在发酵过程中的摩擦阻力减小，有利于膨胀，增加面团的延伸性，增大面包体积。固态油的润滑作用优于液态油。

起酥油对面包体积和组织的影响见表 1-44。

表 1-44　　起酥油对面包体积和组织的影响

起酥油用量/g	面包体积/mL	面包组织
对照	802	不理想
0.5	890	较　好
1.5	923	好
3.0	945	很　好
4.5	955	很　好

8. 油脂的热学性质

油脂的热学性质对油炸食品尤为重要。生产中的炸制油，既是加热介质又是油炸食品的营养成分。当炸制食品时，油能将热量迅速而均匀地传给食品表面，使食品很快成熟。同时，还能防止食品表面马上干燥和可溶性物质流失。

(1) 油脂的热容量　单位质量的油脂温度升高 1℃所需的热量为其热容量，一般用 J/(g·℃)来表示。

不同种类的油脂在不同温度下热容量不同，但其差异很小。油脂的热容量平均为 2.05J/(g·℃)，而水的热容量为 4.18J/(g·℃)，可见油脂的热容量较小。在供给相同热量和相同质量的情况下，油的温度比水的温度升得快，且温度升高一倍。因此，油炸食品要比水煮或蒸制品成熟快得多。

油脂的热容量与脂肪酸有关。液体油的热容量随其脂肪酸链长的增加而增高，随其不饱和度的降低而减小。固体油的热容量很小，油脂的热容量随温度升高而增加，在相同温度下，固体油的热容量小于液体油。

(2) 油脂的发烟点、闪点和燃点

发烟点：油在加热过程中开始冒烟的最低温度。

闪点：油在加热时有蒸气挥发，其蒸气与明火接触瞬时发生火光而又立即熄灭时的最低温度。

燃点：发生火光而继续燃烧的最低温度。

油脂的发烟点、闪点和燃点均较高。发烟点通常为 233℃左右，闪点为 329℃，燃点为 363℃。游离脂肪酸含量越高，发烟点、闪点和燃点就越低。因此，应选用游离脂肪酸少、发烟点等较高的油脂。

几种油脂的烘焙物理特性见表 1-45。

表 1-45　　几种油脂的烘焙物理特性

油　脂	制　法	熔点/℃	乳化性	稳定性	可塑性	起酥性	用　途
人造奶油	熔化精炼	35～38	相当好	好	易碎	相当好	冰淇淋、饼干
调整奶油	压榨再调整	43	相当好	好	不定	尚可	硬奶油涂层
猪　油	熔化精炼	36～42	尚可	尚好	较可	很好	面包、苏打饼干
氢化猪油	加氢	39～46	很好	好	可	好	各种烘焙食品
调整猪油起酥油	再调整及加氢	43～49	优	不定	不定	好	重油类糕点
标准起酥油（中性、硬性）	混合	46～52	很好	尚可	可	很好	烘焙食品

续表

油　脂	制　法	熔点/℃	乳化性	稳定性	可塑性	起酥性	用　途
棉子油	压榨精炼	13~21	无	劣	液状	优	油煎食品、色拉油
氢化棉子油（1）	氢化	44	优	好	可	很好	烘焙、油煎食品
氢化棉子油（2）	氢化	41	相当好	优	硬	相当好	酥性饼干、苏打饼干
氢化棉子油（3）	氢化	40~43	尚可	优	硬	相当好	油煎食品
硬化油	氢化	35~49	尚可	优	硬易碎	劣	夹心饼干、硬奶油涂层
椰子油	压榨精炼	24	劣	优	易发硬	劣	夹心饼干乳油
可塑性椰子油	加硬脂酸酯	27~43	相当好	优	较易碎	劣	夹心饼干乳油
氢化椰子油	加氢及硬脂酸酯	26~49	劣	优	很易碎	劣	硬奶油涂层
猪牛混合油	再调制及混合	43~49	很好	不定	可	很好	重油类糕点

三、油脂的营养价值

1. 构成机体组织

脂肪在体内占体重的10%~14%。类脂是多种组织细胞的组成成分，如脑髓和神经组织中含有磷脂和糖脂，细胞膜是由磷脂、糖脂和固醇等组成。

2. 提供必需脂肪酸，促进脂溶性维生素的吸收

机体重要的营养成分维生素A、维生素D、维生素E、维生素K等为脂溶性成分，这些维生素在调节生理代谢方面具有重要意义。当机体摄取脂肪时，食物中的脂溶性维生素也随脂肪被机体吸收。脂溶性维生素只存在于脂肪中，同时脂溶性维生素也只有在脂肪存在的环境中才能被吸收。当饮食中缺乏脂肪时，体内的脂溶性维生素也会缺乏。

3. 保护机体，滋润皮肤

脂肪可以起到隔热、保温、支持和保护机体及内脏器官的作用。脂肪本身不易导热，由于它主要储存于皮下，所以可以防止体内热量的散失，对保持人的正常体温有重要作用。

机体组织的任何细胞都含有类脂，主要集中在细胞外膜和细胞内各种膜上，统称为生物膜。生物膜占细胞干重的80%，主要由蛋白质和类脂组成。类脂占生物膜组成的40%~50%。细胞通过膜结构从周围环境中有选择地摄取营养。

脂肪在皮下适量贮存，可滋润皮肤，增加皮肤的弹性，充盈营养物质，延缓皮肤的衰老。

4. 提供能量

脂肪是人体能量的主要来源之一，平均每克脂肪在体内彻底氧化可提供38kJ的热能，相当于糖类和蛋白质的两倍多。脂肪每天向人体提供的热能占热能总摄入的20%~25%。若机体摄食能量过多，体内贮存的脂肪增多，人就会发胖；若长期摄食能量不足，则人就消瘦。

5. 增加饱腹感和改变食品感官性状

糖类在胃中迅速排空，蛋白质排空较慢，脂类在胃中停留的时间较长，一次进食含50g脂肪的高脂膳食，需4~6h才能从胃中排空，因而使人有高度饱腹感。此外，脂肪还可改善

食品的感官性状，如油炸食品等，有特有的美味感。

四、油脂的劣化

油脂暴露在空气中会自发进行氧化作用而产生异臭和苦味的现象称作酸败（rancidity）。油脂空气氧化包括自动氧化、酶促氧化和光氧化几种。酸败是含油食品变质的最大原因之一，因为它是自发进行的，所以不容易完全防止。酸败的油脂其物理化学常数都有所改变，如相对密度、折射率、皂价和酸价都有所增加，而碘价则趋于减少。酶、阳光、微生物、氧、温度、金属离子的影响，都可以使油脂酸败加快。水解作用也是促进酸败的主要因素，因此油炸用过的油，保存时间变短。

油脂氧化首先产生氢过氧化物。氢过氧化物可以继续氧化（其他双键）生成二级氧化产物，聚合形成聚合物，脱水形成酮基酸酯，分解产生醛、酮、酸等一系列小分子等等。

油脂空气氧化过程是一个动态平衡过程，氢过氧化物产生的同时还存在着分解和聚合。氢过氧化物的含量增加到一定值，分解和聚合速度都会增加。反应底物和条件不同，这一动态平衡也不同。例如，干性油脂在一定条件下将主要以聚合形式发生反应，而分解形式不太明显。

油脂空气氧化对食用品质造成很大影响。分解产生的醛、酮、酸等小分子有强烈刺激性气味（哈喇味），影响口味，不适宜食用。氢过氧化物氧化生成的二级氧化产物在人体中很难代谢，会对肝脏造成损害。另外氧化产生的聚合物也很难被动物吸收，常积累于体内对动物造成损害。

影响酸败的主要因素有：氧的存在，油脂内不饱和键的存在，温度，紫外线照射，金属离子存在等。为了防止油脂酸败，要密封、防湿、减少油的表面积、作氢化处理、低温、避光保存、避免接触金属离子。金属离子中铜的影响最大，是铁的 10 倍，铝的影响小于铁。在选择容器和操作工具时要注意金属离子对油脂酸败的影响。添加抗氧化剂是防止油脂酸败的有效方法。面包、蛋糕的贮藏时间（shelf life）较短，所以只要用新鲜油来制作，酸败的影响不大，但对饼干及苏打饼干等贮藏时间较长的制品，必须考虑油脂酸败的影响。

油脂酸败程度的指标有过氧化物值（peroxide value，POV）和硫代巴比妥酸值（thiobarbituric acid value，TBA）。POV 以每 100g 脂肪中成为过氧化物的物质量（mmol）表示。POV 在 10 以下，在实用上可认为油脂是新鲜的。TBA 法是利用 TBA 试剂与脂肪氧化物的衍生物丙二醛生成红色复合物的反应来衡量油脂的酸败程度，生成红色复合物量与油脂酸败程度相关。

第六节　糖　　类

一、糖的种类

糖的种类很多，有来源于甜菜、甘蔗的蔗糖（砂糖、红糖等），由蔗糖水解而成的转化糖（浆），由淀粉经水解而来的饴糖（淀粉糖）、果葡糖浆等，还有蜂蜜（Honey）等类似于糖的产品。一些甜味剂虽已不属于糖的范围，但常用作糖的代用品。

1. 蔗糖

食品中使用的蔗糖，主要有白砂糖、黄砂糖、绵白糖等。蔗糖是一种使用最广泛、较理想的甜味剂。愉快的甜味要求甜味纯正、反应快、很快达到最高甜度、甜度高低适当、甜味消失迅速。蔗糖的甜味符合这一要求。蔗糖的甜味纯，刺激舌尖味蕾时，1s内感到甜味并很快达到最高甜度，约30s后甜味即可消失。而葡萄糖的甜味感觉反应比蔗糖慢，甜度也较低。蔗糖的发热量较高，约1672kJ/100g。蔗糖的缺点主要是：溶液中的蔗糖易结晶析出，给食品加工操作带来困难，同时也会对成品产生不良影响；蔗糖能促进龋齿，并与心脏病的发生等健康问题有一定关系。因此，在食品生产中，蔗糖用量正逐渐受到限制。

(1) 白砂糖　白砂糖为精制砂糖，简称砂糖，纯度很高，蔗糖含量在99%以上，根据晶粒大小可分为粗砂、中砂、细砂三种。白砂糖还有甜菜糖和甘蔗糖之分。

白砂糖的溶解度很大，并且随温度升高而增大，100℃时溶解度为82.97%。精制度越高的白砂糖，吸湿性越小。

砂糖溶液随着温度的降低、浓度的增大，黏度也变大，但温度对黏度的影响大于浓度的影响。因此常用温度控制砂糖的流动性。为防止砂糖再结晶析出，液糖一般为不饱和溶液。

对白砂糖的品质要求是：晶粒整齐、颜色洁白、干燥、无杂质、无异味。

(2) 黄砂糖　黄砂糖是制造白砂糖的初级产物，因含有未洗净的糖蜜杂质，故带黄色。土法用锅熬制的糖含有更多的杂质，故称为红糖或黑糖。黄砂糖由于含杂质较多，所以常用于低、中档产品。其含铜量较高，易使饼干在保存中变质。黄砂糖因含水多，一般不宜直接使用，常以糖液形式使用。从食品卫生角度考虑，黄砂糖不能生食。

(3) 绵白糖　绵白糖是由粉末状的蔗糖加入转化糖粉末制成，十分细洁。因为颗粒微小而易于搅拌和溶解，面包、饼干等加工时可直接在调粉时加入。它可用来作为一些油脂多的面包和油炸面包圈表面的饰粉，以改善外观并增加香甜风味。绵白糖易结块。

(4) 冰糖　蔗糖具有易结晶的性质，将其溶解并长时间放置使之缓慢结晶，得到的大块结晶称为冰糖。

2. 转化糖

蔗糖在酸的作用下能水解成葡萄糖与果糖，这种变化称为转化。1分子葡萄糖与1分子果糖的混合体称为转化糖。含有转化糖的水溶液称为转化糖浆。

正常的转化糖浆应为澄清的浅黄色溶液，具有特殊的风味。固形物占70%~75%，完全转化后的转化糖浆，转化糖占到全部固形物的99%以上。

转化糖浆应随用随配，不宜作长时间贮放。在缺乏淀粉糖浆和饴糖的地区，可以用转化糖浆代替。

转化糖浆可部分用于面包和饼干中，在浆皮类月饼等软皮糕点中可全部使用，也可以用于糕点、面包馅料的调制。

食品厂使用的液糖，除把蔗糖直接加水制成浓度为67%的液糖外，常用的是转化糖浆。转化糖是蔗糖与酸共热或在酶的催化作用下水解而成的葡萄糖和果糖的等量混合物。转化糖因有还原作用．所以也被称为还原糖。一般转化糖浆的组成为未转化的蔗糖（40%~50%）和转化得到的果糖、葡萄糖（50%~60%），由于果糖和葡萄糖的量比较多，所以这种糖有不易结晶、甜度大的优点。而且转化糖没有龋齿因素，因此是比较理想的甜味剂。

转化糖浆的工业制法中加入盐酸作催化剂，反应结束后加入碱液中和其中的盐酸，即得到转化糖浆。如再用交换树脂将中和后的杂质除去，就得到纯净的转化糖浆。食品中尤其是高甜度食品（如豆沙馅、羊羹等）中，为防止砂糖结晶，常使用转化糖代替砂糖。

3. 饴糖（淀粉糖）

饴糖是我国最古老的糖。那时的“糖”就写成“饴”字，是用植物淀粉经酶的作用制成的。我国目前一些饴糖还用类似的方法生产。在碎米、山芋淀粉、玉米淀粉中加入麦芽使之糖化而制成。

（1）酸糖化饴糖　淀粉中加草酸或盐酸，加水分解成糖化液，再经中和、脱色、离子交换、浓缩后制成。这种制法是19世纪初发展起来的一种新方法。淀粉在糖化过程中会产生糊精等多糖类中间产品，如反应进行到底则生成葡萄糖。

（2）β-淀粉酶饴糖　由淀粉糊加 β-淀粉酶分解而成。由于 β-淀粉酶对支链淀粉分解不完全得到的是麦芽糖和界限糊精。

（3）麦芽饴糖　由淀粉糊加麦芽（α-淀粉酶）分解制成。淀粉酶水解淀粉一般生成糊精和麦芽糖。

β-淀粉酶饴糖和麦芽饴糖制法也称酶糖化法。

饴糖的一般制法是酸糖化法和酶糖化法并用，即先用酸糖化法将淀粉糖化到一定程度，然后再用酶糖化使其余的淀粉和中间产物转化为麦芽糖。所生成的糖浆中含有葡萄糖和麦芽糖。可根据不同的需要，控制糖化程度，制成含有不同比例的糊精、麦芽糖和葡萄糖的饴糖。饴糖形似水玻璃，是无色透明的黏稠胶体。饴糖是糊精和葡萄糖等的混合物，因而有强的吸湿性，可防止砂糖的析出。

饴糖的性状和甜度与淀粉水解糖化的程度有关，淀粉水解糖化的程度以糖化率（葡萄糖值）表示，通常称为DE（dextrose equialent）值：

$$DE值 = 直接还原糖（以葡萄糖表示）/固体成分 \times 100\%$$

糖化率越高，味道越甜，黏度越低，而且吸湿性、抑制砂糖结晶的作用也越小。按照淀粉糖中糖的转化程度或葡萄糖、麦芽糖的含量也可把淀粉分为结晶葡萄糖、全糖（葡萄糖含量95%～97%，颗粒状或粉末状）和饴糖（淀粉糖类）等产品。饴糖是淀粉经不完全糖化而得的产品，糖分组成为葡萄糖、麦芽糖、低聚糖、糊精等。饴糖又可根据转化程度分成低转化（DE＜20%葡萄糖值）、中转化（38%＜DE＜50%）和高转化（50%＜DE＜70%）饴糖。工业上产量最大，生产最为普遍的是中转化饴糖，糊精与葡萄糖之比为1∶1。各种淀粉糖的糖化率及其主要性质如表1-46所示。

表1-46　各种淀粉糖的糖化率及其主要性质

名称	水分/%	DE/%	甜味	黏度	糖结晶性	抑制糖结晶的能力	吸湿性
结晶葡萄糖	8.5～10	98.5～99.9	大	小	大	小	小
精制葡萄糖	10以下	97～98					
粉末葡萄糖	8～12	90～96					
固体葡萄糖	10～13	80～93					
葡萄糖浆	20～30	70～90					
高转化饴糖	16～20	51～70					
饴糖	16	35～50					
低转化饴糖	16～20	30～39					
饴糖粉	5以下	20～40	小	大	小	大	大

酸糖化法制成的饴糖也称为淀粉糖浆，其主要糖分为葡萄糖；酶糖化法制成的糖称为饴糖，其主要糖分为麦芽糖。麦芽糖的热稳定性较葡萄糖高，受热不易变色。一般饴糖的固体物质含量为73%～88%。饴糖中因为有大量的糊精，所以在面包、饼干等的面团操作中要考虑其强度的影响。另外饴糖在脱水后可制成（颗粒状）固态糖，称为脱水糖浆。一般糖化程度较高的糖（转化糖含量70%以上），常用作水果糖的原料。

100%转化的淀粉糖就是平时成为商品的葡萄糖。葡萄糖在低浓度溶液中甜度较同浓度的蔗糖淡一些，但随浓度升高，其甜度增加较快，例如12.7%葡萄糖溶液的甜度相当于10.0%蔗糖溶液，31.5%葡萄糖溶液的甜度相当于30.0%蔗糖溶液，而浓度在40%以上时，葡萄糖溶液和蔗糖溶液的甜度相等。葡萄糖溶化时吸收较多的热量，故含入口中有瞬时的清凉感。葡萄糖与蔗糖相比，在较低的温度下易着色，故宜在焙烤食品中使用。

4. 果葡糖浆

果葡糖浆是将淀粉经过酶法水解制成的葡萄糖，再用葡萄糖异构酶将葡萄糖异构化，一部分转变成果糖，制成甜度很高的糖浆。果葡糖浆的主要成分为果糖和葡萄糖，故称为果葡糖浆。果糖是天然糖中最甜的糖，甜度为蔗糖的1.5倍。异构转化率为42%的异构糖，其甜度与蔗糖相等，但渗透压比砂糖高、耐热性差、加热易发生褐变。

果葡糖浆在食品工业中可以代替蔗糖，它能直接被人体吸收，尤其适用于糖尿病、肝病、肥胖病等患者。

果葡糖浆可以在面包中全部代替蔗糖，特别是在低糖主食面包中使用时更加有效。因为该糖浆中主要成分是葡萄糖和果糖，酵母可以直接利用，故发酵速度快。果葡糖浆在面包中使用量过多时，相当于蔗糖用量超过15%，发酵速度会降低，面包内部组织较黏，组织过软，口感变差。

异构糖一般都制成糖浆，食品工厂中使用非常方便。

5. 蜂蜜

蜂蜜的主要成分为转化糖，由果糖、葡萄糖、蔗糖、蛋白质、糊精、水分、淀粉酶、有机酸、维生素、矿物质以及蜂蜡等组成，味道很甜，具有较高的营养价值。由于在加热过程中一些成分会受到破坏，故不常使用。但在一些点心制作时用作表面涂被的材料，以增加色泽。

6. 甜味剂

（1）天然甜味剂

①木糖（xylose）：纤维素物质（如锯木屑）用酸水解后，再经发酵除去葡萄糖，然后浓缩，即可得到木糖。木糖是无营养的甜味剂，甜度为蔗糖的40%，常用于无营养食品和糖尿病患者使用的疗效食品。用还原木糖的方法还可以得到另一种甜味剂木糖醇（xylitol）。木糖醇含热量与蔗糖相似，甜度略高于蔗糖，可以作为人体能源物质，但其代谢不影响糖原的合成，故不会使糖尿病人因食用而增加血糖值，可作为糖尿病患者使用的疗效食品。另外，由于它不能为酵母菌和细菌所发酵，因此还有防龋齿的效果。

②山梨糖醇：天然的山梨糖醇从果实（苹果、桃、杏、山梨等）中提取。生产中用的山梨糖醇多是以葡萄糖为原料，在高温高压下加氢，然后用离子交换树脂精制得到的。在低热能食品和糖尿病、肝病、胆囊炎患者的食品中，山梨糖醇是蔗糖的良好代用品。山梨糖醇的甜度为蔗糖的60%。由于山梨糖醇在溶解时吸收热量，所以在口中给人以清凉的甜味感。山

梨糖醇的吸湿性强，在糕点类食品中能防止干燥，延缓淀粉老化。它还有不褐变、耐热、耐酸等优点，在面包、糕点类食品中的用量一般为2%～5%。

③非糖天然甜味剂

甘草苷：是从甘草中提取的，甜度为蔗糖的100～500倍，甜味特点是感应缓慢，停留时间长，所以很少单独使用。

甜菊苷（stevioside）：是从原产南美的菊科植物甜叶菊中提取的，味感与蔗糖相似，是存留时间比较长的甜味剂。甜味约为蔗糖的300倍，由于它的热稳定性好，可广泛用于饮料、罐头、糕点、糖果等。

(2) 合成甜味剂

糖精：学名为邻磺酰苯甲酰亚胺，是目前使用最广泛的合成甜味剂，其甜度为蔗糖的300～500倍，后味微苦，无营养意义。到目前为止，除少数报告认为糖精能引起过敏反应外，并未发现糖精对人有致癌作用。糖精单独使用时，在食品中的用量一般为0.02%～0.03%。糖精与山梨糖醇、葡萄糖等其他甜味剂共用时，可增强甜味，被广泛用于低热能食品中。

有些合成甜味剂，如赛可来美脱（环已胺磺酸钠）因与哺乳动物的遗传变异和癌肿发生有关，已被禁用。

二、糖在食品中的工艺性能

1. 糖的一般性质

(1) 甜度　甜度是糖的重要性质，但没有统一的物理及化学方法来加以评定，目前主要是利用人的味觉来比较。

糖的甜度受若干因素的影响，特别是浓度。糖的浓度越高，甜度越大。不同糖品混合使用具有提高甜度的效果。

甜度没有绝对值，测量方法是在一定量的水溶液内，加入能使溶液被尝出甜味的最少量糖，一般以蔗糖的甜度为100，其他糖与蔗糖进行比较，见表1-47。

表1-47　糖的相对甜度

糖类名称	相对甜度
蔗糖	100
果糖	150
葡萄糖	70
半乳糖	60
麦芽糖	50
乳糖	40
麦芽糖醇	90
山梨醇	50
木糖醇	100
甘油	80
果葡糖浆（转化率16%）	80
果葡糖浆（转化率42%）	100
淀粉糖浆（葡萄糖值42）	50

续表

糖类名称	相对甜度
淀粉糖浆（葡萄糖值52）	60
淀粉糖浆（葡萄糖值62）	70
淀粉糖浆（葡萄糖值70）	80

（2）溶解度　各种糖的溶解度不同。果糖最高，其次是蔗糖、葡萄糖。糖的溶解度随着温度升高而增大。冬季化糖时最好使用温水或开水。

（3）结晶性质　蔗糖极易结晶，晶体能生长得很大。葡萄糖也相当易于结晶，但晶体很小。果糖则难结晶。淀粉糖浆是葡萄糖、低聚糖和糊精的混合物，不能结晶，并能防止蔗糖结晶。这种结晶性质的差别对糕点的生产有着十分重要的意义。在产品中淀粉糖浆的用量不能太高，因其甜度低，会冲淡蔗糖甜度。

（4）吸湿性和保潮性　吸湿性是指在较高的空气湿度的情况下吸收水分的性质。保潮性是指在较低湿度下失去水分的性质。糖的这种性质对于保持糕点的柔软及糕点的贮存具有重要的意义。蔗糖和淀粉糖浆的吸湿性较低，转化糖浆和果葡糖浆吸湿性高，故在糕点中使用高转化糖浆和果葡糖浆。

（5）渗透压力　较高浓度的糖液能抑制许多微生物的生长。这是由于糖液的高渗透压力夺取了微生物菌体的水分，使微生物的生长受到抑制。因此，糖在食品中既可以增加甜味，又能起到延长保存期的作用。

糖液的渗透压力随浓度的增高而增加。单糖的渗透压力是双糖的两倍，因为在相同浓度下，单糖分子数量约等于双糖的两倍。葡萄糖和果糖比蔗糖具有较高的渗透压力和食品保藏效果。

不同微生物被糖液抑制生长的程度是不同的。50%蔗糖溶液能抑制一般酵母生长。果葡糖浆的渗透压力较高、贮存性好，不易受杂菌感染而败坏。

（6）黏度　葡萄糖和果糖的黏度比蔗糖低。淀粉糖浆的黏度较高，可利用其黏度提高产品的稠度和可口性。例如：在搅打蛋白时加入熬好的糖液，可利用其黏度来稳定气泡。其他产品中加入淀粉糖浆可利用其黏度来阻止蔗糖分子结晶。

（7）焦糖化和褐色反应　焦糖化和褐色反应是面包、糕点着色的两个重要途径。

焦糖化反应说明糖对热的敏感性。糖类在加热到其熔点以上的温度时，分子与分子之间互相结合成多分子的聚合物，并焦化成黑褐色的色素物质——焦糖。因此，把焦糖化控制在一定程度内，可使面包、糕点产生令人悦目的色泽与风味。

不同的糖对热的敏感性不同。果糖的熔点为95℃，麦芽糖为102～103℃，葡萄糖为146℃，这三种糖对热非常敏感，易成焦糖。因此，含有大量这三种成分的饴糖、转化糖浆、果葡糖浆、中性的淀粉糖浆、蜂蜜等在糕点、面包中使用时，常作为着色剂，在烘焙时着色最快。面包、糕点中常用的是蔗糖，熔点为183～186℃，对热的敏感性较低，所以呈色不深。但由于酵母分泌的转化酶作用及面团的pH较低，蔗糖极易被水解成葡萄糖或果糖，从而提高了焦糖化作用，使面包、糕点着色。

糖的焦糖化作用还与pH有关。溶液的pH低，糖的热敏感性低，着色作用差；反之pH升高则热敏感性增强，如pH8时其速度比pH5.9时快10倍。因此，有些pH极低的转化糖浆、淀粉糖浆在用于糕点前，最好先调成中性，这样有利于糖的着色反应。

褐色反应亦称美拉德反应，是氨基化合物（如蛋白质、多肽、氨基酸及胺类）的自由氨基与羰基化合物（如酮、醛、还原糖等）的羰基之间发生的羰氨反应，其最终产物是黄黑色的褐色物质，故称褐色反应。褐色反应是使面包、糕点表皮着色的另一个重要途径，也是面包、糕点产生特殊香味的重要来源。在褐色反应中除了产生色素物质外，还产生一些挥发性物质，形成面包、糕点特有的烘焙香味。这些成分主要是乙醇、丙酮醛、丙酮酸、乙酸、琥珀酸、琥珀酸乙酯等。

影响褐色反应的因素有：温度、还原糖量、糖的种类、pH。还原糖（葡萄糖、果糖）含量越多，褐色反应越强烈，故中性的淀粉糖浆、转化糖浆、蜂蜜极易发生褐色反应。蔗糖因无还原性，不与蛋白质作用，故不起褐色反应，而主要起焦糖化反应。

2. 糖在食品中的工艺性能

糖除了使食品具有甜味外，还对食品的物理、化学性质有各种不同影响。

(1) 改善烘焙食品的色、香、味、形　面包、糕点在烘焙时，由于糖的焦化作用和褐色反应，可使产品表面形成金黄色或棕黄色，增加产品的香味。糖在糕点中起到骨架作用，能改善组织状态，使外形挺拔。

(2) 作为酵母的营养物质　在面包生产中加入一定量的糖，作为酵母发酵的主要能量来源，有助于酵母的繁殖或发酵。点心面包的加糖量不易过多，否则会抑制酵母的生长，延长发酵时间。

(3) 作为面团改良剂　面粉和糖都具有吸水性。调制面团时，面筋蛋白质吸水胀润，在这个过程中，蛋白质胶粒内部浓度不同造成的渗透压使水分子渗透到蛋白质分子中去，增加面筋蛋白质的吸水量，使面筋大量形成，面团弹性增强，黏度相应降低。如果在面团中加入一定量的糖或糖浆，它不仅吸收蛋白质胶粒之间的游离水，同时会使胶粒外部浓度增加，使胶粒内部水分产生渗透压，从而降低蛋白质胶粒的胀润度，影响搅拌过程中面筋的形成，面团的弹性减弱。因此，糖在面团搅拌过程中起反水化作用。

糖对面粉的反水化作用，双糖比单糖作用大，因此加砂糖糖浆比加入等量淀粉糖浆作用强烈。溶化的砂糖糖浆比糖粉的作用大。因为糖粉虽然在搅拌时亦逐渐吸水溶化，但此过程甚为缓慢和不完全。

糖不仅用来调节面筋的胀润度，使面团具有可塑性，还能防止制品收缩变形。

(4) 对面团吸水率及搅拌时间的影响　正常用量的糖对面团吸水率影响不大，但随着用糖量的增加，糖的反水化作用显现出来。大约每增加1%的糖，面团吸水率降低0.6%。高糖面团若不减少水分或延长搅拌时间，则面团搅拌不足，面筋不能充分扩展，产品体积小，内部组织粗糙。因此，高糖配方的面包面团，搅拌时间要比低糖面团增加50%左右，所以，制作高糖面包时，最好使用高速搅拌机。

(5) 提高制品的贮存寿命　糖的高渗透压的作用能抑制微生物的生长和繁殖，从而能增进糕点的防腐能力、延长货架期。

由于糖具有吸水性和持水性，可使面包、糕点在一定时期内保持柔软。因此，含有大量葡萄糖和果糖的各种糖浆不能用于酥类制品，否则，易吸湿返潮而失去酥性口感。

(6) 提高营养价值　糖的发热量高，能迅速被人体吸收。每千克糖的发热量为14630～16720kJ，可有效地清除人体的疲劳、补充人体的代谢需要。

第七节　蛋与蛋制品

一、蛋与蛋制品种类

蛋与蛋制品是食品生产中的重要原料之一，尤其是蛋糕和鸡蛋面包用蛋量很大。蛋和蛋制品对食品的生产工艺及改善食品的色、香、味、形和提高营养价值等都有重要的作用。

蛋与蛋制品的种类包括：带壳蛋（鸡蛋、鸭蛋、鹅蛋）、液蛋、冷冻蛋（冰蛋）、浓缩蛋、干燥蛋（全蛋粉、蛋黄粉）等。

液蛋：在洗蛋、捡蛋后，用机器打开，分成蛋黄、蛋白，过滤掉卵黄膜和卵带，用60℃左右，3~5min低温杀菌，然后装入塑料桶或金属桶中。如不经杀菌，在0℃以下可保存3~4d。

冷冻蛋（冰蛋）：先把液蛋加热杀菌（60℃、3.5min），冷却后再于-15~-18℃冻结。冷冻蛋的保存性比液蛋好。

浓缩蛋：使全蛋或蛋白中的水分减少，浓缩其成分。但如果将全蛋未经处理而加热浓缩，就会引起蛋白质的热变性，使起泡能力下降。为了防止这一现象，在加热浓缩时，应向蛋液中加入蔗糖，并在60℃附近减压浓缩。如果加糖率为50%、浓缩率为2倍时，则在常温下也能保存一个月左右。蛋白比全蛋容易热变性。

干燥蛋（全蛋粉、蛋黄粉）：将蛋液的大部分水分除去，便可加工成干燥蛋（蛋粉）。由于蛋白质的热变性，会使其加工性能变坏。而且由于鸡蛋中含有游离状态的葡萄糖（全蛋约0.3%、蛋黄0.2%、蛋白0.4%），在干燥中会与蛋白质发生羰氨反应，产生褐变和难闻的臭味，因此在干燥前要进行脱糖处理。脱糖处理主要有两种方法：微生物发酵脱糖法和葡萄糖氧化酶脱糖法。脱糖处理后的蛋液经过滤后，用喷雾干燥法或盘子干燥法干燥。

1. 蛋的基本结构

虽然各种禽蛋的大小不同，但其基本结构是大致相同的，一般是由蛋壳、壳膜、气室、蛋白、蛋黄和系带等部分组成。如图1-10所示。

(1) 蛋壳部分　蛋壳部分包括外蛋壳膜、石灰质蛋壳和蛋壳下膜3部分。

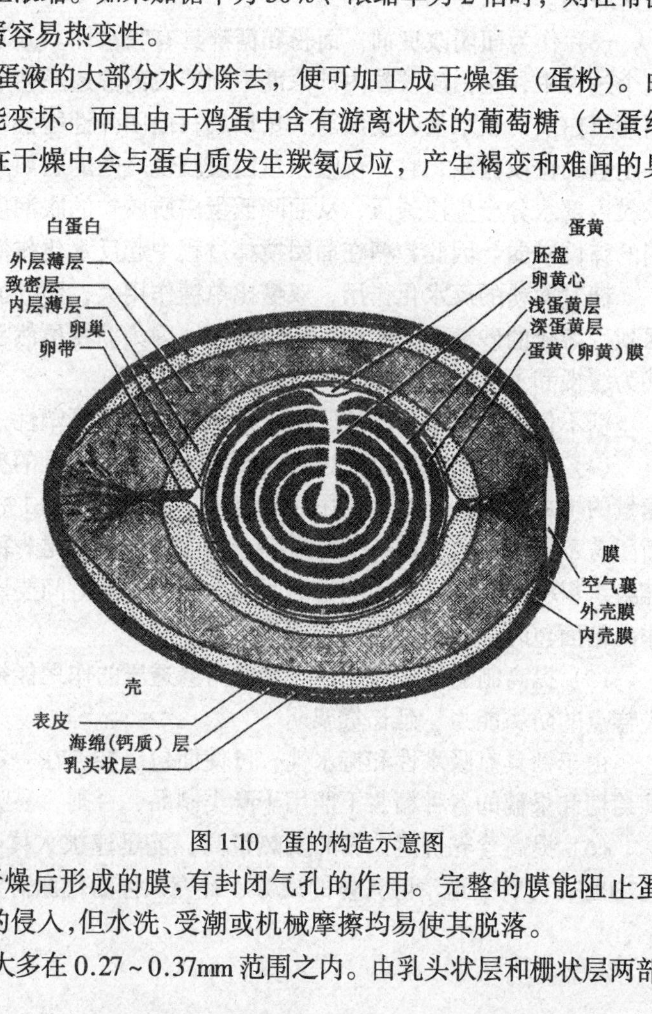

图1-10　蛋的构造示意图

外蛋壳膜：指鲜蛋表面覆盖的一层膜，又称壳上膜，是由一种无定形结构、透明、可溶性的胶质黏液干燥后形成的膜，有封闭气孔的作用。完整的膜能阻止蛋内水分蒸发、CO_2逸散及外部微生物的侵入，但水洗、受潮或机械摩擦均易使其脱落。

石灰质硬壳：厚度一般为0.3mm，大多在0.27~0.37mm范围之内。由乳头状层和栅状层两部分组成。蛋壳上密布孔隙，称为气孔，100～300个/cm^2。总数为1000～12000个。气孔为禽胚发育时与外界气体交换的通道；在鲜蛋存放过程中，蛋内水分通过气孔蒸发造成失重；微生物在外蛋壳膜脱落时，通过气孔侵入蛋内，加速蛋的腐败；加工再制蛋时，料液通过气孔浸入。

蛋壳下膜：由两层紧紧相贴的膜组成，外层紧贴石灰质蛋壳，称为外壳膜，内层包裹蛋白称为蛋白膜或内壳膜。两层膜均为有机纤维组成的网状结构。外壳膜厚约0.05mm，网间空隙较大，微生物可以直接穿过；内壳膜厚0.02～0.022mm，较为细密，微生物不能直接通过，需用蛋白酶破坏内壳膜后才能进入蛋白内。蛋离体后，由于外界温度低于鸡的体温，蛋的内容物收缩，形成一个双凸透镜似的空间，称为气室。新鲜的禽蛋气室很小，随着存放时间的延长和环境干燥，蛋内水分不断蒸发，气室也不断增大。因此，气室的大小可反映禽蛋的新鲜程度。

(2) 蛋白部分　蛋白亦称蛋清，是一种胶体物质，占蛋重的45%～60%，微黄色。禽蛋内蛋白似为一体，实分4层，由外向内其结构是：第一层为外稀蛋白层，贴附在蛋白膜上，占整个蛋白的23.3%；第二层为外浓蛋白层（亦称中层浓厚蛋白层），约占57.2%；第三层为内稀蛋白层，约占16.8%；第四层为内浓蛋白层，亦称系带膜状层，为一薄层，加上与之连为一体的两端系带约占2.7%。系带膜状层分为膜状部和索状部。膜状部包在蛋黄膜上，一般很难与蛋黄膜分开。索状部是系带膜状层沿蛋中轴向两端的螺旋延伸，为白色不透明胶体。系带膜状层使蛋黄固定在蛋的中央。随存放时间的延长，系带弹性降低，浓厚蛋白稀薄化，这种作用就会失去。在加工蛋制品时，要将系带索状部除去。蛋越新鲜，浓厚蛋白越多。而随贮存时间的延长，在酶的作用下，浓厚蛋白逐渐减少，稀薄蛋白逐渐增加。

(3) 蛋黄部分　蛋黄位于蛋的中央，呈球状，包括浅色蛋黄、深色蛋黄、胚胎三部分。包在蛋黄外周的一层透明薄膜称为蛋黄膜，厚0.016mm，其韧性随存放时间的增加而减弱，稍遇振荡即行破裂，成为散黄。蛋黄上部中央有一小白圆斑，在未受精时，圆斑呈云雾状，称为胚珠，直径1.6～3.0mm。由于相对密度较小，一般浮于蛋黄的顶端。受精后的蛋，其胚胎发育已进行相当程度，肉眼可见中央透明的小白圆斑，直径3.0～5.0mm，称为胚盘。受精蛋的胚胎在适宜的外界温度下便会很快发育，这样就会降低蛋的耐储性和质量。

蛋黄似为一色，实由黄卵黄层和白卵黄层交替形成深浅不同的同心圆状排列。这是由于禽昼夜代谢率不同所致，其分明程度随日粮中所含叶黄素与类胡萝卜素的含量而异。

蛋黄是浓稠不透明而呈半流动的乳状液，含有固体物50%左右，约为蛋白的4倍。蛋黄的成分比蛋白复杂得多，pH6～6.4，呈酸性。

2. 蛋白、蛋黄的化学成分

蛋白、蛋黄的化学成分中，水分相差很大，蛋白含水分88%左右，蛋黄含水分58%左右，因此，两者之间水溶性盐类会起渗透作用。贮存较久的蛋，蛋黄水分逐渐增高，而蛋白水分逐渐减少，就是因为蛋白中的水分，有一部分由于渗透作用，渗透入蛋黄中所致。

(1) 蛋白的化学组成　禽蛋中的蛋白是一种胶体物质，化学组成如表1-48所示。

表1-48　蛋白的化学组成　单位：%

	水分	蛋白质	无氮浸出物	葡萄糖	脂肪	矿物质
鸡蛋	87.3～88.6	10.8～11.6	0.80	0.10～0.5	极少	0.6～0.8
鸭蛋	87.0	11.5	0.7	—	0.03	0.8

蛋白中的蛋白质有卵白蛋白、伴白蛋白、卵球蛋白、卵黏蛋白和卵类黏蛋白五种。前三种为简单蛋白质，后两种为结合蛋白质。这些蛋白质中含有各种必需氨基酸，消化吸收率在50%以上。

蛋白中的碳水化合物主要有葡萄糖，其他糖含量极少。蛋白的维生素和色素含量很少，含有少量的微量元素。

蛋白内含有蛋白酶、淀粉酶、二肽酶、氧化酶，还含有抗胃蛋白酶、抗胰蛋白酶及溶菌酶。溶菌酶具有杀菌作用，该酶在蛋黄与蛋白混合时失去杀菌能力。

（2）蛋黄的化学成分　蛋黄不仅结构复杂，其化学成分也极为复杂，蛋黄仅含有约50%的水分，其余大部分是蛋白质和脂肪，两者的比例为1:2，脂肪主要以脂蛋白的形式存在，此外还含有糖类、矿物质、维生素、色素等。蛋黄的化学成分见表1-49。

表1-49　　蛋黄的化学成分　　单位：%

	水　分	脂　肪	蛋白质	卵磷脂	脑磷脂	矿物质	葡萄糖色素
鸡　蛋	47.2～52	21.3～23	15.6～16	8.4～10.7	3.3	0.4～1.3	0.55
鸭　蛋	45.8	32.6	16.8	—	2.7	1.2	—

新鲜蛋黄固形物含量一般为52%～53%，在冷藏1～2周后蛋黄中固形物含量下降约2%。这是蛋清中的水转移到蛋黄中的缘故。蛋黄中的蛋白质大部分是脂蛋白质，包括低密度脂蛋白、卵黄球蛋白、卵黄高磷蛋白和高密度脂蛋白。蛋白含量较稳定，变化不大，约占16%。

蛋黄中的脂质含量最多，占32%～35%，其中属于甘油酯的真正脂肪所占的比重最大，约占20%；其次是磷脂（包括卵磷脂、脑磷脂和神经磷脂），约占10%，还有少量的固醇（包括甾醇、胆固醇和胆脂醇）和脑苷脂等。磷脂，特别是卵磷脂，其中的胆碱和乙酸作用后可生成乙酰胆碱，这种物质是神经的传导体，故对人体的大脑和神经组织的发育有重要意义。母禽饲料中脂肪酸的类型会影响蛋黄脂类的脂肪酸组成。蛋黄脂类中不饱和脂肪酸较多，易发生氧化。

蛋黄中含有丰富的色素，使蛋黄呈黄色或橙黄色。这些色素大部分为脂溶性色素，属类胡萝卜素一类。

鲜蛋中的维生素主要存在于蛋黄中，不仅种类多而且含量丰富，尤以维生素A、维生素E、维生素B_2、维生素B_6、泛酸为多，此外还有维生素D、维生素K、维生素B_1、维生素B_{12}、叶酸、烟酸等。

蛋黄中含1.0%～1.5%的矿物质，其中以磷最为丰富，占无机成分总量的60%以上，钙次之，占13%左右，还含有铁、硫、钾、钠、镁等，且其中的铁很容易被人体吸收。

蛋黄中含有二肽酶、淀粉酶、脂肪酶等，不含溶菌酶。

二、蛋在食品中的工艺性能

1. 蛋的pH

新鲜蛋白液的pH为7.2～7.6，蛋黄液pH为6.0～6.4，全蛋液呈中性。在贮存中随着CO_2不断蒸发，蛋液pH不断升高。在生产中，根据pH可以判别蛋液的新鲜程度。

2. 蛋的相对密度

鲜蛋的相对密度为1.07～1.09，其中蛋白液的相对密度为1.045，蛋黄液的相对密度为1.028～1.029，胚胎的相对密度为1.027。随着贮存过程中养分的消耗和CO_2的蒸发，相对密度逐渐下降，故陈蛋的相对密度降低。可采用盐水溶液来鉴别蛋的新鲜程度。

3. 蛋的冰点

蛋的冰点取决于它们的化学成分，一般认为蛋白液的冰点为-0.48℃，蛋黄液的冰点为-0.58℃，带壳蛋贮藏的适宜温度为-1.5～2℃，温度过低，易将蛋壳冻裂。

4. 蛋白的起泡性

蛋白是一种亲水胶体，具有良好的起泡性，在糕点生产中具有重要意义，特别是在西点的装饰方面。蛋白经过强烈搅打，蛋白薄膜将混入的空气包围起来形成泡沫，由于受表面张力制约，迫使泡沫成为球形，由于蛋白胶体具有黏度，和加入的原材料附着在蛋白泡沫层四周，使泡沫层变得浓厚坚实，增强了泡沫的机械稳定性。制品在烘焙时，泡沫内的气体受热膨胀，增大了产品的体积，这时蛋白质遇热变性凝固，使制品疏松多孔并具有一定的弹性和韧性，因此蛋在糕点、面包中起到了膨胀、增大体积的作用。

黏度对蛋白的稳定影响很大，黏度大的物质有助于泡沫的形成和稳定。因为蛋白具有一定的黏度，所以打起的蛋白泡沫比较稳定。在打蛋白时常加入糖，因为糖具有黏度这一性质，同时糖还具有化学稳定性。葡萄糖、果糖和淀粉糖浆都具有还原性，在中性和碱性情况下化学性质不稳定，受热易与蛋白质等含氮物质起羰氨反应产生有色物质。蔗糖不具有还原性，在中性和碱性条件下，化学上比较稳定，不易与含氮物质起反应生成有色物质。故打蛋白时不宜加入葡萄糖、果糖和淀粉糖，要使用蔗糖。

油是一种消泡剂，打蛋白时不能碰上油。蛋黄和蛋清分开使用，就是因为蛋黄中含有油脂的缘故。油的表面张力很大，而蛋白气泡膜很薄，当油接触到蛋白气泡时，油的表面张力大于蛋白膜本身的延伸力而将蛋白膜拉断，气体从断口处冲出，气泡立即消失。

pH对蛋白泡沫的形成和稳定影响很大。白蛋白在pH6.5～9.5时形成的泡沫很强但不稳定，在偏酸情况下气泡较稳定。打蛋白时加入酸或酸性物质，就是要调节蛋白的pH，破坏它的等电点。因为在等电点时，蛋白的黏度最低，蛋白不起泡或气泡不稳定。酸性磷酸盐、酸性酒石酸钾、醋酸及柠檬酸可以用来调节蛋白的pH。

温度与气泡的形成和稳定有直接关系。新鲜蛋白在30℃时起泡性能最好，黏度亦最稳定，温度太高或太低均不利于蛋白的起泡。夏季温度较高，蛋白本身的温度比较高，例如30℃，在打蛋过程中，搅拌桨的高速旋转与蛋白形成摩擦，产生热量，会使蛋白的温度大大超过30℃，发泡性不好，在冰箱中冷却一段时间，将温度降下来再打，容易起泡。

蛋的质量直接影响蛋白的起泡性。新鲜蛋浓厚蛋白多、稀薄蛋白少，故起泡性好。不新鲜的蛋起泡性差，特别是长期贮存和变质的蛋起泡性最差。

5. 蛋黄的乳化性

蛋黄中含有许多磷脂。磷脂具有亲油和亲水的双重性质，是一种天然乳化剂。它能使油、水和其他材料均匀地混合在一起，使制品组织细腻、质地均匀、疏松可口、具有良好的色泽，并使制品保持一定的水分，在贮存期保持柔软。

6. 蛋的凝固性

蛋白对热极为敏感，受热后凝结变性。温度在54～57℃时，蛋白开始变性，60℃时变性加快，但如果在受热过程中将蛋急速搅动可以防止凝结。蛋白内加入高浓度的砂糖能提高蛋白的变性温度。蛋白在 pH4.6～4.8 时变性最快，因为 pH4.6～4.8 是蛋白内主要成分白蛋白的等电点。

蛋液在凝固前，它们的极性基和羟基、氨基、羧基等位于外侧，能与水互相吸引而溶解，当加热到一定温度时，原来联系脂键的弱键被分裂，肽键由折叠状态转变成伸展状态。整个蛋白质分子结构由原来的立体状态变成长的不规则状态，亲水基由外部转到内部，疏水基由内部转到外部。很多变性蛋白质分子互相撞击而相互贯穿缠结，形成凝固物体。

7. 改善食品的色、香、味、形和营养价值

在面包坯、糕点坯的表面涂上一层蛋液，经烘焙后呈漂亮的红褐色，这是羰氨反应引起的褐变作用，即美拉德反应。加蛋的面包、糕点成熟后具有特殊的蛋香味，并且结构疏松多孔、体积膨大而柔软。

蛋品中含有丰富的营养成分，用作食品配料，可以提高食品的营养价值。此外，鸡蛋和乳品在营养上具有互补性。鸡蛋中铁相对较多，钙较少；而乳品中钙相对较多，铁较少。因此，在面包、糕点和饼干中将蛋品和乳品混合使用，在营养上可以互补。

第八节　乳与乳制品

乳是哺乳动物乳腺的分泌物，营养丰富、易于消化吸收。乳与乳制品是生产食品的重要辅料之一。乳与乳制品不但具有很高的营养价值，而且在工艺性能方面也发挥着重要作用。乳制品加工用乳主要是牛乳。

一、鲜　乳

乳是多种物质组成的混合物，化学成分很复杂，主要包括水、脂肪、蛋白质、乳糖、维生素、灰分和酶等。乳的化学成分受牛的品种、个体、泌乳期、畜龄、饲料、季节、气温、挤奶情况及健康状态等因素的影响而有差异，其中变化最大的是脂肪，其次是蛋白质、乳糖及灰分。新鲜牛乳一般呈乳白色或稍呈淡黄色。乳白色是乳的基本色调，是酪蛋白胶粒及脂肪球对光不规则反射的结果。脂溶性的胡萝卜素和叶黄素使乳略带淡黄色，水溶性核黄素使乳清呈荧光性黄绿色。

1. 水分

乳中最多的成分是水。乳中所含的水分绝大部分以游离状态存在，成为乳的胶体体系的分散介质。极少部分水与蛋白质结合在一起，叫结合水。还有一部分与乳糖结晶和乳糖晶体一起存在，叫结晶水。

牛乳冰点的平均值为 -0.53～0.55℃。作为溶质的乳糖和盐类是导致冰点下降的主要因素。由于它们的含量较稳定，所以新鲜正常牛乳的冰点是其物理性质中一项稳定的数据。如果在牛乳中掺水，可导致冰点回升，掺水 10%，冰点约上升 0.054℃。牛乳的沸点在 1.013×10^5 Pa（1 个大气压）下约为 100.55℃。

2. 乳蛋白质

乳中蛋白质按其存在状态可分为溶解的乳清蛋白和悬浮的酪蛋白两大类。乳清蛋白质中有对热稳定的脲及胨，对热不稳定的各种乳白蛋白及乳球蛋白，还有少量脂肪球膜蛋

白质。

(1) 酪蛋白　酪蛋白是乳蛋白质中最丰富的一类蛋白质，占乳蛋白的80%～82%。一般地，将在20℃、调节脱脂乳的pH至4.6时，沉淀的一类蛋白质称为酪蛋白，是一类既相似又相异的由多种蛋白质组成的复杂物质，属于结合蛋白质，含有胱氨酸和蛋氨酸两种含硫氨基酸。因酪蛋白中含有磷酸根，又称其为磷蛋白，其磷酸根同蛋白质分子中的苏氨酸及丝氨酸的羟基相结合。酪蛋白又可分为α-酪蛋白，约占酪蛋白总量的75%；β-酪蛋白，约占22%；γ-酪蛋白，约占3%。这些蛋白质的物理化学性质各不相同。

酪蛋白是一种两性电解质，但具有鲜明的酸性，其分子中含有的酸性氨基酸比碱性氨基酸多，不溶于水，加热时不凝固。

酪蛋白能与钙、磷等无机离子结合成酪蛋白胶粒，以胶体悬浮液的状态存在于牛乳中。酪蛋白胶粒对pH的变化很敏感，调节脱脂乳的pH，酪蛋白胶粒中的钙离子与磷酸盐逐渐游离出来，pH到达酪蛋白等电点时，酪蛋白沉淀。另外，由于微生物的作用，乳中的乳糖分解为乳酸，当乳酸量足以使pH达到酪蛋白的等电点时，可发生酪蛋白的酸沉淀，出现牛乳的自然酸败现象。酸乳及干酪的制造就是利用这种性质，其化学反应式如下：

$$\begin{matrix} NH_2RCOO \\ \quad\backslash \\ \quad\quad Ca \\ \quad / \\ NH_2RCOO \end{matrix} + 2CH_3CHOHCOOH \longrightarrow 2NH_2RCOOH + (CH_3COO)_2Ca + 2CO_2 + H_2$$

酪蛋白酸钙　　乳酸　　酪蛋白　　醋酸钙

(2) 乳清蛋白　牛乳中酪蛋白沉淀下来以后，保留在上清液即乳清中的蛋白质称为乳清蛋白。乳清蛋白中含量最多的是β-乳球蛋白，其次是α-乳清蛋白。β-乳球蛋白是一种简单蛋白质，加热、增加钙离子浓度、pH超过8.6等条件都能使它变性，α-乳清蛋白比较稳定。

牛乳中酪蛋白含量多，乳清蛋白含量少，与人乳的组成正相反。为使乳制品蛋白质组成接近人乳，可以利用乳清蛋白质来调整牛乳组分，生产出人乳化的高质量婴儿营养乳粉和其他营养食品。常用的乳清制品有乳清粉和乳清蛋白质浓缩物（WPC)。

乳清是干酪工业的副产品，是在干酪和干酪素制造中从牛乳或脱脂乳中通过分离而得到的液体物质，其量约为牛乳或脱脂乳的85%。

乳清蛋白质在烘焙食品中可代替部分鸡蛋和乳粉，在油炸食品中可减少耗油量，降低成本。

乳清蛋白质在食品中的应用见表1-50。

表1-50　　乳清蛋白质在食品中的应用

食品种类	作用
面包类	强化蛋白质
糕点类	乳化作用，代替50%鸡蛋，代替全部乳粉
蛋糕类	乳清易于水解，不能全部代替鸡蛋，可代替乳粉
油炸食品	减少耗油量，代替部分鸡蛋，代替全部乳粉
饼干	代替全部鸡蛋和乳粉

(3) 乳蛋白质的营养价值　乳蛋白质属于完全蛋白质，它含有人体全部必需氨基酸。1L牛乳可以满足或超过成年人每日所需要的必需氨基酸。从氨基酸组成来看，牛乳蛋白质的营

养价值非常高，同时也是一种非常经济的优质蛋白质来源。

牛乳中必需氨基酸的含量见表 1-51。

表 1-51　　牛乳中必需氨基酸的含量

氨　基　酸	1L 牛乳中的含量		
	成年人需要量/（g/d）	总　量/g	可满足每天需要量/%
异亮氨酸	1.4	2.1	150
苯丙氨酸	2.2	1.7	77
亮氨酸	2.2	3.6	164
苏氨酸	1.0	1.5	150
赖氨酸	1.6	2.6	162
色氨酸	0.5	0.5	100
缬氨酸	1.6	1.6	143
蛋氨酸及胱氨酸	2.2	1.2	55

3. 乳脂肪

乳脂肪是由一个甘油分子和三个脂肪酸分子组成的三酸甘油酯的混合物。乳脂肪不溶于水，以脂肪球状态分散于乳液中形成乳浊液。

牛乳脂肪的脂肪酸种类比一般脂肪多，已发现的脂肪酸多达 60 余种。除含有低级饱和脂肪酸外，还含有 $C_{20} \sim C_{26}$的高级饱和脂肪酸。不饱和脂肪酸中主要是油酸，约占不饱和脂肪酸总量的 70%。

乳中的脂肪呈极细小的球体，均匀地分布在乳汁中，脂肪球的外面有一层乳清或蛋白质薄膜。乳脂肪球的直径平均为 1.6～10μm。脂肪球的大小与乳脂肪的芳香和消化率有密切关系。一般来说，大的脂肪球芳香味浓，但消化率不如小的脂肪球。小的脂肪球芳香味不如大的脂肪球，但比大的脂肪球易于消化。

乳脂肪在 15℃时的熔点为 27～34℃，低于人的体温，同时乳脂肪本身已形成很好的乳化状态，因而含有乳及乳制品的食品消化率较高。任何一种食用脂肪，被人体消化利用的高低，其熔点是一个最大的因素。脂肪的熔点受脂肪分子链长短和不饱和度的影响，碳链越短，或不饱和度越大，其脂肪的熔点越低，消化率也就越高。

4. 乳糖

乳中糖类的 99.8%以上是乳糖，此外，还有极少量的葡萄糖、果糖、半乳糖等。牛乳中约含 4.7%的乳糖。乳糖甜味比蔗糖低，不易溶于水；但可溶于乳汁的水分中，呈溶液状态存在。乳糖水解后生成一个分子的葡萄糖和一个分子的半乳糖。

乳糖在乳酸菌的作用下，先分解为已糖，再分解成为乳酸，其化学反应式如下：

$$C_{12}H_{22}O_{11} + H_2O \longrightarrow 2C_6H_{12}O_6$$

$$C_6H_{12}O_6 \longrightarrow 2CH_3CH_4OHCOOH$$

乳糖在酵母的作用下，进行酒精发酵，化学反应式如下：

$$C_{12}H_{22}O_{11} + H_2O \longrightarrow 2C_6H_{12}O_6$$

$$C_6H_{12}O_6 \longrightarrow 2C_2H_5OH + 2CO_2$$

乳糖对初生婴儿和幼儿的智力发育非常重要。因为在婴幼儿的消化道内，分解乳糖的乳糖酶最多。乳糖能促进脑苷和黏多糖类的生成，这些物质是构成脑细胞的必要成分。另一方面，牛乳糖可以促进肠道内乳酸菌的生长。乳酸的形成，可以促进婴幼儿对钙和其他矿物质的吸收。

在食品中加入乳及乳制品，或在加入乳糖的同时加入乳糖酶，可以促进人体对乳糖的消化吸收率，防止佝偻病。

一部分人随着年龄的增长，消化道内呈现缺乏乳糖酶的现象，饮用牛乳时发生腹泻等症状，被称之为“乳糖不耐症”。

5. 乳中的无机盐和维生素

牛乳中的无机盐主要有磷、钙、镁、氯、钠、硫、钾等，此外，尚有一些微量元素。牛乳中盐类的含量虽然很少，但对蛋白质的热稳定性有重要影响。牛乳中的铁含量比人乳少，有必要予以强化。

牛乳中含有几乎所有已知的维生素，其中维生素 B_2 的含量很丰富，但维生素 D 的含量不多。维生素 A、维生素 D、维生素 B_2 及烟酸对热是稳定的，热处理中损失并不大。在生产酸乳制品时由于微生物的作用能使一些维生素含量提高。所以，酸乳是一类维生素含量丰富的营养食品。

6. 乳中的酶

乳中的酶主要来源于乳腺和微生物的代谢产物。这些酶在温度 70℃以上，或放射线（紫外线、X 射线等）的照射下会被破坏。

(1) 过氧化物酶　乳中原有酶类，其活性在 72℃、30min 或 80℃时即被破坏，以此可检验乳是否已经过高温杀菌。

(2) 还原酶　乳中微生物生命活动的产物。新鲜乳中较少，随着细菌数的增加而增加。可利用还原酶使某些有机染料褪色的还原特性（甲烯蓝还原试验），来测定乳中微生物的多少和污染程度。

(3) 解脂酶　主要来自微生物，是使脂肪分解而产生焦臭味的主要原因。例如奶油被污染时即出现解脂酶的作用，使奶油带有焦臭味并使脂肪变苦。另外，解脂酶对温度的抵抗力较强，所以稀奶油杀菌应在不低于 80～85℃的条件下进行。

(4) 磷酸酶　乳中固有酶，对温度较敏感。经低温巴氏杀菌后，牛乳中的磷酸酶会被破坏，而过氧化酶的活性只是部分地被破坏。因此，利用磷酸酶试验可以测定乳是否已经过长时间低温杀菌和温度是否超过 80℃。

二、乳 制 品

乳制品有乳粉、甜炼乳和淡炼乳等。

1. 乳粉

乳粉是以鲜乳为原料，经浓缩后喷雾干燥制成的。乳粉包括全脂乳粉和脱脂乳粉两大类。由于乳粉脱去了水分，因此比鲜乳耐贮存。根据包装形式的不同，保存期短的几个月，长的可达几年。携带和运输方便，可以随时取用，不受季节限制。容易保持产品的清洁卫生。在面包、糕点生产中广泛应用乳粉。

乳粉的性质与原料乳的化学成分有密切关系，加工良好的乳粉不仅保持着鲜乳的原有风味，按一定比例加水溶解后，其乳状液也应和鲜乳极为接近。

质量优良的乳粉可全溶于水中。乳粉的溶解度与加工方法有密切关系，喷雾干燥法乳粉，其溶解度为 97%～99%。各种乳粉均有吸湿性，吸湿后会凝结成块，不利于贮存。

正常的乳粉带有微甜、细腻适口的滋味。由于乳粉具有吸收异味性，故原料乳的状况、加工方法、容器等均能影响乳粉的滋味。

2. 炼乳

炼乳分甜炼乳（加糖炼乳）和淡炼乳（无糖炼乳）两种，以甜炼乳销售量最大，在面包、糕点生产中使用较多。所谓甜炼乳，即在原料牛乳中加入15%～16%的蔗糖，然后将牛乳的水分加热蒸发，浓缩至原体积的40%。浓缩至原体积的50%时不加糖者为淡炼乳。

甜炼乳是利用高浓度蔗糖进行防腐。如果生产条件符合规定，包装卫生严密，在8～10℃下长时间贮存也不腐坏。由于炼乳携带和食用非常方便，在缺乏鲜乳供应的地区，是食品生产的理想原料。

炼乳在加工过程中由于加入了蔗糖，有一部分蛋白质受热变性，对酸的凝集性也有所改善，故消化率有所提高。由于加热的处理，维生素有所损失，特别是维生素C和维生素B的损失较为明显，与鲜乳相比损失可达20%～50%。

3. 食用干酪素

食用干酪素是用优质脱脂乳为原料制成的，主要组成成分：酪蛋白94%、钙2.9%、镁0.1%、有机磷酸盐（以磷计）1.4%、柠檬酸盐（以柠檬酸计）0.5%。

食用干酪素可作为生产面包、糕点、饼干的配料，用量为5%～10%。

4. 干酪

干酪是将原料乳凝集成块，再将凝块进行加工、成型和发酵而制成的一种乳制品。

干酪的营养价值很高，含有丰富的蛋白质、脂肪和钙、磷、硫等盐类及丰富的维生素。干酪在制造和成熟过程中，利用微生物和酶的作用，发生复杂的生物化学变化，使不溶性的蛋白质混合物转变为可溶性物质，乳糖分解为乳酸与其他混合物，使干酪具有特殊的风味，并提高消化吸收率。

三、乳与乳制品在食品中的工艺性能

1. 乳的pH与酸度

健康牛分泌的鲜乳pH为6.4～6.8，而以pH6.5～6.7居多。pH低于6.4以下者可能是初乳或酸败乳；pH高于6.8者可能是乳房炎乳或低酸度乳。

牛乳的酸度是以T度来表示的。所谓T度就是中和100mL牛乳所消耗的0.1mol/L NaOH溶液的体积（mL），消耗1mL NaOH称为1T。正常新鲜的牛乳酸度一般为16～18T，如果酸度超过20T度即认为牛乳已经变酸。

刚挤出的新鲜乳的酸度称为固有酸度或自然酸度。固有酸度来源于乳中固有的酸性物质，非脂乳固体含量愈多，固有酸度就愈高，初乳的非脂乳固体特多，其固有酸度就特高，挤出后的乳在微生物作用下进行乳酸发酵，导致乳的酸度逐渐升高，这部分酸度可称为发酵酸度。固有酸度和发酵酸度的总和称为总酸度。

2. 牛乳的相对密度

正常的牛乳，在20℃时的平均相对密度为1.032，其变动范围为1.028～1.034。如果乳的相对密度在1.028以下，乳清（主要成分为乳糖和无机盐类，其正常相对密度为1.027～1.30）的相对密度在1.026以下，而且非脂固形物在8%以下时，此乳有掺水的可能，因牛乳的相对密度会由于加水而降低。如果乳的相对密度大于正常乳，则有脱脂现象，因为去除脂肪，乳的相对密度会增高。

3. 乳的表面张力、黏度和起泡性

牛乳的表面张力随温度的变化而变动，温度升高则其表面张力降低；牛乳的表面张力还随牛乳含脂率的变化而变动，含脂率高则其表面张力降低。对牛乳进行均质处理，脂肪球表面积增大，表面活性物质吸附于脂肪球界面处，从而增加表面张力。但是如果不先将脂酶经过热处理而使其钝化，均质处理会使脂酶活性增强，生成游离脂肪酸，使表面张力降低。

表面张力和牛乳与乳制品的泡沫形成有关。制造冰淇淋或制造搅打发泡稀奶油时，一般都希望有一个浓厚而稳定的牛乳泡沫形成；反之，在净乳、分离稀奶油时，在运输过程中，不希望形成牛乳泡沫，在杀菌时也不希望产生泡沫，因为泡沫中的细菌不易被杀死。

乳的黏度与含乳食品的生产工艺有密切关系。黏度随温度的升高而降低，在20℃时牛乳的绝对黏度为0.0015～0.002Pa·s。牛乳的黏度与溶解成分和胶体分散成分均有关系，酪蛋白的影响最大，其次是脂肪和白蛋白。非脂乳固体含量一定时，黏度随着含脂率的增高而增大。牛乳的黏度和温度成反比。

影响乳品形成泡沫的因素有温度、含脂率和酸度等。低温搅拌时乳的泡沫逐渐减少，在21～27℃达到最低点。在乳脂肪的熔点以上搅拌时，泡沫增加。搅拌奶油时，由于机械作用的影响，发生乳脂同空气的强烈混合，空气被打碎成无数细小的气泡，这些气泡充满在乳脂内，1L乳脂中可达60亿个。

牛乳及其制品具有泡沫性，并有一定的稳定性，在面包、糕点的生产中被广泛地应用。

4. 提高面团的吸水率

乳粉中含有大量蛋白质，酪蛋白的多少影响面团的吸水率。乳粉的吸水率为自重的100%～125%。因此，每次增加1%的乳粉，面团吸水率就要相应的增加1%～1.25%。吸水率增加，产量和出品率相应增加，成本下降。

5. 提高面团筋力和搅拌耐力

乳粉中虽无面筋蛋白质，但大量乳蛋白质对面筋具有一定的增强作用，不会因搅拌时间延长而导致搅拌过度。加入乳粉的面团更能适合于高速搅拌，高速搅拌能改善面包的组织和体积。

6. 提高面团的发酵耐力

乳粉可以提高面团发酵耐力，避免因发酵时间延长而使面团成为发酵过度的老面团，其原因是：

①乳粉中含有的大量蛋白质，对面团发酵过程中pH的变化具有缓冲作用，使面团的pH不会发生太大的波动和变化，保证面团的正常发酵。例如，无乳粉的面团发酵前pH为5.8，经45min发酵后pH下降到5.1；含乳粉的面团发酵前pH为5.49，45min发酵后pH下降到5.27。前者下降0.7，而后者仅下降了0.22。

②乳粉可抑制淀粉酶的活性。无乳粉的面团发酵要比有乳粉的面团发酵快，特别是低糖的面团。面团发酵速度适当放慢，有利于面团均匀膨胀，增大面包体积。

③乳粉可刺激酵母内酒精酶的活性，提高了糖的利用率，有利于CO_2气体的产生。

7. 乳粉是烘焙食品的着色剂

牛乳中的糖类主要是乳糖，在乳固形物构成成分中占37%～40%。乳糖是乳中特有的糖类，甜味比蔗糖弱，为蔗糖的1/6～1/5。乳糖以外的糖类如葡萄糖、半乳糖等在牛乳中有微量存在。乳糖具有还原性，不能被酵母所利用，发酵后仍全部残留在面团中。在烘焙期间，乳糖与蛋白质中氨基酸发生褐变反应，形成诱人的色泽。乳粉用量越多，制品的表皮颜色越深。乳糖的熔点较低，在烘焙期间着色快。因此，凡是使用较多乳粉的制品，都要适当降低烘焙温度和延长烘焙时间。否则，制品着色过快，易造成外焦内生。

8. 改善制品的组织

由于乳粉提高了面筋筋力，改善了面团发酵耐力和持气性，因此，含有乳粉的制品组织均匀、柔软、疏松并富有弹性。

9. 延缓制品的老化

乳粉中含有大量蛋白质，使面团吸水率增加，面筋性能得到改善，面包体积增大，这些因素都使制品老化速度减慢，提高了保鲜期。

10. 提高营养价值

乳粉中含有丰富的蛋白质和几乎所有的必需氨基酸，维生素和矿物质亦很丰富，用作面包、糕点、饼干等食品生产的配料，可明显提高制品的营养价值。

主要参考文献

1. 姜发堂，陆生槐主编．方便食品原料学与工艺学．北京：中国轻工业出版社，1997
2. 钟立人主编．食品科学与工艺原理．北京：中国轻工业出版社，1999
3. 赵晋府主编．食品工艺学（第二版）．北京：中国轻工业出版社，1999
4. 姚惠源主编．谷物加工工艺学．北京：中国财政经济出版社，1999
5. 李里特，江正强，卢山编著．焙烤食品工艺学．北京：中国轻工业出版社，2000
6. 周惠明，陈正行编著．小麦制粉与综合利用．北京：中国轻工业出版社，2000
7. 袁惠新，陆振曦，吕季璋编著．食品加工与保藏技术．北京：化学工业出版社，2000
8. 李里特主编．食品原料学．北京：中国农业出版社，2001
9. 姚焕章主编．食品添加剂．北京：中国物资出版社，2001
10. 陆启玉主编．方便食品加工工艺与配方．北京：科学技术文献出版社，2001
11. 沈建福主编．粮油食品工艺学．北京：中国轻工业出版社，2002
12. 曾庆孝主编．食品加工与保藏原理．北京：化学工业出版社，2002
13. 朱蓓薇主编．方便食品加工工艺及设备选用手册．北京：化学工业出版社，2002
14. 周家春编著．食品工艺学．北京：化学工业出版社，2003
15. 周惠明主编．谷物科学原理．北京：中国轻工业出版社，2003

第二章　面　包

面包是广大人民群众所喜欢的食品之一，它是由小麦粉、酵母和其他辅助材料如油、糖、蛋、盐等调制成面团，再经过发酵、整形、烘烤等程序制成。面包种类很多，但其配方和加工技术基本相似。

第一节　面包的分类

面包分类，国际上尚无统一的标准，分类的方法较多，主要有以下几种。

一、按面包的柔软度分类

1. 硬式面包

硬式面包也称欧洲式面包和大陆式传统面包。如法国面包、荷兰面包、维也纳面包、英国面包以及俄国生产的赛义面包、大列巴等面包。

(1) 法国面包　法国面包采用配方较为单纯，仅含面粉、水、酵母、盐四种，但制作极其讲究，从面团调制，到整形、发酵、烘烤，都需要较高的技术。因此认为法国面包在一般面包中香味最浓，并且最易受人欢迎。常见的有长面包（Baguette），中间有几道斜裂口，由于它的名气和漂亮，常用来做各种关于面包的广告；还有半球形的法国面包（百里香巴黎面包）等。

(2) 维也纳面包　维也纳面包也在一般硬式面包中具有最良好的香味和味道，同时有较薄而脆且金黄色的外皮。它与其他硬式面包不同之处，在于配方内含有乳粉，增加了面包外表的漂亮颜色。有棒状、橄榄形和辫子形，属大型面包。

(3) 意大利面包　意大利面包在一般硬式面包中配方最简单，原料仅有面粉、水、盐和酵母。此外，最大特点是：调制面包时需要加其他面包所剩余的老面团，以增加发酵的风味。其制作方法与法国面包大致相同。

但法国面包表皮松脆，而意大利面包表皮厚而硬。其形状很多，有橄榄形、半球形和绳子形等。橄榄形和半球形面包在进炉前，也像维也纳面包一样，用利刀划成各种条纹，只是意大利面包较维也纳面包裂缝大而脆。

(4) 德国面包　德国面包与意大利面包不同之处主要是使用黑麦面，而且也是用老面发酵，由于酵头中的乳酸发酵使面包稍带有酸味，乡土气味较浓。

(5) 英国茅屋面包　英国茅屋面包是英国式硬面包,最明显的特点是把两块面团叠在一起像不倒翁形状,多为英国家庭制作,商店销售不多。因为皮多,内心柔软部分少,不甚受欢迎。

(6) 荷兰脆皮面包　荷兰脆皮面包也属于地方性品种，对面团和配料没有特别要求，软式面团的配方也可做这种面包，只是脆皮面包最大的特点是：在焙烤前向面团表面涂上一层米浆，米浆经烘烤后产生了脆硬的表皮，更增加了面包的香味。

(7) 硬式餐包　在一般正式宴会和讲究的餐食中，餐包极为重要。餐包分为两类：一类为软式，一类为硬式，欧美人一般喜欢硬式餐包。硬式餐包基本做法同以上几种硬式面包的做法，有法国式、意大利式、维也纳式等，只不过形状花样多些，而且多为小型。它要求：①外表有光滑而亮泽的金黄颜色。②皮应脆而薄，不可坚硬和有韧性，内部组织必须和听型面包一样柔软，但组织不像听型面包细密，而是多孔，并具有丝样光泽，用刀切断时，不可有颗粒落下。这样的面包咀嚼时，外皮脆而香，内部柔软而有强韧的弹性。常见的有：橄榄形法国面包（罗宋面包）、硬式圆餐包、洋葱餐包、意大利餐包、维也纳餐包等。

硬式面包的特点是配方都比较“贫”（lean），几乎只有面粉、水、酵母和盐四种。只是在制作程序和形式上稍有不同，式样、组织和表皮性质不同，形成了各种不同的硬式面包。欧美等面食国家几乎有2/3是以各种面包为主食，其中硬式面包又占了一半以上。亚洲的越南、新加坡等地，也以硬式面包为主食，近年，日本也流行吃硬式面包。这是因为硬式面包麦香浓郁，表皮松脆芳香，而且内部组织柔软有韧性，回味无穷，越嚼越香。我国北方的硬面火烧锅盔与硬式面包颇有相似之处，尤其是表面浓郁的麦香和老面包发酵的香味可与硬式面包媲美，风味浓郁，便于储存，但内部组织不够膨松，比较坚硬，有的吃时要喷上水或泡水吃，如羊肉泡馍等。

另外，如前苏联、阿富汗、印度及中东一带的老面发酵面饼，其制作方法也属于此类型。

2. 软式面包

如大部分亚洲和美洲国家生产的面包，如著名的汉堡包、热狗、三明治等面包。我国生产的面包大部分属于软式面包。

（1）餐桌用面包　餐桌用面包也称餐包，包括小圆面包（dinner roll）、牛油面包（butter roll）、热狗（hot dog roll）、汉堡包（hamburget）和小甜面包（bun）等。

（2）花式软面包　花式软面包主要有奶酪面包（cheese roll）、不倒翁餐包（cottage roll）、指形餐包（finger roll）、牛乳面包（milk roll）、葡萄干面包（raisin roll）、葱花面包卷（onion roll）、火腿面包卷（ham roll）、辫子面包、牛角面包等。这种面包辅料配合基本同餐桌面包相同，只是加入了一些农、畜、海产物。

软式面包的特点是表皮比较薄，讲求式样漂亮，组织细腻、柔软，有圆形、圆柱形、海螺形、菱形、圆盘形等等。这种面包比听型面包含糖多一些（6%～12%），油脂也稍多（8%～14%），其中高级品，奶油、蛋、奶酪含量也相当多。整形制作工艺多用滚圆、辊压后卷成柱的方法，因此多称为roll。而且使用面粉的面筋比听型面包低一些，因此比听型面包更为柔软，并且有甜味。

二、按质量档次和用途分类

（1）主食面包　亦称配餐面包，配方中辅料较少，主要原料为面粉、酵母、盐和糖，含糖量不超过面粉的7%。

（2）点心面包　亦称高档面包，配方中含有较多的糖、奶油、乳粉、鸡蛋等高级原料。

三、按成型方法分类

（1）普通面包　成型比较简单的面包。

（2）花色面包　成型比较复杂、形状多样化的面包，如各种动物面包、夹馅面包、起酥面包等。

四、按用料不同分类

按用料不同，面包可分为奶油面包、水果面包、鸡蛋面包、椰蓉面包、巧克力面包、全麦面包、杂粮面包等。

第二节　面包配方与生产工艺

面包生产，根据其种类不同选择不同配方。工艺上的区别，主要在于面团的调制和发酵不同，而整形后的工序基本相同。面包生产工艺主要有以下几种。

一、一次发酵法

一次发酵法又称为直接发酵法，就是采用一次性搅拌、一次性发酵的方法。

1. 一次发酵法的特点

①缩短了生产时间，提高了劳动效率，生产周期为5~6h。

②由于发酵时间短，减少了发酵损失。

③减少了机械设备、劳动力和车间面积。

④具有良好的搅拌耐力。

⑤具有良好的发酵风味，无异味和酸味。

⑥由于发酵时间短，面包体积比二次发酵法要小，并且容易老化。

⑦发酵耐力差，醒发和烘焙时后劲小。

⑧一旦搅拌和发酵出现失误，没有纠正机会。

2. 一次发酵法的基本配方

原辅料	份数	平均份数
高筋面粉	100	100
水	50~65	60
鲜酵母	1.5~5	3
糖	0~12	4
盐	1~2.5	1.5
油脂	0~5	3
乳粉	0~8.2	2
乳化剂	0~0.5	0.35
改良剂	0.5~1.5	1
丙酸钙	0~0.35	0.25

3. 一次发酵法生产工艺

(1) 工艺流程

面团调制→面团发酵→整形→醒发→烘焙→刷油、装饰→冷却→包装

(2) 操作要点

①面团调制：搅拌后的面团温度应为27~29℃。搅拌时间一般在15~20min。

②面团发酵：发酵的理想温度为28～30℃，相对湿度75%～80%。发酵时间主要由酵母用量来决定。如果面团中含有酵母营养物质，发酵时间则会大大缩短。如果使用鲜酵母2%，发酵时间约为2h；使用即发干酵母0.8%，发酵时间为2.5～3h。

③整形：整形与常规方法相同。

④醒发：面团醒发温度38～43℃，相对湿度85%～90%，醒发时间50～65min。

二、二次发酵法

二次发酵法又称为中种法和分醪法，即采用两次和面、两次发酵的方法。第一次调制的面团称为种子面团、中种面团、醪种面团、小醪或醪子；第二次调制的面团称为主面团或大醪。

1. 二次发酵法的特点

①面包体积大。

②面包不易老化，贮存保鲜期长。

③面包发酵风味浓，香味足。

④第一次搅拌发酵不理想，还有纠正机会，即在第二次搅拌和发酵时纠正。

⑤发酵耐力好，后劲大。

⑥搅拌耐力差。

⑦生产周期长，效率低。

⑧需要设备、劳力、车间面积较多，投资大。

⑨发酵损失大。

2. 二次发酵法的基本配方

种子面团

原辅料	份数	平均份数
高筋面粉	60～80	65
水	36～48	36
鲜酵母	1～3	2
酵母食物	0～0.75	0.5
乳化剂	0～0.5	0.375

主面团

原辅料	份数	平均份数
高筋面粉	20～40	35
水	12～24	24
糖	0～14	8
脱脂乳粉	0～8.2	2
油脂	0～4	3
盐	1.5～2.5	2
鸡蛋	4～6	5
丙酸钙	0～0.35	0.25

二次发酵法的配方设计主要根据：一是面粉的筋性和性质，二是发酵时间的长短。

面粉应选择筋性较高的高筋面粉，如果面粉筋性不足，则在长时间的发酵中，面筋会受到破坏。因此，筋力较弱的面粉应放在主面团中。筋力较高的面粉在种子面团中的比例应大于主面团的面粉比例，发酵时间也应长于主面团。

二次发酵法种子面团中一般不添加除酵母营养物质以外的其他辅料。种子面团和主面团的面粉比例有以下几种：80/20、70/30、60/40、50/50、40/60、30/70。高筋面粉多数使用70/30和60/40，即种子面团面粉用量高些。中筋面粉（例如国产特制粉）多使用50/50，即种子面团面粉用量少些，发酵时间不易太长。二次发酵法比一次法酵母用量少。

种子面团与主面团的面粉比例应根据面粉筋力大小灵活调制。

种子面团的加水量可根据发酵时间长短而调整。一般情况下，种子面团加水量少，发酵时间虽长，但面团膨胀及面筋软化成熟效果好。而水分用量多的种子面团，发酵时间短、速度快，但面团膨胀体积小，面筋软化成熟差。

酵母的用量一般比正常一次发酵法减少20%左右。

二次发酵法因种子面团中不含盐，面筋不能硬化，水化作用迅速，发酵能充分进行。

3. 二次发酵法生产工艺

(1) 工艺流程

种子面团调制→种子面团发酵→主面团调制→主面团发酵→整形→醒发→烘焙→刷油、装饰→冷却→包装

(2) 种子面团操作要点

①种子面团调制　将种子面团配方所需的原辅料全部加入搅拌机中，搅拌8~10min即可。种子面团不必搅拌时间太长，也不需要面筋充分形成，其主要目的是扩大酵母的生长繁殖，增加主面团和醒发的发酵潜力。可将面团搅拌稍软、稍稀一些，以利酵母生长，加快发酵速度。搅拌后面团温度应控制在24~26℃。

②种子面团发酵　在28~30℃，相对湿度70%~75%的发酵室中，发酵4~6h即可成熟。成熟的判别标志参照发酵工艺部分。

(3) 主面团操作要点

①主面团调制：首先将主面团中的水、糖、蛋、添加剂加入搅拌机中搅拌均匀，然后加入发酵好的种子面团，搅拌，再加面粉、乳粉搅拌至面筋初步形成。加入油脂搅拌至与面团充分混合时，最后加入食盐搅拌至面团细腻、光滑为止。搅拌时间一般为12~15min。

②主面团发酵：发酵40~60min，并应根据种子面团与主面团的面粉比例来调节。如果种子面团面粉比例大，即所谓的种大，则主面团发酵时间可缩短。反之，则应延长。

③整形：整形与常规方法相同。

④醒发：二次发酵法的面团醒发时间要比其他方法短一些。在38~40℃，相对湿度85%~90%的条件下，醒发50~65min。由于面团中酵母孢子多，后劲大，面团醒发程度可比一次法稍轻一些，以利在烘焙过程中面团体积进一步膨大。

三、三次发酵法

三次发酵法在欧洲国家非常盛行。例如，著名的法国面包、俄罗斯面包、意大利面包、维也纳面包等部分品种就是利用三次发酵法生产的。一般来说，制作面包时，面团发酵次数越多，面包的风味就相对越好。但生产周期较长。我国目前采用三次发酵法的很少，国际上多数国家也不采用。对于一些高质量的传统名特面包，采用三次发酵法来生产，则可以在风味上与大众化的其他方法生产的面包不同，形成鲜明特色，提高了产品的知名度和市场竞争能力。下面以法国面包为例介绍三次发酵法。

1. 三次发酵法的基本配方

	原辅料	份数
第一次种子面团（小醪）	高筋面粉	15
	水	9
	鲜酵母	2
	酵母食物	0.2
第二次种子面团（二醪）	高筋面粉	30
	水	18
主面团	高筋面粉	55
	水	33
	糖	1
	油脂	2
	盐	2

2. 三次发酵法工艺

(1) 三次发酵法工艺流程

小醪调制→小醪发酵→二醪调制→二醪发酵→主面团调制→主面团发酵→整形→醒发→烘焙→刷油、装饰→冷却→包装

(2) 三次发酵法操作要点

①第一次种子面团（亦称小醪）：

小醪调制：先用配方中15%的面粉、全部酵母及相应的水，搅拌成面团，面团温度为24℃。

小醪发酵：在26～28℃、相对湿度70%～75%的条件下，发酵2～2.5h。

②第二次种子面团（亦称二醪）：

二醪调制：将配方中30%的面粉及相应的水混合，再加入已发酵完成的第一次种子面团，搅拌成均一的面团，面团温度为25～26℃。

二醪发酵：在上述相同条件下发酵2～3h。

③主面团调制：先将剩余的水和糖搅拌，加入已发酵完成的第二次种子面团，搅拌至面团散开后，再分别加入剩余的面粉及盐、油脂，搅拌至面团完成阶段。面团温度为28℃。

④主面团发酵：在上述相同条件下延续发酵40～60min。

采用三次发酵的主要目的就是为了提高面团中的酸度，使烤出来的面包具有特殊的风味。

⑤整形：用三次发酵法生产的法国面包，其形状有多种，最常见的有棍棒式、橄榄式、大圆形等多种形状。

传统的法国等欧洲面包不用烤盘，而是将整形后的面包坯，如棍棒式和橄榄式的面包坯，放在铺有帆布或白布并在布上撒有细玉米粒的平板上；2～3kg的大圆形面包坯，则放入衬有白布并在布上撒有细玉米粒的大圆盘内，然后送入醒发室内醒发。

现在绝大多数面包厂都使用平烤盘来醒发面包坯。使用平烤盘时，烤盘内不能刷油，因刷油后面团在醒发时流动性好，则烤出来的面包底部扁平，特别是烤制棍棒式面包时形态不佳。

⑥醒发：条件与正常方法相同。

醒发好的法国等欧洲硬式面包坯，在放入炉中烘焙前，需用锋利的刀片在表面割数道裂

口，其目的是防止面包在烤炉中膨胀时从腰部或底部爆裂成不规则状态。刀割的深浅可视醒发的程度而定。醒发时间短，可割得深一些；醒发时间长，则割得浅一些。刀要锋利，动作要快，刀口才能平整。大圆形面包不能用刀割裂口。

面包坯在进炉之前还需要在表面上刷一层清水,防止进炉后表皮过早结皮而影响体积膨大。

⑦烘焙：法国等欧洲面包烘焙时应使用蒸汽烤炉，以使面包表皮松脆。无蒸汽烤炉时，可在炉内放一盆热水来产生蒸汽。当炉内面包已呈焦黄色泽时，停止供应蒸汽。

四、快速发酵法

快速发酵法是指发酵时间很短（20~30min）或根本无发酵的一种面包加工方法。整个生产周期只需2~3h。这种工艺方法是在欧美等国家发展起来的。它是在特殊情况或紧急情况下需紧急提供面包食品时才采用的面包加工方法，平时一般不用，主要原因是面包质量差，保鲜期短。近年来，我国不少中小型面包厂也多采用这种工艺并有了一定创新和发展。

快速发酵法包括化学快速发酵法（无发酵时间法、短时间发酵法）和机械快速发酵法。

1. 化学快速发酵法

(1) 化学快速发酵法的特点

①生产周期短，效率高，产量比直接法、中种法都高。从原料称重到包装的全过程仅需3~3.5h。

②发酵损失很少，提高了出品率。

③节省设备投资、劳力和车间面积。

④降低了能耗和维修成本。

⑤面包风味纯正，无任何异味。

⑥不合格产品少。

⑥面包发酵风味差，香气不足。

⑧面包老化较快，贮存期短，不易保鲜。

⑨由于具有⑦和⑧两个缺点，故不适宜生产主食面包，而适宜生产高档的点心面包。

⑩需使用较多的酵母、面团改良剂和保鲜剂，并且用料较多、较高，故成本大，价格高。

(2) 快速发酵法配方

原辅料名称	A	B	C	D	E
面粉	100	100	100	100	100
水	55	56	52	60	58
即发干酵母	0.8	0.8	1.0	1.0	0.9
盐	0.8	0.8	0.6	1.2	0.7
糖	10	8	15	5	12
鸡蛋	5	2	4	1	3
乳粉	2	2	2	1	3
油脂	2	2	2	3	3
面包添加剂	1.0	1.2	0.8	1.3	0.9
甜味剂	0.02	0.02	0.015	0.05	0.014

香兰素	0.05	0.07	0.05	0.08	0.06
椰丝	适量	适量	适量	适量	适量

(3) 化学快速发酵原理

①增大酵母用量为常规法的一倍：这是快速发酵的主要措施。面包体积的膨胀主要是依靠酵母的作用，快速发酵法几乎无发酵工序，因此，必须增加酵母用量才能达到面包膨胀。

②增加酵母营养剂：因无发酵工序，酵母来不及从面团中摄取足够的营养来促进自身生长繁殖。故应添加酵母营养剂来补充酵母的营养需要，促进酵母生长繁殖，扩大孢子数，增加发酵潜力。目前，面包添加剂中均有酵母营养剂。

③提高面团温度为30~32℃，促进发酵。

④其他方面

a. 使用还原剂、氧化剂和蛋白酶：使用还原剂是为了缩短面团搅拌时间，改善面团的机械加工能力。还原剂在面团搅拌期间即破坏面筋蛋白质。常用的还原剂有半胱氨酸、山梨酸、亚硫酸氢盐、延胡索酸。平均使用量为20~40mg/kg。其用量在减少面团搅拌时间方面不能超过25%。使用氧化剂是为了补偿还原剂对面筋的破坏，恢复面团的强度、弹性、韧性和持气性，保证面包的质量。常用氧化剂有维生素C等。蛋白酶因对面筋的破坏作用是不可逆的，其活性又受温度和pH影响，在使用时不易掌握，故很少用。

b. 降低盐用量，加快面筋水化和面团形成，但不能过低，否则起不到改善风味的作用。

c. 降低糖和乳粉用量1%~2%，以控制表皮着色。因发酵时间短，面团中的剩余糖多。

d. 减少水用量大约1%，缩短面团水化时间，因水多面团黏度大。

e. 加入乳化剂，因快速法生产的面包易老化。

f. 加酸或盐酸以软化面筋，调节面团pH，加快面团形成和发酵速度，常用的有醋酸和乳酸，用量为0.5%~1%，磷酸一氢钙为0.45%。pH过高不利于酵母生长。

(4) 化学快速发酵法生产工艺

①工艺流程：

面团调制→静置→压片→卷起→分块称重→成形→装盘→醒发→烘烤→冷却

②操作要点：

a. 搅拌：投料顺序和搅拌时间与普通发酵法相同。面团温度春、秋、冬三季可控制高一些，为30~32℃；夏季应控制低一些，为25~27℃，否则面团在搅拌期间就产生发酵作用，影响搅拌质量和后道工序加工操作。控制面团温度，除考虑季节变化外，主要应根据车间温度来确定。

面团软硬度有两种情况，一种是稍硬一些，面团吸水率小于45%，有利于压片和成型操作，铺粉用量少，面包体积小，组织均匀紧密，有特殊的纹理，口感好，俗称有“咬头”。内部组织成丝状和片状，能用手一片一片撕下来，消费者对这样的面包比较欢迎。另一种情况是面团很软，吸水率在45%以上，不利于压片、折叠和成形操作，需使用大量铺粉，否则粘压片机。但醒发速度较快，有利于面团起发膨胀，面包体积较大，组织疏松，但纹理不如前者，面包组织很软，口感较差，无“咬头”。消费者对此种面包不太欢迎。因此，控制面包软硬度是很重要的。

b. 静置：快速发酵法有的静置，有的不静置。静置一段时间后有利于面粉进一步水化胀润，形成更多的面筋，改善面筋网络结构，增强持气性。静置时间一般为20~30min，当用手拍打面团，出现空空的声音时即可。不需静置的面团可直接压片，但面包体积比静置的小。

c. 压片：将面团在压片机上反复压延20多遍，直至面团表面光滑、细腻为止。压片时要加少量铺粉，否则面片不光滑，面团太软时需要加铺粉，否则易断条，粘机器。

d. 卷起：面片压好后置于操作台上，用滚筒稍加压延，把两端压薄，以利于卷起后封口。在面片表面刷一层水，然后从一端卷起，卷成圆筒状，要求卷紧、卷实，否则成品表面易出现凹坑，不光滑。

e. 分块称重：将卷好后的圆筒状面团按面包成品设计规格分块，要求刀口垂直整齐，不偏，大小一致。常见的分块质量有110g、115g、120g、140g和150g等。

f. 成型：普通面包的成型方法较多，大多数利用手工成型。常见的有方形、长方形、圆形、橄榄形等，其中，方形和长方形需通过装盘方法来成型。

g. 装盘：所制面包的形状取决于装盘是否恰当，如需要长方形面包，在摆盘时可将面团横向间距小一些，纵向间距大一些；如需要方形面包，则应四周间距相等。这只是笼统的做法，实际生产时还应通过反复试验来校正，做方形和长方形面包时面团应稍软，并且面团醒发后应满盘，即全部连在一起。烤盘的尺寸要与面团分块大小相匹配，烤盘的边沿要达到5~6cm高，并且要垂直，不要斜边，以利于面包形状规整。

h. 醒发：与常规方法基本相同。

i. 烘焙：由于面包中的糖、蛋、乳粉含量较高，着色较快，故应适当降低炉温，防止面包外煳内生，一般为180~220℃，入炉时178~180℃。如果采用隧道式烤炉，则入炉后第一阶段只可给下火，不给上火，以后各阶段烘焙方法与普通方法相同。

2. 柯莱伍德机械快速发酵法

柯莱伍德法（Chorleywood bread process）是英国烘焙工业研究协会参照美国的连续混合面团法，应用高速搅拌产生能量促进面团起发的原理而研制出来的一种新型面包加工方法。

(1) 柯莱伍德法的特点

①大大缩短了生产周期，从面团调制到出成品仅需1个多小时。

②节省了人力、设备和车间面积。

③可使用面筋含量低的面粉，例如蛋白质含量为8.3%~10.5%的中筋面粉。

④自动化程度高，保证了卫生，从配料到出成品完全由机械化完成。

(2) 柯莱伍德法原理　应用快速搅拌机把机械能输入面团中，然后释放出来使面团膨胀，面团要达到最佳膨胀水平要耗能40J/g，或11W·h/kg。该法搅拌面团要比常规法多耗能5~8倍，而这多出的能耗又与常规法酵母发酵产生的能量水平相同。高速搅拌机装有电动机，功率为44.13~51.49kW，转速为350r/min，生产能力为100~350kg/次，搅拌时间6min/次，该机在53.33kPa的真空下进行面团搅拌。当真空释放时，面团瞬间膨胀而完成发酵。因此，该方法是根据强烈的机械搅拌，把搅拌与发酵两个工序结合在一起，在搅拌中完成发酵的。

除了使用高速发酵搅拌机外，还采取以下辅助措施：

①使用大量氧化剂：在面团中使用了溴酸钾、抗坏血酸、碘酸钾等氧化剂，这是该方法工艺的重要措施。溴酸钾用量为40~55mg/kg，碘酸钾为10~20mg/kg，抗坏血酸为75mg/kg，

或抗坏血酸与溴酸钾结合使用更理想，其比例为75mg/kg:（25~35）mg/kg。

②酵母用量比常规法增加50%~100%。

(3) 柯莱伍德法生产工艺

①工艺流程：

酵母发酵液（发酵2~3h）→原辅料混合均质→高速搅拌→整形→醒发→烘焙→冷却→包装

②操作要点：

面团调制：4~6min，面团温度30~31℃。

中间醒发：8min，室温29℃。

醒发：25min。

目前，英国和美国等许多欧美国家的面包常都采用柯莱伍德法工艺。

五、液体发酵法

液体发酵法就是借助于液体介质来完成面团的发酵，它最初是由美国乳粉研究所研究出来的。该方法是先将酵母置于液体介质中，经几小时的液体繁殖，制成发酵液，然后用发酵液与其他原辅料搅拌成面团。欧美等国家多采用此法进行大批量自动化连续化生产面包。

1. 液体发酵法的特点

①缩短了面团发酵时间，提高了生产效率。

②从原辅料处理到成品包装可实现全部自动化和连续化生产。

③提高了面包的贮存期，延缓了老化速度。

④缩短了发酵时间。

2. 液体发酵法工艺

(1) 工艺流程

原料混合→液体发酵→热交换器→冷藏贮存→面团调制→面团发酵→整形→醒发→烘焙→冷却→包装

(2) 操作要点　液体发酵有两种形式：无面粉发酵和含面粉发酵。

①无面粉发酵：无面粉发酵是发酵液中没有加入面粉，面粉主要加到主面团中。发酵液中主要是酵母与水之间的比例变化，一般在（4~20）:1范围内。在液体发酵中要获得理想的面团，适当的酵母用量是很重要的。浓缩酵母发酵液中（水:酵母=4:1）可以使用所有的酵母，但只能使用总水量的大约15%。但在高含水量的发酵液中（水:酵母=20:1），可以使用所有的酵母和全部的水。无面粉发酵使用的酵母量比有面粉发酵多，以获得适当的气体。

为使酵母正常生长，在发酵液中的加糖量是面粉添加量的3.5%，或者等于发酵液中酵母的量。但要尽量使糖残留的少。添加在面团中的糖只用于表皮着色。

在发酵液中必须使用缓冲剂，否则将导致面团和成品发酵不足。适当的使用量是总面粉量的0.1%~0.25%。

盐的添加量必须经过计算，只能使用总盐量的一部分。它能帮助减慢发酵速度并改善发酵耐力。

无面粉发酵液的温度要比含有较高面粉的发酵液的温度高。这是由于无面粉发酵液通过设备时较为方便，迅速通过输送管道冷却。由于温度较高，降低了渗透压，酸和其他发酵产物形成得较快。

无面粉发酵所需的时间为 45～90min。

液体发酵完成以后，发酵液要冷却到 4～7℃，并放置在冷却箱内，可以贮存 24～48h 甚至更长的时间。

无面粉发酵的主面团的吸水率比有面粉发酵面团的高，这样才能有相同的面团黏稠度。无面粉发酵通常使用面团组织改良剂。在面团搅拌阶段，为促使面团的形成，就要增加机械搅拌的时间和提高面团温度。稍高一点点的面团温度将改善酵母的产气性并增加氧化速度。在无面粉发酵中使用氧化剂，以改善面团性能、颗粒、结构和成品体积。氧化程度取决于时间、温度和 pH。

②含面粉发酵：含面粉发酵与无面粉发酵的主要区别是在发酵液中含有一定量的面粉。面粉的添加范围是 10%～60%，如果超过 60%，其现象类似于普通种子面团，失去了液体发酵的优点。

当发酵液中面粉的质量分数增加时，会发生以下变化：首先，当面粉增加时，面粉中大量的淀粉可以转化成糖，就可减少蔗糖量。当面粉含量达到 50%～60%时，蔗糖可以完全不加。第二，面粉中的蛋白质可以缓冲 pH，当面粉添加量达到 40%～60%时，缓冲剂可以完全不用。但是随着面粉量的增加，发酵液的起泡性增加，对面包生产极为不利。在发酵液中加入少量的油可以减少起泡，降低搅拌速度（15～20r/min）和发酵温度（24～28℃）也可解决这个问题。

在液体发酵液中，水的添加量是通过计算的，既要获得适量的酵母用量，产生理想的发酵副产品，又要使水的用量保持在配方中规定的吸水率范围内，广泛使用的液体发酵液中水和面粉的比例为 1:1，酵母的用量通常比无面粉发酵液低。

面团搅拌时间随面粉量的增加而减少，这是由于液体发酵液中产生的发酵产物（如酸等）对面粉具有改良作用的缘故，只有少量面粉被加入主面团中，因此主面团可以减少机械搅拌时间和氧化剂用量，以使面筋重新组合，获得最佳的持气性和良好的面团性能。

③冷藏贮存：大规模生产的工厂发酵液制备量较大，然后分批使用，所以需要冷藏贮存。发酵完毕将料液温度下降到 24℃，能使用 24h；冷却到 10℃，能使用 36h。

3. 液体发酵法的配方

发酵液配方（份数）

原辅料	Ⅰ	Ⅱ
水	55	55
面粉	0	40
酵 母	3.25	2.75
玉米糖浆（42%）	4.25	1.5
缓冲剂	0.175	0
硫酸铵	0	0.04

主面团配方

原辅料	Ⅰ	Ⅱ
面 粉	100	60
水	2.5	2.25
盐	2.1	2.1
玉米糖浆（42%）	11.25	11.25

乳　粉	2	2
油　脂	2	2
乳化剂	0.25	0.25
丙酸钙	0.25	0.25
ADA	15mg/kg	15mg/kg
$KBrO_3$	30mg/kg	30mg/kg
维生素 C	40mg/kg	60mg/kg
酶活性大豆粉	0.25	0.25

注：Ⅰ是无面粉液体发酵液配方，Ⅱ是含面粉液体发酵液配方，ADA 为偶氮甲酰胺。

六、冷冻面团法

冷冻面团法是 20 世纪 50 年代以来发展起来的面包新工艺。目前，在许多国家和地区已经相当普及，特别是面包行业正流行连锁店经营方式，冷冻面团法得到了很大发展。冷冻面团法，就是由较大的面包厂（公司）或中心面包厂将已经搅拌、发酵、整形后的面包在冷库中快速冻结和冷藏，然后将此冷冻面团销往各个连锁店（包括超级市场、宾馆饭店、面包零售店等）的冰箱贮存起来，各连锁店只需备有醒发箱、烤炉即可。随时可以将冷冻面团从冰箱中取出，放入醒发室内解冻、醒发，然后烘焙即为新鲜面包。顾客可以在任何时间都能买到刚出炉的新鲜面包。现代面包的生产和销售越来越要求现做、现烤、现卖，以适应顾客吃新尝鲜的需要。

1. 原料的选择

（1）面粉　冷冻面团所需要的面粉要比通常的主食面包含有较高的蛋白质。这种面粉可以是春小麦和冬小麦的混合物，蛋白含量应在 11.75% ~ 13.5% 之间。面粉可以经过漂白、加氧化剂和加淀粉酶。面粉中要求蛋白质含量高的原因是保证面团具有充足的韧性和强度，提高面团在醒发期间的持气性。

（2）面团吸水率　面团吸水率为 50% ~ 63%，冷冻面团的生产采用较低的吸水率是理想的。因为较低的吸水率限制了自由水的量，自由水在冻结期间对面团和酵母具有十分不利的影响。较低的吸水率在冻结期间对保持面团的形状是相当重要的。在考虑吸水率的时候，应该在面团中尽可能多加水，以使面团能充分吸水，但要以最低限度的自由水为前提。

（3）酵母的用量　酵母用量通常是 3.5% ~ 5.5%，这个用量可以根据产品的种类或糖的用量来改变。如果使用面包用压榨酵母，这种酵母贮存不应超过 3d，这将有助于使冷面团贮存更长的时间。从酵母活性的观点来看，要保证酵母的质量，在面包食品厂通过做酵母的发酵力试验来检验酵母的活性和质量。也可以使用活性干酵母，但是，在使用活性干酵母时，必须注意：以较低的用量来使用。正确的使用量应是鲜酵母用量的 1/2。活性干酵母中也含有一定数量的损伤酵母细胞和谷胱甘肽，谷胱甘肽也是一种还原剂，它对面筋具有软化作用。通过添加溴酸钾或维生素 C 能够弥补这种缺点。因此，当使用活性干酵母时，应该同时使用较多的氧化剂，这可使面团在冻结和贮存阶段保持相对稳定的质量。

采用冷冻面团生产面包时，酵母的耐冻性是影响面包质量的关键，必须选择耐冻性好的酵母。不同的酵母其耐冻性亦不同。

（4）酵母营养物质　酵母营养物质能保证酵母在发酵过程中均匀地产气，得到理想的醒发效果。

(5) 盐　正常的盐用量应该是1.75%～2.5%。

(6) 糖　糖的使用量根据产品的种类而定，必须记住，对于冷冻面团糖的用量要比普通面包的配方高一些。在冷冻面团中糖的用量一般是6%～10%，糖的用量较高的产品表明贮存期要稳定得多。这是由于糖的吸湿性质。

(7) 油脂　油脂的用量为3%～5%，这将增加面团的起酥性能，使面团更有利于机械加工，也改善了面团在醒发期间的气体保持性能。

(8) 面团干燥剂　过氧化钙、硬脂酰乳酸钠（SSL）、硬脂酸乳酸钙（CSL）具有干燥作用。这些物质可以与水互相结合，降低面团中的自由水。SSL和CSL也具有组织柔软作用，改善面团在醒发阶段中的气体保持性能。

(9) 氧化剂　在冷冻面团中选择适当的氧化剂和用量是非常重要的。抗坏血酸和溴酸盐的结合是最广泛的使用方法。在考虑氧化剂的添加量时，要把存在于面粉中的酵母和食物中的氧化剂计算在内。计算添加量为：

抗坏血酸：（40～80）mg/kg

溴酸钾：（24～30）mg/kg

添加量以配方中的面粉为基准。

(10) 快速发酵法混合料　对于大批量冷冻面团的生产，通常都是采用快速发酵法。半胱氨酸型快速发酵法原料是相当流行的，有助于减少面团搅拌时间。这些材料的使用应该是较少的，能满足将面团搅拌时间降低15%～20%即可。如果添加量过高，面团变得过度软弱，导致面团变成畸形，而且有可能在醒发期间面团塌陷，最后成品体积小。

2. 生产工艺

大多数冷冻面团产品的生产都采用快速发酵法，即短时间或无时间发酵。许多研究证明，应用长时间发酵的工艺方法对冷冻面团生产是最不理想的。因此，在任何发酵方法中，用二次发酵法生产的冷冻面团产品贮存时间最短，保鲜期缩短。这是由于在较长的种子面团发酵期间酵母被活化所致。这种活化作用使得酵母在冷冻和解冻期间更容易受到损伤。液体发酵法发酵时间很短，已经证明是生产冷冻面团产品的惟一可勉强接受的方法。

概括起来，短时间或无时间一次发酵法生产冷冻面团是最合适的，它们能使产品冻结后具有较长的保鲜期。这是由于经过冻结后酵母幸存下来。

(1) 冷冻面团工艺流程

原料混合→面团调制→发酵→整形→速冻→包装→冷库→冰箱→醒发→烘焙→冷却→包装

(2) 操作要点

①面团搅拌：面团搅拌取决于产品的种类，搅拌特点类似于未冻结的面团。面团的良好扩展和形成对产品的质量是十分必要的。在冷冻面团搅拌过程中应该注意面团要一直搅拌到面筋完全扩展为止。如果搅拌过度，面团将变得过分柔软和不适宜后道工序的加工，面团冻结贮存后气体保持性能变劣。

②面团温度：面团温度对于生产高质量和保鲜期长的产品来说是非常重要的。面团搅拌后的温度范围在18～24℃是理想的。较低的面团温度能使面团在冻结前尽可能降低酵母的活性，这将延长面团搅拌时间。

如果面团温度过高，将有助于酵母活性被大大激活，从而造成酵母过早产气发酵，在分块时不稳定，不易整形，导致保鲜期缩短。

③发酵时间：发酵时间通常控制在0～45min内，平均30min。缩短发酵时间表明，在冻结加工期间能减少酵母被损害的程度。增加发酵时间将有助于冻结贮存期间酵母的更大损失，导致冻结贮存期缩短。

④整形：由于冷冻面团要比普通面团的吸水率低，而且面团温度也低，因此加工这种硬面团必须调节分块机，这可以通过调节活塞弹簧的压力来完成。如果压力太小将导致分块质量不稳，压力过大将使面团受到机械损伤。面团受到损伤后，在整形期间气体保持性能变劣，成品的体积变小，组织不均匀，质量严重下降。

⑤压片和成型：面团经过再次机械加工对于生产出高质量的产品是非常重要的。在压片和成型期间，应该适当调整压片机和成型机，以避免面团被撕裂。如果面团在这个阶段受到任何损伤都将使面团变得软弱，成品体积小，持气性变劣。因此，整形后面团要迅速被冻结。

⑥机械吹风冻结：面团机械吹风冻结的工艺条件：－34～－40℃，同时以16.8～19.6m^3/min流速让空气对流。对于0.454～0.511kg面块经60～70min机械吹风冻结后，面块的中心温度达到－29℃～－32℃。

⑦低温吹风冻结（CO_2、N_2）：低温吹风冻结是在－46℃的温度下完成的。通过这种方法，0.454～0.511kg的面块吹风时间通常在20～30min内。机械吹风冻结将使面团沿着四周形成一层厚表壳，这个冻结薄层厚度为0.38～0.65mm。当面团可能出现固化冻结时并不影响产品质量，因为面团的内部温度仍然相当高，且需要时间来达到动态平衡。面团约90min后能达到温度平衡，经过这段时间后平衡温度达到－4℃～－7℃。如果平衡温度相当高，将需要延长吹风冻结时间。经过吹风冻结后，产品通常被包装在衬有多层纸的纸板箱里，这种多层衬纸能够防止冷面团在贮存期间过多失水。

⑧冷藏间温度：如果冷冻面团要贮存很长一段时间，贮存温度选择－18～－23℃是非常成功的。然而在实际应用中，这是非常困难的。因为在生产中总是要进进出出，使得冷藏间的温度难免有一些波动。但必须注意，冷藏间在较高温度波动要比在较低温度波动对面团的贮存具有更大的危害性。冷藏间温度的波动将损害面团的质量，降低面团的贮存期，这是由于冰结晶形成和运动的结果。对于面团的贮存期，通常考虑最长为5～12周。贮存12周以后，面团变质相当快。如果面团贮存三周时间，则不需太严格的工艺控制。

⑨解冻：面团的解冻应该按照以下程序进行。

a. 从冷藏间取出冷冻面团，在4℃的高温冷藏间里放置16～24h，这可以使面团解冻。然后将解冻的面团放在32～38℃，相对湿度70%～75%的醒发室里。在这些条件下，醒发时间约需2h。

b. 从冷藏间直接取出面团放入27～29℃，相对湿度70%～75%的醒发箱里。在这些条件下，醒发时间需2～3h。

在以上两种情况下，人们可以注意到使用的相对湿度都在70%～75%范围内，这要比正常的鲜面团醒发时的相对湿度低。采用较低的相对湿度可以防止面团发生收缩，这种收缩对面团具有软化作用，并导致面团在醒发期间发生塌陷。正如在生产中所看到的，如果面团出现太老或太软的现象，应该重新加工，也就是说将面团重新成型将有助于改善持气性，做出的成品面包要比没有重新成型的面团体积大。

醒发后的面团即可转入烘焙工序。

第三节　面团的调制

面团调制俗称面团搅拌、和面，它是影响面包质量的决定性因素之一，如果面团搅拌至理想程度，面包质量就有了25%的保证。

一、面团调制的目的

面团调制有以下目的：

①使各种原辅料均匀地混合在一起，形成质量均一的整体。

②加速面粉吸水、胀润形成面筋的速度，缩短面团形成的时间。

③扩展面筋，使面团具有良好的弹性和延伸性，改善面团的加工性能。

二、面团调制的不同阶段

将面团调制过程中的物性变化划分为6个阶段。

1. 原辅料混合阶段

该阶段面粉等原料被水调湿，似泥状，并未形成一体，且不均匀，水化作用仅在表面发生一部分，面筋没有形成，用手捏面团，甚硬，无弹性和延伸性，很黏。

2. 面筋形成阶段

此阶段水分被面粉全部吸收，面团成为一个整体，已不粘附搅拌机壁和钩子，此时水化作用大致结束，一部分蛋白形成了面筋。用手捏面团，仍有黏性，手拉面团时无良好的延伸性，易断裂，缺少弹性，表面湿润。

3. 面筋扩展阶段

随着面筋形成，面团表面逐渐趋于干燥，较光滑和较有光泽，出现弹性，较柔软，用手拉面团，具有了延伸性，但仍易断裂。

4. 调制完成阶段

此时面筋已完全形成，外观干燥、柔软而具有良好的延伸性。面团随搅拌机的钩子转动，并发出拍打搅拌机壁的声音；面团表面干燥而有光泽，细腻整洁而无粗糙感。用手拉取面团，具有良好的延伸性和弹性，面团非常柔软。此阶段为最佳程度，应立即停止搅拌，开始发酵。

5. 调制过渡阶段

如果完成阶段不停止，继续搅拌，面筋超过了搅拌的耐度，开始断裂。面筋胶团中吸收的水又溢出，面团表面再次出现水的光泽，出现黏性，流动性增强，失去了良好的弹性。用手拉面团时，面团粘手而柔软。面团到这一阶段对制品的质量产生不良影响。

6. 破坏阶段

若继续搅拌，则面团变成半透明并带有流动性，黏性非常明显，面筋完全被破坏。从面团中洗不出面筋，用手拉面团时，手掌中有一丝丝的线状透明胶质。

三、面团形成过程及调制原理

1. 面粉的水化及胀润

小麦蛋白质与水的相互作用形成湿面筋，一般胀润作用分为两个阶段，这种作用在实际应用中通过搅拌机的搅拌加速进行。小麦粉与水接触时，在接触表面形成面筋，阻碍水的浸透和其他蛋白质的相互作用，搅拌机的搅拌桨破坏了这层面筋膜，使水化作用得以不断进行。水分子被蛋白质胶体吸附于粒子表面，与亲液胶体各个链的所有的活性点（极性基团）发生溶剂化作用，并将位于胶粒表面的可溶性（低聚合）组分粒子由胶体上洗掉，使其在胶（团）体间液体中处于溶解状态，并在那里产生一定的渗透压力。对于亲液胶体而言，它是一种外渗透压力 $\pi_{外}$，这时完成面团搅拌的第一和第二阶段。

随后水将包含在胶体内部的低分子可溶性成分（如可溶性糖、脂类、维生素、矿物质）溶解，由于它们的浓度很大，这就产生了一种很大的内部渗透压力 $\pi_{内}$。渗透压公式：

$$\pi_{内} = RT\rho_{内} / M_{内}$$

式中，$\rho_{内}$ 为可溶性物质的质量浓度，$M_{内}$ 为内部可溶性物质的相对分子质量。

因可溶性物质的 $M_{内}$ 很小，而溶解时的 $\rho_{内}$ 很大，故 $\pi_{内}$ 很大，一般来讲，$\pi_{内} > \pi_{外}$。

此时将有大量的水分子进入胶体内部。渗透压力达到平衡时，化学势相等，即 $\pi_{内} = \pi_{外}$，这时候即是面团搅拌的面筋扩展和完成阶段。

从搅拌开始，面团就进行胶体化学变化。在搅拌初期，由于蛋白质和淀粉粒吸水很少，面团的黏度很小，搅拌桨叶片受的阻力不大；随着搅拌的进行，蛋白质吸水膨胀，淀粉粒的吸附水也增加，面团的黏度增大，表面有水膜，面团粘工具和手。继续搅拌，水分大量渗透到蛋白胶粒内部和结合到面筋网络内部，形成了具有延伸性和弹性的面团，当面团表面形成光泽时，搅拌即告完成。

从胶体化学的角度可以把面筋的形成看作是蛋白质胶体（干凝胶）有限溶胀（胀润）的过程。而微观上，则是在搅拌过程中，促进了麦胶蛋白和麦谷蛋白的相互作用，形成了面筋的网状结构。其中二硫键起着重要作用。

2. 蛋白质变化与面团的黏弹性

在构成蛋白质的氨基酸中含有半胱氨酸和胱氨酸，每 100g 蛋白质含有 12mmol 半胱氨酸。麦胶蛋白和麦谷蛋白均含有二硫键，前者在分子内，后者在分子内和分子间（主要在分子间）；两者含二硫基多肽的相对分子质量亦不同，前者为 $3.6 \times 10^4 \sim 5.0 \times 10^4$，而后者在 $6.0 \times 10^4 \sim 13.3 \times 10^4$ 之间，而且高相对分子质量的含量多，由此形成了两者对面团物性贡献的不同。前者赋予面团黏性和可塑性，而后者则赋予面团弹性。

面团形成过程中发生着复杂的化学变化，其中最重要的是面筋蛋白的含硫氨基酸中（如胱氨酸和半胱氨酸等）硫氢基和二硫基之间的变化。这种变化是面团形成的主要原因。它们之间交换反应的模式如下：

$$R_1—S—S—R_2 + R_3—SH \rightleftharpoons R_1—S—S—R_3 + R_2—SH$$

也就是说，蛋白质 $R_1—S—S—R_2$ 与蛋白质 $R_3—SH$ 发生交联，而且这种交联在空气中适度搅拌的条件下不断进行。

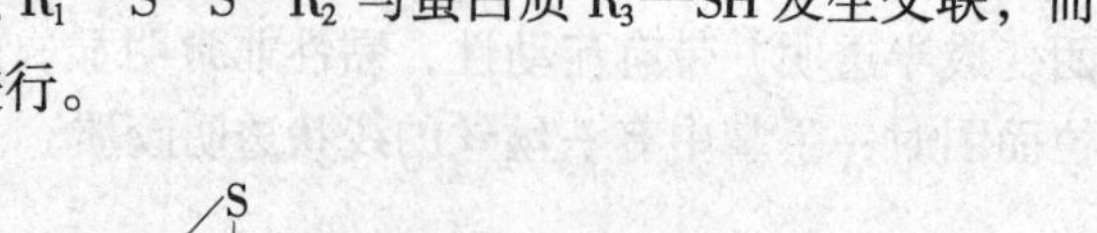

达到完成阶段时则形成网状结构。

这样，小麦粉加水搅拌的面团，是以面筋为中心的网状结构，淀粉、脂质等被包围在面筋网络中，形成较稳定的薄层状网络，使面团具有持气性，能够保住发酵过程中产生的CO_2，在面团内形成微细气泡。由—S—S—形成的面筋蛋白质高分子化合物与面团的稳定性有关，形成的面筋网状结构见图 2-1。

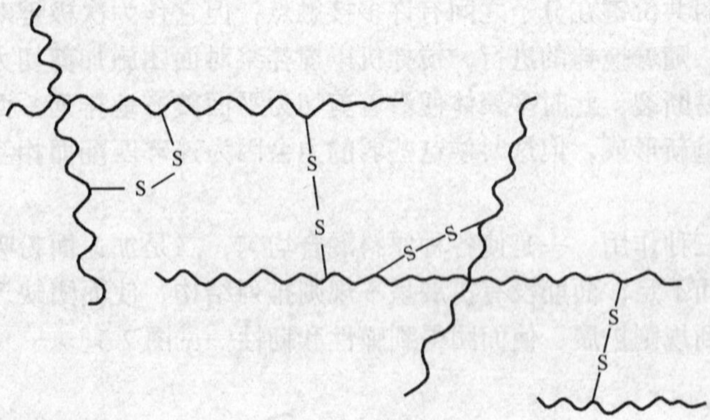

图 2-1　交联形成的面筋网状结构模型

面筋蛋白质的流变学性质（也指它的黏度、弹性和聚合性质的综合特性）是使面团具有良好烘焙性能的主要原因。麦谷蛋白是其亚基通过分子间二硫键交联形成的相对分子质量高达几百万的纤维状大分子聚合物，为面团提高弹性。麦胶蛋白是以单肽键（相对分子质量很小）通过分子内二硫键、氢键和疏水作用形成球状，为面团提供延伸性或流动性。另外，剩余蛋白质在亚基组成上与麦谷蛋白相似，可能通过分子间二硫键形成交联程度更大的不溶性三维状结构。上述三种蛋白质的结构及对面团的黏弹性的影响见图 2-2。

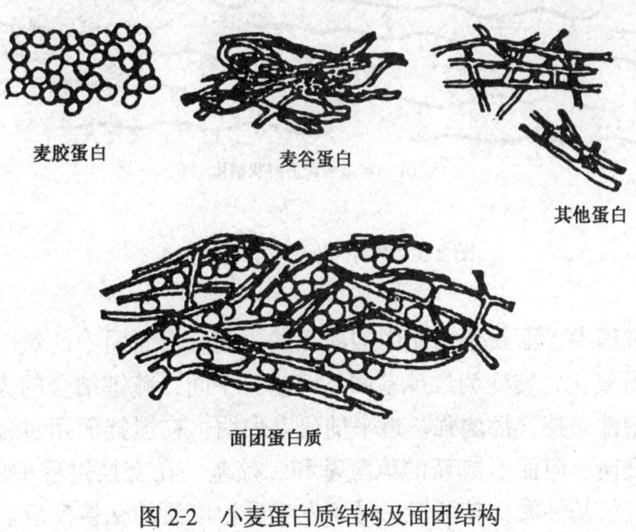

图 2-2　小麦蛋白质结构及面团结构

在搅拌过程中，当水和其他辅料加入面粉中并进行机械搅拌时，麦胶蛋白和麦谷蛋白吸水溶胀，体积增大，蛋白质微粒之间相互粘结形成一个连续的膜状面筋网络，并将淀粉粒覆盖包围在网络中。同时，麦胶蛋白、麦谷蛋白和水溶性蛋白质重新分配，脂类和其他成分也被揉合到面筋网络中。面粉颗粒被润湿时，蛋白质进入水中形成极细的纤维，再通过分子间的氢键和疏水键彼此结合而形成纤维状聚合体，从而维持面团的强度和弹性。

搅拌初期的面团，面筋蛋白质多聚体之间无数二级键是随机排列的，即面筋结构是杂乱无章的。虽然通过弱共价键在分子之间有许多接触点，但它作为次极键对于面筋的机械强度和黏弹性影响很小，随着搅拌的进行，搅拌机以搅拌桨对面团施加剪切力。蛋白质多聚体之间弱的二级键很容易断裂，此时多聚体便沿着剪切力平面整齐地排列。而当多聚体重新接触时，新的次级键又重新形成，但这时候这些弱的力会因为连环匹配而相互协调，其结果是面团的强度大大增加。

因此，搅拌有三种作用：一是使各种原料混合均匀，二是加速面粉吸水形成面筋，三是扩展面筋。搅拌时间不足，面筋没有扩展呈不规则排列结构，使面团缺乏弹性。经过充分搅拌的面团，面筋得到规则扩展，使面团得到弹性和韧性，见图 2-3。

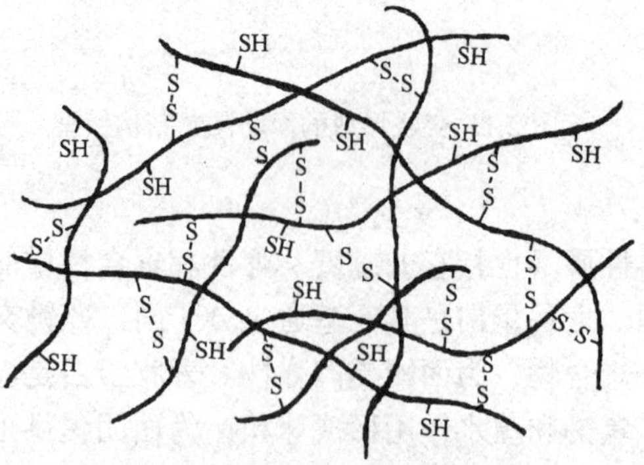

没有定向伸展的面筋网状结构

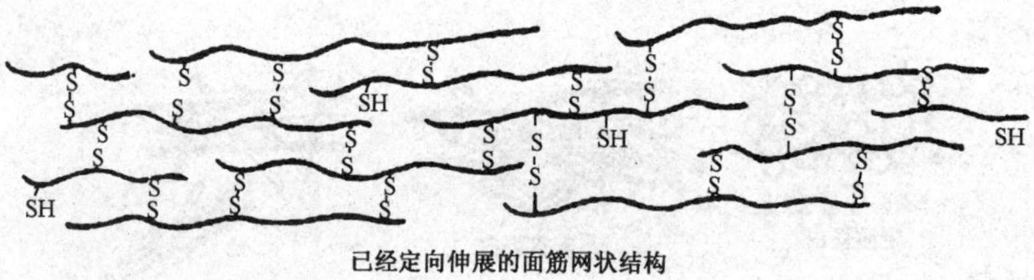

已经定向伸展的面筋网状结构

图 2-3　搅拌对面筋结构的影响

另外，在调制过程中，面粉蛋白质中的硫氢基团被混入面团中的氧气和氧化剂（如溴酸钾和维生素 C 等）所氧化，转变为二硫基团，产生分子间二硫键结合的大分子面筋网络，使面团变得有弹性、韧性，持气性增强。近来的研究表明，在搅拌面团过程中，蛋白质硫氢基和二硫基之间发生交换反应而形成新的硫氢基和二硫基，在交换过程中没有数量上的损失，只有这些新形成的硫氢基性质比较活泼，易于发生更为广泛的交换反应。在搅拌过程中硫氢基和二硫基之间的交换反应非常迅速，面筋无法固定其结合位置，但当加入面团改良剂（如溴酸钾和维生素 C 等）后，硫氢基和二硫基之间的交换反应减少。因此，形成的二硫基被固定下来，通过分子间的二硫键结合成大分子的纤维状面筋网络结构，增强了面筋弹性、韧性和持气性。根据此原理，现代面包加工工艺中均使用了大量的面团改良剂——氧化剂来加速硫氢基向二硫基的转换，提高面包的持气性、面包体积和面包质量。

图 2-4 说明，较短的蛋白质链借助于布朗运动，在空间位置上有了变化并发生了反应(3)；巯基化合物 X—SH 不被消耗，而且可能参加了下一次交换反应。

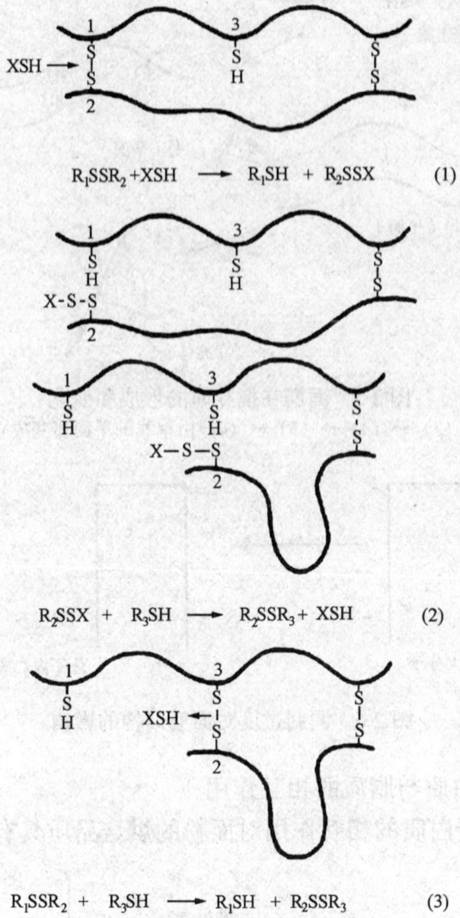

图 2-4　硫氢基与二硫基的交换反应

面团在搅拌过程中面筋蛋白质的变化也可由单线平面面筋变成立体网状面筋结构图形来说明，见图 2-5。

达到完成阶段的面团，面筋蛋白质或麦谷蛋白的外部形成具有疏水区的凝聚体，而内部形成亲水区，保持了渗透的多量水分。由于过度搅拌，其面筋蛋白质的胶团被破坏，在凝聚体内部的失水区外露，同时胶团内部水分向外部放出，蛋白质粒子被多量的水包围。也就是像在搅拌时加水量过多的状态，面团失去弹性、发黏。面筋的网状结构受机械损伤而破坏，面团黏性和韧性下降，工艺性能变劣。这是由于一部分蛋白质分子间的二硫键被打断，变成了分子内的二硫键，面筋分子变小，分子间的结合程度削弱所致，见图 2-6。因此，面团搅拌时间要严格控制。

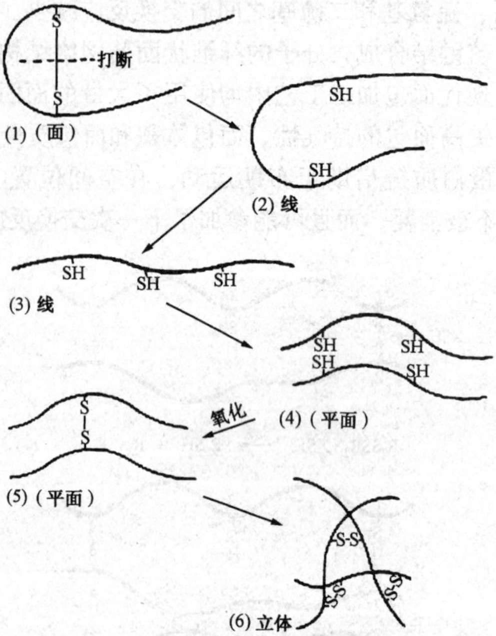

图 2-5 面筋在搅拌时的形成和变化

(1) → (2) → (3) → (4) → (5) → (6) 由单线的平面演变成立体的网状面筋

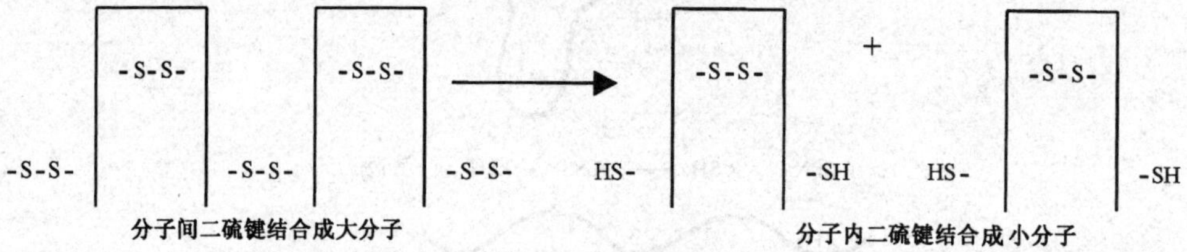

图 2-6 调制过度对面筋结构的影响

3. 调制过程中面粉蛋白质与脂质的相互作用

面粉中的脂质与面筋蛋白质的相互作用对面粉的烘焙品质具有很大影响。

- 面粉中脂质
  - 结合脂
    - 极性脂 0.4%~0.7%
      - 磷脂 50%~55%
      - 糖脂 45%~50%
    - 非极性脂 0.2%~0.3%
  - 游离脂
    - 非极性脂 0.6%~0.7%
    - 极性脂 0.2%~0.3%
      - 磷脂 30%~50%
      - 糖脂 50%~70%

（1）面筋是脂质-蛋白质复合体　面粉加水搅拌后，蛋白质聚合体解离变小，游离脂类减少，随着进一步搅拌和面团形成，游离脂质不断减少而向结合脂质转化，直到面团完全形成为止。在搅拌过程中共有 1/3～1/2 的游离脂质转化为结合脂质，即与面筋蛋白质结合成很紧密的复合体。因此，面筋中约有 10%的脂质，面筋不是纯蛋白质，而是一种脂质-蛋白质复合体。

（2）脂质在面团、面包中的作用机理　在面团搅拌过程中，面粉中的脂质主要与蛋白质结合成复合体。在烘焙过程中，随着温度的上升，蛋白质开始变性，脂质-蛋白质的结合力减弱，脂质慢慢地转向淀粉结合。因此，在面团中，脂质是与蛋白质结合的，脂质-蛋白质复合体能阻止面筋的解聚，增强面筋网络的结构牢固性和保持气体的功能，有利于面团发酵、体积膨胀及保持面包的形状。在面包中，脂质是与淀粉结合的，脂质-淀粉结合体能延缓淀粉的回生老化，起到抗老化和保鲜作用。

（3）乳化剂对脂质-蛋白质相互作用的影响　乳化剂是重要的面包品质改良剂，它能加强面粉中脂质与蛋白质的相互作用，见图 2-7。它还能与脂质、蛋白质、淀粉形成复合体，见图 2-8。在生产营养强化面包时，往往加入大豆蛋白，但大豆蛋白能与麦胶蛋白疏水基团结合，破坏了面筋网络，使面包品质下降。加入乳化剂后，面团中的脂质、面筋蛋白质、大豆蛋白、淀粉和乳化剂间产生多重的交互作用，克服了加入大豆蛋白后对面包品质的不利影响。

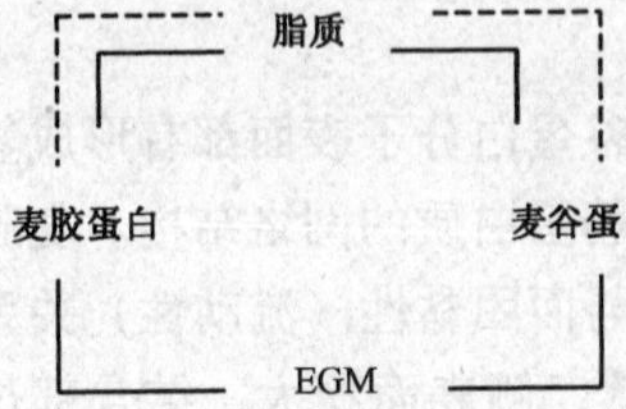

图 2-7　乳化剂、脂质、蛋白质相互作用图

EGM：聚乙烯(20)甘油单酸酯

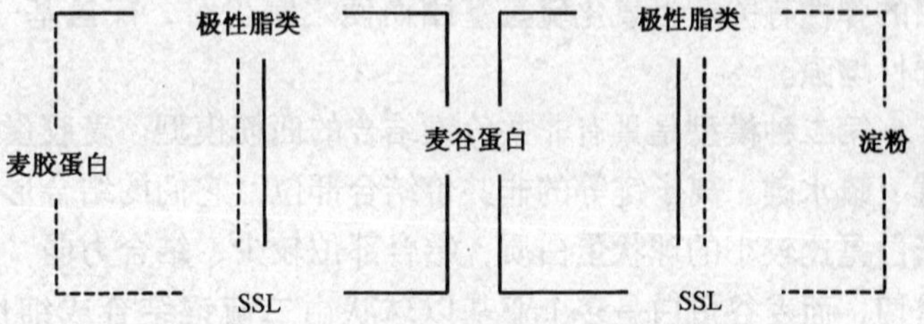

图 2-8　乳化剂、脂质、蛋白质、淀粉相互作用图

4．面团形成模型

面团的形成不是一个简单的物理过程，面团在搅拌和静置过程中，面筋蛋白质肽链间存在着复杂的价键变化。采用现代生物化学技术，有关学者对面筋蛋白质的组成、结构、功能进行了广泛深入的研究，提出了多种面团形成模型。

面团的物理及流变学性质，受小麦粉面筋蛋白质的数量和质量，搅拌时所加入的氧化剂、还原剂、乳化剂、活性面筋粉、食盐、乳粉、鸡蛋、油脂等的影响会有显著差异。而吸水率、pH 和温度等因素也左右着面团的物理和流变学性质。

从化学角度看，面团是由蛋白质、淀粉、戊聚糖、脂质、水溶性成分、水及加入的乳化剂等多种组分所组成的分散体系，在搅拌时输入了一定量的机械能。

（1）面团形成模型提出的理论根据　食品化学家对面筋蛋白质进行了 100 多年的大量研究，目前已得到了有关面筋蛋白质及面团的公认正确的基本理论。

①面筋蛋白质占全部小麦蛋白质的 80%左右，由大约各占一半的麦胶蛋白和麦谷蛋白组成。

②麦胶蛋白能溶于 70%乙醇溶液，由 50 个左右的组分组成，不同面粉组成差别很大。

麦胶蛋白分子较小，相对分子质量一般为 3 万 ~ 10 万，无肽链间二硫键，其分子通过肽链内二硫键和氢键等作用而成球状。在 APAGE 电泳中，麦胶蛋白可分为 α、β、γ、ω 四大部分。

③麦谷蛋白仅部分溶于稀乙酸或表面活性剂溶液，由 20 个左右的组分组成，不同面粉组成差别很大。麦谷蛋白分子很大，相对分子质量分布范围为 10 万 ~ 300 万，既有肽链也有肽链间的二硫键。麦谷蛋白分子通过肽链间的二硫键交联，呈线性结构。在 SDS-PAGE 电泳中，还原的麦谷蛋白可分为 HMW 麦谷蛋白亚基和 LMW 麦谷蛋白亚基两大部分。

④麦谷蛋白和麦胶蛋白的氨基酸组成最大特点是富含谷氨酰胺和脯氨酸，肽链间或肽链内可通过强烈的氢键和疏水作用而聚合。

⑤麦谷蛋白和麦胶蛋白分别是面团延伸性和弹性的物质基础。

⑥氧化剂和还原剂通过对面粉中硫氢基和二硫基的作用，可显著改变面团流变学性质。

⑦面团中存在有硫氢基和二硫基的交换反应。

(2) 面团形成的若干模型　面团形成的模型和机理，目前有多种假设。面团形成机理是食品科技工作者多年来研究的重要课题，它对烘焙食品的生产及质量控制具有重要意义。

第一种模型是蛋白质分子通过二硫键交联形成大分子的整个面筋网络结构。二硫键与面团的弹性有关。当氧化硫氢基团而使之减少时，硫氢基-二硫基的交换反应被抑制，面团的弹性增强。

第二种模型是具有非共价键结合的面筋模型。麦胶蛋白和麦谷蛋白分子表面都有形成氢键、疏水键、离子键等的非共价结合部位，它们的结合形成了面筋蛋白质的网络结构。麦胶蛋白是比较小的球状蛋白质，结合部位较少，结合力弱，因而它与面团黏性（流动性）关系密切，而麦谷蛋白是多个亚基以球状由二硫键结合成细长纤维状，侧表面积大，结合部位多，结合力强，因而它与面团弹性关系密切。麦胶蛋白和麦谷蛋白以适当比例混合为面筋，使其具有适当的黏弹性。在面团搅拌时，如果加入破坏氢键的尿素，则面团的稠度和拉伸强度减少。面筋蛋白质中酰胺含量与面包体积正相关，这说明氢键在面筋形成和面团黏弹性及面包体积等方面起着重要作用。

在面团形成过程中，非共价键结合是面筋蛋白质之间结合的主要因素。面筋网络构象的变化与氢键、疏水键等次级键的变化有关。而共价键对面团物性及流变学的作用是次要的。

此外，以下几种交联作用对面筋的形成及面团的黏弹性也有重要作用。

①面粉中含有约 1.5% 的戊聚糖，在氧化剂作用下它们会与蛋白质发生交联作用，形成凝胶。

②蛋白质的含硫氨基酸残基的含硫游离基与阿拉伯-木聚糖阿魏酸的双键也会发生交联形成大分子结构。

③通过螯合作用的交联。

(3) 面团形成模型的最新解释　随着水的加入，面粉颗粒表面层很快吸水。通过人工和机械作用，吸水的表面被移去，所暴露出的新表面又重新开始吸水，直至所有的面粉颗粒都充分吸水。加水量不足或过多都不能形成很好的面团。加水量不足，面粉颗粒不能完全吸水，面筋蛋白很难形成连续的网状结构；加水量过多，面筋蛋白的作用由于水的隔离而减弱，面团弹性减少。

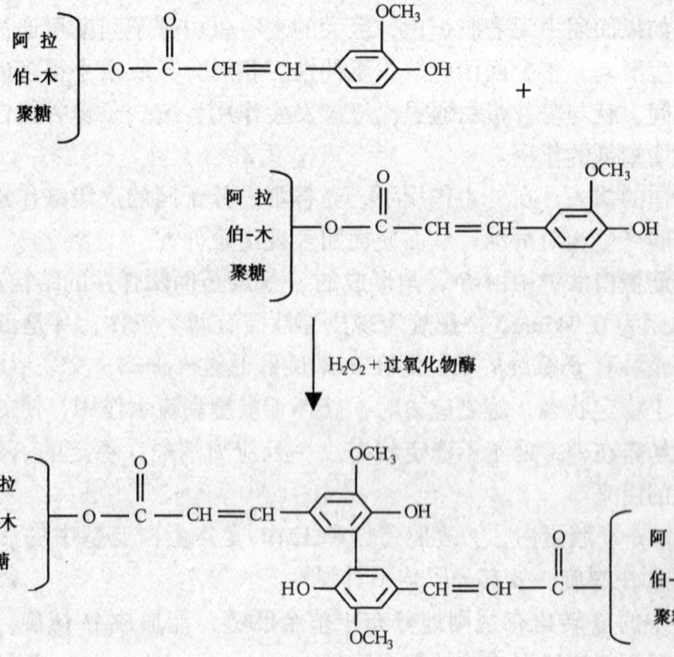

阿魏酸交联

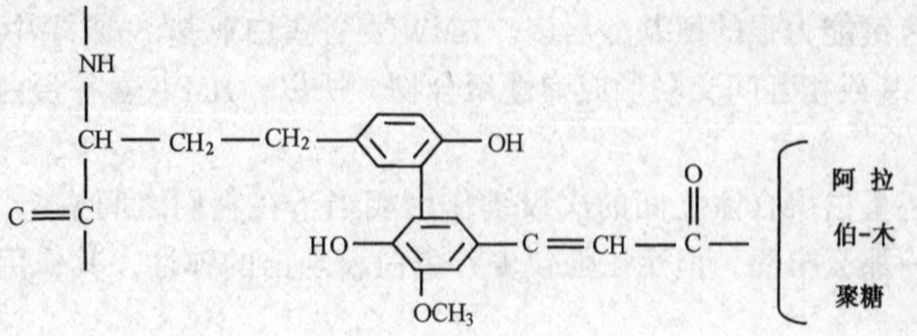

酪氨酸-阿魏酸交联

面团的搅拌并不是一个简单的物理过程。在干面粉中，为了处于最低能量状态，麦谷蛋白分子呈致密结构。在面团搅拌过程中，随着水的掺入，通过—SH 与—S—S—的交换反应和机械搅拌作用，麦谷蛋白肽链伸展呈线状，形成一个无序的网状结构，线性麦谷蛋白分子相互缠结，麦胶蛋白充填于其中。

通过面团拉伸试验可以看出，刚调制好的面团延伸性很小，抗延阻力很大，静置一段时间后，面团的流变性质则表现为延伸性和弹性有一个较好的平衡。

面团的静置也同样是一个动态的化学过程。在此阶段，面团内部结构向低能量状态转化，通过—SH 与—S—S—的交换反应，使面团内部结构得到松弛，相互缠绕的麦谷蛋白分子开始定向有序排列。麦谷蛋白和麦胶蛋白之间、麦谷蛋白分子间通过大量的氢键和疏水作用结合。

面团的形成需要由面团的搅拌和静置两个阶段来完成。有序排列的线性麦谷蛋白是面团的骨架，麦胶蛋白通过次级键与麦谷蛋白作用充填于其中，两者构成了连续的面筋网络。

5. 面团形成模型的作用

（1）面团流变学性质的分子基础

①延伸性：如果面团中无麦胶蛋白，巨大的麦谷蛋白分子间就可通过强烈的次级键作用而聚合，很难产生滑动，整个面团就缺少延伸性。相对分子质量小得多的麦胶蛋白一旦充填到麦谷蛋白肽链间，就与麦谷蛋白通过次级键发生作用，减少了麦谷蛋白分子间的次级键作用位点，起到了增塑剂的作用。

由于麦胶蛋白的掺入，在外力作用下，麦谷蛋白分子间的次级键作用很容易被破坏，相邻麦谷蛋白分子间产生相对滑动，从而使面团表现出延伸性。

②弹性：面筋蛋白肽链中由 β-转角形成的 β-螺旋是面团弹性的结构基础。β-螺旋每圈有 13.5 个残基，螺距为 0.945nm。β-螺旋表现出弹性需有两个条件：一是 β-转角间要有足够量的氢键作用；二是具有 β-螺旋的单肽链在 α-螺旋区通过—S—S—交联形成聚合物。β-螺旋构象在能量上能处于稳定状态，施之应力时，破坏了氢键和疏水作用，使 β-螺旋构象丧失，一些疏水的氨基酸暴露在外，处于不稳定状态。一旦应力消失，稳定的 β-螺旋结构重新恢复，这就是面团弹性的由来。

α-麦胶蛋白、β-麦胶蛋白、γ-麦胶蛋白和 LMW 麦谷蛋白亚基中的 β-转角在肽链中分布不规则，不能形成 β-螺旋，故其分子均不具弹性。

ω-麦胶蛋白中的 β-转角有规则地分布于整个肽链，能形成 β-螺旋，但因其分子中缺乏半胱氨酸，肽链间不能交联形成弹性聚合物。

HMW 麦谷蛋白亚基肽链中存在重复且规则分布的 β-转角，可以形成 β-螺旋，β-转角区域疏水的和形成氢键能力强的氨基酸居多。HMW 麦谷蛋白亚基 N-末端中的 α-螺旋上有半胱氨酸能与 LMW 亚基或相互间交联形成弹性聚合物。所以，HMW 麦谷蛋白亚基是面团弹性的主要贡献者。

相邻线性麦谷蛋白聚合体之间的次级键作用相当于在它们之间搭起了“横梁”，这种作用虽不像—S—S—那么牢固，但足以强化麦谷蛋白表现出的弹性，其作用强度显著影响面团的延弹平衡。

（2）面团流变性质差异的化学本质　面粉品质可以通过面团的流变性质反映出来。面粉中面筋含量高，搅拌时就有足够量的连续面筋网络形成，面团表现出较强的流变性质。

麦胶蛋白与麦谷蛋白含量的相对比例在面团形成模型中，麦胶蛋白的主要作用是充填到由线性麦谷蛋白分子组成的骨架中，与麦谷蛋白形成众多的次级键，减少了麦谷蛋白分子间的次级键作用位点。如果某种面粉麦胶蛋白相对含量过大，麦谷蛋白分子间通过次级键作用的位点就少，在外力作用下，麦谷蛋白分子间很容易产生相对滑移，面团表现出弹性小、延伸性大。反之，麦胶蛋白相对含量过小，麦谷蛋白肽链间的氢键和疏水作用过于强大，面团流变性质就表现为缺少延伸性、韧性过大。所以，要使面团达到延弹平衡，合适的麦胶蛋白与麦谷蛋白含量比例是必需的。

线性麦谷蛋白分子聚合体大小从面团形成模型中是容易推断出的。麦谷蛋白亚基间通过—S—S—交联形成的聚合体积越大，分子间相对滑移越困难，面团就能表现出较大的弹性。不同面粉麦谷蛋白亚基组成不同，形成的麦谷蛋白聚合体分子大小也有差异。例如，含有 Glu-LD_5 + 10 亚基的面粉，形成的面团具有很好的弹性，适合于制作面包；而含有 Glu – LD_2 + 12 亚基的面粉，面团表现出的弹性要小得多。

（3）面团静置工序的作用　面团静置是面团形成的重要环节，刚搅拌完的面团，麦谷蛋白肽链虽已伸展成线性结构，但分子间相互缠绕很难产生滑动。此时，不论面粉品质如何，面团均表现为延伸性很小，层流阻力很大。通过一段时间的静置，麦谷蛋白分子呈线性定向排列，缠结点大大减少，面团就表现出较好的延弹平衡，满足加工工艺的要求。

(4) 面粉中—SH 和—S—S—的作用　面粉中含有一定量的—SH 可以在面团调制和静置过程中发生—SH 与—S—S—的交换反应，从而使麦谷蛋白分子充分伸展且定向排列。

麦谷蛋白亚基间通过—S—S—交联形成聚合体，这些—S—S—对稳定整个面筋网络具有十分重要的作用，若被还原，面团中就只有表现层流性的麦胶蛋白和麦谷蛋白亚基，而无对层流产生阻力的麦谷蛋白聚合体。

(5) 氧化剂改良面包面团机理　在面团形成过程中，—SH 是不可缺少的。在以后的面包加工工艺中，则要尽量减少面团中—SH 含量。尤其在入炉初期，由面筋网络构成的气室壁受到很大压力，而面筋尚未因热变性而固定，很容易因—SH 的还原作用降低强度，使气室壁破裂，面包塌陷。

氧化剂的改良机理，是在面包烘焙之前，明显降低面团中的—SH 含量。

氧化剂作用不能太快，在面团充分形成前要保证足够量的—SH 存在，目前，$KBrO_3$ 是一种较常用的面团改良剂。

在省去传统发酵工序的快速面包加工工艺中，氧化剂可在调粉时加入，种子面团由于第二次调制时的搅拌，使定向排列的麦谷蛋白分子又互相缠绕。若在第一次调粉时就加入氧化剂，缠绕的麦谷蛋白分子很难再次通过—SH 和—S—S—的交换反应而定向排列，面团缺少应有的延伸性，韧性太大，气室很难膨胀，烘焙初期面包容易开裂。

6. 面团调制中的物理变化

当面粉和水调制时，面粉中的蛋白质和淀粉等成分便开始吸水过程。由于各种成分的吸水性不同，它们的吸水量也有差异。面粉的主要组成如下：

- 面粉 100%
  - 固形物 86%
    - 蛋白质 12%
    - 淀粉 74%
    - 纤维素和无机盐（少量）
  - 水分 14%

搅拌后的面团，面粉要吸收 60 %左右的水。在面团中水分与固形物的组成如下：

- 面团 160
  - 固形物 86
  - 水分 14 + 60 = 74

即面团中水分为 $74/160 \times 100\ \% = 45\ \%$

面团中的水分呈两种状态存在，其分配如下：

- 45%的水
  - 结合水 27%
    - 蛋白质（占面团 7.5%）吸水 15%
    - 淀粉（占面团 46%）吸水 12%
  - 游离水 18%

可以看出，约有 27 %的水被蛋白质和淀粉吸附，以结合水状态存在。有 18 %的水呈游离状态存在，游离水可使面团具有流动性或可塑性。27 %的结合水，有 15 %与蛋白质结合，占面团质量 7.5 %的蛋白质吸收了 15 %的水，这就是说蛋白质大约可以吸收相当于它本身质量两倍的水。淀粉则仅能吸收本身质量 1/4 的水。在常温下，淀粉粒吸水后其体积膨胀不大，使面团具有可塑性。

已搅拌好的面团是由固相、液相和气相构成的。淀粉、麸星和不溶性蛋白质构成了固相，大约占面团总体积的 47 %；气相是由气体构成的，占面团总体积的 10 %左右。面团中的气体对于形成面团的疏松多孔结构起着重要作用。搅拌不充分的面团，制成面包的孔隙度差，体积小。

面团中三相之间的比例关系，决定着面团的物理性质。面团中液相和气相的比例增大，会减弱面团的弹性和延伸性；固相占的比例过大，则面团的硬度大，不利于面包体积。

7. 面团调制过程中的其他变化

在搅拌过程中，面团的胶体性质不断发生变化。蛋白胶粒一方面进行着吸水膨胀和胶凝作用，另一方面产生着胶溶作用。在一定搅拌时间和一定搅拌强度下，高级面粉或筋力的面粉凝胶作用大于胶溶作用，其吸水过程也进行得缓慢，对这类面粉要适当延长调粉时间。而普通粉或弱力粉的吸水过程在开始时进行得较快，到一定程度后，其胶溶作用就大于胶凝作用。对这类面粉要缩短搅拌时间。发芽或虫蚀小麦的粉，其性质与后者相同。

搅拌时所加入的辅料，如糖、盐和油脂等也影响着面团的胶体性质。食盐对面团胶体性质的影响，随食盐溶液浓度而不同。加盐适量，能与面筋产生相互吸附作用，增强面筋的弹性和韧性；加盐过量，吸水性增强，面团被稀释，其弹性和延伸性变劣。

糖和糖浆持水性强，有稀释面团的作用，能降低面团的弹性和延伸性。

油脂有疏水性，加入面团后便分布于蛋白质和淀粉颗粒的表面，阻碍蛋白质吸水形成面筋。同时，它还会妨碍小块面筋形成大块面筋，不利于面团工艺性质的形成。因此，调粉时不宜过早地加入油脂。

在搅拌过程中，面团的温度有所提高。其热能有两个来源：一是机械能转化为热能；另一个是面粉微粒吸水时产生的热能。这些热能提高了面团的温度，增强了水解酶的活性，加快了水解速度，降低了面团的韧性。

四、面团调制工艺

1. 原材料处理

原材料处理是调制面团的准备工序，它的操作正确与否，既直接关系到面团调制，乃至发酵、成品质量，又与成品的卫生指标以至人们的健康有关。

（1）小麦粉的处理　小麦粉作为面包加工的基础原料，除了根据加工不同品种来选择外，还要进行预处理。在投料前小麦粉应过筛，除去杂质，使小麦粉形成松散而细小的微粒，还要混入一定量的空气，有利于面团的形成及酵母的生长与繁殖，促进面团发酵成熟。在过筛的装置中要安装磁铁，以利于清除金属杂质。

（2）酵母的处理　无论是鲜酵母还是普通干酵母，在搅拌前一般应进行活化。

对于鲜酵母，应加入酵母质量 5 倍、30℃左右的水；而对于干酵母，则应加入酵母质量约 10 倍的水，水温应在 40～44℃为宜。活化时间为 10～20min，活化期间不断搅拌，使之形成均匀的分散溶液。为了增强发酵力，也可以在酵母分散液中添加 5%的砂糖，以加快酵母的活化速度。

酵母在使用前，要检验是否符合质量标准。使用时不能与砂糖、盐、添加剂等辅料一起溶解，如遇特殊情况，溶解后不能及时使用，要放置在0℃的冰箱中或冷库中短时间贮存；若在-10℃以下贮存时，使用前应解冻后再进行溶解活化。

国外使用高速搅拌机时，酵母不需活化而直接投入搅拌机中，这种方法简便易行。

即发活性干酵母则不需进行活化，可直接使用。

(3) 水的处理　硬度过大或极软的水都不适宜面包加工。硬度过大的水会增强面筋的韧性，延长发酵时间，使面包口感粗糙。极软的水会使面团过于柔软发黏，能缩短发酵时间，使面包塌陷不起发。为了改善水质，硬度过大的水可以加入碳酸钠，经沉淀后降低其硬度。极软的水可添加微量磷酸钙或硫酸钙，以增加其硬度。

碱性水或酸性太大的水也不利于面包加工。面包酵母的最适 pH 为 5.0~5.8。碱性水不利于酵母生长，抑制酶的活性，延缓面团的发酵作用。酸性水能提高面团酸度。对碱性水可用酸中和，对酸性水可用小苏打中和。

2. 面团温度的控制

适宜的面团温度是面团发酵时所要求的必要条件。不同发酵方法对面团温度的要求也不同。在实际加工时还应根据加工车间和季节的变化来适当调整面团的温度。

(1) 影响面团温度的因素　影响面团温度的因素有面粉和主要辅料的温度、室温、水温、搅拌时增加的温度。如果采用两次发酵法，还有第一次种子面团发酵后的温度。

(2) 搅拌时因摩擦引起面团增加的温度　以二次发酵法为例，搅拌种子面团时增加的温度按下式计算：

$$t_{f1} = (\text{面团温度} \times 3) - (\text{室温} + \text{粉温} + \text{水温})$$

搅拌主面团时增加的温度按下式计算：

$$t_{f2} = (\text{面团温度} \times 4) - (\text{室温} + \text{粉温} + \text{水温} + \text{种子面团发酵后的温度})$$

根据经验，第一次搅拌一般增加 4~6℃，第二次搅拌一般增加 8~10℃。

(3) 用水温来控制面团温度　在食品厂的生产实践中，室温和粉温比较稳定，不易调节，一般用水温来调节面团温度。水温的计算公式如下：

第一次搅拌时的水温：

$$t_{d1} = (\text{面团理想温度} \times 3) - (\text{室温} + \text{粉温} + \text{搅拌新增加的温度})$$

第二次搅拌时的水温：

$$t_{d2} = \text{面团理想温度} \times 4 - (\text{室温} + \text{粉温} + \text{搅拌新增加的温度} + \text{第一次发酵后的面团温度})$$

3. 搅拌时间的控制

搅拌时间应根据搅拌机的种类来确定。目前国产搅拌机绝大多数不能变速，因此搅拌时间一般需要 15~20min。如果使用变速搅拌机，一般需要 10~12min。搅拌时间还应根据原料性质、面团温度等因素灵活掌握。

(1) 搅拌不足　面筋未达到充分扩展，面筋的延伸性和弹性平衡差，不能保持发酵产生的二氧化碳气体，面包体积小，易收缩变形，内部组织粗糙，颗粒较多，色泽不佳，结构不均匀。面团表面较湿、发黏、硬度大，不利于整形和操作，面团表面易撕裂，面包外观上不规整。

(2) 搅拌过度　面团表面过于湿黏，面团过于软化，既弹性差，又无延伸性，极不利于面团整形操作，成型时面团易流变，持气性差，面包体积小，内部组织粗糙、孔洞多、颗粒多、品质差。

五、影响面团调制的因素

1. 小麦粉质量

小麦粉的质量对面团调制的影响最大。尤其面粉蛋白质的数量和质量影响最为突出。面筋含量越高，形成面团的时间越长，即搅拌时间越长，而且面筋软化越慢。生产面包用的面粉蛋白质含量一般要求在10%以上，面筋性蛋白质含量不低于7.5%。蛋白质含量较高时，面团吸水量也随之增加，面筋性蛋白质的水化时间较长，面团达到充分吸水的阶段将推迟，调粉时间相应较长。

不仅是蛋白质的数量，蛋白质的质量对面团调制亦有很大关系。如硬麦的面筋强度高时，在曲线上的稳定时间较长，弱化也慢。成熟度不足的小麦粉，面团状态不佳，缺乏弹性。这种情况一般添加速效型氧化剂（溴酸钾和抗坏血酸等）来改善；相反，小麦粉氧化过度，则面筋延弹性下降，面团状态粗糙甚至表面开裂。对于成熟度较小的面粉应强烈搅拌，而对于氧化过度的小麦应加入还原剂使其恢复正常。

2. 搅拌机的型式和转速

在设计时应该使搅拌机尽量对面团具有折叠、卷起、伸展、压延和揉展等动作，而尽量少有切断和拉裂面团的动作。不论立式搅拌机和卧式搅拌机，搅拌缸的大小要适当，从经验看，所调面团的体积以占搅拌缸体积的30%~50%为适当。搅拌机最好是变速的，可分为低速15~30r/min、中速60~80 r/min、高速100~300 r/min和超高速1000~3000 r/min，调制面包面团一般用低速和中速。搅拌桨的叶片越长，搅拌机的功效越大。

假如搅拌桨长度为0.4m，转速为60 r/min，则

$$线速度 = 0.4 \times 2 \times 3.1416 \times 60 = 115.08\ r/min$$

设计搅拌机时，不仅要考虑搅拌机转速，而且要注意搅拌缸的大小和搅拌桨的长度。搅拌缸和搅拌桨越小，转速就越快。当然不能说大型搅拌机完成搅拌所需的时间就短，这是因为大型搅拌机每次所完成的数量大。

对搅拌桨粗细、形状和搅拌缸壁间距的要求：搅拌桨粗，与面团接触的面积大；搅拌桨细，则与面团接触面积小。这样，好像越粗越好。但是，搅拌桨越粗，工作时的面团阻力就越大，需要更大的动力负荷。因此，搅拌桨粗细应该适当。

搅拌桨的形状分为Y形、X形和S形。

在这几种形状的搅拌桨中，以X形较为理想，它能起到对面团的揉、压、拉、甩等作用。

搅拌桨和搅拌缸壁间的距离，有固定的，也有可调的。其间距的大小应根据所调面团的物理性质而定。硬面团要求间距大些，软面团要求间距小些。但过大不利于面团揉、压、拉、甩等作用；过小则面团易被挤压切断。

3. 加水量与吸水率

面团调粉时，加水量是一个重要的参数，它关系到面团的黏性、弹性、延伸性等流变学特性。吸水率与调粉时间的长短有直接关系。

吸水率大，面团软，面团形成时间推迟，不稳定时间较长，即达到面筋破坏的时间较长；吸水率低，面团形成时间短，迅速地达到500BU，但是面筋易破坏，稳定性小，面团硬度大。

4. 水质

水的pH和水中的矿物质对面团调制有很大的影响。水的pH在中性或酸性（pH5~6）时

对面团调制无影响。在强酸（pH＜5）和强碱（pH＞8）条件下，影响蛋白质的等电点，对面团的吸水性、延伸性及面团的形成均有不良影响，这时应用相应的酵母营养物调整 pH 后再使用。

水质对调粉时间有影响，适当的钙离子和镁离子有助于面筋的形成，缺少这两种离子的蒸馏水或去离子水，使面团变软，而含量过多又使面团变硬。对于前者应添加有钙离子、镁离子的酵母食物；对于后者则应用水软化处理设备来处理。硬水吸水速度慢，软水吸水速度快 。硬水中的无机盐，如钙、镁等离子过量时会吸附于淀粉和蛋白质分子的表面，造成水化困难；过软亦不适合，水化速度虽快，但较难形成强韧的面团。一般水中钙、镁离子应在 100mg/kg 较好。有人做过这样的实验，以蒸馏水或应用离子交换的方法去除钙、镁等离子后的水来调制面团，则几乎调不成团。

5. 面粉颗粒粗细度

面粉的颗粒粗细是有区别的，即使是符合同一质量标准的不同批号的面粉亦有差别，甚至同一批面粉中粒度也是大小不等的。颗粒粗的面粉，吸水速度比较慢，要使面团充分吸收水分，需要较长的调粉时间，才能使面团光润。

6. 面团温度

面团温度是调粉过程中为数众多的技术参数中最重要的指标之一，对面粉吸水率、调粉时间、pH 变化、面筋形成量、面筋流变特性等都有较大的影响。从吸水速度和吸水量来说，在 30℃以下时，面粉吸水速度减慢，吸水量下降，但实际生产中，由于温度对整个面团物理性能的多种影响，时常表现出相反的情况。温度偏低时，同等加水量却显示出面团较硬的状态，为使面团保持一定的柔软度，常需要添加较多的水分。在同一硬度下的面团，调粉温度与吸水率间的关系见表 2-1。

表 2-1　调粉温度和吸水率间的关系

调粉温度/℃	吸水率/%
35	57
30	60
25	63

面团温度应按要求，不能过高也不能过低。一般地说，高温搅拌，面团形成时间短，迅速弱化而进入破坏阶段；低温搅拌，面团形成时间较长，达到 500BU 后弱化到破坏阶段也需要较长的时间。

7. 面团的 pH

pH 在一定范围内偏低时可加快调粉速度，如接近中性或微酸性（pH6～5）是有益的。但若酸性过强（pH5 以下）或呈碱性（pH8 以上）是明显有害的，对吸水速度、面团黏弹性、延伸性、面团结合力等都有影响。pH 下降到 4.95 以下时稳定性明显减弱，衰弱时间提前。延伸仪曲线表示出在较短时间内已经使延伸性有增加的趋势，延伸长度增大。说明随着 pH 的下降，弹性很快减弱，调粉时间缩短了。

在快速发酵法的面团调粉时，可利用 pH 偏低时水化速度快的特性，在配方中使用乳酸，使面团 pH 下降，以达到缩短调粉时间的目的。一般情况下，面粉加水后调制成的面团，pH6 左右是正常的。添加 0.1%～0.2%乳酸后，pH 可下降到 5.6，数量再增加的话，将下降到

pH5。这样在调粉时，弹性很快达到高峰，但稳定范围有变小的倾向。此外，在调粉时面团pH亦有变化。时间、速度以及温度的变化，不同程度地使pH下降。因为随着调粉进程的推移，空气混入面团后，引起氧化作用及微量CO_2与面团中的水分结合成碳酸。调粉时间对面团pH的影响见表2-2。

表2-2　调粉时间对面团pH的影响

酵头			面团		
低速	高速	pH	低速	高速	pH
1min	1min	6.05	1min	1min	6.20
1min	2min	5.99	1min	2min	6.17
1min	3min	5.80	1min	3min	6.00

8．辅助原料

（1）食盐　与无盐面团相比，添加2%的食盐，吸水率减少3%。而且，食盐使面筋韧性增强，水化作用显著延缓，从而使面团形成时间延缓。总之，盐量越多，搅拌时间越长。

（2）糖　由于糖的反水化作用，增加糖的用量，则延缓了水化作用，使面筋形成阶段所需的时间长，从而延长了整个搅拌时间。要获得与对照组相同的软硬度，则必须减少加水量。如以砂糖为例，加入5%左右砂糖将使面团吸水量减少约1%。在花色面包中用糖量达到30%时，加水量应比主食面包减少6%。

砂糖反水化作用的另一方面表现在阻止蛋白质的水化过程方面，因此需要较长时间的调粉，才能使面团完全吸水胀润。例如，在含糖30%的一次发酵法面团调粉时，需低速5min，高速15~18min。如以主食面包与花色面包相比，主食面包一般只需高速调粉10min，花色面包则要15min才能完成。

（3）乳粉　生产面包用的脱脂乳粉会使面团的吸水率增加。加入1%脱脂乳粉以后，含2%食盐的主食面包面团的吸水率会相应增加1%。当一开始使用较多的加水量时，调粉若干分钟后，面团可能还比较软，这是乳粉还未充分水化造成的，切不可添加其他干粉以调节软硬度，到一定时间，自然会表现出正常的软硬度。可见使用脱脂乳粉将延长水化的时间，亦将推迟整个调粉过程的进程。

（4）油脂　一般认为，添加油脂不会引起搅拌时间和搅拌耐力的变化。但是添加油脂后，面团韧性增强，面筋的持气能力增大。油脂在面团中的应用将使吸水率下降，吸水速度变慢，面团形成时间延长。吸水率随脂肪含量增加而下降。

（5）添加剂

①氧化剂：快速型和慢速型氧化剂对调粉时间的影响不同。快速型氧化剂（如碘酸钾）能增强面团的硬度，延迟面团的形成时间，因而，增加面团吸水率2%~3%，可延长搅拌时间；慢速型氧化剂（如溴酸钾），由于它在搅拌过程中几乎不起作用，因而没有什么影响。

②还原剂：使用半胱氨酸、亚硫酸氢钠等还原剂使面团变软，缩短搅拌时间。如使用20~40mg/kg的半胱氨酸，则使搅拌时间缩至30%~50%。

③酶制剂：淀粉酶的液化和糖化作用能使面团软化，搅拌时间缩短，并且使面团的黏性增大，给操作带来困难；蛋白酶能分解蛋白质，使搅拌的机械耐力减少，面团被软化，进而也影响到面团的发酵耐力。因此，蛋白酶的使用剂量应严格控制。

④乳化剂：它与淀粉和蛋白质相互作用，不仅具有乳化作用，而且还具有面团改良作用。它可使面团韧性增强，提高面团搅拌耐力，从而使搅拌时间延长。乳化剂还促进油脂在面团中的分散，与油脂一起在面团中起到面筋网络润滑剂作用，有利于面团起发膨胀。

第四节　面 团 发 酵

面团发酵是面包加工过程中的关键工序。面粉等各种原辅料搅拌成面团后，必须经过一段时间的发酵过程，才能加工出体积膨大、组织松软有弹性、口感疏松、风味诱人的面包。

一、面团发酵目的

①使酵母大量繁殖，产生二氧化碳，促进面团体积膨胀。

②改善面团的加工性能，使之具有良好的延伸性，降低弹韧性，为面包的最后醒发和烘焙获得最大体积奠定基础。

③改善面团和面包的组织结构，使其疏松多孔。

④使面包具有诱人的芳香风味。

二、面团发酵机理

面团发酵是一个十分复杂的微生物学和生物化学变化过程。面团发酵是以酵母为主，同时伴有其他微生物参加的复杂的生物化学变化过程。在多种酶的作用下，将面粉中的糖分解为酒精和二氧化碳，同时由于其他生物化学变化进一步生成其他有机物质，使面团具有特殊芳香气味。

三、面团发酵过程中的微生物学变化

酵母在面团发酵过程中主要起到三方面作用：

首先，它能在有效时间内产生大量的二氧化碳气体，使面团膨胀，并具有轻微的海绵结构，通过烘焙以后，可制成松软适口的面包。

其次，酵母有助于麦谷蛋白结构发生必要的变化，即面团的成熟作用，为整形操作、面团最后醒发以及烘焙过程中面包体积最大限度地膨胀创造了条件。

再者，酵母在发酵过程中能产生多种复杂的化学芳香物质，增进了面包特有的风味。

酵母是一种有生命力的单细胞植物，与其他微生物一样需要有适当的营养物来维持它的生命及繁殖生长。因此，要是酵母在面团发酵过程中充分发挥上述作用，就必须创造有利于酵母繁殖生长的环境条件和营养条件，如足够的水分、适宜的温度、适当的 pH、必需的氮和矿物质等。

每 1g 鲜酵母中，大约有 100 亿个酵母芽孢，这个数量还不能满足面团发酵的需要。因此，采用两次发酵时，第一次面团发酵的主要目的就是使酵母芽孢大量增殖，为第二次面团发酵、最后醒发积累后劲和发酵力。酵母在发酵过程中增殖、生长的环境是由面粉、糖、盐、水等搅拌而成的面团介质。因此，面团中的各种成分必须保证酵母生长繁殖所需的各种营养需要。

从面团搅拌开始，酵母就利用面粉中含有的低分子单糖和低氮化合物而迅速繁殖，生成

大量新芽孢。酵母细胞个数的增长可通过计算面团内酵母的数目来确定。一般采用标准面团来测定面团内酵母的数目，面团温度为27℃，酵母用量为面粉的1.67 %。在发酵前1～2h内，酵母细胞增加很少，仅增加了0.003 %，增加得非常缓慢，即酵母生长的缓慢期。在3～4h期间，酵母细胞数快速增长，最快时可增加26 %，因经过缓慢期以后，菌体细胞分裂程度剧烈上升，菌体数目以几何级数增加，此为酵母生长的对数期。在4～6h期间，面团内营养物质不断减少，菌体有毒代谢物质积累，一部分酵母菌体细胞逐渐衰老和死亡，并且死亡数目逐渐上升，因此，酵母细胞上升的速度降为9 %，当面团内酵母细胞的增加数和死亡数几乎相等时，面团的发酵和酵母的繁殖即进入了稳定期。此时，面团发酵膨胀的体积也达到了最大，即完成了发酵。如果继续发酵，能生长繁殖的酵母细胞数显著减少，而细胞死亡速度大大超过繁殖速度，并可出现酵母细胞变形、自溶等现象，此时即为过度发酵，酵母进入了衰亡期。

在发酵过程中，酵母细胞的增加数与面包体积成正比。

酵母在发酵过程中生长繁殖所需的能量，主要依靠糖分解时所产生的热量。如果面团中缺少可供酵母直接利用的糖类，面团发酵便不能正常进行。因此，在面团发酵过程中往往加入葡萄糖，就是为了使酵母可以直接利用。含糖较少的主食面包发酵速度比含糖较多的面包慢的原因就在于此。

酵母在发酵、生长和繁殖过程中都需要有氮源，以合成本身细胞所需的蛋白质。一般有两种来源，一是面团内各种成分所具有的有机氮，如氨基酸。二是无机氮，如各种铵盐。有机氮来源比较昂贵，实际加工时都添加无机氮如氯化铵、硫酸铵、碳酸铵等。其中，氯化铵效果较好，氯化铵与碳酸铵混合使用时效果更好。特别是当面团中加入的酵母量较少时，如采用两次发酵法时的种子发酵面团，就显得更加有效。

在现代生产面包过程中，都采用将氯化铵、硫酸钙等复合使用的方法，以达到协同增效的目的。

酵母在发酵面团过程中的繁殖生长率，与面团中的含水量有很大关系。在搅拌面团时，吸水率高，加水量多，酵母细胞增殖也快。反之则慢，如加入了面粉质量1%的鲜酵母、2%的糖的面团，发酵4h的结果见表2-3。

表2-3　　面团加水量与酵母增长率的关系

面团的加水量/%	酵母细胞生长率/%
50	8
100	32
200	43

从表2-3中可以看出，面团中含水量稍多些，有助于酵母的增殖，两次发酵法种子面团一般加水量都较多，面团较软就是基于上述原理。

酵母细胞的繁殖增长率与面团中酵母用量成反比，酵母用量越少其繁殖生长率越高，反之则低。如酵母用量为0.5%，6h以后酵母细胞增长率为88%；酵母用量为2%，6h以后酵母增长率为29%。生产实践证明，不能得出酵母用量越少越好的结论，因为没有足够数目的酵母细胞，就无法制作出体积膨大、结构疏松的面包。关键是要掌握酵母的质量和用量，并根据不同的加工工艺方法和面包的种类、原辅料等情况灵活调整。

四、面团发酵过程中的生物化学变化

1. 发酵过程中糖的变化

面团中所含的单糖有葡萄糖和果糖，双糖有蔗糖、麦芽糖、乳糖等。单糖可以被酵母的酒精酶作用，产生酒精和二氧化碳，这种发酵称为酒精发酵。

$$C_6H_{12}O_6 \longrightarrow 2\ C_2H_5OH + 2CO_2\uparrow$$

酵母在发酵过程中只能利用单糖来发酵，蔗糖不能直接被利用，一般是由酵母分泌的蔗糖酶将蔗糖分解为葡萄糖和果糖后再进行酒精发酵。面团中的蔗糖来源于搅拌时加入的蔗糖和面粉中天然存在的蔗糖。

蔗糖酶是一种面包酵母分泌的酶，在面团搅拌 5min 时，它能将蔗糖完全转化成为葡萄糖和果糖，蔗糖酶的作用是在酵母细胞外壁上发生的。这两种单糖都能很快地被吸收进酵母细胞，进入相关酶系统。

$$\underset{\text{蔗糖}}{C_{12}H_{22}O_{11}} + H_2O \xrightarrow[\text{酵母中}]{\text{蔗糖酶}} \underset{\text{葡萄糖}}{C_6H_{12}O_6} + \underset{\text{果糖}}{C_6H_{12}O_6}$$

麦芽糖来源于破损淀粉水解转化生成的麦芽糖及面粉中含有的少量麦芽糖。麦芽糖同样也是在酵母分泌的麦芽糖酶的作用下，先分解为两个葡萄糖分子，再进行酒精发酵。

麦芽糖必须被吸收到酵母体内后，才能被麦芽糖酶分解。因此，麦芽糖酶作用的速率取决于麦芽糖的吸收速率。

$$\underset{\text{麦芽糖}}{C_{12}H_{22}O_{11}} + H_2O \xrightarrow[\text{酵母中}]{\text{麦芽糖酶}} \underset{\text{葡萄糖}}{2C_6H_{12}O_6}$$

乳糖因为不受酵母分泌酶的作用，所以基本上就留在面团里。乳糖对烘烤时面团的上色反应是有好处的，但是面团中存在着微量乳酸菌可以使乳糖发酵，所以在长时间发酵后，乳糖有所减少，乳糖多存在于添加乳粉等乳制品的面团中。

(1) 酵母利用糖的顺序　在以上各种糖一起存在时，酵母的发酵对于这些糖类的利用是有顺序的，例如葡萄糖和果糖同时存在时，葡萄糖先被利用。蔗糖转化生成的葡萄糖，竟比原来就存在的果糖还要先被利用。因此当这三种糖共存时，随着发酵的进行，葡萄糖和蔗糖的量都减少，但果糖的浓度却增大。当果糖的浓度达到一定程度时，也会受到活泼的酵母的作用而减少。麦芽糖与以上糖一起存在于面团中时，发酵最迟，常在发酵 1h 后才起作用，因而常作为维持发酵后持续力的糖。

面团发酵过程中糖的变化见表 2-4 和表 2-5。

表 2-4　　酵头发酵时各种糖的残留量　　单位：%

发酵时间	葡萄糖	果糖	麦芽糖
7min	0.32	0.31	1.30
1h	0.00	0.28	0.81
2.5h	0.00	0.00	1.76
4h	0.00	0.00	0.16

表 2-5　一次发酵法中面团发酵时各种糖的残留量　单位：%

发酵时间	葡萄糖	果糖	麦芽糖	乳糖
7min	1.57	1.59	0.78	0.86
1h	1.09	1.48	1.08	0.80
2h	0.59	1.30	1.32	0.80
3h	0.82	0.82	1.48	0.89

(2) 糖的种类和数量与发酵的关系　在糖的种类方面，主食面包中糖量偏低的情况下，加入4%～5%的砂糖，面团中气体发生量比较高，衰退的持续时间也比较长；用量偏低时起步虽快，衰退也快，这是因为较少的糖很快被酵母消耗殆尽的关系。使用2.5%～4%的葡萄糖起步快，衰退期持续时间也比较长，比较令人满意。果糖常处于第三位。麦芽糖产气能力并不低，且衰退期比其他糖长，但作用比较缓慢，适合低糖面包使用，在成型时增加产气能力，加速胚的膨胀速度。

在糖的数量方面，一定范围内，气体发生量随糖量的增加而增加，面团体积较大，衰退时间也比较长。

(3) 糖与其他因素的相互作用　研究表明：当添加微量酵母营养物质（氯化铵等含氮化合物）时，比只增加用糖量衰减大大推迟。也就是说，酵母营养物可以增强发酵的持续性。另外，当添加少量淀粉酶时，麦芽糖量不仅增加，而且在发酵几小时后使发酵力维持上升趋势，这些研究结果对于面团发酵管理有重要的意义。

另外，残留（剩余）糖对面包的品质也有影响。面团发酵后经过分割、整理、醒发到入炉时，面团中剩余的糖称作残留糖（residual sugar)。当残留糖充分时，面包不仅烤色好，而且在炉内膨胀发大。面团中糖的消耗不仅在发酵工序过程，而且是一直到进炉这一过程中都发生，尤其当环境温度较高时，糖的消耗更快，因此为了不使残留糖量过少，要注意发酵工序的温度管理，不要太高。

2. 发酵过程中淀粉的变化

完整的淀粉粒在常温下不受淀粉酶作用，而破损的淀粉粒在常温下会受淀粉酶的作用，分解成糊精或麦芽糖。

$$\underset{\text{损伤淀粉}}{(C_6H_{10}O_5)_n} \xrightarrow[\text{面粉中}]{\alpha\text{-淀粉酶}} \underset{\text{糊精}}{(C_6H_{10}O_5)_n} \xrightarrow[\text{面粉中}]{\beta\text{-淀粉酶}} \underset{\text{麦芽糖}}{C_{12}H_{22}O_{11}}$$

在面粉中，破损淀粉的数量因小麦的种类、质量和磨粉条件等而不同，一般认为破损淀粉的数量占小麦淀粉总量的3%～7%。直接测定淀粉的数量很困难，可以用麦芽糖值来表示。

麦芽糖值的表示方法是小麦粉10g加水90mL，在30℃下经1h生成麦芽糖量的毫克数。一般小麦粉的麦芽糖值为100～400 mg。

面粉中的麦芽糖值是由小麦粉中的淀粉酶活性和破损淀粉两个因素决定的。因为小麦粉中的淀粉酶活性一般是很稳定的，所以，可以根据麦芽糖值来判断破损淀粉的数值。麦芽糖值过小，面团不柔软，最后醒发速率慢。

在小麦的淀粉中，由于损伤淀粉粒糖化而产生麦芽糖，随着发酵作用的进行而逐渐增加，对面团的整形、醒发速度以及入炉后的膨胀都有积极作用。

在小麦粉中，β-淀粉酶的含量充足，α-淀粉酶则不足。β-淀粉酶对破损淀粉直接起作用，但其作用力没有 α-淀粉酶那样强。为了改善面团的延伸性和内部结构，可以添加 α-淀粉酶作为改良剂。也有使用麦芽粉或其提取液（在 55～60℃下提取）作为面包面团改良剂的，但其用量不能太多，否则，面团变软，面包发黏。

3. 发酵过程中蛋白质的变化

（1）面筋的成熟　在发酵过程中，面团中的面筋组织仍受到力的作用，这个力的作用来自发酵中酵母产生的二氧化碳气体。即这些气体首先在面筋组织中形成气泡，并不断胀大，于是使得气泡间的面筋组织形成薄膜状，并不断伸展，产生相对运动。这相当于十分缓慢的搅拌作用，使面筋分子受到拉伸。在这一过程中，—SH 与—S—S—也不断发生转换－结合－切断的作用。如果发酵时间合适，那么就使得面团的结合达到最好的水平。相反，如果发酵过度，那么面团的面筋就到了被撕裂的阶段。因此，在发酵过度时，可以发现面团网状组织变得脆弱，很易折断。另外，在发酵过程中，空气中的氧气也会继续使面筋蛋白发生氧化作用。如前所述，适当的氧化可以使面团面筋组织结合得更好，氧化过度会使得面筋弱化。发酵期间的这些复杂反应和变化改变着面团的物理性质和构造。如何掌握好这一变化以及使这些复杂的变化达到使面团具有做面包的最佳状态，是面包发酵的关键。

（2）蛋白质的分解　在发酵过程中蛋白质发生的另一个变化是，在小麦粉自身带有的蛋白酶的作用下发生分解。这种蛋白质的分解只是极小的量，但对于面团的软化、延伸性等物理性质的改良有一定好处，而且最终分解得到的少量的氨基酸不仅可以成为酵母的营养物质，而且在烘烤时与糖发生褐化反应，使面包具有良好的色泽。应当指出的是，这种蛋白质分解反应只是在小麦粉本身含的蛋白酶作用下分解，一般不会产生反应过度的问题，但当添加蛋白酶时，这种分解作用会急速地使面团软化、发黏、破坏面筋结构，使面团失去弹性成为过度软化的状态。

4. 面团发酵过程中的酸度变化

随着面团发酵的进行，也发生其他的发酵过程，如乳酸发酵、醋酸发酵和其他发酵等，使面包的酸度增高。

乳酸和醋酸的发酵过程如下：

$$\underset{\text{单糖}}{C_6H_{12}O_6} \xrightarrow{\text{乳酸菌}} 2\underset{\text{乳酸}}{CH_3CHOHCOOH} + 83.6kJ$$

$$\underset{\text{酒精}}{C_2H_5OH} + O_2 \xrightarrow{\text{醋酸菌}} \underset{\text{醋酸}}{CH_3COOH} + H_2O + 489kJ$$

乳酸发酵是面团发酵中经常产生的过程，面团中的酸度来源有 60 %是乳酸，其次是醋酸。乳酸的积累虽然增高了面团的酸度，但它与酒精发酵中产生的酒精发生酯化作用，改善了面包的风味。

醋酸的发酵会给面包带来刺激性酸味，酪酸发酵会给面包带来恶臭味。因此，在面包生产中应尽量避免产生这两种发酵过程。

面团发酵中的产酸菌主要是嗜温性菌，当面团发酵在 28～30℃进行时，它们的产酸量不大。如果在高温下发酵，它们的活性增强，会大大增加面包的酸度。如乳酸菌的适宜温度为 30℃。

这几种产酸菌主要存在于酵母、面粉、乳制品、老面以及调粉机中。因此，对工具的清洗和定期消毒，注意原材料的检查和处理，是防止面包酸度增高的重要措施。

面团的体积以 pH5.5 时为最佳。当 pH 低于 5 时，其持气性显著下降，面包的体积变小，这是因为小麦蛋白质的等电点在 pH5.5 以上，在强酸性环境下，可使盐基或酸基成游离状态，不利于面筋的结合。所以，在面团发酵管理上，一定要控制面团的 pH 不要低于 5.0。

乳酸发酵温度越高，糖分越多，发酵进行越快；醋酸发酵在较高的温度、酒精及氧气的存在下，反应加快。普通正常的发酵面团中，产生一些乳酸和少量的醋酸，酪酸产生的量极微。但当发酵时间很长、水分较多时，这些酸发酵就会增多，尤其是当发酵温度高，长时间发酵时，会产生酪酸和它带来的异臭。

乳酸是一种比较强的酸，它在面团中产生比较多，所以对面团 pH 的降低有一定影响，而醋酸是较弱的酸，而且在一般情况下量比较少，所以对面团 pH 的影响比乳酸小。而当使用作为酵母营养物的铵盐（NH_4Cl）及面团改良剂磷酸氢钙（$CaHPO_4$）时，将对面团的 pH 降低有较大影响，尤其是氯化铵，当铵分解出来被酵母利用后，剩下了盐酸（$NH_4Cl \rightarrow HCl + NH_3$）时，强酸对 pH 影响较大。

在应用快速发酵等方法时，往往要添加乳酸、柠檬酸（citric acid）等有机酸。另外，在制作黑麦面包、全粒粉面包时，还要添加酸酵面（sour dough），这些都是为了调整面团的酸度，为面包增加风味。

5. 面团发酵过程中风味物质的形成

面团发酵目的之一，是通过发酵形成风味物质，在发酵中形成的风味物质大致有以下几种：

①酒精：是经过酒精发酵形成的。

②有机酸：以乳酸为主，并含有少量的醋酸、蚁酸和酪酸等。

③酯类：是以酒精与有机酸反应而生成的带有挥发性的芳香物质。

④羰基化合物：包括醛类、酮类等多种化合物。

羰基化合物所含种类十分繁多，主要是由油脂类氧化分解而成。面粉中脂肪或配方中的乳粉、奶油、动物油、植物油等油脂中不饱和脂肪酸被面粉中脂肪酶和空气中的氧气氧化成过氧化物。这种过氧化物又被酵母中的酶所分解，生成复杂的醛类、酮类等羰基化合物，是面包具有特殊芳香的原因之一。近年来许多研究已表明：羰基化合物类物质是面包风味最重要的物质，羰基化合物只有在中种法、直接发酵等一些长时间发酵的面包制作法中才能得到，而且得到的这些风味物质多具有良好的持久性。而快速发酵法等短时间发酵的方法，就很难得到这些风味物质。羰基化合物的变化过程可用下式表示：

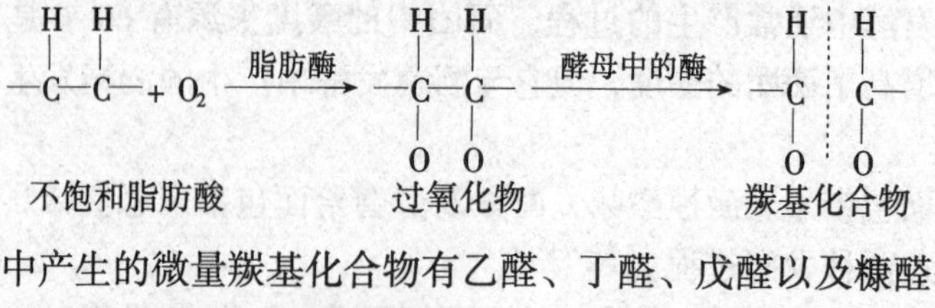

在发酵过程中产生的微量羰基化合物有乙醛、丁醛、戊醛以及糠醛等，产生的其他醇类有丙醇、丁醇、异丁醇、戊醇、异戊醇等。

发酵过程中酵母可能产生的芳香物质，在各种面包中至少已经鉴定出 211 种。

面团发酵的结果，在很大程度上耗尽了面团中所形成的游离氨基酸，使面包在烘焙期间参与了美拉德反应的基质大大减少。因此，由过度发酵的面团所制作的面包黯然失色、淡而无味，主要是由于在较长时间的发酵过程中消耗了大量氨基酸的原因。

除了面包酵母以外，某些细菌对形成良好的面包风味也是十分必要的。

以上反应一般都是经过长时间自然发酵进行的，但最近有人进行了很有趣地研究，即人为地缩短反应时间，将含有脂肪酸较多的玉米粉和大豆粉进行了提取精制，然后与植物油、水混合在一起剧烈地搅拌。由于植物油中含有较多的不饱和脂肪酸，在搅拌中与拌入的空气接触，而使一部分成为过氧化物，然后把得到的液体添加到连续面包制作法的面团中去，就可以得到与一般发酵法同样的风味。研究结果表明，对上述油、脂肪酶和水的混合液体，搅拌时间越长、越剧烈，就可以得到更多的风味。

五、面团发酵过程中流变学及胶体化学变化

面团发酵中产生的气体形成膨胀压力,使面筋延伸,这种作用就像缓慢的搅拌作用一样,使面筋不断发生结合和切断。蛋白质分子也就不断地发生着—SH 和—S—S—的相互转换。

另外，在面团发酵中，氧化作用可使面筋结合，但过度氧化又会使面筋衰退或硬化。

在发酵中，蛋白质受到酶的作用后而水解使面团软化，增强其延伸性，最终生成的氨基酸既是酵母的营养物质，又是发生美拉德反应的基质。小麦粉中酶的作用，一般不会使面团发酵过度。但是使用蛋白酶制剂时，却有使面团急速变软、发黏、失去弹性、过度延伸等不良现象。

面粉的主要功能之一就是能形成一种能够保留由酵母发酵所产生的气体的面团，面团发酵过程中的成熟度与蛋白质结构的变化紧密相关，即蛋白质结构的延伸性和弹韧性处于相当类似的极限之中。面团中的蛋白质网状结构就像微小气泡那样能保留住二氧化碳，其弹性相当大，在膨胀时不会受到破坏。这是由于麦谷蛋白及其他小麦蛋白质键合时所发生的化学变化而引起的，面团中的蛋白质螺旋结构最初是紧密缠绕的，在面团搅拌过程中的机械作用破坏了某些连接相邻蛋白质链的氢键和二硫键，在不同的部位形成新键。发酵过程中所产生的二氧化碳气体被保留在蛋白质的三维空间的网状结构中，当发酵中产生更多的气体时，包裹在稀薄蛋白质膜中的气泡得以伸展，此种施于蛋白质网状结构的机械作用能引起键合的进一步变化。当面团发酵成熟时，相邻近的蛋白质链之间的键合位置，即蛋白质网状结构的弹韧性和延伸性之间处于最适当的平衡，此时即为发酵完成阶段。如果继续发酵，就会破坏这一平衡，面筋蛋白质网状结构断裂，二氧化碳气体逸出，面团发酵过度。

六、影响面团发酵的因素

在发酵过程中，既要有旺盛的酵母产气能力，又要有保持气体的能力，这就要求面筋膜既要有弹性，又要延伸性好。有诸多因素影响面团发酵，影响面团发酵的主要因素实质上就是酵母的产气能力和面团的持气能力两个方面。

1. 影响酵母发酵产气的因素

(1) 温度　温度提高，酵母的产气量增加，发酵速度加快。面团发酵 1h 内，酵母首先利用面粉中的单糖及双糖，各种温度下产气量都直线上升，其中 30℃时产气速度最快，产气量也最大。面粉中天然存在的糖用完以后，产气量开始下降。当面粉中淀粉酶将破损淀粉分解成麦芽糖后，酵母又开始利用麦芽糖，产气量又重新上升，直到 3h 后，麦芽糖用尽，产气量又下降。30℃时虽然产气量最大，但 3 h 发酵完成后产气速度下降幅度也最大，说明发酵温度高，酵母的发酵耐力差，面团的持气能力也降低。27.5℃时产气量比较稳定，发酵完

成后产气曲线未下降，说明在此温度下发酵，酵母的发酵能力较强，面团的持气能力也较大。因此，在面包实际生产过程中，面团温度要控制在26～28℃，快速发酵法面团温度为30℃，发酵室温度不宜超过30℃。温度超过30℃，虽对面团产气有利，但由于产气速度过快，而不利于面团持气和充分膨胀，也亦引起其他杂菌如乳酸菌、醋酸菌的过量繁殖而影响面包质量。

(2) pH　酵母适宜在酸性条件下生长，最佳pH范围为5～6，产气能力强。

(3) 酒精浓度　酵母耐酒精的能力很强，但随着发酵的进行，酒精浓度越来越大时，酵母的生长和发酵作用便逐渐停止。面团发酵后可用去4%～6%的蔗糖，产生2%～3%的酒精，一次发酵法约产生1.5%的酒精，两次发酵法约产生3%的酒精。

(4) 渗透法　面团发酵过程中影响酵母活性的渗透压主要是由糖和盐引起的。酵母细胞外围有一半透性细胞膜，外界浓度的高低影响酵母的活性，抑制酵母发酵。高浓度的蔗糖和盐产生的渗透压很大，使酵母内原生质渗出细胞膜，造成质壁分离而无法生长。

(5) 糖　糖使用量为5%～7%时的产气能力大，超出这个范围，糖量越多，发酵能力越受抑制，但产气的持续时间长，此时要注意添加氮源和无机盐。糖使用量在20%以内增强持气能力，在20%以上持气能力下降。随着酸的急剧产生，pH的下降，持气能力也随之衰退。

(6) 食盐　食盐能抑制酶的活性。因此，添加食盐量越多，酵母的产气能力越受抑制。食盐可增强面筋筋力，使面团的稳定性增大。食盐用量超过1%时，对酵母活性就具有抑制作用。因此，在设计面包配方时，糖和盐的用量必须成反比。

2. 影响面团发酵持气的因素

(1) 小麦粉　小麦粉中蛋白质的数量和质量是面团持气能力的决定性因素。小麦粉的成熟度不足或过度都使持气能力下降。成熟度不足使用氧化剂，成熟过度应减少面团改良剂的用量。

小麦粉的氧化程度决定着持气能力的大小，小麦粉质量是最主要因素，氧化程度低的面团表面润湿、缺乏弹性，氧化过度的面团易撕裂。因此，要选用适当的小麦粉和添加剂，使面团最大限度地保存发酵产生的气体。

(2) 乳粉和蛋品　乳粉和蛋品均含有高蛋白质，对面团发酵具有pH缓冲作用，有利于发酵的稳定。同时，它们均能提高面团的发酵耐力和持气性。

(3) 吸水率　一般地说，吸水率越大，面筋越易发生水化作用，面团膨胀得越好，但吸水率过大反而会使面筋膜强度减弱，持气能力下降。最佳吸水率是确保最佳持气能力的重要条件。面团太柔软易受酶的作用，长时间保持气体较困难，而硬面团则与此相反。

(4) 面团搅拌　最初的搅拌条件对发酵时持气能力的影响很大，特别是快速发酵法要求面团搅拌必须充分，才能提高面团的持气性。而长时间发酵如两次发酵法，即使在搅拌时没有达到完成阶段的面团，在发酵过程中面团也能膨胀，形成持气能力。

(5) 面团温度　温度对搅拌时的水化速度、面团的软硬度，以及发酵过程中持气能力有很大影响。温度过高的面团，在发酵中酵母的产气速度过快，面团的持气能力下降。因此，长时间发酵的面团必须在低温下进行。

七、发酵过程的控制与调整

1. 面团发酵时的产气量及持气性

产气量是指面团发酵过程中产生 CO_2 气体的量。要增加产气量，一是可增加酵母用量；二是增加糖的用量或添加淀粉酶或麦芽粉；三是加入一定量的改良剂（含有铵盐）；四是提高面团温度。

面团发酵时的产气量和产气速度与发酵室的温度紧密相关，见表 2-6。

表 2-6　温度对面团产气量的影响

温度/℃	最大产气量/［mL/（h·g 干酵母）］	达到最大产气量的时间/min
29	20	150
31	23	135
33	24.5	135
35.5	25	120
38	26	90
40	22.5	75
42	20	30

从表 2-6 可以看出，在温度 38℃，发酵 90min 时产气速度最快，超过 38℃后产气速度迅速下降，因此，面团发酵时不要超过 38℃。

酵母发酵产生的 CO_2 气体，必须最大限度地保持在面团内才能使面团膨胀和发酵成熟。如果面团的持气性不强，则得不到发酵理想的面团。气体能保留在面团内部，是由于面团内的面筋经发酵后已得到充分扩展，整个面筋网络已成为既有一定的韧性又有一定的弹性和延伸性的均匀薄膜，其强度足以承受气体膨胀的压力而不会破裂，从而使气体不会逸出而保留在面团内，因此面团的持气性与面团的扩展程度有关。当面团发酵至最佳扩展范围时，其持气性也最好。影响面团持气性的因素有：

①蛋白质分解酶。

②矿物质含量。

③pH。

④漂白剂及氧化剂的用量。

⑤其他因素，如机械因素。

2. 产气量与持气性的关系

要生产出高质量的面包，就必须使面团发酵到最适当的程度，即在发酵工序，要控制面团的产气量与持气性同时达到最高点。在面团发酵过程中通常有以下三种情形。

①当面团的产气量和持气性都达到最大时，做出的面包体积最大，内部组织、颗粒及表皮颜色都非常理想。面团的理想发酵时间是一个范围而不是一个点，在这个范围内产气量和持气性都能保持较大的程度，达到较好的平衡，这个范围称为发酵耐力。

②产气量达到最大程度，而面筋未最大程度扩展，即持气性未达到最大。因此，气体产生再多也无法将面团膨胀到最大体积，因为面筋韧性过强。在这种情况下，可在面团搅拌时添加少量蛋白酶以加快面筋的软化程度，使气体的气室能膨胀。而当面团达到发酵阶段的最高扩展阶段时，即持气性达到最大时，产气量已下降，也不能使面团膨胀到最大体积，做出的面包体积小，可加入含有淀粉酶的麦芽粉、麦芽糖等，以延长产气能力，适应面团在发酵期间的扩展。

③面团在发酵期间面筋扩展已经达到最大，但产气量未达到最大，即面筋扩展比产气速度快，面团内因无足够的气体无法膨胀到最大体积。做出的面包体积小，品质差。在这种情况下可增加糖的用量，加快产气速度；或使用筋力较强的面粉，以延长面团扩展时间。

八、面团发酵工艺

面团发酵时最重要的是控制温度、湿度，使之有利于酵母的正常生命活动和发酵。

1. 发酵室的工艺参数

发酵室的工艺参数为温度28~30℃，相对湿度70%~75%，发酵时间根据采用的发酵方法而定。在发酵过程中，面团中的CO_2气体越来越多，空气逐渐变少，酵母有氧呼吸变为酒精发酵，发酵速度减慢。因此，可以利用翻面的方法来促进面团的发酵速度，翻面处理主要用于一次发酵法。它的作用如下：

①排出面团中过多的CO_2气体，充入新鲜空气，促进酵母的发酵。

②使面团各部分的温度均匀。在发酵过程中，面团中心部位温度较高，四周温度较低。通过翻面可以调节面团内外的温度，使之温度一致。

③有利于面筋的进一步延伸。翻面后的面团要继续发酵直至成熟。

翻面后的时间一般选择在面团总发酵时间的70%左右时为佳。

2. 发酵成熟的判别

面团发酵成熟是指面团发酵达到最佳状态。未成熟的面团称为嫩面团或发酵不足面团；发酵过度的面团称为老面团。判别方法很多，举例如下：

①回落法：面团自然发酵到一定时间后，在面团正中央部位开始往下回落，即为发酵成熟。这种方法比较容易掌握，但要掌握在面团刚刚开始回落时，如果回落太大，表示面团发酵过度。

②手触法:用手指轻轻按下面团,手指离开后,面团既不弹回也不往下回落,表示发酵成熟；如果很快恢复原状,表示发酵不足,是嫩面团;如果面很快凹落下去,表示发酵过度。

③拉丝法：将面团用手拉开，如果内部呈丝瓜瓤子状，表示发酵成熟；如果无丝状，表示发酵不足；如果面丝又细、又易断，表示发酵过度。

④温度法：面团发酵成熟后，一般温度上升4~6℃，通过此法很容易判断成熟度。

⑤pH法：面团发酵前pH约为6.0，发酵成熟后下降到5.0左右，低于5则发酵过度。

⑥表面气孔法：面团发酵不足时表面紧密、无气孔、不透明；发酵成熟的面团表面出现均匀细密的半透明薄膜气孔；如果气孔很大或有裂纹，表示面团发酵过度。

⑦嗅觉法：面团发酵成熟后略有酸味，如果闻到强烈的乳酸味，表示发酵过度；如果一点酸味都闻不到，表示发酵不足。

3. 发酵时间对面包品质的影响

面团发酵成熟度对面包品质影响很大，主要有以下几方面。

①发酵不足：面包体积小，内部组织粗糙，风味平淡，香气不足，口感不佳，面包表皮色深。

②发酵成熟：面包体积大，内部组织均匀，气孔壁薄呈半透明，具有酒香和酯香，口感松软，富有弹性。

③发酵过度：烘焙弹性好，在烤炉中起发大，但出炉后易塌陷、收缩变形，这是面筋过

度延伸的缘故；面包表皮色泽浅，有皱纹，无光泽；内部组织有大气孔，不均匀，酸味大，有异味。

第五节 面团的整形

经发酵成熟的面团应该立即进入整形工序。整形就是将发酵好的面团做成一定形状的面包坯。整形包括切块、称量、搓圆、静置（中间醒发）、整形、装模等。

该工序是面团由（30±2）℃的发酵室进入（40±2）℃的最终发酵室的中间工序。由于在开放情况下进行，面团在这一时期仍继续发酵。为了完成最终发酵任务，在这一工序中不能使面团冷却和表皮干燥，因此整形制作室必须进行空气调节。如果作业室有供给水蒸气的条件，那么，只要进行加温就可以了。如果没有供给水蒸气的条件，只进行加温会使湿度显著降低，面团形成硬皮，所以寒冷季节在供热的同时，还必须供给湿气，以保证足够的湿度，整形室标准条件是温度25～28℃，相对湿度65%～70%。

一、面团的分块和称量

面团的分块和称量是按照成品的质量要求，把发酵好的大块面团分割成小块面团并进行称量。面团在分割时要一块一块处理，需要一定的时间。在这一时间内面团还在继续发酵，而面团中的气体含量、面筋的结合状态时刻都在发生变化，最初的面团和最后的面团的性质有相当的差别。为了把这一差别限制在最小限度，分割就要迅速进行，缩短时间。主食面包的分割要在15～20min内完成，以15min为最好。点心面包的分割时间最多40min，最好是在30min内完成。

二、搓　圆

搓圆的作用如下：

①经分割的小块面团，切口处有粘结性，搓圆时施以压力，使皮部延伸将切口覆盖。

②分割时将面筋网络结构破坏，搓圆可恢复其网络结构。

③排出部分二氧化碳，使各种配料分布均匀，便于酵母繁殖发酵。

为了减少面块的粘着性，要尽量使面块与空气接触，使表皮的游离水降低，或撒上铺粉或油脂，以润滑其表面。

搓圆分手工搓圆和机械搓圆，机械搓圆是由搓圆机完成的。

三、静置（中间醒发）

中间醒发亦称静置。面团经搓圆后，一部分气体被排除，面团的弹性变劣，如立即压片或做形，由于面团不能承受压力，外皮易被撕裂不易保持住气体。因此，需要有一段时间的中间醒发，使面筋恢复弹性，使酵母适应新的环境恢复活性，使面包坯的外形端正，表面光亮，便于下一个工序的进行。

美国和日本的面包生产工艺中很重视中间醒发工序。这个工序的作用是：

①使搓圆后的紧张面团，经中间醒发后得到松弛缓和。

②使酵母产气，调整面筋的延伸方向，使其定向延伸。

③使面团的表面光滑、持气性增强，不易粘附在做形机的辊筒上。

对中间醒发条件的要求是：

温度以20～29℃最适宜，温度过高，会促进面团迅速老熟，持气性变坏和面团的黏性增大；温度过低，面团冷却，醒发迟缓，延长中间醒发时间。

适宜的相对湿度为70%～75%。太干燥，面包坯外易结成硬壳，使烤好的面包内部残存硬面块，组织差；湿度过大，由于面包坯表皮结水使黏度增大，下一工序的做形操作会被迫大量撒铺粉影响成品的外观。

中间醒发适宜程度的判别，以中间醒发后的面包坯容积相当于中间醒发前容积的1.7～2.0倍时为合适，膨胀不足，做形时不易延伸；膨胀过度，做形时排气困难；压力过大易产生撕裂现象。中间醒发有利于改善面包的纹理结构，缩短生产周期和易于机械做形。

醒发机内设有调温调湿装置，它是处于密封状态，全靠面团表面蒸发的水分和本身的温度来保持温、湿度。

四、整　形

面团的整形是为消除面团中的二氧化碳，在不损坏面团的情况下，充分混入新鲜的空气，使面团发酵得更好。把面团粗气泡中的CO_2完全排出后，能使制品的蜂窝细致，同时将面包坯做成一定形状。

整形分为手工整形和机械整形。

在整形中，碾压和拉伸是最重要的动作。压延可排除二氧化碳，促进面筋结合，改善面包纹理结构。

碾压对面团状态的要求：

①要根据面团的软硬调整压辊的间距。软面团需要的间距大，硬面团需要的间距小。用间距小的压辊碾压软面团时，会将面团内部的水分挤压出来，发生粘连现象。

②搅拌不好的面团，不会得到理想的碾压效果；搅拌不够的面团碾压时易断；搅拌过度的面团有伸展过度的倾向；延长静置时间可以改善碾压的效果。

③经过机械搅拌，分块、搓圆的面团处于紧张状态，不经过适当的静置，碾压工序是搞不好的。静置可以使面团由紧张变为缓和，同时还进行着膨胀，这对碾压也有帮助。因此，可以把静置看作是碾压的准备阶段。

④碾压对面团温度的要求。在低温时面团硬，在高温下面团软。考虑到酵母所需要的温度条件，碾压温度以27～28℃较适宜。

⑤面团的成熟与碾压也有密切关系。发酵不足的嫩面团，韧性强、难碾压；成熟过度的老面团，延伸性和弹性变劣，碾压时易断。

⑥面团改良剂对压延效果的影响。用钙盐制成的面团改良剂，有使面团干燥的作用，可以改善面团与压辊的粘连作用。添加麦芽糖的改良剂会增加面团的粘连性，给碾压造成困难。当选用改良剂时应注意这一因素。

理想的面团干燥、柔软，有良好的延伸性，有利于成型操作。如果面团搅拌不足或搅拌过度，延伸性太小的面团都不利于成型。

在整形中尽量少使用铺粉，如撒粉太多会造成面包内部组织有深洞，表皮颜色不均匀，如用机械成型，撒粉太多会造成面团成型不紧，内部组织及表皮颜色均不理想。

撒粉最好用高筋面粉或淀粉。

五、装　　模

整形完了的面团需要装模。

装模有手装模和装模机装模，装模时要将面团合缝向下，放入模具里，光面朝上。

为了防止面团在模上或烤盘上粘连，通常用手工在盘上或模具上涂植物油。

模具一般都是用马口铁制成的，如果不擦油，则制品会发生粘连，脱模不好。因此新模具要先烘烤一下，涂油后再烘烤，经过这样处理后方可使用。

第六节　面 团 醒 发

醒发也称为最终发酵，就是把做完形的面包坯再经最后一次发酵，使其成为我们所需要的形状。

一、醒 发 目 的

①面团经过压片、做形等操作后，处于紧张状态，醒发可使面团得到恢复，使面筋进一步结合，增强其延伸性。

②酵母再经最后一次发酵，面包坯膨胀到所要求的容积。

③改善面包的内部结构，使其疏松多孔。

二、醒 发 条 件

醒发操作是将烤盘或烤模送入醒发室，对醒发室所要求的条件是：

1. 温度

醒发温度取决于多种条件，但主要是根据酵母的发酵温度决定。一般采用30~43℃，而以33~40℃为宜。温度过高，面包坯的皮干燥，烤出来的面包皮粗糙，甚至有裂口，如果温度高于油脂的熔点，由于油脂液化，面包体积就会缩小；如果温度高于酵母和酶所需的温度，由于它们的活性减退，面包的体积也会变小。

进入醒发室时，面包坯的温度不宜过低，否则，由于内部发酵不良，面包瓤紧密不松，醒发时间延长，如表2-7。

表2-7　　醒发温度、时间与面包体积的关系

面包编号	醒发温度/℃	醒发时间/min	454g面包体积/mL
1	13.3	270	2160
2	21.1	102	2200
3	30.0	60	2280
4	35.0	50	2270
5	40.0	47	2290
6	46.0	41	2260
7	51.1	37	2210
8	57.2	36	2110

从表中看出，醒发温度在30℃以下的效果不好，在30～46℃这个范围内，面包的体积和内部结构较好，而以40℃为最好。

2. 相对湿度

醒发工序要求的相对湿度为80%～90%，以85%为适宜，不能低于75%。因为相对湿度过小，会使面包坯表面干燥，影响面包的膨胀和面包皮的色泽；相对湿度过大，会在面包坯表面结成水滴，使烤成的面包表面有气泡或白点。

醒发湿度对面包的体积和内部结构没有重大影响，但对面包皮色有很大影响。醒发湿度低，面包皮色浅，呆白和斑点多，醒发湿度高，面包皮色深而均匀光滑。

3. 醒发时间

醒发时间一般掌握在55～65min，醒发时间不足，烤出的面包体积小，内部蜂窝不良；醒发时间过度，面包酸度大。另外，由于膨胀过大超过了面筋的延伸限度而跑气塌陷，面包皮缺乏光泽或表面不平。

三、醒发适宜程度的判别

醒发到什么程度入炉焙烤，这是关系到面包质量的关键问题，主要是根据经验来判别。

根据经验，面包入炉后，其体积仍可增长20%左右。这样就可以确定醒发的适宜程度，一般为面包应有体积的80%，即醒发到八成。有的面粉因面筋质量好，在炉内膨胀系数大，则醒发程度还要缩小一些。

另外一种判别方法是按面包坯的膨胀倍数来判别。在醒发前，面包坯不透明，感触硬，随着醒发和膨胀的进行，面包坯变得柔软，由于充气，弹性增强，有半透明的感觉；如果醒发过度，用手一触面团即破裂，跑气塌陷。

四、决定醒发程度的因素

1. 面粉中面筋的含量与性能

面筋含量多或强力粉，面团的韧性强，如果醒发不充分，入炉后膨胀不起来，对这样的面粉，醒发要充分些；面筋含量少或弱力粉，面粉延伸性、韧性和弹性都较差，入炉后容易膨胀和破裂，对这样的面团，醒发的程度要轻些。

2. 面团的发酵程度

在发酵中成熟度不足的面团，入炉后膨胀不好，需要醒发程度大一些来补救；反之，成熟过度的面团，面筋脆弱易断，醒发程度要轻些。

3. 炉温及炉的结构

一般来说，炉温低，入炉后面包膨胀得大；炉温高，入炉后膨胀得小。因此，前者醒发程度宜轻些，后者醒发程度宜重些。

对于辐射热强的烤炉，面包坯入炉后，立即受到高温焙烤，膨胀受到限制，使用这样的烤炉，醒发程度要充分些。对于前部没有高温部位的烤炉，或者对流比较充分的烤炉，有使面包坯在炉内充分膨胀的机会，醒发程度宜轻些。

第七节　面包的烘烤

烘烤是面包生产中的重要工序，面包入炉后在高温作用下，发生一系列的化学及微生物学的变化。这些变化的最终目的是使面包坯由“生”变“熟”，所有这些变化与面包的品质都有着密切的关系。

一、烘烤理论

1. 面包烘烤的热学原理

面包烘烤时，炉中的热量是通过辐射、传导和对流的方式传给面包坯表面的。

辐射热是由热源及炉壁的热量辐射给面包坯表面；对流是炉内的热蒸汽混合物与面包坯表面的热蒸汽混合物对流时部分热量被面包吸收；传导是炉内的热量不仅由铁盘子或听子直接传给面包坯，而且面包坯内部的热量由一个质点传给另一个质点。

面包坯在烘烤过程中所有的热交换方式都是综合性的，以辐射热起着主要作用，传导热次之，对流的作用最小。如果炉内设有激发热空气对流的装置，对流的作用可以增加。

2. 面包烘烤过程中温度的变化及面包皮的形成

在烘烤过程中，面包坯各层温度变化如下：

①面包瓤的任何一层温度到烘烤结束时都不超过 100℃，而以面包瓤中心部位的温度最低。

②面包皮的温度很快超过了 100℃，外表皮的温度有时候可达到 180℃，面包皮各层的温度曲线在 100℃时都有一个停滞期，距离面包皮越远其停滞期越长。

③面包皮与面包瓤分解层的温度，在烘烤将近结束时达到 100℃，并且一直保持到烘烤结束。

④在烘烤过程中，面包皮外层与内层的温度差不断增大，在烘烤结束时达到最高值。

⑤在烘烤初期，面包瓤外层和面包瓤中心的温度差在增大，至烘烤中期达到最高值，随后很快下降，到烘烤结束时趋与一致。

在烘烤过程中，面包坯温度变化主要是由于面包瓤的中心温度低（不超过 100℃）而面包表皮的温度高（超过 100℃）形成的温度差而产生的。它一方面受到面包瓤内水分不断蒸发的影响，另一方面也受到面包表皮的形成与加厚的影响。

面包的失水与面包表皮的形成直接影响到面包温度的变化，而面包坯在烘烤过程中的温度变化又直接影响到面包烘烤的质量，所以下面谈谈面包的失水与面包表皮形成的过程。

面包坯在 250℃高温下烘烤，其表面剧烈受热，而迅速失去水分，1～2min 以后，面包表皮失去了大量的水分，并达到与炉内温度、湿度相适应的水分动态平衡。

当被烘烤的面包坯表皮与炉内温度、湿度达到动态平衡时，面包坯表皮就停止了水分的蒸发，因而温度很快升高到 100℃以上，所以，面包表皮各层温度都超过了 100℃。

由于面包坯表皮和瓤中心的温度差也很大，表皮层的水分蒸发很强烈。因而从面包表面开始形成了一个蒸发层（或称干燥层）和蒸发区域。这个蒸发层就逐渐向内推移，使蒸发区域慢慢加厚，最后就形成了一个干燥的面包壳。蒸发面的温度总是保持在 100℃，它外面的温度高于 100℃，里面的温度则接近 100℃，这是因为水的汽化总是在它的沸点进行的缘故。

烘烤时，面包皮各层的温度也有所不同，越靠近蒸发面温度越低，面包皮的平均温度可由下式表示：

$$t_p = \frac{(100 + t_k)}{2} \ (℃)$$

式中，t_p 为面包皮平均温度，t_k 为面包皮表面温度。

由公式可看出，面包皮的平均温度都在100℃以上。

面包水分蒸发面总是平行于面包的表面向里推进的，它每向里推进一层，面包皮的厚度就增加一层。由此可见，面包表皮的厚度随着烘烤温度的高低和烘烤时间的长短而变化。因此，为了提高面包的烘烤质量，在烘烤过程中必须严格控制烘烤的温度和时间。

烘烤的温度越高，虽然面包瓤的升温速度也相应加快，但是没有面包坯表皮升温速度快。所以大体积的面包在高温烘烤下，如果操作不当容易造成皮焦而瓤不熟，降低了面包的质量。如果在较低的温度下烘烤，虽然面包瓤的升温速度较迟缓，但却保持了面包良好的品质。因此，在保证面包熟透和皮色质量良好的条件下，最好使用较低的温度烘烤。

理想的烘烤温度为213～229℃，既可以使瓤部成熟，也能使面包皮着色好。

烤炉内混合蒸汽的湿度，对加热和面包质量也有影响。炉内过于干燥，不仅加大质量的损耗，而且面包皮加厚，体积缩小。因此，设备先进的面包厂，通过喷射热蒸汽或水以提高炉内相对湿度。而湿热蒸汽还有利于热交换。

面包的形状和质量也与加热有关，质量越大所需的加热时间越长；质量相同的面包，长形的比圆形加热快，因为长形面包从表面到中心的距离要比圆形的小些。

3. 面包烘烤时的水分变化

在烘烤过程中，面包坯中的水分也发生剧烈的变化，既以气态方式向炉内扩散，又以液态方式由面包的中心部位向表层转移，至烘烤结束时，使原来水分均匀分布的面包坯发生水分的重新再分配，形成了各层水分不同的面包。

(1) 面包水分与炉内蒸汽的交换　在烘烤时，当把冷的面包坯送入高温烤炉以后，热蒸汽在冷的面包坯表面很快地冷凝而形成一层薄的露滴，这部分水被吸附在面包坯的表面，从而增加了面包坯的质量，随后不久，当面包表皮的温度超过了露点时，冷凝过程便被蒸发过程所取代。

(2) 面包内部水分的再分配　随着面包坯表面水分的蒸发，面包坯表面很快形成了一层硬表皮。由于面包的毛细管很小，阻碍着面包坯蒸发区域的水蒸气扩散，从而增大了蒸发区域的压力，又由于面包瓤内部的温度低于蒸发区域的温度，因而加大了内外层的蒸汽压力差，于是水蒸气就由蒸发区域向面包坯中心推进，遇到低温就冷凝下来，形成一个冷凝区域。

随着烘烤时间的延长，冷凝区域就逐渐向中心区域转移，当烘烤结束时，面包瓤中心的水分大约比原来增加了2%。

4. 面包在烘烤中结构的变化

面包在烘烤中形成蜂窝结构，除了受烘烤条件的制约外，还受到入炉前工序条件所制约。

①发酵未成熟的面团，产生的蜂窝壁厚，坚实而粗糙，蜂窝不规则或有大孔洞；用发酵过度的面团制出的面包蜂窝壁薄，易破裂，多呈圆形。

②在醒发室中醒发过度，入炉后会引起蜂窝破裂，致使面包塌陷或表面凹凸不平；醒发不足会因没有形成蜂窝使面包不起个。

③装模面包在醒发室中醒发速度太快，会使模型中的面团很难排出气体，因而形成不规则的蜂窝结构和大孔洞。

④用搅拌不足的面团烘制的面包的蜂窝结构具有与发酵不足的面团相同的缺点；用搅拌过度的面团烤制出来的面包蜂窝结构呈圆形，壁厚，但大小均匀。

实践证明，面包蜂窝的最初形成是由面包坯中的小气泡开始的。面包坯中分布均匀的小气泡对形成理想的气孔结构是相当重要的。烤模对形成面包的蜂窝结构也有一定的影响，与面包坯的质量相比，烤模容积越小，烤出面包的蜂窝结构越均匀。

炉温高低对面包蜂窝的形成起着重要的作用。当炉温过高时，面包坯入炉后很快形成了硬性外壳，限制了面包内部蜂窝结构的膨胀，面包内部产生的过大热胀压力，会造成蜂窝的破裂，聚结形成厚壁的、粗糙的和不规则的面包结构。因此，适当的炉温对面包蜂窝结构的形成是至关重要的。

理想的蜂窝结构应当是壁薄，孔小而均匀，没有大孔洞，形状稍长，手感柔软而平滑。

5. 面包在烘烤中的微生物学变化

面包中的微生物主要是酵母和部分酸化微生物。当面包坯入炉后，酵母就开始了比以前更加旺盛的生命活动，使面包继续发酵并产生大量气体。当面包坯加热到35℃左右，酵母的生命活动达到了最高峰，大约到40℃，酵母的生命力仍然强烈，加热到45℃时，它们的产气能力就立刻下降，到达50℃左右，酵母就开始死亡。

面包中的酸化微生物，起作用大的主要是乳酸菌，各种乳酸菌的适宜温度不同（好温性为35℃左右，好热性为48～50℃）。烘烤开始时它们的生命活动随加温而旺盛，当超过最适合温度后，其生命力就逐渐减退，大约到60℃时就全部死亡。

面包中微生物生命活动的增强或减退，是随着面包温度的转变由外层向内层转移，甚至直到面包烘烤结束，在面包瓤中心还残存着个别活的微生物。

6. 面包在烘烤中的生物化学变化

面包在烘烤中发生着多种生物化学变化。在烘烤时间，面包瓤内继续产生少量的酒精、二氧化碳、乳酸、醋酸以及其他发酵产物。

淀粉遇热糊化并水解为糊精和麦芽糖，淀粉含量减少，当面团入炉后，淀粉酶的活性增强，直到它们钝化以前，一直进行着水解过程。一般认为，β-淀粉酶的钝化温度为82～84℃，α-淀粉酶的钝化温度为97～98℃，有人进行了试验，在面包瓤内发现了活性的α-淀粉酶。

由淀粉水解而产生的糖，一部分被发酵所消耗，其余部分则保留在面包内。

在烘烤中还发生着蛋白的水解过程，蛋白酶可能在80～85℃时钝化。

在烘烤中所发生的水解过程，使面包的水解物增加，并积累了一定数量的使面包产生良好香气和滋味的物质。

7. 面包在烘烤中的胶体化学变化

面包在烘烤中胶体化学变化过程，使生的、坚硬的面包坯，变成了熟的、具有疏松结构的面包。

烤炉内的温度变化影响面包内的胶体化学变化过程。面包坯中的面筋在30℃左右膨胀性最大，进一步提高温度，其膨胀性下降，差不多在78℃左右时，面筋蛋白质便凝固变性，并析出部分水分。

面包坯中的淀粉，当温度上升到50℃左右时即剧烈膨胀，到达69℃以上时膨胀到顶点，接着它们就糊化破裂。淀粉糊化是一个吸热过程，当动能超过了淀粉胶束间分子的吸引力时，胶束即破裂，小的胶束组成支链即散乱展开而成为一个网状的含水胶体，因为面包中的水分不足，不可能使淀粉全部糊化，研究面包的微观结构证明，在面包内存在着大量的半糊化状态淀粉粒。

在60～80℃时，面包内同时发生蛋白质凝固和淀粉糊化过程，这时由面筋析出的水分转移到淀粉糊化上来。

与此同时所发生的另一个过程，是在前一阶段中由于强烈发酵而累积在面团中的CO_2或部分其他气体，遇热膨胀而产生较大的膨胀压，使气体向外冲击，所冲击出的孔道，即成为面包中的蜂窝。当蛋白质受热变性时，面包坯就定型，成为多孔疏松的面包。

8. 面包在烘烤中的褐变和香气的形成

面包在烘焙中的褐变是由美拉德反应和焦糖化作用而引起的，由于这种变化是在高温下发生的，所以这种褐变与酶褐变无关。

在美拉德反应中，不同种类的糖褐变的程度不同，一般认为非还原性的蔗糖不起褐变反应。但在面包生产中，由于酵母所分泌的转化酶的作用，在面团发酵过程中，蔗糖被转化成葡萄糖和果糖，在烘烤过程中引起褐变，使面包表皮带有诱人的红褐色。

在单糖中按褐变反应的强弱次序排列，果糖最强，葡萄糖仅次于果糖。在双糖中除蔗糖外乳糖和蜜二糖的褐变反应很强，其次为麦芽糖和棉子糖等。在小麦面团中含有的阿拉伯糖、木糖等戊糖，也是引起褐变反应很强的糖。

在面包烘烤中，随着各种褐变反应的进行，面包皮的颜色加深，糠醛和羟甲基糠醛的积累量在增多。不同种类的糖与糠醛和羟甲基糠醛的生成量与面包表皮颜色的关系见表2-8。

表2-8　不同种类的糖与糠醛和羟甲基糠醛的生成量与面包表皮颜色的关系

糖的种类	面包皮颜色的反射率/%	mg/100g			
		羟甲基糠醛		糠醛	
		面包瓤	面包皮	面包瓤	面包皮
阿拉伯糖	21	0.56	2.54	0.16	2.60
纤维素二糖	27	0.68	1.53	0.01	0.10
果糖	21	0.85	11.7	0	0.71
半乳糖	23	0.60	2.84	0.01	0.10
葡萄糖	26	0.67	2.74	0.02	0.18
乳糖	26	0.63	1.82	0.01	0.10
麦芽糖	25	0.71	2.02	0	0.07
甘露糖	24	0.61	3.75	0	0.03
蜜二糖	24	0.52	1.35	0	0.05
棉子糖	24	0.50	1.79	0	0.08
鼠李糖	24	0.33	23.3	0	0.06
山梨糖	23	0.62	4.02	0	0.21
小麦淀粉	34	0.50	1.02	0	0.03
蔗糖	25	0.85	3.22	0	0.14
木糖	20	0.62	3.52	0.23	0.72

蛋白质、氨基酸和铵盐引起的褐变反应的程度也是随其不同种类而有差异。作为面包强化剂的赖氨酸的褐变很强烈，此外组氨酸、色氨酸、酪氨酸等褐变反应也很强烈，而反应弱的为脯氨酸和谷氨酸。

蛋白质也能引起面包皮的褐变反应，但不同蛋白质引起的褐变颜色不同。小麦蛋白质引起的褐变颜色不佳；鸡蛋蛋白质引起的褐变颜色红褐，加入少量转化糖或葡萄糖时，会使面包皮红褐鲜艳而美观。

铵盐与糖类也能引起颜色的变化，但铵盐与糖反应时生成一些有毒物质，所以在面包生产中应尽量控制用量。

用定量试验加入糖和不同种类的氨基酸盐，经烘烤后面包皮的颜色反应如表 2-9。

表 2-9　　面包皮颜色变化表（面团质量 25g）

氨基酸	添加量	葡萄糖	面包皮颜色
赖氨酸-HCl	0.135	0.27	鲜明的褐色-褐色-深色
甘氨酸	0.55	0.27	鲜明的褐色-褐色-深色
丝氨酸	0.077	0.27	金黄色-鲜明的褐色-褐色
丙氨酸	0.065	0.27	金黄色-鲜明的褐色-褐色
精氨酸	0.127	0.27	金黄色-鲜明的褐色-褐色
缬氨酸	0.086	0.27	黄色-鲜明的褐色-褐色
亮氨酸	0.096	0.27	黄色-鲜明的褐色-褐色
谷氨酸	0.108	0.27	金黄色-鲜明的褐色
酪氨酸	0.132	0.27	金黄色-鲜明的褐色
色氨酸	0.149	0.27	黄色-鲜明的褐色
蛋氨酸	0.107	0.27	黄色-鲜明的褐色
组氨酸-HCl	0.140	0.27	黄色-鲜明的褐色
脯氨酸	0.084	0.27	黄色-鲜明的褐色
重碳氨酸	0.50	0.27	奶油色
氯化铵	0.34	0.27	有鲜明的褐色斑点的奶油色
硫酸氨	0.42	0.27	有褐色斑点的奶油色

综上所述，面包在烘烤中发生褐变的主体是美拉德反应。焦糖化作用也是面包皮着色的一种因素，所不同的是，美拉德反应在炉温低的情况下即可进行；而焦糖化反应必需高温。

在烘烤过程中，随着糖和氨基酸产生褐变使面包皮具有漂亮颜色的同时，产生诱人的香味，这些香味产生于加热过程中的羰氨反应、油脂的分解和含硫氨基酸的分解，从而形成各种食品特有的焙烤香气。羰氨反应的生成物随温度而异，其中间产物与氨基酸反应，按斯特累尔反应机制生成醛和烯胺醇环化而成为吡嗪，食品在烘烤中产生的香气主要与吡嗪有关。

不同种类糖、氨基酸在美拉德反应中其产物和香气也不同，可引用 Thomas 和 Rotne 的试验材料说明（表 2-10）。

表 2-10　　美拉德反应中的作用物、生成物和香味

作用物	生成物	在 180℃下产生的香味
戊糖	糠醛	
己糖	羟甲基糠醛	
丙氨酸	乙醛	焦糖气味

续表

作用物	生成物	在180℃下产生的香味
缬氨酸	2-甲基丙烷	刺激性的巧克力气味
亮氨酸	3-甲基丁醇	烧干酪的气味
异亮氨酸	2-甲基丁醇	烧干酪的气味
蛋氨酸	二甲基硫醚	绿紫菜的辣味
苯丙氨酸	苯乙醛	樱花的气味
苏氨酸		焦糖的气味

将上述作用物分别加入面团中，可以明显改善面包的香味。但是当某一种香气成分超过一定浓度时，就会掩盖其他香味，使香味性质发生变化。

9. 面包在烘烤过程中体积和质量的变化

把面包坯放入烤炉后，面包的体积便有显著的增长，随着温度增高，面包体积的增长速度减慢，最后停止增加。

把冷面包坯放入高温烤炉以后，原先积累的和正在强烈发酵而产生的 CO_2，发生了热膨胀，使面包的体积增大；当加热至79℃时，由于酒精发酵而产生的酒精也变成蒸汽，成为促进面包体积增长的一个因素。在面包内所有的气态物质，都发生了热膨胀，通过气孔和面包壳而扩散至炉内。

面包在烘烤中的体积变化可以分为两个阶段：第一个阶段是体积增大阶段；第二个阶段是体积不变阶段。在第二个阶段中，面包体积的不再增长显然是受了面包皮的形成和面包瓤加厚的限制。

在烘烤中，当面包皮形成以后，开始丧失了它的延伸性，降低了透气性，这样它就变成了面包体积增大的阻力。而由于蛋白质凝固和淀粉糊化而构成的面包瓤的加厚，也限制了里边面包瓤层的增长。

在烘烤开始时，如果炉温过高，很快地停止面包体积的增长，就会使面包体积小或者造成表面的断裂。如果炉温过低而过多延长了体积变化的时间，将会引起面包外形的凹陷或面包底部粘连。由于没能遵守操作规程，都会导致面包质量变坏。

面包质量越大，它们的单位体积越小。

烤炉内的湿度对面包体积也有显著影响，这个问题可引用表2-11说明。

表2-11　　质量400g面包的体积变化

烤炉	听型面包		非听型面包	
	面包体积/cm^3	面包皮的厚度/mm	面包高与直径比	面包皮的厚度/mm
没有湿润的	1013	3.2	0.27	1.3
湿润的	1106	2.5	0.40	0.5

从表2-11可以看出，用喷水湿润的烤炉烤制出来的面包，由于面包皮的形成慢、厚度小，使面包的高度和体积都有所增加。

此外，影响面包体积变化的还有烤炉温度、面团的产气能力和面包的稠度等。

在烘烤中面包的质量有所损耗，损耗的物质主要是水分，还有少量的酒精和CO_2、挥发性酸、乙醛等，如果把损耗量作为100，则损耗的组成如下：水94.8%、酒精1.40%、$CO_2$3.27%、挥发性酸0.31%、乙醛0.08%。损耗率大小并不相同，其范围变动在6%～14%，一般都在10%～12%。

面包在烘烤中的质量损耗，主要是在第二阶段中发生的。因为在入炉初期的第一阶段，开始时它们的质量不仅没有减小，反而因冷凝作用而略有增长，之后蒸发开始，这时由于炉内的湿度较高也减缓了它们的蒸发速度。当烘烤至第二阶段后，蒸发速度加快，形成了大量的损耗。

影响损耗率大小的还有以下因素：

面包的质量越大，损耗率越小；质量相同的，其比面积越大，损耗率也越大。这里所指的比面积主要是暴露在空气中的面积，而不包括靠烤盘底面或听壁四周。听型面包的损耗率小于非听型面包，面包皮越厚，损耗率也越大。

二、面包的烘烤技术

面包烘烤的温度和时间随烤炉结构、面包种类、外形和烘烤技术掌握情况等而不同，下列烘烤规程仅供参考。

1. 面包的烘烤规程

面包的烘烤可分为三个阶段：

(1) 烘烤初期阶段　面包入炉初期，应该在温度较低和相对湿度较高（60%～70%）的条件下进行。上火不宜超过120℃，下火可高些，一般为250～260℃，这样有利于面包体积的增长，这一阶段时间为2～3min。

(2) 烘烤的第二阶段　当面包内部温度达到50～60℃，便进入第二阶段，这时上下火可以同时提高温度，最高可达到270℃，经过这个阶段的烘烤，面包就定型了。

(3) 烘烤的第三阶段　这个阶段主要作用是使面包皮着色和增加香气。这时上火可高于下火，上火可使用180～200℃，下火可使用140～160℃，如炉温过高，会使面包焦煳。

2. 面包烘烤时间

面包的烘烤时间应根据以下条件决定。面包的质量越大，烘烤时间越长，烘烤的温度应越低。同样质量的面包，长形的比圆形的、薄的比厚的烘烤时间要缩短。装模面包比不装模面包所需要的时间要长。一般小圆面包的烘烤时间多在8～12min，而大面包的烘烤时间可长达1h左右。

适当延长烘烤时间对于提高面包的质量有一定作用。它可使面包中的糊精、还原糖和水溶物增加，水解酶的作用时间延长，提高了面包的消化率。同时适当延长烘烤时间，有利于面包色、香、味的形成。

第八节　面包的冷却

新出炉的面包温度高、皮脆瓤软、没有弹性，如果立即包装或切片，受到挤压或机械碰撞，必然造成断裂、破碎或变形。另外，由于温度高，易使包装内结成水滴，使皮和瓤吸水变软，同时也给霉菌繁殖创造条件，大面包会引起表皮产生皱纹现象。

此外，对于需要切片的面包，因为瓤内的水分大而柔软，黏度大不易切片，因此，面包出炉后必须经过冷却工序。

面包刚从烤炉中取出，皮部温度在100℃以上，而瓤温度则在100℃以下。随着冷却的进行，面包内外的温差发生了剧烈的变化，皮部温度迅速下降，瓤内温度下降缓慢，面包皮逐渐由硬变软，有了弹性。

在冷却过程中，随着面包温度的下降，面包中的水分也发生着变化。面包中水分的变化与温度的变化相反，是由里向外转移。

新出炉的面包，皮部是无水的，在冷却中随着水分从内向外移动，瓤失去了部分水分，皮部则增加了部分水分，而皮部的水分又会不断向空气中散逸，皮部散失水分的速度小于瓤内水分向外转移的速度，于是，皮部就积累了部分水分。

第九节　面包的储存

面包经包装后，在送往商店或消费者手中之前，还需要一段储存时间，在储存过程中，它还发生着一系列变化。

一、物理和化学变化

新出炉的面包，表皮的温度在130℃左右，瓤的温度在95～98℃，皮硬面脆。在冷却过程中，瓤内的水分向外转移，皮部由于吸收内部水分而具有弹性和韧性。但在储存中由于表皮水分蒸发损耗而重新变得干硬，称为干缩，干缩的面包质量变轻，口感和风味变劣。

在储存中，温度越高，干缩越严重，温度低，干缩得缓慢。例如，1kg的长方形面包在43～50℃下储存3h，失水5%。在11～20℃下储存8h，失水2%。

储存面包的库房相对湿度越大，面包的失水干缩率越低。空气流速越大，干缩越大，因此，面包不适于放在通风的过道处储存。

面包的质量越小，其干缩率越高；同样质量的面包，比体积越大，其干缩率越高。

无包装的面包，其干缩率要大于有包装的面包。

面包出炉后，仍然继续着它在烘烤期间的化学变化过程。瓤内的糖、糊精和其他水溶性物质有所增加，只有当温度降至60℃以下时，这种变化才停止下来。如果把冷面包重新加热到85℃以上时，糖类的水解过程又重新开始，不过这种变化不是酶的作用，而是酸的水解。

二、面包的"老化"

面包在储存中发生的显著变化就是"老化"，也称"陈化"、"硬化"或"固化"。面包老化后，风味变劣；由软变硬，易掉渣；消化吸收率降低。因此，有些国家规定面包出炉后仅供应两天，之后便收回减价30%～50%销售，或作为其他工业原料或饲料出售。

1. 老化现象

老化的面包有下列现象：

(1) 香味和口味的变化　新鲜面包香气扑鼻，滋味可口。老化的面包香气和滋味消失，带有一种陈腐气味，这可能是因为烘烤时所形成的部分挥发性物质消失或被氧化的结果。

(2) 面包皮的变化　新出炉的面包表皮光亮、硬而脆，经放置后变软、带有弹性，老化后弹性变小、易碎断和掉渣。

2. 面包老化理论

面包老化是一个复杂的现象，是面包所有成分共同作用的结果。

(1) 水分转移　1952年以前，人们认为面包老化是由水分蒸发引起的，后来被实验所否定。但是水分高的面团，有延缓面包老化的作用。

(2) 淀粉的变化　淀粉的结晶是面包老化的主要因素，随着结晶的形成，可溶性淀粉减少。表2-12表示了在储存过程中可溶性淀粉数量和组成的变化。

表2-12　面包在储存过程中面包心可溶性淀粉数量和组成的变化

储存时间/h	储存温度/℃	可溶性淀粉	可溶性淀粉组成	
			直链	支链
0.16	室温	2.51	0.60	1.91
2	室温	2.34	0.39	1.95
5	21	1.86	0.22	1.64
12	21	1.74	0.18	1.54

注：可溶性淀粉组成以质量分数（%）计。

老化面包的微观结构也发生了变化。从面包的微观结构观察表明，面包瓤是多孔的海绵状组织，孔壁是面筋构成的骨架，骨架内布满了有黏性的淀粉，淀粉又被面筋围绕着，只有少数淀粉粒是直接相连的。新鲜面包由于凝固面筋与糊化淀粉相互结合而不易分清其界限；而老化面包瓤中的淀粉，则观察得比较清楚，可发现在淀粉粒周围有一薄薄的空气层，面包越老化，气层越清晰。这说明老化面包瓤中淀粉粒的体积在缩小，而孔壁上的面筋则没有发生变化。

面包的老化直链淀粉起主要作用。结合在直链淀粉无规则结构中的螺旋分子吸收能量而拉长，排除水分，分子间形成氢键，进而形成结晶结构，引起聚合。但也有学者认为，直链淀粉在面包冷却过程中已经老化，在面包储存过程中已经与老化关系不大了，而是由支链淀粉回生作用引起的。

学术界关于造成面包老化的机理的探讨可以追溯到19世纪中期。但到目前为止，仍有许多不同的见解，并且各有支持理论。各国学者的研究仍在继续和深入，比较统一的观点是认为老化主要是由淀粉引起的，其他为次要因素。即面包在烘烤过程中随着温度升高而吸水膨胀，直到淀粉糊化，淀粉由有序的结晶结构变为无序非结晶结构，从而使面包结构疏松、柔软、有弹性。在储存过程中，非晶体的淀粉又转变为有序的晶体结构的淀粉，使面包组织紧密、变硬、破碎掉渣、干燥无弹性、香气消失，而发生了老化。因此，老化被看作是糊化的逆反应。

关于面包老化机理争论的焦点，是直链淀粉还是支链淀粉引起了面包老化，或者就是哪种淀粉起主要作用。有学者认为，两种淀粉均是面包老化的主要因素，只不过是速度而已。直链淀粉呈直碳链结构，分子间空间障碍少，易相互靠拢并缔合，结晶速度快，因此，面包出炉后储存初期的老化主要是由直链淀粉而引起的；但由于直链淀粉在小麦淀粉总量中仅占24%左右，而支链淀粉占绝大多数，约76%，因此，储存后期的老化则主要是由支链淀粉而引起。

三、面筋蛋白与淀粉的交互作用

多年来，对面包老化的研究主要集中在淀粉方面。近年来，学者们又对另一个不容忽视的成分——面筋蛋白质所形成的网状结构与淀粉粒的交互作用，对面包老化的影响进行了深入研究。一般说来，面粉中蛋白质含量高，面包的体积大，储存期间的老化速率减慢。因为蛋白质含量高时，会减少淀粉粒之间的再结晶作用，延缓了面包内部组织的老化。测定面筋蛋白胶体的坚硬度时，仅为淀粉胶体的 1/8，并且为热不可逆。因此，面筋蛋白不是面包老化的主要因素。

四、面包老化的测定

面包老化的测定是长期以来许多研究人员用各种方法试图解决的问题。测定的着眼点主要是淀粉的物理化学变化。

①可溶性淀粉的变化：观察 10h 以内可溶性淀粉减少量的变化。

②面包瓤膨润性质的变化：把 10g 面包瓤粉碎至 30 目，放入量筒中加水 250mL，加入甲苯，然后比较 24h 后的膨润体积。新鲜面包比老化面包膨润体积大。

③面包瓤淀粉结晶（X 射线衍射情况）变化。

④面包瓤不透明度的变化：老化的面包不透明度增加。

⑤淀粉酶作用速度的差异：这种方法的原理是将面包瓤破碎后，放入一定量恒温水中并加入定量的 α-淀粉酶，95%以上的糊化淀粉很快被分解糖化，但老化的淀粉 α-淀粉酶作用会减慢，糖化度会减少到 80%、60%、50%，当糖化度降到 50%左右时，面包老化明显化。

⑥面包组织脆弱性变化：其原理为利用面包瓤老化后会变脆弱的性质，将面包瓤切成一定大小的小方块，然后与金属球一起放在筛上振动，测定振动一定时间后通过一定筛孔的面包屑的量来判断面包老化度。

⑦面包瓤物理性能的变化：这种测定主要有两种方法，测定面包瓤的柔软性和硬度。前种方法是在面包瓤平面上用一定面积的平面压头垂直加一定重量载荷，以压头陷入面包内的深度来表示面包的柔软度；后者测定是将面包瓤压下一定深度时所需要的力。测定时，一般将面包切成 12 ~ 13mm 的片然后加载，由于面包烘烤工序及组织不均匀的影响，往往即使同一块面包，互相差别也较大。因此，取样要求多一些。

⑧利用粉质仪测定：将面包瓤掺入面团中，利用粉质仪测定其黏稠度。

主要参考文献

1. 陆启玉，王显伦，卢艳杰，陈复生．食品工艺学．郑州：河南科学技术出版社，1998
2. 李里特，江正强，卢山．焙烤食品工艺学．北京：中国轻工业出版社，2000
3. 李培圩．面包生产工艺与配方．北京：中国轻工业出版社，1999
4. 张守文．面包科学与加工工艺．北京：中国轻工业出版社，1996

第三章　饼干生产工艺

饼干属于焙烤食品，它是以面粉、油脂、糖为主要原料，以疏松剂、乳品、蛋品、食用香精等为辅料，经面团调制、辊轧、成型、烘烤、冷却、包装等工序制成的食品。其口感酥松、营养丰富、体积小、水分低，便于携带、贮藏，是一种食用方便的家常食品。

第一节　饼干的分类

目前，我国已对饼干的分类方法制定出了统一的标准。根据中华人民共和国轻工行业标准 QB/T 1253—2005《饼干通用技术条件》的规定，饼干是以小麦粉（或糯米粉）为主要原料，加入（或不加入）糖、油及其他辅料，经调粉、成型、烘烤制成的水分低于6.5%的松脆食品。饼干按其加工工艺的不同，可分为十二类。

1. 酥性饼干

即以小麦粉、糖、油脂为主要原料，加入膨松剂和其他辅料，经冷粉工艺调粉、辊压或不辊压、成型、烘烤制成的表面花纹多为凸花，断面结构呈多孔状组织，口感酥松或松脆的饼干。

2. 韧性饼干

(1) 普通韧性饼干　以小麦粉、糖（或无糖）、油脂为主要原料，加入膨松剂、改良剂及其他辅料，经热粉工艺调粉、辊压、成型、烘烤制成的表面花纹多为凹花、外观光滑、表面平整、一般有针眼、断面有层次、口感松脆的饼干。

(2) 冲泡韧性饼干　以小麦粉、糖、油脂为主要原料，加入膨松剂、改良剂及其他辅料，经热粉工艺调粉、辊压、成型、烘烤制成的表面花纹多为凹花、外观光滑、表面平整、一般有针眼、断面有层次、口感松脆、易溶水膨胀的饼干。

(3) 超薄韧性饼干　以小麦粉、糖、油脂为主要原料，加入膨松剂及调味品等辅料，经调粉、成型、烘烤制成的饼干。

(4) 可可韧性饼干　以小麦粉、糖、油脂、可可粉为主要原料，加入膨松剂及调味品等辅料，经调粉、成型、烘烤制成的饼干。

3. 发酵饼干

(1) 咸发酵饼干　以小麦粉、油脂为主要原料，酵母为膨松剂，加入各种辅料，经调粉、发酵、辊压、叠层、成型、烘烤制成的酥松或松脆、具有发酵制品特有香味、味咸的饼干。

(2) 甜发酵饼干　以小麦粉、油脂、糖为主要原料，酵母为膨松剂，加入各种辅料，经调粉、发酵、辊压、叠层、成型、烘烤制成的松脆、具有发酵制品特有香味的甜味饼干。

(3) 超薄发酵饼干　以小麦粉、油脂、糖为主要原料，酵母为膨松剂，加入调味品等辅料，经调粉、发酵、辊压、压型、烘烤制成的饼干。

4. 压缩饼干

以小麦粉、糖、油脂、乳制品为主要原料，加入其他辅料，经冷粉工艺调粉、辊印、烘烤、冷却、粉碎、外拌，可夹入其他干果、肉松等，再压缩而成的饼干。

5. 曲奇饼干

(1) 普通曲奇饼干　以小麦粉、糖、油脂、乳制品为主要原料，加入膨松剂及其他辅料，经和面、采用挤注或挤条、钢丝切割或辊印方法中的一种形式成型、烘烤制成的具有立体花纹或表面有规则波纹的饼干。

(2) 花色曲奇饼干　在曲奇饼干面团中加入椰丝、果仁、巧克力碎粒或不同谷物、葡萄干等糖渍果脯构成花色曲奇饼干。

(3) 可可曲奇饼干　以小麦粉、糖、油脂、乳制品、可可粉为主要原料，加入膨松剂及其他辅料，经和面、采用挤注或挤条、钢丝切割或辊印方法中的一种形式成型、烘烤制成的具有立体花纹或表面有规则波纹的饼干。

6. 夹心饼干

在饼干单片之间添加糖、油脂或果酱等夹心料的饼干。

7. 威化饼干

(1) 普通威化饼干　以小麦粉（或糯米粉）、淀粉为主要原料，加入乳化剂、膨松剂等辅料，经调浆、浇注、烘烤制成多孔状片子，在片子之间添加糖、油脂等夹心料的两层或多层以上的威化饼干。

(2) 可可威化饼干　以小麦粉（或糯米粉）、淀粉、可可粉为主要原料，加入乳化剂、膨松剂等辅料，经调浆、浇注、烘烤制成多孔状片子，在片子之间添加糖、油脂等夹心料的两层或多层以上的威化饼干。

8. 蛋黄饼干

以小麦粉、糖、鸡蛋为主要原料，加入膨松剂、香精等辅料，经搅打、调浆、挤注、烘烤制成的饼干。

9. 蛋卷及煎饼

(1) 蛋卷　以小麦粉、糖、油（或无油）、鸡蛋为主要原料，加入膨松剂、改良剂及其他辅料，经调浆（发酵或不发酵）、浇注或挂浆、烘烤卷制而成的蛋卷。

(2) 煎饼　以小麦粉、糖、油（或无油）、鸡蛋为主要原料，加入膨松剂、改良剂及其他辅料，经调浆（发酵或不发酵）、浇注或挂浆、煎烤而成的煎饼。

10. 装饰饼干

(1) 涂饰饼干　在饼干表面经涂布巧克力酱、果酱等装饰料而制成的表面有涂层、线条或图案的饼干。

(2) 粘花饼干　以小麦粉、糖、油脂为主要原料，加入膨松剂、香料等辅料，经调粉、辊压、成型、烘烤、冷却、表面裱粘糖花、干燥制成的饼干。

11. 水泡饼干

以小麦粉、糖、蛋为主要原料，加入膨松剂，经调粉、多次辊压、成型、热水烫漂、冷水浸泡、烘烤制成的具有浓郁蛋香味的疏松、轻质的饼干。

12. 其他饼干

除上述十一类之外的饼干，均为其他类。

第二节 饼干生产工艺与配方

一、韧性饼干生产工艺与配方

韧性饼干通常采用中筋小麦粉，面团中油脂与砂糖的含量较少，面筋要求有较好的胀润度，能形成韧性较强的面团。饼干质地较硬而薄，表面平整光洁，花纹清晰呈凹纹型，表面常带有针孔。横断面层次较为清晰，口感松脆爽口，香味淡雅。

韧性饼干生产工艺流程如图 3-1 所示。

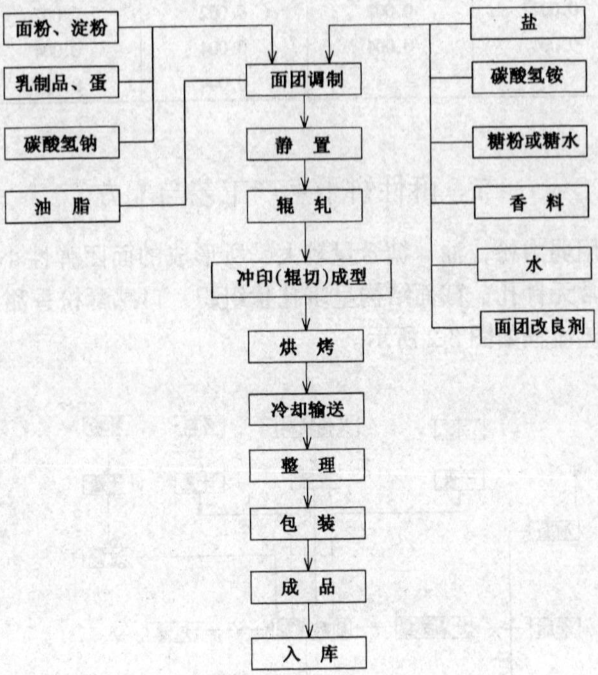

图 3-1 韧性饼干生产工艺流程

韧性饼干各种配方实例如表 3-1 所示。

表 3-1 韧性饼干各种配方实例 单位：kg

品名 原料	蛋奶饼干	玛丽饼干	白脱饼干	ABC 字母饼干	动物、玩具饼干
小麦粉	100	100	100	100	100
白砂糖	30	28	22	26	18
饴 糖	2	3	4	2	6
精炼油	18	7			
磷脂油	2			2	2
猪板油		7	5		2
人造奶油			10		
植物油				10	8
鸡 蛋	6	8	2		
乳 粉	3	2			

续表

原料 \ 品名	蛋奶饼干	玛丽饼干	白脱饼干	ABC 字母饼干	动物、玩具饼干
香蕉香油				100mL	
香兰素	0.025	0.002			
柠檬香油					80mL
鸡蛋香油		100mL			
白脱香油			100mL		
食　盐	0.5	0.3	0.4	0.25	0.25
碳酸氢钠	0.8	0.8	1	1	1
碳酸氢铵	0.4	0.4	0.4	0.6	0.8
抗氧化剂 BHT	0.002	0.002	0.002	0.002	0.002
柠檬酸	0.004	0.004	0.004	0.004	0.002
酸式焦亚硫酸钠			0.004	0.003	0.003

二、酥性饼干生产工艺与配方

酥性饼干通常采用弱力粉，油、糖含量较大，所形成的面团弹性小，可塑性大，表面花纹凸起，整个表面通常无针孔，截面结构呈多孔状组织，口感酥松香甜。

酥性饼干生产工艺流程如图 3-2 所示。

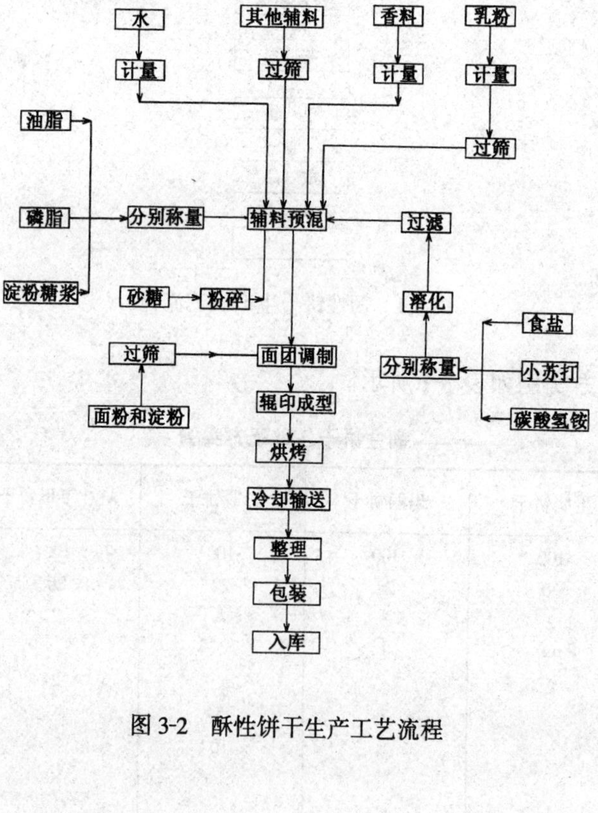

图 3-2　酥性饼干生产工艺流程

酥性饼干各种配方实例如表 3-2 所示。

表 3-2　　　　酥性饼干各种配方实例　　　　单位：kg

原料＼品名	奶油饼干	葱香饼干	蛋酥饼干	蜂蜜饼干	芝麻饼干	早茶饼干
小麦粉（弱）	96	95	95	96	96	96
淀粉	4	5	5	4	4	4
白砂糖粉	34	30	33	30	35	28
饴糖	4	6	3	2	3	4
精炼油		6		4	10	8
猪板油	8	12	10	12	6	8
人造奶油	18		8	4	4	
磷脂油		1	0.5	0.5		0.5
乳粉	5	1	1.5	2	1	1.5
鸡蛋	3	2	4	2	2	2.5
香兰素	0.035	0.02	0.04	0.03	0.025	0.05
食盐	0.5	0.8	0.4	0.5	0.6	0.7
香精油			适量			适量
蜂蜜				8		
葱汁		3				
白芝麻					4	
碳酸氢钠	0.3	0.4	0.4	0.4	0.4	0.5
碳酸氢铵	0.2	0.2	0.2	0.3	0.3	0.3
抗氧化剂	0.002	0.002	0.0025	0.002	0.002	0.002
柠檬酸	0.003	0.003	0.003	0.003	0.003	0.003

三、发酵饼干生产工艺与配方

发酵饼干又称梳打饼干，它是使用生物膨松剂——酵母，发酵产生二氧化碳而制得的食品，具有酵母发酵食品固有的香味，可分为咸发酵饼干和甜发酵饼干两种。它采用中筋小麦粉，面团中油、糖含量较少，面筋要求有较好的胀润率。饼干质地酥松，断面有清晰层次结构，表面有针孔，并有均匀起泡点，常见的为正方形，亦有长方形和小圆形等产品。

发酵饼干生产工艺流程如图 3-3 所示。

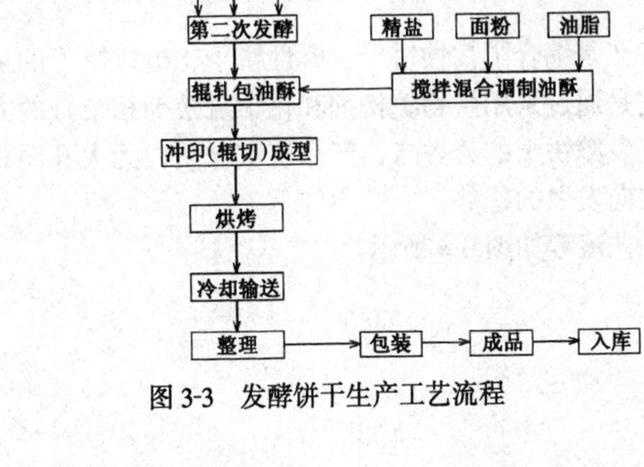

图 3-3　发酵饼干生产工艺流程

发酵饼干各种配方实例如表 3-3 所示。

表 3-3　　发酵饼干各种配方实例　　单位：kg

分区	原料＼品名	咸奶梳打饼干	芝麻梳打饼干	葱油梳打饼干	蘑菇梳打饼干
第一次调粉	强筋小麦粉	40	35	40	50
	白砂糖	2.5	1.5	1.5	3.5
	鲜酵母	1.5	1.2	2	2.5
	食盐	0.75	0.5	0.75	0.8
第二次调粉	低筋小麦粉	50	55	50	40
	饴糖	3	2	1.5	2
	精炼油	8	8	10	
	猪板油	4	5	4	6
	人造奶油	6	5		10
	乳粉	3	2	1	1.5
	鸡蛋	2	2.5	2	3
	白芝麻		4		
	洋葱汁			5	
	鲜蘑菇原汁				3
	碳酸氢钠	0.4	0.3	0.25	0.4
	碳酸氢铵			0.2	0.2
	面团改良剂	0.002	0.0025	0.002	0.003
	抗氧化剂	0.003	0.0035	0.003	0.004
擦油酥	低筋小麦粉	10	10	10	10
	猪板油	1	5	5	2
	人造奶油	4			3
	食盐	0.35	0.3	0.5	0.5

四、半发酵饼干生产工艺与配方

半发酵饼干生产工艺是综合了韧性饼干、酥性饼干、梳打饼干的工艺优点而改进的一种新型饼干生产技术，它是通过采用生物疏松剂和化学疏松剂相结合的方法进行生产，生产的饼干口感松脆爽口，有发酵饼干的芳香味，产品层次分明，无大孔洞，油、糖用量少，适应饼干向低糖、低油的方向发展的趋势。

半发酵饼干生产工艺流程如图 3-4 所示。

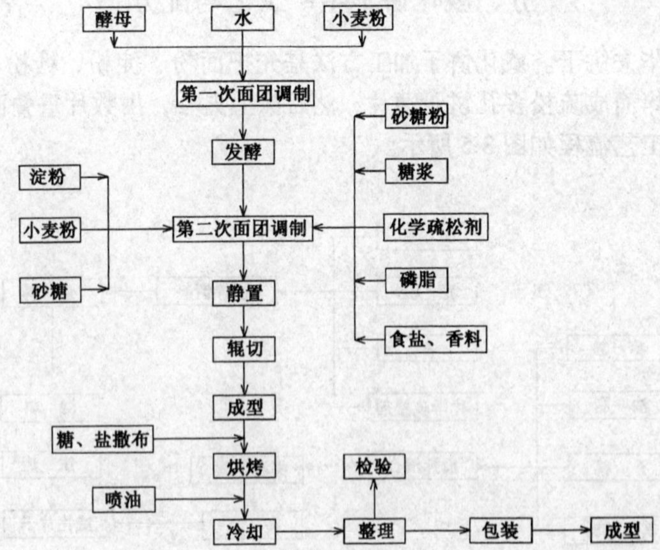

图 3-4　半发酵饼干生产工艺流程

半发酵饼干各种配方实例如表 3-4 所示。

表 3-4　　半发酵饼干各种配方实例　　单位：kg

品名 / 原料	克力架系列		特脆饼系列		薄脆饼系列	
	椰汁克力架饼干	奶油克力架饼干	鲜奶特脆饼干	葱香特脆饼干	芝麻特脆片饼	鸡汁咸薄饼
小麦粉（强）	50	40	40	50	50	60
砂　糖	2.5	2	2	2.5	2.5	3
食　盐	0.5	0.5	0.5	0.5	0.5	0.5
即发干酵母	1.2	1	1.3	1.2	1.2	1
酵母营养物质	适量	适量	适量	适量	适量	适量
饼干专用小麦粉	50	60	60	50	50	40
白砂糖粉	12	15	14	10	14	8
饴　糖	4	4	3	2	3	2
精炼油			8	10	6	6
猪板油	15	10		4	8	8
人造奶油	5	12	8			
乳　粉	2	4	3	1	1.5	1.25
鸡　蛋	2	3	2.5	2	2.5	1.25
食　盐	0.5	0.5	0.5	0.75	0.5	1
椰　蓉	5					
白芝麻					4	
鸡　汁						1.5
香兰素/g	3	5	5	2	3	
碳酸氢钠	0.4	0.3	0.3	0.4	0.3	0.3
碳酸氢铵	0.8	0.6	0.6	0.8	0.6	0.8
木瓜蛋白酶			0.04	0.035	0.05	0.045
焦亚硫酸钠	0.03	0.035	0.03	0.02	0.02	0.04
抗氧化剂	0.00	0.00	0.00	0.00	0.00	0.00

五、威化饼干生产工艺与配方

威化饼干又称华夫饼干。威化饼干加工方法是先把面粉、淀粉、糖粉、油脂等原、辅料调制成面浆，经烘烤而成疏松多孔饼干薄片，然后涂上夹心，由数片重叠而成。

威化饼干生产工艺流程如图 3-5 所示。

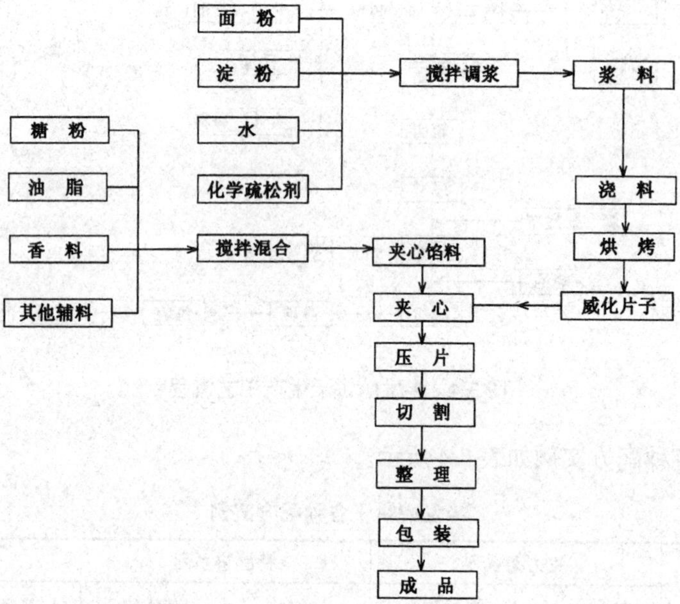

图 3-5　威化饼干生产工艺流程

威化饼干各种配方实例如表 3-5 所示。

表 3-5　　威化饼干各种配方实例　　单位：kg

品名 / 原料	奶油		可可		果味		芝麻	
	单片	馅心	单片	馅心	单片	馅心	单片	馅心
小麦粉（弱）	25		25		25		25	
淀　粉	5		4		5		5	
精炼油	0.5		0.5		0.5		0.5	
氢化油		25		20		12		15
奶　油		5						5
优质猪油		2				10		3
白糖粉		35		25		25		28
乳　粉		3		1				
芝麻屑								3
可可粉			1					
香兰素		0.015		0.01				5
水果香油						150mL		
色　素						适量		

续表

品名 原料	奶油		可可		果味		芝麻	
	单片	馅心	单片	馅心	单片	馅心	单片	馅心
酱色			0.5					0.3
碳酸氢钠	0.25		0.25		0.25		0.25	
碳酸氢铵	0.2		0.2		0.2		0.2	
抗氧化剂		0.003		0.003	0.003	0.003		0.003
柠檬酸		0.004		0.004		0.004		0.004

六、蛋黄（杏元）饼干生产工艺与配方

蛋黄饼干是一种以面粉、白砂糖、鸡蛋为主要原料，不用油脂调制而成面浆，采用粉浆挤浆成型，焙烤后成小圆型饼干。内部结构呈多孔状，口感酥脆、香甜。

蛋黄饼干生产工艺流程如图 3-6 所示。

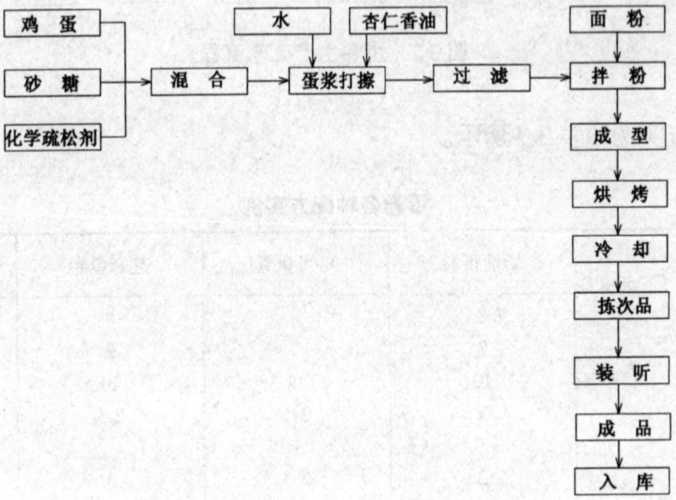

图 3-6 蛋黄饼干生产工艺流程

蛋黄饼干配方实例如表 3-6 所示。

表 3-6 蛋黄（杏元）饼干配方实例 单位：kg

原料名称	用量	原料名称	用量
小麦粉（弱）	92	饴糖	8
淀粉	8	小苏打	0.35
白砂糖粉	68	香精油	260mL
鸡蛋	36	水	43～52

七、蛋卷生产工艺与配方

蛋卷是以面粉、淀粉、白砂糖粉、油、鸡蛋、疏松剂等为原料，经调浆、烘烤、制皮、卷制、切割等工艺而制成的酥脆可口、薄片卷筒形的特种饼干。

蛋卷生产工艺流程如图 3-7 所示。

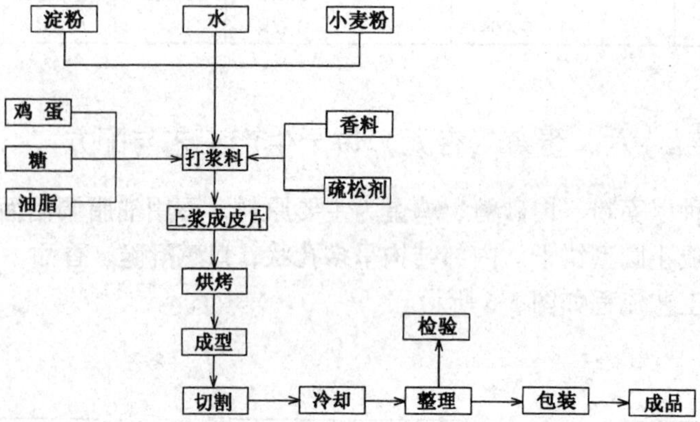

图 3-7　蛋卷生产工艺流程

蛋卷各种配方实例如表 3-7 所示。

表 3-7　　**蛋卷各种配方实例**　　单位：kg

原料 \ 品名	奶油蛋卷	可可蛋卷	芝麻蛋卷	番茄沙司蛋卷
小麦粉	8	8	8	8
淀　粉	2	2	2	2
白糖粉	10	12	10	12
鸡　蛋	3	2.5	2.5	2
乳　粉	1	1		
精炼油	2	2.5	3	3
奶　油	1	0.5		
可可粉		0.3		
白芝麻			0.5	
番茄酱				1
酱　色		0.1		
橘黄素/g	0.5		0.5	
天然红色素				适量
碳酸氢钠/g	50	50	50	50
香兰素/g	10	5	7	5

第三节　面团的调制

面团调制就是将预处理后的原辅料按照要求配合好，在调粉机中搅拌加工成面团或浆料的过程。面团的调制在饼干生产工艺中是非常关键的一道工序，它直接影响到成品饼干的外形、花纹、酥松度以及内部结构等性能，并且影响到后续操作工序是否能正常顺利地进行。

一、饼干原辅料

1. 小麦粉

由于饼干生产有其特殊性，要求最终产品松脆，不像面包要求松软而有弹性，一般不希望湿面筋过多形成，筋力高将给成型带来困难，所以一般选用中、低筋力的小麦粉，要求粉质细而洁白。各类饼干生产要求不同，用什么样的面粉还要看饼干的品种。

韧性饼干小麦粉，宜选用面筋弹性中等、延伸性好的面粉，一般湿面筋含量控制在30%左右。

酥性饼干粉要求使用软麦，一般湿面筋含量在24%，甜酥性饼干要求面筋含量在20%左右。

梳打饼干一般采用二次发酵的生产工艺。第一次面团发酵，时间长，选用湿面筋含量30%左右筋力强的面粉，使之能够经受较长时间的微生物发酵而不会导致面团弹性过度降低。第二次面团发酵，时间短，宜选用湿面筋含量为24%～26%筋力较弱的面粉。

半发酵饼干选用弹性好、延伸性好、湿面筋含量在24%～30%的面粉为宜。

威化饼干选用面筋含量适中的面粉，湿面筋含量23%～24%。筋力太差，威化饼干易破碎；筋力太大，饼干干硬、不松脆。

蛋黄（杏元）饼干要求采用筋力弱的面粉，湿面筋含量控制在20%左右。

蛋卷面粉要求与威化饼干所用的面粉差不多，湿面筋含量在24%左右。

2. 淀粉

在饼干生产中，当小麦粉面筋弹性过大或面筋含量过高时，可以添加淀粉调整湿面筋的含量，降低面团弹性，增加可塑性，同时淀粉的增加可使面团不黏，易于延展，有利于产品的酥脆、不粘牙。一般采用小麦淀粉、玉米淀粉和马铃薯淀粉。淀粉用量一般不超过5%～8%，过多则降低烘烤时的膨胀性。

3. 糖类

糖是甜饼干的主要原料。通常用砂糖、饴糖、葡萄糖、转化糖浆以及蜂蜜等。糖的主要作用是改善面团的物理特性。由于糖的强烈反水化作用，可阻止面筋的形成。面筋的形成主要靠蛋白质胶体内部的浓度所产生的渗透压吸水膨胀形成面筋。糖的存在会增加胶体外部水的渗透压，对胶体内水分产生反渗透作用。生产中使用糖，可抑制面筋吸水胀润，调节面团筋力。糖还可以作酵母的营养源，增加饼干的甜味，改善风味，由于焦糖化反应及美拉德反应，不仅可增加饼干表面光泽，而且可以改进饼干组织状态。饼干生产过程中加糖量可根据饼干的品种而异，韧性饼干加糖量为24%～26%，酥性饼干加糖量为30%～38%，梳打饼干加糖量约为2%，半发酵饼干加糖量为12%～22%，营养饼干加糖量为30%～35%。

4. 油脂

油脂可提高饼干的营养价值，对饼干风味影响较大。生产饼干用的油脂一般应具有优良的起酥性和较高的稳定性。通常固态或半固态油脂如猪油、起酥油、氢化油、人造奶油等都有良好的起酥性。一般植物油如大豆油、花生油、菜子油稳定性较差不太理想；椰子油、棕榈仁油起酥性较差。饼干用油要求有较高的熔点，否则易发生走油现象。在面团形成时由于油脂的疏水作用，限制了水分子向蛋白质胶粒内部渗透，使得面筋的形成较少；另一方面，油脂和面粉混合时，油脂被吸附在面粉颗粒的表面，形成一层油膜，使已经形成的面筋不能相互粘合形成大的面筋网络，筋力减弱，也使淀粉与面筋之间不能结合，从而降低了面团的弹性及韧性，增加了面团的可塑性。油脂可以增加面团的可塑性、起酥性及增加饼干的营养及风味。

饼干中糖、油比例不同，决定了饼干的品种及加工工艺不同。表 3-8 为各种饼干的油、糖、面粉之间的比例关系。

表 3-8　　各类饼干的油、糖、面粉比例

种　类	油糖比	油糖与面粉比	品　　种
粗饼干类	0:10	1:5	硬饼干、发酵硬饼干
韧性饼干类	1:2.5	1:2.5	低档甜饼干，如动物、什锦、玩具等
酥性饼干类	1:2	1:2	一般甜饼干，如椰子、橘子、乳脂等
甜酥性饼干类	1:1.35	1:1.35	高档酥饼类甜饼干，如奶油酥、椰蓉酥
发酵饼干类	10:0	1:5	中、高档梳打饼干

5. 蛋奶制品

饼干生产中常用鲜蛋、冰蛋、蛋粉等品种。鸡蛋可以提高饼干营养价值，具有良好的起泡性和乳化性，使饼干经过烘烤后膨松变大、口感良好，烘烤容易上色，能改善饼干的色、香、味。

常用的牛乳制品、乳制品有特殊的香气和滋味，可赋予饼干优良的风味，提高饼干的营养价值。牛乳是一种良好的乳化剂，可以改善面团的胶体性能，促进面团中的油水乳化，调节面团的胀润度，使制品不易收缩变形。因为牛乳中含有乳糖，可以改善饼干的色泽。

6. 疏松剂

为使饼干获得多孔状疏松结构与食用时酥松的口感，需要添加疏松剂。常用的疏松剂分为生物疏松剂和化学疏松剂。梳打饼干及半发酵饼干采用生物疏松剂——酵母。酵母有鲜酵母、干酵母和即发活性干酵母。鲜酵母使用方便，发酵性好，但宜在 0～4℃下保存，温度高易腐败；干酵母发酵力较弱，使用时需活化培养使用；常用的快速活性即发性干酵母，发酵力强，使用方便，是一种理想的饼干疏松剂。

发酵面团内的二氧化碳气体，在焙烤过程中同化学疏松剂分解的二氧化碳气体一起受热膨胀，使梳打饼干内部形成多孔状组织，成品酥松，同时，酵母发酵过程中有酒精和酸产生，部分酒精和酸在高温烘烤时生成了有香气的酯类物质。

大多数饼干采用化学疏松剂，如碳酸氢钠（小苏打）、碳酸氢铵、碳酸铵及复合疏松剂等。一般将小苏打与碳酸氢铵混合使用，根据其不同的分解温度（碳酸氢铵分解温度为 30～60℃，碳酸氢钠分解温度为 60～150℃）使饼干在不同烘烤温度起发，可控制疏松程度，又不至于在饼干中残留过多的碱性物质。通常碳酸氢钠与碳酸氢铵的配方比例如表 3-9 所示。

表 3-9　　化学疏松剂配方（以面粉作基数）

饼干种类	碳酸氢钠/%	碳酸氢铵/%
酥性饼干	0.5～0.6	0.2～0.3
甜酥性饼干	0.3～0.4	0.15～0.2
韧性饼干	0.7～0.8	0.35～0.4
梳打饼干	0.2～0.3	0.1～0.2

7. 食盐

食盐在饼干生产中可以增加风味，增加面团弹性、韧性，使面筋质地变密，对面筋力弱的面粉可以用盐来调节面团的发酵速度，抑制杂菌的繁殖。但要严格控制加盐量，一般不超过面粉总量的3%，否则会抑制酵母繁殖。

8. 其他

根据饼干制品品种和工艺的不同，往往要加入一些面团改良剂。如韧性饼干中加入少量的焦亚硫酸钠等，可降低面筋强度，增加可塑性，缩短调粉时间；酥性饼干中加入卵磷脂可降低面团黏性，增加饼干疏松度；发酵饼干还可以加些蛋白酶、α-淀粉酶，以改善面团性质，促进发酵进行；为了增加饼干风味、颜色、增加食欲，可采用一些其他辅料如香精香料、色素等。

二、原辅料预处理

为了保证生产正常进行及产品的质量，在原辅料备齐后，必须对各种原辅料进行预处理才能投入使用。

面粉、淀粉使用前必须过筛。其目的是使面粉中混入一定量的空气，有利于饼干的酥松。在过筛装置中需设置磁铁，以吸附金属杂质。

砂糖不易溶化，直接使用使饼干表面出现孔洞，影响外观，需要用水溶解过滤后或磨成糖粉过筛后使用。

普通液体植物油、猪油可直接使用。奶油、人造奶油、氢化油等油脂在低温时硬度较高，可适当加热软化，并注意控制温度。不宜使其完全溶化，否则会破坏油脂的乳化结构而降低成品的质量。

即发性活性干酵母可直接投入面粉中发酵，但鲜酵母和活性干酵母需进行活化处理。将酵母放在26~30℃温水中，加入少量的糖，在温水中搅匀，静置20~30min表面出现大量气泡后，即可使用。

颗粒状固体原料，需要粉碎成规定的细度。而某些固体原料，如食盐、小苏打、碳酸氢铵等要事先配好溶液。必要时进行过滤，再根据其浓度计量使用。

配料中使用的鸡蛋，通常是带壳的鲜鸡蛋，应事先将鸡蛋逐个清洗消毒。在破壳时防止蛋壳碎片掉入蛋液中，以保证蛋液的卫生；另一种是使用冰蛋，应事先在配料室缓慢熔化，再加入调粉机。

三、面团的调制

面团的调制是将各种原辅料按配方要求配合好。在和面机中加入定量的水（或不加水）进行调制，通过搅拌制成饼干面团或浆料。在饼干生产过程中，面团的调制是非常关键的一道工序。它直接关系到饼干的外形、花纹、酥松度以及内部结构等性能，关系到后续工序生产操作是否能顺利进行。因此，应该极为重视调粉工序的操作。

1. 面团形成的基本过程

(1) 蛋白质与淀粉吸水　面团是由面粉中的两种面筋性蛋白质及面粉本身的淀粉和其他辅料所组成的。面团调制中，各种物料在搅拌过程中，不单是简单地混合均匀，而是发生了一系列的物理、化学变化。面团调制开始时，面粉中的部分蛋白质和淀粉开始吸收水分，面筋蛋白质遇到水，蛋白质分子表面的亲水基团与分子互相作用形成水化离子，这个反应过程首先在蛋白质颗粒表面进行，其反应特性是放热反应，吸水量较少，体积增加不大，这时尚有部分面粉粒子尚未接触水分，呈干粉状态，配料中的其他成分也未搅拌均匀，这一阶段物料是呈分散的非均匀状态混合物。

（2）面团的形成　蛋白质胶粒表面吸水后，在机械继续搅拌作用下，水和其他物料的分布逐渐趋于均匀，干的面粉逐渐消失。蛋白质胶粒和淀粉不断吸收水分胀润，水分子以渗透或扩散的方式进入胶粒内部，这是蛋白质胶粒水化的第二步。由于蛋白质胶粒内部有低相对分子质量的可溶性物质存在，当吸水作用进一步进行时，使其进一步溶解而提高了浓度，形成了足够的渗透压力，水分子便很快渗透到胶粒的内部，吸水量增加，体积显著增大，该反应不放热。吸水作用的结果是面筋蛋白质得到充分胀润，彼此联合起来，形成了面筋网络。面粉中的淀粉和其他辅料被粘在面筋网络中间形成了具有一定物理性的面团，此时面团初步形成。在面团形成过程中，吸收入胶粒内部的水分子称为水化水或结合水，分布在胶粒表面的水称为附着水，充塞于面筋网络结构中胶粒之间的水称为游离水。在这个阶段，由于面团中游离水分尚处于分布不均匀状态，面粉粒子吸水程度也有差异，故整个面团外观上呈现软硬不一的状态。

（3）面团的成型　上述初步形成的面团，在搅拌桨叶的继续搅拌下，面团部分面筋网络与其他物料的结合程度差异减少，水分分布均匀，于是整个面团的调制达到成熟阶段。此时面团达到工艺上的软硬适度、弹性和塑性适当、光滑而柔润的要求。

2. 影响面团形成的因素

（1）面粉中蛋白质的质与量　吸水后的小麦蛋白质分子相互结合，形成具有一定黏弹性、不溶于水的胶状物——面筋质。它是形成烘烤食品的骨架。由于小麦粉品种、性状以及所含蛋白质的种类比例不同，形成面筋质的数量与性质也各不相同。其中麦谷蛋白是相对分子质量高的蛋白质，它在决定面筋质性质方面起着重要作用。因为相对分子质量高的蛋白质分子表面积很大，容易产生非共价键的聚合作用，而且还由于部分剩余蛋白质的碎片起了侧向粘结的作用，可以抵抗骨架的扭曲并带有一定的弹性。而相对分子质量较小的麦胶蛋白质只能形成不太牢固的聚合体，但也能促使面团的膨胀。一般情况下，面粉中蛋白质所吸收的水分占面团总吸水量的60%～80%。

各种小麦粉因蛋白质品质不同，面粉的吸水力也不同。质量正常的小麦所加工的面粉，在面团形成的条件下，对面筋的生成率影响不大。受冻伤和受过虫害的小麦加工的面粉对面筋的生成率有很大影响。受到冻伤的小麦加工的面粉，由于蛋白质受冻而降低了吸水胀润的速度，使工艺性能降低，给生产带来了困难。受过虫害的小麦加工的面粉，由于蛋白质分解的酶活性很强，蛋白质被分解，从而影响面团中面筋的生成量。因此面粉中蛋白质的质与量决定着面团的吸水量。

（2）面粉的粗细度与出粉率　面粉颗粒粗细度与出粉率影响着面团物理性能。当面团颗粒粗或出粉率高（麸皮含量较多，麸皮颗粒比较粗）时，在调制面团时由于与水接触的面积相对减少，使水分进入面粉粒内部的速度减慢。在调粉时面团中的水分已足够多，但经过一段时间，水分进入到面粉内部后使面团呈现干燥状态。这时面团变硬，结合力变差，在压片时易断裂，难以辊轧和成型。因此在实际生产中，对于这样的面粉，可适当增加水量，让面团软一些。当面团调制好后，静置一段时间，采用间歇调制的操作方法，以获得理想的面团。此外，在制粉工艺中，淀粉粒损伤多或面粉原水分较低 、粒度较细时，都会使面粉在调制面团时吸水量增加。

(3) 油、糖的反水化作用　糖具有较强的吸水性和强烈的反水化作用。油脂的反水化作用虽不如糖那么强烈，但也是一种重要的反水化物质。面粉中面筋性蛋白质吸水胀润反应是依靠胶粒内部的浓度所造成的渗透压力使水分子以扩散的方式渗透到蛋白质分子中去，使吸水量大增，面筋质大量形成，面团弹性增加，黏度相应降低。

当调粉时加入糖后，由于糖具有吸湿性，会吸收蛋白质胶粒之间的游离水，使胶粒外部的浓度增加。胶粒内部的水分向外转移，限制了蛋白胶粒中结合水的增长，从而降低了蛋白质胶粒的胀润度，使面筋形成不充分、弹性降低。这就是糖在面团调制过程中的反水化作用。这种反水化作用双糖比单糖的作用大，糖浆比糖粉的作用大，大约每增加 1% 的糖，面团吸水率会降低 6%。

油脂的反水化作用是因为脂肪吸附在蛋白质分子表面，使其表面形成一层不透性的薄膜，阻止水分子向胶粒内部渗透并在一定程度上减少表面毛细管的吸水面积，使吸水减弱，面筋得不到充分胀润。并且，由于表面层的脂肪会使蛋白质胶粒之间的结合力下降，使面团弹性降低、黏性减弱，这种作用随着油脂温度的增加而变得更加强烈。这是由于液态油的流散性比固态油脂大得多，能够使蛋白质胶粒表面的吸附面积变得更大所致。

(4) 调制面团时的温度　温度是形成面团的重要条件。面粉中面筋性蛋白质吸水的胀润作用会随温度升高而增加，其最大胀润温度为 30℃。在 30℃条件下，如果加水充足，吸水量能达到 150% ~ 200%。如果温度继续升高，则胀润度会下降，面粉中的淀粉在 30℃的条件下，只能吸收 30% 的水。主要是吸附水，体积增加不大，当温度升到高于 50℃时，吸水量增大，当温度超过其糊化温度界限（53 ~ 64℃）时，淀粉能大量吸收水分，体积大大增加，黏度也大幅度增加。所以在正常条件下调制面团时，达不到淀粉吸水胀润和糊化的温度，而面筋性蛋白质胀润的最适温度在面团调制温度的范围内。

水温是决定面团温度的主要因素。一般面团温度在 30℃左右，夏季可使用冰水调制面团降低面团的温度，冬季除了使用温水调制面团外，适当提高面粉温度也是生产饼干的具体措施。

(5) 加料顺序　小麦粉与其他辅料加入顺序与面团中面筋质的形成有很大关系。当需要面团有较大韧性时，先将面粉、水等原料在和面机中混合，然后再加入油脂。若需面团塑性较大时，先将糖、油脂、乳粉等与水混合均匀，然后再投入面粉进行搅拌，以抑制面团起筋。

(6) 调制时间　若要使面团充分形成面筋，混合时间可适当加长，并且应将某些调制后的面团静置一段时间，以使面筋继续形成。若需要含面筋量少的面团，则调制的时间应相应减少。

(7) 调制方式　调制面团时采用调粉机进行混合。各类饼干品种要求不同，对搅拌机桨叶和搅拌速率选择也不同。面团搅拌时间长，容易起筋，时间过长，面筋又会因拉断而失去弹性。在调制韧性面团时，可采用卧式双桨及立式双桨调粉机。调制酥性面团时，可用作用面积较大的桨叶，剪切力较大，以控制面团的筋力。另外，还可以通过调节搅拌机桨叶的旋转速率来改善面团的性能。

3. 各种面团的调制

（1）韧性面团的调制　韧性面团俗称“热粉”，是因这种面团在调制完毕时具有比酥性面团高的温度而得名。韧性面团的糖、油用量少，面筋形成量大，吸水量多。要求这类饼干面团具有较大的延伸性、适度的弹性，柔软而光润，有一定的可塑性，胀发率较大，密度较小，成品外观光滑，表面平整，印纹清晰，断面结构有层次，口感松脆。

韧性面团在调制过程中，通过搅拌、撕拉、揉捏、甩掼等处理，使原材料得以充分混合，并使面团的各种物理特性（弹性、软硬度、可塑性）等都有了很大的改善，为后道工序创造了必要的条件。韧性面团在调制时要严格控制以下两个阶段：第一阶段是使面粉在适宜的条件下充分胀润。开始调粉时，面筋颗粒的表面首先吸水，水分向面筋内部渗透，最后内部吸收大量水分，体积膨胀，充分胀润，使面筋蛋白质水化物彼此连结起来，形成了面团。随着搅拌的进行，各种物料逐渐分布均匀，面筋中各种化学键已经形成，面团内部逐渐形成面筋网状结构，结合紧密，软硬适度，具有一定的弹性。第二阶段是将已经形成的面筋在搅拌机的搅拌下不断拉伸撕裂，使其逐渐超过弹性限度，网络结构被破坏，使弹性明显下降，此时手感面团回软，流散性增大，具有一定的可塑性，达到了面团调制的目的。此时，面团达到加工特性最佳状态。

韧性面团所发生的质量问题绝大部分是由于面团未充分调透，调粉操作中未曾很好地完成第二阶段的全过程，被操作者误以为已经成熟而进入辊轧和成型工序所造成的。其实，在面团调制接近终了时，面筋量会逐渐下降，面团中已经吸收的水分将进行重新分配，面筋所吸收的水分会部分析出而使面团变得较为柔软，这种回软现象再加上面筋弹性的显著减弱，便是调粉完毕的重要标志，当然，也不排除确有调制过“火候”的情况。因此，为掌握好韧性面团的调粉技术，应注意以下影响韧性面团调粉工艺的因素：

①配料顺序：先将面粉、水、糖、淀粉等一起投入和面机中混合，然后再加入油脂进行搅拌。这种方法可使面筋充分吸水胀润，有利于面筋的形成。

②糖、油用量：韧性面团的面筋是在水化充分的条件下形成的。因此不需要高糖、高油脂的配比，因高糖、高油脂会影响面团中面筋的形成，所以一般韧性面团的用糖量为面粉的30%，油脂的用量为面粉的20%以下为宜。

③掌握加水量：韧性面团中糖、油的用量少，蛋白质易吸水形成面筋，使面团收缩变形，故在调配时需要掌握加水量。韧性饼干要求比较柔软的面团，面团的含水量可控制在18%～24%；柔软的面团可以缩短调粉时间，延伸性增大，弹性减弱，成品松脆度提高，面片光洁度好，不易断裂，操作顺利，质量提高。如果加水量过低，虽可以限制面筋的形成，但使调粉困难，往往由于面团连接力小，在辊压时断条，使制品僵硬不松，表面粗糙。

④控制面团的温度：韧性面团的温度常控制在35～40℃，这样可以有利于面筋的形成，缩短搅拌时间，有利于降低面团的弹性、韧性、黏性和柔软性，使后续工序操作顺利，提高制品质量。如果温度过高，面团易走油和韧缩，饼干易变形。疏松剂在温度高的情况下提前分解，影响烘烤时的胀发率和制品的酥松度。但温度过低，所加的固体油易凝固，面团面筋形成、扩展不容易，并变硬而干燥，使搅拌时间增长，面带易断裂，成形困难。所加面团改良剂反应缓慢，起不到降低弹性、改变组织的效果，影响质量，所以要控制温度。冬天室内太冷时，有的使用85～95℃的糖水直接冲入面粉中，这样不仅可以增加面团的温度，而且能使面粉中一部分蛋白质变性，降低湿面筋形成量，促进弹性降低。还可以采用将面粉预热的方法使面粉保持较高温度，夏天也需用温水进行调粉。

⑤正确使用淀粉原料：韧性面团的调制，通常均需使用一定量的淀粉作为填充剂。韧性面团湿面筋含量在30%以下为宜，如面粉湿面筋含量较高时，可掺入适量的淀粉。淀粉是一种有效的面筋浓度稀释剂，有助于缩短调制面粉的时间，限制面团的弹性、增加可塑性，亦可使面团光滑、黏性降低。因为调粉时面筋结构被破坏，一部分水从面筋分子间渗出附在面团表面，使面团再次发黏，造成粘辊和脱模困难，而淀粉存在，则可以吸收这些游离水，避免表面发黏。淀粉可以使花纹保持能力增强，成品形态好。一般淀粉的使用量为小麦粉的5%～10%。使用量过大，使面筋过于软弱，面团粘结力下降，还会使包容气体的能力下降，饼干胀发率减弱，破碎率增加，造成成品率下降。反之，若淀粉使用量不足5%，则冲淡面筋效果不明显，起不到调制面团胀润度的作用。

⑥添加改良剂：韧性面团常用的改良剂为含有二氧化硫基团的各种无机化合物，如亚硫酸氢钠和焦亚硫酸钠等。添加改良剂是为了调节面筋胀润度和控制面筋的弹性强度及缩短面团调制的时间。因二氧化硫残留在饼干内，对口味有一定的影响，也可采用木瓜蛋白酶作为面团改良剂。

⑦面团的静置：在使用强力面粉时或遇到面团弹性过大时，往往采用调粉完毕后静置15～20min，甚至30min后再生产的方法来促使弹性降低。面团长时间的被搅拌机机械拉伸和撕裂，面筋会产生一定的张力。但面团内部各处张力大小分布不均匀，面团调制完毕后内部张力还一时降不下来。此时，如果采取静置的方法，将面团放置一段时间，使拉伸的面团在静置中恢复其松弛状态，就能达到消除张力的目的，同时还能达到黏性降低的目的，这种静置的作用是调粉过程所不能代替的。但需要说明的是不能千篇一律地采用此种方法，如果调粉完毕后，面团的各种物理性状都已符合要求，就不必再静置。否则，面团弹性就会降低到理想程度，延伸性和结合力亦会下降，使成型操作时的面片如酥性面团那样脆弱，造成生产难于正常进行。

⑧调粉时间：调粉时间是控制面筋形成和面团弹性的重要措施。调粉时间不足会使饼坯收缩、变形。调粉过度，面团会无弹性，造成饼干僵硬不酥。调粉时可凭手感、经验来判断调粉时间。一般调粉到一定程度可取出一小块面团搓捏成粗条后，感觉到面团柔软适中，表面光滑油润，搓捏面团时具有一定程度的可塑性，不粘手，当用手拉断粗条时，感觉有较强的延伸力，且拉断的面团有适度缩短的弹性现象，此时，面团达到最佳的状态，完成了调制面团的工作。

（2）酥性面团的调制　酥性或甜酥性面团因其温度接近或略低于常温，比韧性面团的温度低得多。因此常被称作“冷粉”。酥性面团的特点是糖、油用量大，面筋形成量小，吸水量少，面团疏松，不具有延伸性，胀发率较少。这种面团要求具有较大程度的可塑性和有限的黏弹性，使操作中面片有结合力、不断裂、不粘辊筒和模型，成型后的饼坯不收缩变形，烘烤时具有一定的胀发率，内部孔洞性好，成品有浮雕感，图案清晰，口感酥松。因此，在调制酥性面团过程中，要适当控制面筋性蛋白质吸水率及面筋的形成，减少水化作用，使面团获得有限的弹性。为保证产品质量和生产的顺利进行，在调制面团时，应控制好以下几项工艺影响因素。

①配料顺序：酥性面团投料顺序是先将油、糖、水等辅料投入调粉机搅拌均匀，使混合液充分混合乳化形成乳浊液。在形成乳浊液后，再加入香精香料，这样可以防止香味过量挥发，然后再投入面粉、淀粉等原料进行面团调制。这种投料顺序可以使面粉在一定浓度的糖

浆及油脂存在的状态下，利用糖较强的吸水性，能很快吸收水分而形成一定浓度的糖浆，具有一定的渗透压力。这种有一定渗透压力的糖浆分布在面筋蛋白质胶粒表面，使胶粒内部水分产生反渗透作用，影响面团内面筋的生成能力。另外，油脂与面粉混合时，油脂被吸附到面筋颗粒表面，形成一层油膜阻碍水分子向蛋白质胶粒内部渗透，面筋得不到充分胀润。并且由于表面层油膜使蛋白质胶粒之间结合力下降，导致面团较软而弹性降低，黏性减弱，可塑性增强。这样调制的面团可以限制面筋性蛋白质的水化作用，控制面筋形成的程度。

②糖、油脂用量：糖、油脂都有反水化作用，它们是控制面筋胀润的重要原料。酥性面团中糖和油脂的比例较高，一般用糖量的配比为面粉的30%~50%，油脂用量为面粉的40%~50%或更高一些。

③加水量：酥性面团调制时，加水量的多少与湿面筋的形成量有密切联系。加水量不能过多，加水量太多，面筋蛋白质会大量吸水，容易形成较大的弹性。最好在开始调粉时，一次加水适当，不要在调粉中间特别是在调粉结束时加水，以免面团起筋或粘附工具。面团水分为原料本身的水分及外加水的总和与面团总质量之比。一般加水量控制在3%~5%以内，最终面团的含水量在16%~20%为宜。通常，软面团易起筋，要适当缩短调粉时间，较硬的面团应适当延长调粉时间，否则会形成散砂状。一般油、糖少的面团可硬些，辊印成型要求面团硬些，用加水量来限制面筋的胀润度，防止面团弹性增大而使之变形。

④调粉的温度：酥性和甜酥性面团属“冷粉”，调好的面团应具有较低的温度。面团温度高会提高面筋蛋白质的吸水率，增加面团的筋力，面团弹性增大，易造成收缩变形。同时温度过高还会使面团中的油脂外溢，特别是使用熔点较低的油脂，由于流散度增大而使油脂从面团中析出，使面筋性蛋白质胶粒表面的结合力减弱，造成面团松散，无法压延成整张的皮子，表面不光，饼干结构遭到破坏。面团温度过低，会使面片表面黏性增大，结合力较差，且易粘辊筒，不利于操作。因此，面团的温度应控制在20~26℃，冬季面团的温度可以比该温度稍高2~3℃。在实际操作中，冬季可用水或糖水的温度来调节面团的温度。夏季气温高，要使用冰水和经过冷藏的面粉、油脂来调节面团温度，才能使面团达到需要的温度。

⑤加淀粉量：在面团调制中添加淀粉的目的是为了降低面筋浓度和吸水率，淀粉可使面团的黏性、弹性和结合力适当降低。但添加量不宜过多，一般添加面粉的5%~8%，过多使用会影响饼干的胀发力和成品率。

⑥调制时间与静置：面团调制时间是控制面筋形成程度和限制面团弹性的最直接因素。因为，面筋性蛋白质的水化过程在调制过程中会加速进行。调制不足面团结合力差，无法辊压成面片，面团的黏性会使面片粘辊筒、粘帆布、粘模型和易断裂。饼坯在烘烤时易摊片，成品结构不酥松。调粉过度，会造成面团韧缩、花纹不清、表面不光滑、起泡、凹底、体积收缩变形、成品不酥松。

调制酥性面团的时间，一般为小麦粉倒入后搅拌6~12min为宜。夏季因气温高，搅拌时间可缩短2~3min。但是，由于面粉的品质变化、配方的不同，以及原辅料温度高低和加水量的不同都会影响到调制面团的时间。在调制面团过程中，要不断用手感来鉴别面团的成熟度，即在调粉缸中取出小块面团观察是否混合均匀，有无水分及油脂外露。如果搓捏面团不粘手，软硬适度，面团上有清晰的手纹痕迹，当用手拉断面团时感觉稍有连接力和延伸力，拉断的面团不应有缩短的弹性现象，说明面团的可塑性良好，已达到最佳的条件。

酥性面团调制完毕后，是否需要静置以及静置多长时间，要视面团的各种性能而定。如果面团的弹性、结合力、塑性等均已达到要求，这样的面团就无需静置。若面团按要求调制完毕后，出现黏性过大、胀润度不足及筋力差等情况时，可适当静置10～15min，以使面筋性蛋白质的水化作用继续进行，降低面筋的黏性，增加结合力和弹性，使调粉不足的面团通过静置来获得补偿。

（3）发酵饼干面团的调制和发酵　发酵饼干又称梳打饼干，是利用调粉时加入的生物膨松剂——酵母，在生长繁殖过程中产生的二氧化碳充盈在面团中。二氧化碳在烘烤时受热膨胀，加上油酥起酥效果，形成的制品质地特别酥松、断面结构具有清晰的层次。并且由于酵母的发酵作用，面团中的部分蛋白质和淀粉分解成易被人体消化吸收的低分子营养物质，并使制品具有发酵食品特有的香味。

发酵饼干含有较少的油脂和糖分，因为高糖和高油会明显影响酵母的发酵力，高糖分所形成的高渗透压会使酵母细胞发生质壁分离，甚至使发酵作用停止。高油脂可在酵母细胞外形成油膜，隔离酵母细胞与外界的联系，影响酵母的呼吸，使发酵作用停止。另外，酵母发酵所产生的二氧化碳要靠面团中面筋的保气能力而存在于面团中。因此，在选择面粉时应尽量选择面筋含量高、品质好的小麦，面团的调制和发酵一般有一次发酵法和二次发酵法，但一次发酵的口味较差，大多采用二次发酵法。

第一次调粉和发酵：

通常使用面粉总量40%～50%的面粉，加入预先用温水溶化的鲜酵母液或用温水活化好的干酵母液。鲜酵母用量为0.5%～0.7%，干酵母用量为1.0%～1.5%，再加入用以调节面团温度的温水。加水量应根据面粉的品种定，面筋含量高的加水量就要高些，通常一般标准粉加水量为40%～42%，特制粉为42%～45%。卧式调粉机调制时间需4～6min，调制面团至软硬适度、无游离水即可。面团温度要求冬天为28～32℃，夏天为25～29℃。

第一次发酵的目的是通过较长时间的静置，使酵母在面团内得到充分的繁殖，以增加面团的发酵潜力，面团发酵的结果使其弹性降低到理想的程度。酵母细胞在发酵初期摄取氮源和分解型碳源来进行发酵和繁殖，随着发酵作用的继续进行，面粉中的面筋性蛋白质受到乳酸菌和醋酸菌的代谢产物——乳酸及醋酸的作用而变性，同时酵母在无氧条件下产生的酒精亦会使面筋溶解和变性。酵母和面粉中的蛋白酶活动结果使面团中产生低氮化合物，酵母细胞利用此种低氮化合物和糖类进行同化作用而迅速合成新细胞，达到繁殖的目的。酵母的同化作用是由简单的物质合成大相对分子质量物质，是吸热反应，热量的来源依靠发酵作用时释放的而获得。

第一次发酵除酵母的繁殖外，面团本身亦经历了较大的变化。酵母呼吸所产生的二氧化碳有相当一部分溶于面团的水分中，另一部分则进入面团中形成无数的微小气室。由于面筋的网络结构所具有的保气性和二氧化碳的慢扩散使面团体积逐渐膨胀。当二氧化碳逐渐增多达到饱和时，面筋的网状结构处于紧张状态，继续产生的二氧化碳气体就会使面团中的膨胀力大大超过面筋本身的抗胀限度而使面团塌架，此时，面团的高度就会回落，也会变得稀软。这一系列的变化就会使面团在发酵终了时形成海绵状组织，面筋量减少，面团的弹性降低到理想的程度，并产生发酵所特有的风味，发酵完毕后，面筋的pH降低到4.5～5，发酵时间为6～10h。

第二次调粉和发酵：

第一次发酵好的面团，常称为“酵头”。将第一次发酵好的酵头加入其余50%～60%的面粉中，再加入油脂、精盐、饴糖、乳粉等原辅料，在调粉机中调制5～7min，冬天面团温度保持在30～33℃，夏天在28～30℃，从前后两次调粉时间看，调粉时间较短。通常认为，长时间的调粉会使饼干质地僵硬。

第二次发酵的面粉应尽量选择弱力粉，可使饼干口感酥松、形态完美。这与第一次发酵时所用面粉有本质区别。面团加水量与第一次发酵的程度有关，第一次发的愈老，第二次加水量就愈少。如果要加入小苏打，应在调粉接近终了时再加入，这样有助于使面团表面光滑，并保持面团中的二氧化碳。

第二次调粉发酵与第一次调粉发酵的主要区别是配料中有大量的油脂、食盐以及碱性膨松剂等物质，使酵母作用变得困难。但由于酵头中大量酵母的繁殖，使面团具有较强的发酵潜力，所以这个过程3～4h就可发酵完毕。

影响面团发酵的主要因素有以下几个方面：

①面团的温度：温度是影响酵母生命活动的重要因素。面团的温度就是酵母赖以生存的温度，面团的温度控制是否适当，直接关系到酵母的生活环境。因此，掌握发酵饼干面团温度具有特殊的意义。酶的活性和酵母的活力对温度范围有一定的要求，酵母繁殖的适宜温度是25～28℃，而在面团中的最佳发酵温度是28～30℃，第一次发酵的目的是既要使酵母大量繁殖又要保证面团能发酵产生足够的二氧化碳气体。所以面团温度应掌握在28℃左右，低于最适温度面团发酵速度迟缓，延长生产周期。高于最适温度，虽能缩短发酵时间，但容易造成面团酸度过高（乳酸菌繁殖的最适温度为37 ℃，醋酸菌繁殖的最适温度为35℃）。若发酵过度会使制品有明显的酸味、饼干发白、口感僵硬等质量问题。但是，夏天如在无空调设备的发酵室内发酵，便无法控制面团的温度。面团温度易受气温的影响而升高，而且在发酵过程中因酵母发酵和呼吸产生的热量不易散发而聚集在面团内，使面团温度迅速升高。所以，夏季宜把面团的温度调得低一些（一般都低2～3℃）。冬天，由于发酵室内的温度通常都低于28℃，调好的面团在室内初温就会降低，到了发酵后期，才会因酵母本身的生命活动过程产生热量，而使面团温度略有回升。因此，冬季调制面团时，应将温度控制得高一些。

通常，面团在发酵过程中，由于酵母菌的代谢作用，产生一定热量，会使面团温度升高。在发酵完毕后，面团温度将比初期提高5℃左右，为了保证发酵面团的质量，掌握发酵面团的合适温度非常重要。

②加水量：加水量的多少主要依据面粉的品质、吸水率等因素而定。面粉的吸水率大，加水量就多些；吸水量小，加水量就少些。第二次调粉操作时，还要看第一次发酵的程度，第一次面团发得越老，加水量就越小。反之，第一次发酵不足，第二次调粉时应适当多加一些水。另外，酵母的繁殖是随面团加水量增加而增大，因此在第一次发酵时，面团可适当调软些，以加速酵母的繁殖。

面团调制时加水量稍多，虽可使面团湿面筋形成程度高，但其抗胀力弱，面团发得快、体积大，且由于发酵过程中有水生成，加之油、糖及盐的反水化作用就会使面团变软和发黏，不利于成型操作。所以面团不能调过软，筋力过弱的面粉也不能采用软粉发酵，否则发酵后会导致面团弹性过低，造成成品僵硬。但面团在调制时若加水量太少，也会使面团硬度过高，导致成品变形。

③酵母的发酵力和用量：酵母发酵力是酵母质量的重要指标之一。在面团发酵时，酵母

发酵力对发酵面团的质量有很大影响。如果使用发酵力低的酵母，面团发酵速度迟缓，容易造成面团发酵度不足，一般采用发酵力高的酵母。

在面团发酵过程中，用发酵力相同的酵母，在使用相同面粉进行面团发酵时，如果增加酵母的用量就能加速面团的发酵，反之就会降低面团的发酵速度。所以，在面团发酵时，可以用增加或减少酵母的用量来适应工艺要求。在面团中加入酵母的用量适量时，繁殖率最高，如果加入酵母的数量过多，则它们的繁殖率反而下降，同时经济上也不合算。

④用糖量：在酵母用量和面团温度正常的条件下，酵母发酵使面团产气的能力主要取决于面粉中原先存在的糖分和发酵过程中淀粉酶水解面粉中的淀粉产生可发酵性糖的能力。但第一次调粉时，发酵初期酵母中的淀粉酶活性不强，面粉本身的淀粉酶活性甚低，可供发酵的糖的数量不足，会导致面团的产气能力较弱，面团起发迟缓或起发速度缓慢。通常在第一次调粉时加入1%～1.5%饴糖、蔗糖、葡萄糖或加入适量的淀粉酶，以加快酵母的生长繁殖和发酵速度，提高发酵力，但酶活性较高的面粉并无此种必要。同时，应注意到，过量的糖对发酵极为有害，糖浓度较高的面团会产生较大的渗透压作用，使酵母细胞萎缩，并造成细胞原生质分离而大大降低酵母的活力。第二次调粉时经过第一次发酵，酵母数量和活力增加，无需再补充营养。无论何种发酵饼干，加糖的目的已不是为了给酵母提供营养，而是为了满足工艺要求和改善成品的口味。

⑤用油量：梳打饼干用油量与酥松度有密切关系，应使用较多油脂。但对酵母发酵来说，多量的油脂对酵母的发酵是不利的。油脂会在酵母细胞膜周围形成一层不透性的薄膜而阻碍酵母正常的代谢作用，使用流散度较高的液态油脂会变得更为严重，所以调制发酵饼干的面团通常使用优良的猪板油或其他固体的起酥油等作为原料。同时，在解决既要多用油脂以提高饼干酥松度，又要尽量减少对酵母发酵活力的影响的矛盾时，通常是将一部分油脂在和面时加入，而另一部分则与少量面粉、食盐、香精等拌成油酥，在辊轧面团时加到面片中。

⑥用盐量：发酵饼干的用盐量一般是面粉量的1.8%～2%。食盐能增加面筋的弹性和坚韧性，使面团的抗胀力提高，从而提高面团的保气性。食盐又是面粉中淀粉酶的活化剂，能增加淀粉转化率，供给酵母充分的糖分。食盐可调节口味，满足改善口味的需要。食盐另一特点是具有较强的抑制杂菌的作用，但过量的食盐同样会抑制酵母的活性，使酵母作用减弱。因此，在生产过程中，通常将配方中盐总量的30%在第二次调粉中加入，其余70%的食盐则拌入油酥中，以防数量过多的食盐对酵母的发酵作用产生不良影响。

发酵面团在发酵过程中会发生系列的变化，首先是干物质质量的减轻。由于发酵过程中，产生的二氧化碳有一部分挥发损失掉，所以使面团的质量减轻。另外，面团中各气体的成分也有明显的改变，发酵前面团内的气体主要是空气，发酵后面团中充斥了大量的二氧化碳和少量的乙醇。结果使面团体积膨大，并带有酒香味。同时由于酵母发酵过程中产生热量，并有水产生，使其含水量增加。因而面团就会变软、发黏、流散性增加。发酵后的面团中有机酸含量增加，pH降至4.5～5.0。

(4) 半发酵饼干面团的调制　半发酵饼干是综合了传统韧性饼干、梳打饼干工艺优点，采用生物疏松剂与化学疏松剂相结合制成的一种饼干新品种。半发酵饼干面团发酵机理实际上是发酵性梳打饼干的制作原理，因为半发酵饼干面团第一次调制及发酵的工艺过程与发酵饼干面团的发酵工艺基本相同，所不同的是发酵性梳打饼干在第二次调制面团后再进行二次发酵，而半发酵饼干却在第二次调粉工序中采用了韧性饼干的工艺。

半发酵饼干的生产方法与传统的梳打饼干相比，简化了生产流程，缩短了生产周期。它与传统韧性饼干相比，产品层次分明无大孔洞，口感松脆爽口，且具有发酵饼干的特殊芳香味。但油、糖用量与韧性饼干相比可以有较大幅度的降低，适应了饼干向低糖、低油方向发展，操作及成型过程易于掌握。

①第一次面团调制与发酵：先将即发活性干酵母与小麦粉的50%搅拌均匀，加入少量砂糖与食盐及适量的温水，搅拌4~5min。面团温度夏季为24~28℃，冬季为26~32℃。面团调制成熟后移入发酵缸中发酵。注意保持一定温度以利于酵母菌繁殖发酵，因为酶的活性和酵母菌的活力都对温度有一定的要求。发酵最佳温度是28~30℃，通常发酵后面团温度比初期提高约5℃，但面团温度超过34~36℃，会使乳酸含量增加，结果有明显的酸味。温度太低，发酵速率慢，发酵时间延长，面团发酵不透，造成饼干僵硬影响品质，一般发酵2~4h。

②第二次调制面团与静置：半发酵饼干在第二次调制面团时采用韧性饼干生产工艺，但其配方中油、糖配比与韧性饼干相比，含量减少。一般采用低糖、低油配方，将发酵好的面团加入其他辅料及其余50%的面粉中，搅拌均匀，静置15~20min，以消除内应力，恢复面团松弛状态。另一方面，面团中仍有相当数量的酵母菌，静置是一个继续发酵的过程。

(5) 威化饼干面浆及夹心馅料的调制　威化饼干是一种由威化单片与夹心馅料组成的多孔型结构夹层饼干，它具有酥脆、入口即化的特点。威化饼干的加工方法是先把面粉、淀粉、糖粉、油脂等原辅料经充分搅拌调制成面浆，经过成型烘烤而成疏松多孔的薄片。

威化饼干的馅料是以油脂为基料，加上白砂糖粉和香料经高速搅拌而成，在搅拌过程中，糖、油脂、空气充分混合而成松软的夹心馅料。

饼干薄片，涂上夹心，由数薄片重叠而成。

①影响面浆调制的因素：

a. 搅拌机选择：采用立式搅拌机，可转换不同的搅拌速率，经高速搅拌，使浆料混入均匀的空气，经烘烤可得到疏松制品。

b. 投料顺序：先加水，开动搅拌机后，再逐步加入小麦粉、淀粉、小苏打、碳酸氢铵、油脂等原辅料。

c. 小麦面粉品质：宜选用湿面筋量较低的面粉，以减少调浆机起筋的程度，以利于威化片在焙烤时充满烤模并得到疏松的结构。如果湿面筋含量高，可以加入淀粉降低面筋含量，改善薄片的组织结构，同时可增加薄片表面的光泽。但添加量一般掌握在10%~15%，过多会造成薄片易破碎。

d. 面浆的温度：面浆的温度一般掌握在25~28℃。若温度高，易发酵变质，产生酸味，威化薄片易脆裂。

e. 加水量：加水量直接影响到威化薄片的品质及操作。加水量过多，面浆浓度稀，流散性大，薄片太薄，容易脆裂，产生过多的边皮和面头。加水量太少，面浆太稠厚，流散性差，不能充满烤模板，易产生缺角残片，增加废料。通常加水量是原辅料量的140%~160%。

f. 油脂：加入适量的油脂，可提高威化薄片的表面光泽度，减少其吸湿作用，并且可防止威化片粘连。

g. 调浆时间：调浆要求搅拌面粉、淀粉、油脂与水充分混合，得到含有大量空气的均匀浆料，一般调浆时间以 7~9min 为宜。时间过长容易造成浆料的“起筋”，使制品不松脆。

h. 膨松剂：一般常用的化学疏松剂为碳酸氢铵、碳酸氢钠。生产中往往需要加大用量以产生较多的气体。这样往往造成威化饼干色泽发黄，并带有碱味。所以可适量添加酸性化学疏松剂，如：明矾，能够使碱性疏松剂的二氧化碳气体量成倍增加。

②影响馅料调制的因素：

a. 糖粉的粗细度：馅料主要原料是糖，威化饼干的特点是入口即化，如果糖粉太粗，含有粗糙砂粒感，影响口感。一般要求糖粉磨粉粒度为 100~120 目。

b. 油脂熔点：馅料油脂要求在室温下呈固态，熔点要求在 34~40℃，不能用液态油。可采用低度氢化油，也可采用精炼猪油。

c. 油、糖配比：油、糖配比决定威化饼干的甜度、夹心料与薄片之间粘结情况。通常配比为 1:1。另外可在馅料中加入一些花生酱或芝麻酱等。

d. 搅拌及充气：夹心馅料调制通过搅拌，充入大量的空气，使馅料充分混合均匀，体积膨胀，洁白，相对密度低，有助于改善威化饼干品质及降低成本。国外采用密封搅拌加入压缩空气改善搅拌品质。搅拌结束后，馅料的膨胀度一般应掌握在 0.6~0.7。

e. 馅料温度：调制好的馅料，温度一般掌握在 25℃以下。馅料均匀、细腻、无颗粒感。

(6) 蛋黄（杏元）饼干面浆调制　蛋黄饼干是一种以面粉、砂糖和鸡蛋为主要原料的面制食品，外形呈冠形或双冠形，体积小（直径 20~25mm），内部结构呈多孔状。

从工艺流程看出，蛋黄饼浆料在调制前，应先将鸡蛋、砂糖、疏松剂等辅料在搅拌机中混合，在打擦过程中，缓缓地加入适量的水，在蛋浆打擦度和泡沫稳定性能获得良好的效果时，再加入面粉，轻轻地混合均匀。

蛋浆的打擦高度和泡沫的稳定性是决定蛋黄饼干是否酥松的一项重要条件。蛋黄饼内部结构呈多孔状，主要是在蛋浆打擦过程中气相分散在液相中形成的。鸡蛋和砂糖等物料经过打擦，浆液将空气包围起来而形成泡沫。整个浆体是以水为分散介质、空气为分散相、具有表面活性的蛋白质为起泡剂而形成的分散体系。在这个分散体系中，每个气泡的外面是液膜，液膜里面是被包围着的空气，形成高厚泡沫，气泡中的液相与气相接触的界面（称为液-气界面）上存在着表面张力。气泡的形成和泡沫的稳定性与液-气界面上的表面张力以及液相中的物料对气泡液膜的保护作用有关。液体的表面张力影响形成气泡的能力。蛋浆的打擦度高、泡沫稳定，蛋黄饼的外观形态饱满、口感酥松，否则蛋黄饼的外观形态扁，不饱满，口感有僵硬的感觉。

影响蛋浆打擦工艺的主要因素有：

①搅拌机的选择：搅拌机选用可调速的立式搅拌机，采用网状形搅拌器，搅拌器运转时，与浆料的接触面大，使其具有带入空气和分割空气泡的作用。

②时间和转速：工艺上要求蛋浆具有足够高的打擦度和泡沫稳定性，并以此为依据来确定打擦时间。打擦过程中蛋浆体积的变化情况如图 3-8 所示。

曲线上 *AB* 段是指从打擦开始到蛋浆体积最大的体积上升阶段。此阶段，随着打擦进行，大量空气被带入浆体，开始形成的气泡大小不均，分布不匀，气泡壁较厚。继续打擦，大气泡逐步分散为小气泡，气泡数量增加，表面积也扩大，泡壁愈来愈薄；与此同时，空气仍不断带进蛋浆形成软气泡，于是蛋浆的体积就逐渐增大了。

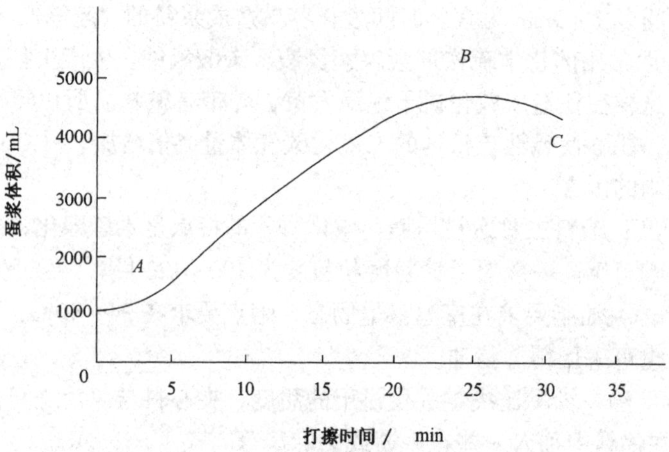

图 3-8 打擦过程中蛋浆体积的变化

曲线上 *B* 点为打擦度最高点。此时蛋浆体积达到最大，大量气泡的泡壁较薄，达到极限薄度，蛋浆体积不再上升。

曲线上 *BC* 段为体积下降阶段，由于继续打擦，气泡壁经受不住强力的机械搅拌作用，部分气泡被打破，因而出现蛋浆体积下降的现象，即打擦过度。

从图 3-8 中可以看出，蛋浆打擦到达 *B* 点约需要 25min，而一般选择 20 ~ 22min 较合适。因此时泡沫组织已经相当细腻，气泡壁还未伸展到极限薄度，气泡稳定性大，拌粉后浆体支撑力较大。

从上面分析可知，蛋浆打擦初期应采用较快的搅拌速度（一般为 125 ~ 130r/min），使鸡蛋、砂糖等物料迅速混合均匀，此阶段可掌握在 5min 左右。待物料搅匀，蛋浆体积微微上升时，缓缓地加入水，此时应改为慢速（70r/min）打擦。尤其打擦后期更要避免快速搅拌，以防止“打过头”现象产生。

③鸡蛋的用量：鸡蛋能使浆体气泡性能好，且鸡蛋中具有表面活性的蛋白质分子对气泡的液膜具有保护作用，鸡蛋用量愈多，该作用愈大，一般鸡蛋用量为总量的 14% ~ 25%。

④砂糖的用量：单独用鸡蛋进行打擦，虽然打擦度高，但泡沫的稳定性能较差。如果将鸡蛋加入砂糖进行打擦，泡沫稳定性显著改善。因为糖溶液具有黏性，可改善蛋浆的持气能力。一般蛋浆配方中糖、蛋比例应接近 2∶1，糖量为总量的 30% ~ 35%。糖量过多，口味太甜，品质较硬。

⑤加水量：鸡蛋加砂糖（不加水）进行打擦，当蛋浆体积增加到一定程度时，由于水分限制，气泡壁的伸展受到影响。因此，蛋浆体积不再增加，此时缓缓加入适当的水，蛋浆体积就会继续增加。因为适量的水有助于泡壁的伸展，气泡的表面积继续扩大，打擦度得到提高。但水量过多，也会影响蛋浆的持气能力，一般加水量不超过糖、蛋用量的 2/3。水在打擦过程中泡沫不再增加时加入，同时注意加水时应缓慢加入。

⑥蛋浆温度：温度影响着液体的表面张力，提高蛋浆温度可改善蛋浆的起泡性能，提高打擦度。但打擦度过高，会导致泡沫稳定性差，拌入面粉时浆体容易塌落。一般蛋浆温度控

制在 28～30℃，打擦时间以不超过 25min 为宜。蛋浆打擦度为 320%～330%，蛋浆相对密度 0.42～0.48。

⑦油质香精和化学疏松剂：油质香精影响表面张力，有消泡作用，故不宜在打擦开始时加入，应在打擦过程将结束前加入，并低速搅拌 0.5～1min，使之与蛋浆搅拌均匀即可。注意搅拌时间不宜过长，以防止浆体塌落。加入化学疏松剂有两种方法：一种是将它预先混合在面粉中，在搅拌时一起加入蛋浆，但疏松剂不宜混匀，制品中容易产生大气泡。另一种在蛋浆打擦后期加入，搅拌 1～2min 混匀即可。

⑧拌粉：所用面粉湿面筋量要适当，当湿面筋含量高时，可掺入适当的淀粉。拌粉搅拌要均匀，防止出现稀薄不均，甚至有干面粉存在的现象。拌粉时间不宜过长，一般 1～2min 即可。

(7) 蛋卷浆料的调制　蛋卷是以小麦粉和淀粉为主要原料，配入一定比例的鸡蛋、油脂、糖和疏松剂等辅料，经调浆、制皮、卷制、焙烤成卷筒形的松脆特种饼干。

影响浆料调制的因素：

①小麦粉：应选择湿面筋含量较低的面粉，湿面筋含量过高，调浆过程中容易发生“起筋”现象，影响产品松脆度。对于湿面筋含量高的面粉可加入适量的淀粉，同时淀粉在烘烤糊化时可增加蛋卷表面光泽。但要注意掺入量要适当，否则易造成蛋卷制品破碎率增加或僵硬。

②糖、蛋：糖具有反水化作用，能阻止面筋过分胀润，在烘烤时，使制品易“上色”，容易卷筒成型和改善制品风味。白砂糖应研磨成糖粉，使其在调浆时能完全溶化。蛋品能提高制品的酥松度，并对浆料中的油脂起一定的乳化作用。

③配料顺序：浆料的调制要求在限制面筋过分胀润情况下进行。因为在配料时，应严格控制配料的顺序，先将水、蛋、糖、油等辅料在搅拌机中搅打均匀后，再加入面粉和淀粉适度搅拌。浆调制完毕后立即使用，放久会分层及微生物繁殖。

④调浆：采用立式可调速搅拌设备，打浆时间不少于 10min，温度 28～32℃。调好的浆料应色泽均匀呈乳白色，起发适中，无异味。辅料搅拌到一定程度，再进行拌粉。要求拌粉均匀，防止料浆出现薄厚不均匀现象。拌粉时间以 1～2min 为宜。

第四节　面团的辊轧

面团调制完成后，在成型前，某些面团需要经过辊轧工序才能进行成型操作，如韧性饼干面团、发酵饼干面团、半发酵饼干面团。而酥性饼干或甜酥性饼干面团，由于面筋形成程度很小，弹性极小，塑性极大，抗拉力强度低，不必经过辊轧，可直接进入成型机和辊筒成饼坯。威化饼干、蛋黄（杏元）饼干、蛋卷也无需辊轧。

一、辊轧的基本原理

面团的辊压过程，就是使形状不规则、内部组织比较松散的面团通过相向、等速旋转轧辊反复的辊轧，使之变成厚度均匀一致、横断面为矩形的内部组织密实的层状面带，通过转向辊压使面带辊轧过程中张力均匀分布，以使在成型机上成型后，防止饼干收缩变形。

1. 辊轧的作用

①增加面筋形成量。压面时零碎的面筋水化粒子组成整齐的网络结构，使测试面筋洗涤时不易散失。②改善面团的黏弹性，促使面筋进一步形成，并通过反复多方向辊轧使面团消除内部张力分布不均衡，使黏弹性减少，塑性增加。③面带结构均匀一致，辊轧使调粉时所包含的空气获得均匀分布，特别是将发酵面团中过剩的二氧化碳排除，使面带结构均匀，且由不断折叠的操作使面带产生层次，以使制品有好的胀发度和松脆度。在感官质量上，由于多次辊压，会使表面有光泽，形态完整，花纹保持能力强。

2. 辊轧面带的转向

辊轧是为了使面筋形成匀整的组织和使各个方向张力相同，避免因内部张力不均匀而造成成型后，纵向发生收缩变形。为避免辊轧时单方向的延伸，面带在一个方向辊轧后，应转90°，再进行辊轧，使面片的纵向和横向张力一致。

3. “头子”的处理

冲印、辊切成型的方法，要产生剩余的“头子”，“头子”需要在压面过程中掺入，为了保持面带在运转中正常进行和掺“头子”后的面带组织均匀，应注意以下几点：①温度差的影响。在不同温度下，“头子”面团与新鲜面团会呈现不同的物理性质，使得掺和后，面带组织不均匀，机械操作困难。例如发生粘辊筒、粘模型，皮子易断裂等缺点。“头子”的温度受季节影响较大，与面团的温度往往不统一，尤其是高温的夏季和寒冷的冬季。控制“头子”的温度与新鲜面团的温度，可以通过调节室温来控制。在“头子”掺和时，温度相差不能超过6℃，差距越小越好。如果“头子”已经韧缩或走油，则不应在辊轧时掺入，而是返回到调制粉机中与新鲜面团一起均匀混合。②头子比例的影响：“头子”与新鲜面团的比例应该在1∶3以下，因为“头子”在较长时间的辊轧和传送过程中会发生一些变化。主要是面筋力增大，水分减少，弹性和硬度增加。在冲印或辊切成型时，尽量使印模排列紧凑，正常操作，减少饼干坯的返还率，是减少“头子”的重要措施。③“头子”掺入时的操作：“头子”掺入新鲜面团中应尽可能均匀，因为“头子”经过辊轧，不会像调粉那样充分搅拌揉捏，通常要求铺在新鲜面带上。经过辊轧，可形成均匀面带。如果“头子”在面带中分布不均匀，会造成粘辊、粘模、粘帆布，产生色泽不匀、形态不整齐、酥松度不均匀等多种质量问题。

二、辊压技术

1. 韧性饼干的辊轧

调制好的韧性面团在辊轧前要经过一段静置时间，消除面团内部张力，降低黏性和弹性，提高塑性，改善面团的工艺性能。辊压时，面团因受压力向纵向延伸。如果始终朝一个方向来回辊压，面团的纵向张力会大大超过横向张力，将使饼坯纵向发生变形。所以每经数次来回辊压后，将面坯转90°，使面片的纵向和横向张力一致。韧性面团面片多次折叠，多次转90°，辊轧后，可增加制品的松脆度和膨胀力，使饼干横断面有均匀的层次结构。一般，经过9~13次辊轧的面团才符合工艺要求。当面团在辊筒中来回辊轧时,为了防止粘辊和面片相互粘连,可均匀撒上一些面粉,但不宜过多,以防引起面带变硬,造成产品不够疏松及烘烤时起泡的问题,影响产品质量。面片表面撒粉过多会使饼干表面粗糙,失去光泽。

2. 发酵面团的辊轧

发酵面团内部含有较多的二氧化碳，经辊轧可将多余的气体排除，使留在面团中的二氧化碳气体分布均匀，面团结构细致。经过辊轧中不断折叠操作使面带产生层次，制品会有好的胀发度和松脆性。

梳打饼干分为有油酥和无油酥二种工艺。无油酥的工艺及半发酵面团对发酵面团的辊轧操作方法与韧性面团相似，不再陈述。有油酥的工艺在发酵面团的辊轧中要求油酥均匀地包在面片中，经数次折叠，辊轧包酥，使面片具有数层均匀的油酥层次。梳打饼干面团辊轧10~14次。

梳打饼干面团经发酵成海绵状组织，在未夹油酥前，压延比不宜超过1:3。压延比过大，面带压得太紧太薄，不利于加油酥后再压延，影响饼干膨松。压延比过小，将增加辊轧次数，会使“头子”与新鲜面团掺和不均匀，烘烤出的饼干表面色泽不均出现花斑。面片夹油酥后，更应注意压延比，一般要求在（1:2）~（1:3）之间。压延比过大，表面易轧破，油酥外露，造成饼干胀发力差、色泽不均，出现僵片、残次品等。油酥在辊轧中均匀地包在面片中，必须待面带辊轧光滑后加入。一般包油酥两次，经过数次折叠使面片形成数层均匀的油酥层。

第五节　饼干的成型

饼干由于品种及配方的不同，成型方法分为两大类。一类是面团成型，另一类是面浆成型。面团成型方法较多，有冲印成型、辊印成型、辊切成型、挤条成型、挤浆成型（注射成型）及钢丝切割成型等。面浆成型有上浆成型（威化饼干、蛋卷）和挤浆成型（杏元饼干）。现将国内普遍采用的成型方法介绍如下：

一、冲印成型

冲印成型特点是适应多种品种生产，如韧性饼干、酥性饼干、梳打饼干等。冲印成型可分为间歇式和摆动式两种。旧式间歇式冲印成型机由冲印机上的冲头做上下往复垂直运动将面片冲出饼坯，面带运动是间歇式的，已逐渐淘汰。另一种是摆动式冲印成型机，成型机上冲头不是单纯地做上下往复垂直运动，而是冲头先垂直冲印帆布运输带上的面片，冲成饼坯后，与下面活动的橡皮下模（垫板）合模，此刻帆布运输带运动并不停止，而是冲头随着帆布和面带的前进做向前的摆动，然后再成弧线运动摆回来，完成一次冲印。接着冲头再做第二次向下垂直冲印，冲出饼坯，再向前摆头，然后摆动回来，如此往复。帆布运动方式由间歇式改为连续的匀速运动形式。这种方式效率高，适应了由原先铁盘载饼干坯烘烤，变为钢带为载体的更高速度的生产规模，但噪声较大。

冲印成型机的操作要求高，冲印成型将面团辊轧成连续的面带后，用印模将面带冲印成饼干坯的方法，要求皮子不粘辊筒，不粘帆布，厚薄均匀连续，冲印饼坯花纹清晰，表面光滑，“头子”分离顺利，落饼时无卷曲现象。冲印成型机工作如图3-9所示。

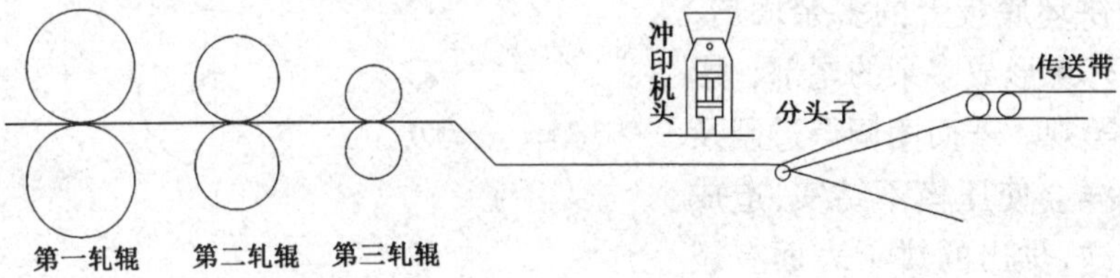

图3-9　冲印成型机工作示意图

冲印成型是依靠成型机上印模的上下运动来完成的。印模基本上分为两大类。一类是带有针柱的凹花印模，可以用于酥性、韧性和梳打饼干。另一类是不带针柱的凸花印模，只适用于酥性饼干，而不适用于韧性和梳打饼干。

酥性饼干面片可塑性好，饼坯成型后有较强保持花纹的能力，为使制品造型美观，印模要求图案设计上花纹深浅有浮雕立体感，一般采用凸花印模。

韧性饼干面团弹性较大，烘烤时表面容易形成较大的气泡，底部凹底，所以印模必须有针柱将饼坯穿透，以防止大气泡产生。梳打饼干面团弹性也较大，烘烤时花纹保持能力较差，所以一般只用带有针柱或略带几个凹花字体的印模。

冲印成型的特点之一就是冲印后必须将饼坯与“头子”分离，这是完成冲印的最后一道工序。“头子”用另一条20°的斜帆布向上输送，再回到第一对辊前面重复压延。韧性饼干和梳打饼干面团具有一定弹性，“头子”分离工作并不困难，但强度较小的酥性面团，面皮的弹性较小，结合力差，易发生断裂。要注意调整好饼坯、帆布与“头子”帆布的角度和分离处的距离。

二、辊印成型

辊印成型适用于高油脂品种，如桃酥、酥性饼干等。由于冲印成型机生产高油脂饼干时，面带在辊筒压延及帆布输送和“头子”分离等部分容易断裂，而辊印成型的饼干花纹图案十分清晰。辊印设备占地面积小，产量高，无需分离“头子”，运行平稳，噪音低。这些优点是冲印成型所无法比拟的，所以采用辊印成型的厂家越来越多。当然，辊印成型也有其局限性，油脂用量在12%以下生产较困难。它不能适应多品种的生产，如韧性饼干、梳打饼干生产。其原因在于：一是充填脱模比较困难；二是不能达到韧性饼干和梳打饼干所要求的层状结构。辊印成型机工作示意如图3-10所示。

辊印成型机的成型部分由三个辊组成：即喂料槽辊、花纹辊和橡皮脱模辊。喂料槽辊上有用以给料（面团）的沟槽，花纹辊上有均匀排布的凹模。

辊印成型就是把调制好的面团置于成型机的加料斗中，在喂料辊及花纹辊相对运转中，面团首先在槽辊表面形成一层结实的薄层，然后将面团压入花纹辊的凹模中，花纹辊中的饼坯受到包着帆布的橡胶辊的吸力而脱模。同时被紧贴住花纹辊的刮刀刮去多余部分，即形成饼坯的底面。饼坯便由帆布输送带送入烘炉网带或钢带上。

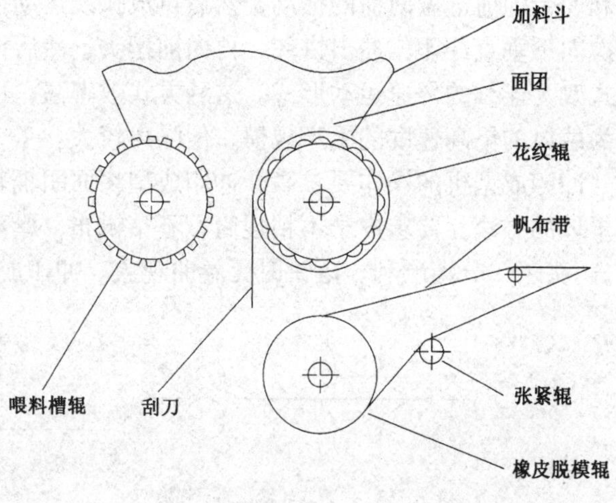

图3-10　辊印成型机工作示意图

辊印成型要求的面团稍硬一些，弹性小一些。面团过软会形成坚实的团块，造成喂料不足、脱模困难，有时会使刮刀铲不清饼坯底板上的多余面屑，使脱出的饼坯外缘形成多余的尾部，影响饼干的外形美观。若面团调得过硬及弹性过小，同样会使压模不结实，造成脱模困难及残缺，烘出的饼干表面有裂纹，破碎率增大。

辊印成型还适用于面团中加入芝麻、花生、桃仁、杏仁及粗砂糖等的小型块状品种。

三、辊切成型

随着带式（钢带、网带）烤炉向着大型化、高速化发展，过去的冲印成型机已满足不了生产的需要。于是人们便根据辊印成型机的原理将冲印成型机作了改进，设计出了目前国际上较流行的辊切成型设备，机身前半部分与冲印成型机相同，是多道压延辊，成型部分由一个扎针孔、压花纹的花纹芯子辊和一个截切饼坯的刀口辊组成。辊印成型机工作示意如图3-11所示。先经花纹芯子辊压出花纹（若是韧性、梳打饼干同时扎上针孔），再在前进中经刀口辊切出饼坯，然后由斜帆布输送带分离“头子”。在芯子辊和刀口辊的下方有一个直径较大的与两辊对转的橡胶辊，它的作用是压花和作为切断时的垫模。

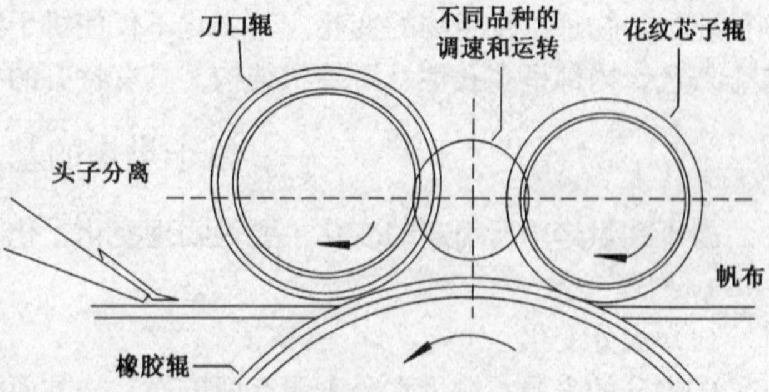

图3-11 辊印成型机工作示意图

这种机械不仅有占地小、效率高的特点，还有一个重要优点是对面团的适应性较强，不仅适宜于韧性、梳打饼干，也适应于酥性、甜酥性饼干。

四、其他成型

1. 威化（华夫）饼干的成型

威化饼干成型有半机械化和连续化的两种方式。半机械化生产是将面浆倒入有方格或菱形花纹的转盘式威化制片机的烤模中，合上模盖板后，迅速加热，使其在短时间内经受高温而使水分蒸发。面浆中的空气和化学膨松剂所产生的气体，在密闭的烤模内产生很大的压力，使面浆充分膨胀，充满整个烤模的有效空间。在烤模顶部两侧开有狭小的气孔，水蒸气和其他气体带着多余浆料从小孔中急速排出。水分不断蒸发，威化板的体积逐步收缩，形成具有多孔性结构的酥松威化片。

2. 蛋黄（杏元）饼干的成型

蛋黄饼干的成型方法是用挤浆成型机将配好的浆料用挤浆的方式滴加在烤炉的载体（钢带）上，一次成型进行烘烤。目前生产蛋黄饼干的设备主要有两种形式：一是以烤盘为载体的间歇挤出滴加式成型机，二是以钢带为载体的连续挤出滴加式生产线。蛋黄饼干的面比较软，具有一定流动性，挤出的面糊直接落在烤盘或钢带上。由于面糊是半流体，所以在一定程度上能因挤出孔的形状不同，而形成各种外形，如O形、S形，也可自然摊成圆形。

3. 蛋卷饼干的成型

将调制好的浆料通过上浆板，把浆料涂在高温制皮辊筒上。烘烤成软皮后，趁热经制卷系统将软皮卷成一定螺旋角度的蛋卷圆筒。

此外还可用钢丝切割成型机、挤条成型机，生产不带馅、带馅曲奇饼干及其他花色品种饼干。

第六节　饼干的烘烤

成型后的饼坯，要进入烘烤炉烘烤成饼干。在烘烤中饼干经短时间的加热，发生了一系列的化学、物理以及生物的变化。其变化不仅使饼干加热变熟，而且体积显著增大，形成具有金黄色，内部呈多孔性、海绵状结构，具有特有的香气和风味的酥松可口的饼干。

一、饼干烘烤的基本理论

饼干在烘烤中所引起的变化主要为物理变化、化学变化及生物化学变化。

1. 物理变化

(1) 水分变化

①水分的来源：饼干水分来源有两方面，一方面是各种原料中固有的水分，另一方面是调粉过程中加入的水分。其水分以两种方式存在，一种是自由水：即游离态水，也称之为毛细管水分，这部分存在于淀粉颗粒之间及蛋白质胶粒之间。这种水在加热烘烤时很容易受热蒸发。另一种是结合水，也称为化学水，它是面团中淀粉胶粒和蛋白质胶粒吸收的水分。这种结合水中一部分被蛋白胶粒的亲水基团所结合，称为水化水，另一部分则以渗透的方式进入胶粒的内部，称为结合水，这种水在焙烤过程中不易排除。

烘烤前，饼坯通常含有较高的水分，其水分与配方、饼干类型有关。酥性饼干坯的水分为16%～20%，韧性饼干坯的水分为20%～24%，烘烤结束后，出炉时饼干的水分在8%左右，即烘烤使得水分降低了8%～16%，冷却后饼干水分为3%～4%。

②水分变化过程：饼干焙烤开始瞬间，由于烤炉中含有大量的水蒸气，凝结在30～40℃的饼坯表面上，这样一直到面团表面温度超过露点为止，使饼坯的水分增加，但其后由于受高温的影响，饼坯表面的温度升高较快，表面水分蒸发，面团内部温度升高较慢，水分向冷的地方冷凝，致使饼坯中心部分的水分增加，大约要比烘烤前饼坯的水分多出2%。随后饼坯表面层开始受热蒸发，此时饼干中心层水分高于表面层，由于热量的传递，水分渐渐由中心层向表面层移动，蒸发面由表层逐渐转向中心层。饼干在烘烤过程中的水分变化曲线如图3-12所示。

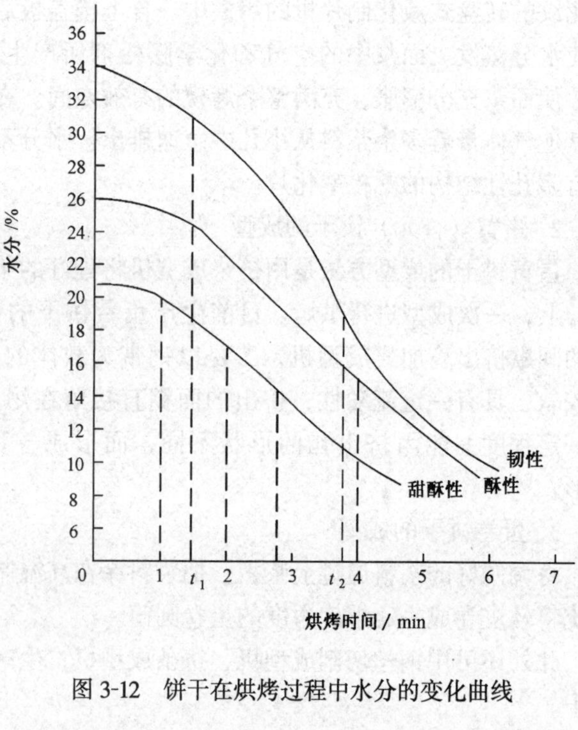

图3-12　饼干在烘烤过程中水分的变化曲线

由图可以看出，在烘烤过程中，饼坯的水分变化可以分为三个阶段。

第一阶段：到时间 t_1 为止，烘烤时间约为1.5min，这是变速阶段，水分蒸发在饼坯的表面进行，高温蒸发层的蒸汽压力大于饼坯内部低温处的蒸汽压力，一部分水分又被迫从外层移向饼坯中心。这一阶段，饼坯中心的水分较烤前约增加2%，所排除的主要是游离水。表层温度约120℃。

第二阶段：由 t_1 到 t_2，为快速烘烤阶段，时间约需2min。此时，水分蒸发面向饼干内部推进，饼干坯内部的水分层逐层向外扩散。这个阶段水分的蒸发速度基本不变，表层温度在125℃以上，中心温度也达到100℃以上，这一阶段水分下降的速率很快，饼坯中大部分水分在此阶段散逸，主要是游离水，还有部分结合水。

第三阶段：是从 t_2 开始的，此时整个饼坯的温度都达到100℃以上。这个阶段属于恒速干燥阶段，水分排除的速度比较慢，排除的是结合水。饼干烘烤的最后阶段，水分的蒸发已经极其微弱，这一阶段的作用是使饼干上色，使制品获得美观的棕黄色。这种反应称作棕黄色反应或焦糖化反应，其反应最适宜的条件是pH6.3，温度150℃，水分13%左右。

烘烤时，影响水分排除的因素有：炉内相对湿度、温度、空气流速及饼干厚度等。炉内相对湿度低，有利于水分蒸发，但在烘烤初期相对湿度过低，会使饼干表面脱水太快，表面很快形成一层外壳，造成内部水分向外扩散困难，影响了饼干的成熟和质量。因此，增加炉内的相对湿度有利于饼干的烘烤。

炉内空气流速大，方向与饼干垂直有利于水分蒸发。

饼干的水分高，干燥过程较慢，烘烤时间相对比较长。糖、油辅料少、结构坚实的面团比糖、油等辅料多的疏松面团烘烤时间长。

饼干厚，内部水分向外扩散慢，需要的烘烤时间较长，且表面易焦煳。因此，厚饼干需要采用低温、长时间的烘烤工艺。饼坯的形状和大小也影响其烘烤速度。在其他条件相同的情况下，饼坯的比表面积值愈大，烘烤的速度愈快。饼坯最理想的形状是长方形。

饼坯在网带上或烤盘上排列愈稀疏，接受热量愈多，反之，则接受热量愈少，水分蒸发愈缓慢。为了提高烘烤速度和保证成品质量，饼坯应排列均匀，提倡满带或满盘烘烤。

③影响水分变化的因素

a. 烘烤温度：一般情况下，当排除饼坯游离水和吸附水时，烘烤温度与脱水速度成正比例，即温度高，脱水快。因此，在烘烤前阶段，温度需偏高以利于水分的排除。而排除结合水时，脱水困难，主要是恒速脱水，故烘烤后阶段只需保持一定的烘烤温度即可。温度过高，除造成不必要的能源浪费外，还会造成饼干色泽较深等质量问题。

b. 面团的性能：酥性面团水分较低，且由于糖、油等物质用量高，面团内结合水较少，故面团内水分蒸发较容易，烘烤时间相对较短。韧性面团由于面筋充分吸水胀润，以三种形式存在的水分较酥性面团都多，水分蒸发较困难，因此烘烤时间较长。不过即使是烘烤同一种性质的面团，脱水速度也不一致。如酥性面团调粉不当，也会造成面团内结合水增加及面团起筋缩形，给烘烤带来脱水困难，造成成品不酥松等弊病。

c. 饼坯的形态：厚的和块形大的饼坯，内部水分蒸发较慢，烘烤时间宜适当延长。

d. 其他：水分蒸发快慢还与烤炉温度、原料配比、面团软硬度等因素有关。比如疏松剂在加热分解排出气体时，有利于水分的蒸发。

(2) 温度的变化　饼坯在烘烤过程中温度不断上升，在进入炉口时饼坯的温度只有30～40℃。首先是表面受热，温度很快升高到100℃。在进炉1.5～2min内，表层温度可达到120℃左右，中间层温度也将上升到100℃。约3min时，表层温度便可达到140～150℃，中间层可达到110℃左右。待到烘烤终了时，饼干表层温度可达180℃，中间层温度在108～

114℃。在正常情况下烘烤时，饼坯温度不可能达到炉膛内 250～300℃的高温。

(3) 厚度的变化　烘烤过程中，饼坯有一定程度的胀发，主要是厚度明显增加。烘烤完毕，饼干成品和生坯相比，酥性饼干一般增长 160%～250%，韧性饼干增长 200%～300%。胀发力来源主要来自两方面。

①疏松剂受热分解：当温度达 35℃时，配方中加入的碳酸氢铵开始分解产生二氧化碳和氨气。当温度达 65℃时，碳酸氢钠开始分解，并且随着温度升高，上述分解越来越快，这些气体使饼坯的体积膨胀，厚度剧烈增加。梳打饼干中除了化学疏松剂外，还有酵母发酵时产生的大量二氧化碳，二者在一起胀发时，使梳打饼干体积显著增大。

②饼坯内部水分的蒸发：烘烤时，水分都通过饼坯表面进行蒸发。当饼坯内部水分汽化时，使体积增加许多，亦是饼坯体积胀发的原因之一。

厚度变化过程如图 3-13 所示，烘烤开始阶段，随着疏松剂的受热分解，饼坯厚度逐步增加。当温度继续升高，疏松剂大量分解、水分剧烈蒸发时，厚度达到最高点。在温度升高、体积胀发的同时，发生淀粉糊化、蛋白质变性、脱水。疏松剂分解完毕时，饼坯厚度又略有下降，此时淀粉糊化形成凝胶体，蛋白质变性凝固后形成“骨架”，加之蔗糖和其他物料等一起形成了固定的饼体，至此完成了从胀发到定形的全过程。此后一直到烘烤结束，厚度不再发生多大变化。

影响厚度（胀发）的因素与饼坯的胀发率、面团的软硬度、面筋的抗胀力、疏松剂的产气性能、炉温、炉膛内湿度等有着密切关系。通常，在较软的面团、较高的炉温等情况下，饼坯的胀发力较大。饼坯的胀发程度与成品质量密切相关。胀发过大，会使饼干过于酥松而易碎，且饼坯内部结合力差，极易吸附在载体上，使之出炉后难以刮离，这就是习惯上所说的“粘底”。反之，胀发力过小，则饼干口感僵硬，甚至出现“凹底”。

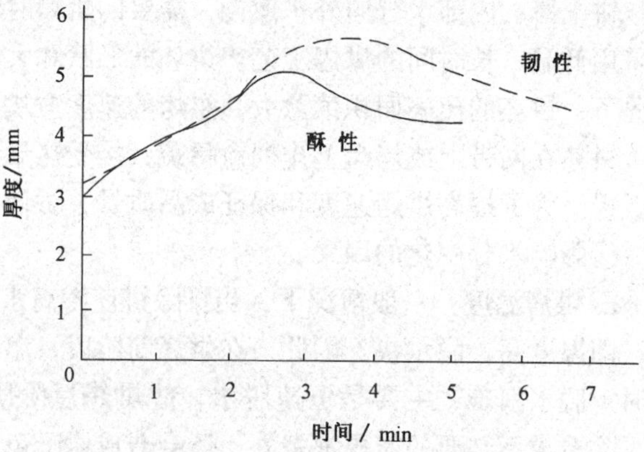

图 3-13　饼坯在烘烤中的厚度变化

以上各种因素是相互关联的，实际生产中要根据具体情况，采取措施，使胀发率保持在适宜范围内。

2. 化学变化

烘烤过程中，饼坯发生的化学变化很复杂，主要有以下几方面的变化。

(1) 疏松剂的分解　在饼干生产中，为使饼干疏松可口，常在配料中加入化学疏松剂。这些疏松剂主要是碳酸氢钠、碳酸氢铵和碳酸铵以及一些有机盐等。小苏打的分解温度为 60～150℃，碳酸氢铵和碳酸铵的分解温度为 30～60℃，在饼坯进入烤炉后，碳酸氢铵、碳酸铵及其他疏松剂相继开始分解。分解时所产生的二氧化碳和氨气使饼坯膨胀，接近烘烤结束，二氧化碳和氨气绝大部分排除到饼干之外。

(2) 酵母及酶的变化　发酵饼干中有大量的活性酵母，在烘烤初期中心层温度逐渐上升，酵母活性会大大活跃起来，其呼吸作用十分强烈，产生较多的二氧化碳。这些二氧化碳与发酵过程中产生的二氧化碳一起受热膨胀，使饼坯迅速胀发。在饼坯温度上升到45℃以上时，酵母活性明显下降，当饼坯内部温度达到80℃，酵母便会死亡。面粉中原有的各种酶及作为改良剂加入的淀粉酶等，在进入炉1~2min便会因高温蛋白质变性而被破坏。

(3) 淀粉的糊化　当炉内饼坯的温度达到55~80℃时，饼坯表面淀粉发生糊化。淀粉糊化是在刚进炉时发生的，刚进炉时表面露水凝结为淀粉胀润提供了条件。当淀粉吸水胀润为黏稠的胶体时，淀粉出炉后经降温冷凝成胶体，使饼干具有光滑的表面并产生光泽。淀粉的糊化需要较高的水分和温度来实现，因此要求炉膛进口处有较高的相对湿度。可以在炉口人为进行喷雾，以加大饼坯表面的湿润和糊化顺利进行。

(4) 蛋白质的凝固　当炉内温度达到80℃时，饼坯的蛋白质便凝固失去胶体的特性，发生不可逆的凝固。在烘烤过程中饼坯中心层达到蛋白质凝固温度，饼坯由于气体膨胀，形成的面筋的海绵状或层状结构也因蛋白质凝固而固定下来，对饼干的定型有重要的意义。

(5) 颜色的变化　烘烤的最后阶段是上色阶段，是形成饼干外表色泽的重要反应。此时由于饼坯已脱去了大量的水分，表面易发生美拉德反应和焦糖反应。烘烤食品的美拉德反应最适合的条件是pH为6.3，温度150℃，水分13%左右。蔗糖在200℃时便开始了焦糖化反应，对于含糖量高的饼干，烘烤时容易上色，如酥性饼干、韧性饼干。而梳打饼干由于含糖量少，并在发酵过程中，面团所含的糖类被酵母菌过多分解，则在烘烤时不易上色，因此从烤色上也能判断饼干的含糖量的多少。饼干配方中乳制品与蛋制品和糖等成分也参与了上色反应。

(6) 香气的产生　饼干烘烤后期产生一种特有的饼干香气。香气形成过程十分复杂，香气成分众多，目前已知就达数十种。据报道认为香气的形成主要来自氨基酸和糖之间的羰氨反应。梳打饼干中，发酵后期产生的醇、酸等产物在烘烤时又生成了酯等芳香物质。另外，乳制品、油脂分解、蛋制品等经烘烤后也都生成了不同类型的香气物质，如3-羟基丁酮、二乙酰等。因此，饼干中的香气实际是众多香气的综合物，它与配方、烘烤条件、工艺等多种因素有关。

在烘烤过程中，发酵面团中的酒精、醋酸及其他低沸点有机酸受热而挥发，以及小苏打受热分解产生碳酸钠，pH会略有升高，但乳酸的挥发量极小，乳酸的存在常使饼干带有酸味。特别是发酵过度的饼干，酸味更重些。

3. 生物变化

生物变化是指酵母发酵和酶的作用所引起的面筋软化及淀粉的液化和糖化。在烘烤初期，酵母和面团里的蛋白酶、淀粉酶都会因为温度的升高而活动加剧，由于蛋白酶的分解作用，使得面筋抗胀力变弱，有利于面团的胀发。当温度升到80℃时，蛋白酶便失去活性，由于饼坯较薄，中心温度升高很快，所以面筋软化反应是微小的。淀粉酶的作用也会在烘烤初期（50~65℃）加剧，分解淀粉生成部分糊精和麦芽糖，当达到80℃时淀粉酶失去活性。淀粉酶促使淀粉水解为糊精和麦芽糖，蛋白酶分解面筋得到氨基酸等生成物，这些也都会给饼干带来良好的风味。

二、饼干烘烤的传热原理

饼干烘烤的热量传递有三种：热传导、辐射、对流。了解热传递的原理对能源节约、成本降低、掌握产品质量有重要的意义。

1. 传导

传导是相同物体或相接触物体的热量传递过程，在饼干烘烤过程中，以传导方式进行热传递的基质是烤炉内的饼坯载体。通常是钢带或网带，载体从辐射、对流及托辊支架等的热传导获得并储存热量，再将其传递到饼坯的底部，又通过饼坯的表面传导到内部，使饼坯固体物质的内部结构温度差减小到最低限度。同样，当饼干表面温度高于中心层时，水分在由中心层向表面层移动的同时，热量的传导使中心层温度逐渐升高。

2. 对流传热

对流传热是流体（气体或液体）的一部分向另一部分以物理混合的方式进行热传递的形式。在烤炉内，热空气、水蒸气或其他气体都在炉内各处循环，以对流的方式进行热交换。当它们接触饼坯表面时，部分热量为饼坯所吸收。在饼坯内部，除固体的热传导外，也因液体、水蒸气及其他气体的对流运动来传递热量。同时对流的存在，使得饼干的水分不断从饼干表面被气流带走，加快了饼干的脱水。烘烤时饼干坯载体上方有高度湍流，而载体上的热空气也会在炉壁与载体的两侧间隙向上运动，使得载体边缘的饼干显著受到更多的热量，其颜色将比载体中间的饼干深一些。

3. 热辐射

热辐射是物质的热能变为辐射能并以电磁波的形式向空间传播的过程。这些辐射一旦发射到制品的表面，一部分即被吸收，转化为热能。辐射与传导和对流不同，它不需要介质，因此可以直接把热量传到饼坯表面，所以辐射传热效率高，传热快。近几年，远红外线烘烤制品技术的应用对提高烘烤效果、节约用电等均取得良好的效果。当红外线辐射到物体表面时，一部分被物体反射，其余部分则被射入物体，而射入物体的红外线，其中一部分透过物体，余下部分被物体吸收，转变为热能，使物体温度升高。物体吸收、透过和反射红外线的程度与物体的性质、种类、表面状态等因素有关。远红外线电磁波波长与这些物质的振动波长匹配，从而引起激烈的分子共振，加大吸收值，使反射、透过比例减少，能量得到充分利用。

在选择电热元件的表面涂料时，根据物体吸收波长，使用在该段波长中热辐射强度最高的涂料。在饼干烤炉中通常用碳化硅和三氧化二铁（约在 4μm 时热辐射强度达到最大）、碳化硼（约在 6μm 时最大）作涂料，表面辐射热量大部分可被饼坯所吸收。

三、饼干烘烤时炉温的选择

饼干在烘烤炉内加热烘烤，根据饼坯的变化，将烘烤全过程分为胀发、定型、脱水、上色四个阶段。不同时间段的温度调整，对成品质量有重要的影响。如果温度过高，使饼干烘烤过度，颜色变深，甚至焦煳；如果采用的温度过低，饼干会烘烤不足，水分蒸发缓慢达不到应有的颜色，饼干水分高，甚至不熟，保藏期会大大缩短。对于隧道式平炉的加热，都是在饼坯的上方、下方排列两层加热源，分别称为面火和底火。通常要控制面火和底火的大小，使炉内温度分布适合饼坯烘烤的需要。而炉内温度的分布与饼坯的配料、块形大小、饼坯厚度以及面团的抗胀力大小等因素有关。通常配料中油、糖含量多，块形较小、较薄，抗胀力较小的饼坯应当采用高温短时间的工艺，现将几大类饼干的炉温选择介绍如下。

1. 韧性饼干

韧性饼干的面团在调制时使用了比其他饼干较多的水，且因搅拌时间长，淀粉和蛋白质充分吸水，面筋形成量较多，面团弹性大，结合水较多，脱水较困难。因此一般采用较低温度、较长的时间烘烤，有利于大量水分蒸发，炉温以200～250℃为宜，烘烤时间3.5～5min。在烘烤的最初阶段底火升高快一点，待底火上升至250℃以后，面火才开始渐渐升到250℃，以后由于处于定型和上色阶段，底火应比面火低一些。对于高档饼干，油、糖比接近于酥性饼干，烘烤时间可参考一般酥性饼干用高些温度进行烘烤，若饼干的块形较大，烘烤时间要相应有所延长。

2. 酥性饼干

酥性饼干的配方较为复杂，糖、油、乳制品的用量相差甚大，块形、厚薄相差悬殊，因此烘烤条件也不尽相同，一般对于辅料较好的酥性饼干（指油、糖、乳制品较多），膨松剂用量小。由于含油大，面筋形成差，入炉后由于油脂的流动性加大，加上发粉所形成的气体的压力，使饼坯表面发生不规则膨大的现象，造成饼干形态不好且易于破碎。所以，入炉就要求使用高温，一般达到300℃，加大面火和底火，迫使其凝固定型。酥性饼干由于多量的油脂保证了饼干酥脆，因此不要求膨发过大，不必担心其僵硬，过大反而引起破碎。在烘炉的后半部分，饼坯处于脱水上色阶段，由于酥性面团调制时加水量极少，烘烤失水不多，因此烤炉后半段多采用低温。因料大多易于上色，所以较低的温度有利于色泽的稳定。

对于配料一般的酥性饼干，需要依靠烘烤使体积膨胀，因此，饼坯入炉后宜采用较高的底火，较低而呈逐渐上升梯度的面火的烘烤工艺，使其在保证体积膨大的同时，不至于表面迅速形成坚实的硬壳。由于配料少，加水量较高，上色慢，所以直到上色为止，表面烘烤温度始终要求较高。

对于配料档次不高，油、糖用量极少，面筋形成较多的酥性饼干，如果一入炉就用大的面火，表面极易起泡。因为饼干坯的表面形成硬壳后，阻止了二氧化碳、水蒸气等气体的逸散。饼坯内部气体的膨胀力增大，而又难于挥发，就形成了泡点。前半部的底火也不宜过高，要有一个渐增的过程。如果突然遇到高温底火，会使饼坯底部气体突然膨胀，此时饼坯尚柔软，在用无气孔的钢带或钢盘载体时，气体一下子无法从底部冲出，使整个饼坯向上鼓起形成凹底。通常采用中温（220～250℃）较适宜。

3. 梳打饼干

发酵面团经辊轧、成型后进入烤炉，饼坯由于疏松剂分解产生气体和酵母产生的二氧化碳在高温下膨胀使饼干疏松。

梳打饼干烘烤时，一般将烤炉区分为前、中、后三个区域。第一阶段应使烤炉底火旺盛，升至250～300℃，面火温度相应低一些，至200～250℃。这样可以使饼坯的表面在胀发阶段保持柔软，有利于饼坯体积的胀发和二氧化碳气体的逸散，如果面火过大，则饼坯表面会过早地形成硬壳，使饼坯胀发不理想。增强底火温度有利于热量迅速传导至饼坯中心层，促使发酵产生二氧化碳急剧膨胀，在短时间内将饼坯未形成硬壳前胀发起来。如果此阶段炉温过低，即使发酵良好的饼坯，也将由于胀发缓慢而变成僵片。而合理的烘烤工艺处理，即使发酵不太理想的面团也可获得较好的产品。在烘烤的中间区域底火逐渐降低至200～250℃，面火逐渐升高至250～280℃，因为此时虽然水分仍在继续蒸发，但二氧化碳膨胀达到最大限度，需要将膨发的组织固定下来，以获得良好的膨胀组织。如果此阶段面火的温度不够高，会使表面得不到及时定型，将使已胀发的饼坯塌陷，造成饼干僵硬不疏松。烘烤的最后阶段是上色阶段，炉温通常低于前面各区域，底面火在180～200℃为宜，防止饼干因炉温过高而色泽过深或焦化。由于各品种梳打饼干在块形大小、厚薄、原料配比、发酵程度等方面都不相同，具体温度和时间应视具体情况而定。

4. 威化饼干

威化饼干烘烤时，采用200℃以下温度，烘烤4~6min，烘烤过程可划分为三个阶段。

（1）制片定型阶段　此阶段疏松剂发生剧烈的化学变化，面浆中蛋白质开始凝固，淀粉糊化，形成泡沫状多孔性的华夫支架。

（2）烘烤脱水阶段　这一阶段占用时间最长，为2.5~3min。这时，已经定型的华夫片中，蛋白质开始变性，淀粉也由部分糊化达到全部糊化，体积开始收缩。华夫片的表面温度由开始定型时的100℃左右上升到130~140℃，中心温度也超过100℃，华夫片的水分降至10%左右。

（3）上色阶段　随着炉内温度的进一步上升，华夫片继续排出少量的水分，同时产生褐变反应，使之呈淡黄色，并具有焙烤制品特有的香气。

烘烤完冷却夹心后切片进行包装。

5. 蛋黄（杏元）饼干

蛋黄饼干烘烤时，采用190℃以下温度迅速烘烤，烘烤过程可分为三个阶段：

（1）饼坯的胀发　蛋黄饼干的胀发主要依靠鸡蛋在搅擦过程中形成的气泡，这些气泡被蛋白质薄膜包裹，当饼坯受热时，气体膨胀，从而使饼坯体积增大；其次依靠少量的小苏打受热产气，在制品内部形成细小气孔，达到疏松的目的。

（2）饼坯的定型　饼坯在烘烤受热后，淀粉开始吸水糊化，随后蛋白质开始变性凝固。这时，饼坯的内部胀发作用停止，游离水分蒸发完毕，结合水也有部分被缓慢蒸发，饼坯得以定型。

（3）饼坯的上色　由于蛋黄饼干用蛋、糖量较高，很容易上色，故上色阶段宜采用较低的温度，一般面火为190℃左右，底火为180℃左右，上色时间约1min。

烘烤完经冷却后整理包装。

6. 蛋卷

蛋卷是由浆料经烘烤成皮，趁热卷制而成。尽管浆料水分高，但皮子薄，仅为1mm，脱水极快，故在面火温度为150℃，底火为350~400℃时，仅30s即可成型。蛋卷烘烤时间与炉温和浆料浓度有关。

烘烤后趁热将皮子卷成蛋筒后，经冷却后用切割机将蛋卷筒分段切割成长度均匀的蛋卷，进一步冷却至38℃，进行整理、计量、包装，成为酥脆的蛋卷。

第七节　饼干的冷却

饼干刚出炉时，表面温度约为180℃，中层温度也在110℃左右。此时饼干质地柔软，水分为8%~10%。在冷却过程中，饼干内水分仍处于不断蒸发过程，随着饼干温度的下降，饼干内部水分也随之减少。饼干由软变硬，形态逐步固定下来，口感变得酥松。冷却后的饼干温度在30~40℃之间，另外饼干必须经冷却才能进行包装。如果趁热包装，饼干易变形。包装后因结露和返潮易造成霉变、皮软等问题。同时，温度过高包装，易加速油脂氧化酸败，缩短饼干的保藏期。

一、冷却时水分的变化

饼干刚出炉时，温度还很高。成批饼干的冷却等于在低温中继续烘烤，水分在冷却过程中逐步挥发。

图 3-14 为酥性饼干冷却过程中水分的变化情况。从图中可以看出：在冷却的最初阶段(时间约 5min)，水分急剧下降，水分下降量占刚出炉时饼干总水分的 80%~90%；当冷却到 5~6min 时，水分基本上停止蒸发，在 6~8min 时处于相对稳定，即水分不下降，也不升高；10min 后吸收空气中水分，饼干水分又逐渐上升。

由此可以看出，冷却时的水分变化与空气中相对湿度、温度，特别是饼干的品种关系密切。根据不同品种及车间冷却线布置的具体条件，加以测定后判别应当冷却的时间，一般来说，根据烘烤时间与冷却适宜温度及水分变化来计算，冷却输送带的长度应是烤炉长度的 150%，才能保证自然冷却条件下使产品达到温度及水分要求。

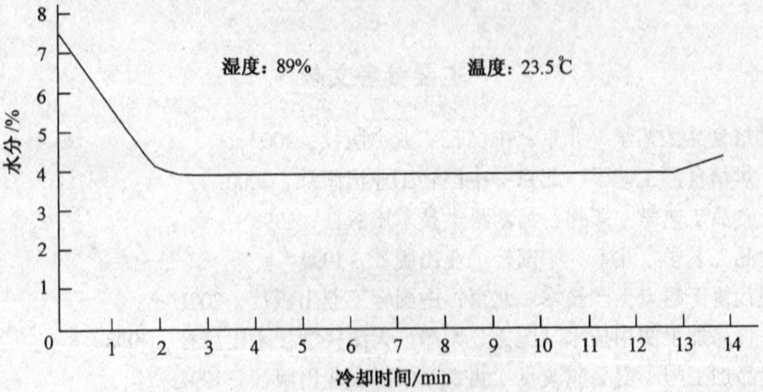

图 3-14　酥性饼干冷却过程中水分的变化

二、冷却与形态的关系

刚出炉的饼干温度和水分较高，饼干呈柔软状态，略受外力作用影响就易发生变形。特别是油、糖含量较高的饼干更是如此。需要在冷却过程中挥发水分及降温才能保持正常的形态。因此在冷却过程中，饼干未变硬之前，要求饼干铺在平整的冷却运输带上，不要相互重叠，避免剧烈翻动和碰撞，以免饼干弯曲变形。

三、冷却与裂缝的关系

饼干刚出炉的表面温度为 180~200℃，如果立即暴露在室温 20~30℃、相对湿度 50%~60%的低温空气下，或用鼓风机吹，对饼干质量是非常有害的。因为急剧降温，强烈的热交换和水分急剧蒸发，饼坯内部水分梯度加大，造成饼干内固体在变形的同时会使饼干内部产生应力，当应力超过饼干组织强度，饼干就会产生裂缝。通常内部应力的变化，是由于水分不均匀而引起的，例如刚出炉的梳打饼干，如果急速使之冷却，梳打饼干的边缘首先剧烈地脱水，造成边缘干、中心湿的水分梯度。经过放置后，中心的水分逐渐向边缘扩散，造成饼干边缘吸水膨胀，而中心失水收缩，于是产生裂缝。所以，一切过快加大水分蒸发的因素，都可能造成饼干内部水分梯度加大，应力加大，而产生裂缝。因此，在输送带上，强制通风冷却，或冬季由自然温湿度条件造成的水分蒸发过快，都易产生裂缝，尤其是含糖低的硬质韧性饼干更容易产生。因此，有时需要用增加输送带周围的温湿度（加保温罩）等措施，来抑制水分过快蒸发，防止裂缝。梳打饼干可堆放冷却。

还有，饼干生产的脱水现象始终贯穿了整个烘烤过程，如果烘炉炉温过高，网带转速过快，则饼干外部的水分会迅速排干，而内部水分排除不彻底，造成内外水分差异，极大的水分梯度在热冲击下迅速变化，饼干就极容易破裂，因此在生产过程中要控制好合理的带速和调好烤炉的各区温度，以降低饼干的破裂率。

饼干出现裂缝，一般当天难以发现，到第二天才会逐渐明显。裂缝大多都在饼干中间形成，渐向边缘伸展，而且每块饼干破裂情况很相似，一般称为自然裂缝现象，这种现象当然不单是冷却方面的因素，而与面筋形成量、加水量、烘烤温度等因素有关，而冷却是较重要的因素，因此，抑制饼干的自然破裂需要从各方面综合考虑。

冷却至适宜温度的饼干应立即进行包装，否则，易吸潮变软，严重的甚至产生霉变及油脂氧化酸败。

主要参考文献

1. 贡汉坤．烘焙食品工艺学．北京：中国轻工业出版社，2002
2. 李里特等．烘焙食品工艺学．北京：中国轻工业出版社，2000
3. 陆启玉等．食品工艺学．郑州：河南科学技术出版社，1998
4. 赵晋府．食品工艺学．北京：中国轻工业出版社，1999
5. 李琳等．现代饼干甜点生产技术．北京：中国轻工业出版社，2001
6. 朱蓓微等．食品加工实用技术与配方．天津：天津科学技术出版社，1998
7. 林作楫．食品加工与小麦品质改良．北京：中国农业出版社，1994
8. 袁惠新．食品加工与保藏技术．北京：化学工业出版社，2000
9. 薛文通．新版饼干配方．北京：中国轻工业出版社，2002

第四章　糕点生产工艺

糕点制作具有悠久的历史，是人们生活中一种极其普遍的营养食品。糕点主要以面粉、油脂、糖为原料，配以果仁、调味品等辅料，通过调制成型，经过烘焙、蒸制、油炸等熟制工艺加工成各具特色的风味食品。它具有营养丰富，品种繁多，造型美观，味美适口，色、香、味俱佳，食用方便等特点，并带有浓郁的民族特色和地方特色，成为当今食品工业中的一大类食品。

第一节　糕点的分类

糕点花色品种繁多，大体可分为两大类。一类是中式糕点（简称中点），一类是西式糕点（简称西点）。中点又以长江为界，可分为北点、南点。西点以国度分类，可分为英式、俄式、日式、德式、法式、意式等。

一、中西糕点的主要区别

中、西糕点在原料、制作方法、口味及产品名称等方面有较大的不同，主要有以下几个方面的区别。

原料的使用上，中式采用原料以面粉为主，以油、糖、蛋、果仁及其辅料为辅。而西点面粉用量少于中点，其奶、糖、蛋的比重较大，并辅以果酱、可可、水果等等。

工艺上，中式以制皮、包馅为主，靠模具或切片成型，种类繁多，装饰简单。生坯成型后，多数经过烘焙或油炸后即可为成品。而西点则以夹馅、挤花、挤糊为多，生坯烘焙成熟后多数要进行较为复杂的装饰。

风味上，由于品种、地域及配料不同，风味差别明显。中点主要以突出香、甜、咸为主，而西点则突出奶、糖、蛋、果酱的风味。

产品名称上，中点多数以产品的性质、形状命名，而西点则以用料、形态、音译命名。

二、中式糕点的分类

1. 按产品特点分

（1）酥皮类　凡用筋性面团包油酥、破酥成型的烘烤制品，均属这一类。这类糕点多数是包馅的，烘烤后为多层薄片状，而且层次分明、入口酥软，所以称为酥皮，又因皮多为白色，又称白皮子。这类糕点制作精细、美观，花样繁多，馅心用料多样，故具有多种口味。如：京八件等。

（2）油炸类　凡和面成型后，经热油炸制而成的制品，均属这一类。这类糕点有混糖的、酥皮的、带馅的，还有粘结的。花样繁多，造型美观。炸制后，有的产品挂浆或不挂浆，有的表面粘有籽仁或糖粉。其特点是酥、脆、香、甜。如：开口笑、芙蓉糕等。

（3）酥类　凡油、糖、面加水混合在一起，印制、切块、成型的烘烤制品，均属这一类。这类糕点是一种无馅点心，配料中油、糖的比例大，所以酥松性强。如：扒裂酥、杏仁酥等。

（4）蛋糕类　凡用蛋多，搅打成糊，浇模烘烤或蒸制的糕点，均属这一类。这类糕点因用蛋量比其他类糕点都多，因而熟制后，组织松软、细密，有弹性，营养丰富，易消化。如：蛋糕、喇嘛糕等。

（5）浆皮类　凡用糖浆和面，经包馅、成型、烘烤而成的糕点，均属这一类。这类糕点经烘烤后，浆皮结构紧密，表面光润、丰满，不走油，不硬心。以月饼为主，如提浆月饼等。

（6）混糖皮类　凡不用糖浆而用糖粉和面，经包馅、成型、烘烤而成的糕点，均属这一类。这类糕点的皮面结构发暄，烘烤后酥松。如：蛋黄酥、桃杏果等。

（7）饼干类　凡油、糖、面加水混合在一起，擀片、成型、烘烤的制品，均属这一类。这类糕点就是手工操作的糕点式饼干或薄饼等，其特点是酥、脆。如：麻香饼、高桥薄脆等。

（8）其他类　凡配料、加工、熟制方法不同于前七种的中式糕点，均属这一类。这类糕点主要是一些季节性的食品。如油茶面、绿豆糕、元宵等。

2. 按制作方法分

这种分类方法来源于生产部门，取决于产品的熟制方法，便于掌握。

（1）烘烤制品　定型的半成品经过加热烘烤，除去多余水分，体积增大，颜色美观，具有独特的口味，在糕点品种中占绝大部分。

（2）油炸制品　定型的半成品经过热油炸制，除去多余水分，体积增大，颜色油润，制品酥脆，在糕点品种中占有一定的数量。

（3）蒸制品　定型的半成品，放入特制的蒸器内，利用蒸汽的热量，排除部分水分并使体积增大，具有柔软、不腻的独特风味。

（4）其他制品　包括煮制品、炒制品等。这些制品的熟制方法都不同于前三种。

3. 按地理位置分

我国地广人多，按地理位置可分为南点和北点，又可分广式、京式、苏式三大帮式，具体还可细分为京式、苏式、扬式、宁绍式、广式、潮式、闽式、高桥式、川式等。

4. 按习惯分

中式糕点除以上分类方法以外，人们常常按习惯名称将其分为十类：糕类、蛋糕类、酥类、饼类、月饼类、卷类、面包类、粽子类、糖类及其他。

三、西式糕点的分类

西式糕点按产品特点分类如下：

1. 奶油清酥类

奶油清酥类糕点奶油用量较大，是以水皮包油酥，经多次折叠、成型、烘烤后的制品，外观层次分明、制作精细、造型美观、块大体轻、入口酥香，具有浓郁的奶香味。如奶油风轮酥、果酱清酥等。

2. 蛋白类

蛋白类糕点的用料以蛋白、砂糖为主，其制品花样美观、丰满大方、体轻、入口酥脆，营养价值较高。如：蛋白蘑菇、巧克力蛋白酥等。

3. 蛋糕类

蛋糕类的用蛋量比其他糕点都多。由于鸡蛋的胶体性质，经搅打充气后膨胀，使制品烘烤后绵软有弹性。大部分制品加香兰素调香，烘烤后多附以果酱、奶油等。如瓜仁卷糕、奶油果酱条等。

4. 奶油混酥类

奶油混酥类糕点也称干点心，是一种不分层次的糕点。配料中所用奶油、糖的比重较大，所以酥松性较强。如：奶油风糖酥、干点瓣、蛋黄酥等。

5. 茶酥类

茶酥类糕点小巧玲珑，相传是喝茶时候吃的，多制成酥性，因此称茶酥。如：奶油浪花酥、奶油桃式点心等。

6. 水点心类

水点心类是西点的代表性产品。由于制品含水量高，且多数需淋刷糖水，故称水点心。它由坯子和装饰品两部分构成。其坯子以蛋糕制成为主，但也有用清酥、混酥、蛋白做的。装饰的花样可随意选择，因此风味各异、绵软可口。如：动物小水点心、奶油大蛋糕等。

7. 肥面类

肥面类点心系经酵母发酵、加料的高档面包，质地松软，是一种易于消化吸收的营养食品。如：什锦小面包、炸肉包等。

8. 其他类

在加工方法和熟制上都不同于上述七类的糕点均属这一类。

需要说明的是，有些厂家又简单地把西式糕点分为蛋糕类、面包类及小西点类。

第二节　糕点的加工工艺

一、各种糕点的加工工艺

1. 中式糕点的加工工艺流程

(1) 酥类

原料配比→面团调制→分块→成型→装盘烘焙→冷却→成品

(2) 酥皮包馅类

原料配比→面团、馅料调制→包馅→成型→装盘→烘烤→冷却→成品

(3) 松酥类或松酥包馅类

原料配比→面团（皮）调制→（包馅或不包馅）→成型→烘焙→冷却→成品

(4) 浆皮包馅类（水油皮类基本相同）

原料配比→面团（皮）调制→包馅→成型→装盘→烘焙→成品

(5) 酥层类

原料配比→面皮调制、油酥调制→皮酥包制→成型→装饰→烘焙→冷却→成品

(6) 发酵类

原料配比→发酵面团调制→成型（或包馅成型）→烘焙→冷却→成品

（7）烘糕类

原料配比→拌粉→装模→炖糕→成型→烘烤→冷却→成品

（8）（烤）蛋糕类

原料配比→调糊→装模→烘烤→冷却→成品

2. 西式糕点的加工工艺流程

（1）蛋糕

原料配比→面糊调制→注模→烘烤→冷却→装饰→成品

（2）派

原料预处理、配比→面团调制→注模→烘烤→夹心→涂巧克力→冷却→成品

（3）烫面类点心（奶油空心饼和爱克力）

原料配比→烫面团调制→加蛋→挤糊→烘焙→夹馅→装饰→成品

（4）帕夫酥皮点心

原料配比→皮面调制→包油→反复折叠→成型→烘烤→成品

（5）小西饼

原料配比→皮面调制→成型→装盘→烘焙→成品

（6）米饼

原料大米→洗米→浸泡→脱水→粉碎→调粉→蒸制→冷却→压坯→成型→干燥→静置→烘焙→调味→成品

二、糕点的基本加工工艺流程

1. 原料的选择和处理

按照产品特点选择合适的原辅料，并对原辅料进行预处理。

2. 面团（糊）的调制

按照配方和不同产品的加工方法，采用不同混合方式（搅打、搅拌）将原辅料混合，调制成所要求的面团或面糊。

3. 成型

将调制好的面团或面糊加工成一定的形状。成型的方式有手工成型、模具成型、器具成型等。中式糕点有时需要制皮、包馅等，西式糕点则有夹馅、挤糊、挤花、切块等，有时也包括饰料的填装。对于不宜烘烤的馅料如膏状馅料、新鲜水果等，一般应在烘烤后填装。

4. 熟制加工

熟制工序中采用较多的是烘烤方式，其他方式还有油炸、蒸煮等。对于不需要装饰的制品，经熟制后即成成品。

5. 冷却

将熟制后的产品自然冷却至室温后，以利于后面工序操作，如装饰、切块、包装等。

6. 装饰

大多数西式糕点需要装饰，即经熟制工序后的制品选用适当的装饰对制品进一步美化处理。所需的装饰材料应在使用前准备好。

三、面团的调制

面团的调制是将配方中的原料用搅拌的方法调制成适合于各种糕点加工所需的面团或面糊。面团的调制是糕点生产中一道重要的工序，与产品质量密切相关。通过面粉调制，使各种原料混合均匀，使面团或面糊的物理性质如软硬、黏弹性、韧性、可塑性、延伸性、流动性能满足糕点制作的需要。

面团是由面粉与辅料及水混合后，蛋白质吸水膨胀，形成的面筋网状结构。而淀粉、油脂、糖均匀分布在面筋网络之中。不同糕点所使用面团的物理性质不同，因而所采用的调制方法也不同。如油酥面团调制不用水，仅用油脂和面粉，它不形成面筋，而靠面粉对油脂的吸附形成面团。

1. 影响面团调制的因素

(1) 原料的影响　面粉所含面筋的数量及筋力不同，对面团物理性质影响较大。水调面团宜采用强筋小麦粉，而酥性面团或油酥面团则需采用弱筋小麦粉。

油、糖具有很强的反水化作用，对面团物理性质有较大的影响。糖、油含量少的面团面筋形成量高，面团弹性大、可塑性小，糖、油含量多的面团则相反。含蔗糖多的制品，烘焙后发脆；含饴糖多的制品烘焙后起软性。油脂含量多，面团松散、制品酥松。

蛋液具有较高黏稠度。在酥性面团中，蛋对小麦粉的颗粒起粘结作用。蛋具有良好的乳化作用，可使油、水、糖乳化均匀，分散到面团中，经搅打产生大量气泡，可增加制品的疏松性。

适量的盐可增加面团的弹性。

(2) 加水量及水温的影响　绝大多数面团要加水调制，加水量根据面团的性质而定。酥松的面团不加水或加水很少。用油、糖、蛋的面团，加水相应少些，反之，水要增加些。面粉的面筋含量增加 1%，吸水量就相应增加 1% ~ 1.5%。另外，面粉含水量低，吸水量就多。

水温对面团调制有很大影响。它不仅可以影响油、糖溶解、发酵速度，而且对面筋形成有很大影响。水温 30℃，醇溶蛋白与麦谷蛋白吸水率最高，能充分形成面筋。水温 70℃，淀粉吸水膨胀并糊化，面筋开始变性，吸水量下降。因此，操作时应根据工艺灵活调节水温。

(3) 工艺的影响　面团调制时的投料顺序会对面团质量产生影响。对于酥性面团，先将油、糖、蛋、水搅拌均匀，再投入面粉和成面团。发酵面团为防止酵母生长受到抑制，面团发酵后，再将油、糖等辅料加入。

调粉机的搅拌作用对面筋形成有很大影响，加快搅拌速度，加大搅拌作用力，或增加搅拌时间，会增加面筋的形成量，使面团弹性增加。

面团调制后静置（俗称“醒面”），可使面团中消除应力，降低面团的弹性，增加延展性。韧性面团一般需静置 30min 左右，酥性面团面筋形成量不多，调制后不需静置可立即成型。

2. 面团的调制

(1) 水调面团　水调面团又称为筋性面团，是用水和小麦粉直接调制而成的面团。根据调制时所用水温度的不同可分为三种面团。

①冷水面团：和面时全用冷水调和，因和面时用的水温低，面粉中的面筋没有受到破坏，淀粉膨胀不够充分，面团较硬，韧性强，面筋质多。

调制冷水面团时，将水掺入后立即搅拌，使水与面粉结合成软硬适度的面团，然后经过静置，使水与面粉更好地结合，组织均匀，面团筋力强，提高了面筋的弹性和光滑度，使成品更加爽口。

②温水面团：温水面团是用50℃左右的温水与面粉调制而成的面团。由于水温的影响，面粉中面筋质的生成受到一定限制，而淀粉的吸水量却增加。调制出的面团有韧性，较松散，筋力比冷水面团稍差，富有可塑性。

③沸水面团：沸水面团又称烫面、开水面。即用沸水调制而成的面团。这种面团由于所用水的温度较高，面团内的各种物质发生了一些变化，蛋白质受热凝固变性、淀粉糊化等等，因而面团筋力差，色泽深。

调制方法一般分两种：一种是用沸水直接烫面并调好，再经加工制作（全烫面）；另一种是根据制品的特点，把制品的30%～50%用沸水烫制调好，再加入50%～70%用冷水调制的面团一起揉匀（半烫面），这就是所谓的“三生面”、“四生面”等。

应该注意的是：第一，沸水要加得均匀，并要掌握准确的吃水量。第二，需将面粉与沸水初步拌和，最后洒上凉水揉面，使制品不粘牙。第三，要散尽面团中的热气。

（2）水油面团　水油面团主要是用小麦粉、油脂和水调制而成的面团，为增加风味，也可用部分蛋或少量糖粉、饴糖、淀粉糖浆调制而成。它既有水调面团的韧性、延伸性、可塑性以及保持气体的能力等性质，又具有油酥面团的润滑性、柔软性以及酥松等特点。大多用于制酥层面团，仅有少数品种用此包馅。调制水油面时，一般将油与水一起加入面粉中拌匀，用水温度应随气候的冷热而定，一般以30～40℃的水为好，这样制成的产品酥松，而且有一定的韧性。

（3）油酥面团　油酥面团是全部用油脂和面粉调制而成的，不单独制成成品，而用作酥层面团的夹酥，它具有软滑、可塑性强等特点，但缺乏弹性、韧性和延伸性。油酥面团在油酥制品中与水油面层层间隔，不相粘连，形成层次，在成熟后可使成品发松起酥。

调制油酥面团时应注意油酥的软硬要和水油面基本一致，不可一软一硬使酥层受到影响，甚至影响制品的成型和成熟。

（4）混酥面团　混酥面团是用油、糖、蛋和面粉调制而成，成品不分层次，入口酥松。混酥面团有高低档之分，高档用油量大，不加膨松剂；低档用油少，用膨松剂使制品酥松。

调制时，将糖、蛋、油倒入和面机，先快速搅拌均匀后，再倒入过筛的面粉，缓慢搅匀即可，但搅拌时间不宜过长，以免面团起筋。

（5）糖浆面团　糖浆面团是先将蔗糖、饴糖制成糖浆，然后再与面粉调制而成。这种面团既有一定的筋性，又有良好的可塑性，如提浆月饼、光式月饼等。

调制方法与混酥面团相似，但还应注意以下几点：

①在加入食用油之前，糖浆与碱水一定要混合充分，否则制品成熟后，表皮会出现白色斑点。

②严格控制用碱量。碱水过多，皮色灰暗且有碱味。

③面团不可放置过久。

（6）酥层面团（又称酥皮）　酥层面团是由水油面团和油酥面团组成，经包制、压延和折叠而成的有层次的酥皮，如苏式月饼。

（7）发酵面团　在面粉中加入生物疏松剂、酵母和适量的水及辅料等调制而成的面团。制品疏松、多孔、柔软。如酒酿饼、苏打饼等。

调制时，先将用温水活化的酵母液与面粉混合，然后加入糖、蛋等辅料，最后加入油脂，调到面团软硬均匀、表面光滑。

(8) 米粉面团　米粉面团是以大米或糯米原料经过加工磨碎，加水及辅料调制而成的面团，米粉面团调制方法主要有以下几种。

①打芡面团：选用糯米粉，取总量10%的糯米粉，加入20%的水捏和成团，再制成大小适宜的饼坯。在锅中加入10%的水，加热至沸腾后放入制好的饼坯，边煮边搅，煮熟后备用，这一过程称为打芡或煮芡。有的品种是将制好的饼坯与糖浆一起煮制打芡。将煮芡与糖一起投入调粉机内搅拌，糖全部溶化均匀后，再加入剩余的糯米粉，继续搅拌调成软硬合适的面团。这种面团多用于油炸类糕点，如江米条、酥京果等。

②水磨面团：将粳米或籼米除杂，洗净浸泡3h，水磨成浆，装入布袋中挤压出一部分水备用。按配方取出25%，加入0.8%左右的鲜酵母，发酵3h后进入下道工序，该面团可制作藕筒糕等蒸制类糕点。如果不需发酵，先将粳米或籼米除杂洗净，浸泡3～5h，水磨成浆，沥水压干，然后与糖液搅拌而成。

③烫调米粉面团：将糯米糕粉、砂糖粉等原料用开水调制而成面团。因为糕粉已经熟制，再用沸水冲调，糕粉中的淀粉颗粒遇热大量吸水，充分糊化，体积膨胀，经冷却后形成凝胶状的韧性糕团。这种面团柔软，具有较强的韧性。

④冷调米粉面团：首先将制好的转化糖浆、油脂、香精等投入调粉机中混匀，再加入糯米粉充分搅拌，有黏性后加入冷水继续搅拌，当面团有良好的弹性和韧性时停止搅拌。当加入冷水时，糕粉中的可溶性 α－淀粉酶大量吸水膨胀，在糖浆作用下使糕粉相互连接成凝胶状网络。调制中可分批加水，使面团中淀粉充分吸水膨胀，降低面团黏性，增加韧性和光泽。多用于熟粉制品，如苏式的松子冰雪酥、清凉酥、闽式的食珍橘红糕等。

(9) 蛋糕糊的调制

①清蛋糕糊的调制：清蛋糕糊是用鸡蛋和糖经搅打发泡后再加入小麦粉调制而成，用于制作中式烤蛋糕、蒸蛋糕和西式清蛋糕。

清蛋糕糊的制作原理是依靠蛋白的搅打发泡性。蛋白在打蛋机的高速搅打下，大量空气卷入蛋液，并被蛋白质胶体薄膜所包围，形成了许多气泡。开始时气泡较大而透明，并呈流动状态，随着搅打不断进行，卷入的空气量不断增多，蛋糊（即形成泡沫状的蛋液）体积不断加大；另一方面，空气泡受高速搅打后不断分散，气泡越来越小，数量也越来越多。最后全部蛋液变成乳白色的细密的泡沫，并呈不流动状态。蛋糊中卷入的空气量越多，所制作的蛋糕体积就越大；气泡越细密，蛋糕的结构就越细致，越疏松柔软。不过蛋糊搅打不能过分，如果打蛋过头，气泡变得脆而易破，蛋糊体积反而下降。因此必须很好掌握打蛋时间，使蛋糊恰到好处。

打蛋时间与温度有很大关系。温度高，蛋液黏度低，容易打发，因此打蛋时间短；反之，打蛋时间长。一般在20～30℃时，蛋糊既容易起发，泡沫也稳定。在此温度下，打蛋时间约为15min。温度过低会大大延长打蛋时间，因此在冬季打蛋，往往将容器放在热水中预热。

打蛋时，蛋液必须和砂糖一起搅打。单独的蛋液虽然也能打发，但泡膜干燥脆弱，易于失去弹性而破裂，而且难以膨胀。砂糖的加入使蛋白膜黏稠而富有弹性，不易破裂，因而提高了气泡的稳定性。

酸类物质如醋酸、柠檬酸、酒石酸等的加入，有利于得到坚韧而不易变形的气泡。如因陈蛋 pH 升高时，可慢慢加入酒石酸使 pH 降至 5 左右，能有效地改善起泡状况。而且酒石酸可以改善色泽，使蛋糕增白。

油脂有消泡作用，能使气泡破裂，影响起发，因此打蛋时蛋液不可与油脂接触。打蛋机的打蛋器和容器以及与蛋液接触的所有用具都必须用洗涤剂或热水将油污彻底洗净。此外，蛋黄本身含有大量油脂，会影响蛋液起发，如能将蛋白和蛋黄分开搅打，或单独使用蛋白制作蛋糕，效果更加理想。

蛋糊打好后，将小麦粉调入，制成蛋糕糊。小麦粉应预先过筛，以打散其中的团块，既有助于缩短搅拌时间，又可避免形成白粉颗粒。调粉必须慢而均匀，不要多搅。要使蛋糕糊既均匀，无白粉块存在，又不能起筋，打成的蛋糕糊不能放置过久，以防糖分和小麦粉沉底，影响制品质量。

②油蛋糕糊的调制：蛋糕糊的制作除使用鸡蛋、糖和小麦粉外，还使用相当数量的油脂以及化学疏松剂。它的调制方法可分为冷油法与热油法两种。冷油法是先将油脂、糖和水在搅拌机中搅打，使油脂乳化。由于油脂具有搅打发泡的能力（即油脂的酪化性），搅打时大量空气被卷入，形成无数的气泡。这些气泡被包围在油膜中不会逸出，这样油脂体积逐渐增大，并和水、糖等互相分散，形成乳化状泡沫体。然后将蛋液分若干次加入（一般为三次），每次加入均需继续搅打，形成疏松膨大的油蛋糊。最后加入事先过筛的小麦粉淀粉和疏松剂的混合物，并在短时间内搅拌至均匀，即成油蛋糕糊。采用这种调制方法所制作的油蛋糕体积大、结构细密、品质较好，但要求所使用的油脂具有良好的搅打发泡性。为了使蛋糕糊不起筋，必须使用弱面粉，必要时可掺入 5% ~ 10% 的淀粉。

对于搅打发泡性较差的油脂，则需使用热油法来调制油蛋糕糊。它是先将蛋和糖混合快速搅打 15 ~ 20min，然后在慢速搅拌下加入一半事先加热至 90℃ 的水和油脂的混合物，再加入一半过筛的小麦粉、淀粉和疏松剂的混合物，略经搅拌后再相继加入另一半油、水混合物和粉料混合物，搅拌至均匀即可。天然猪油的搅打发泡性较差，若用其制作油蛋糕必须使用此法。

四、馅料的制作

糕点中有相当的部分是包馅制品。馅料又称馅心，从口味上可分为咸馅、甜馅和甜咸馅三种。馅料是用各种不同原料，经过精细加工而成。一般馅的重量占制品重的 40% ~ 50%，有的甚至更高。馅料制作的好坏、种类的多少，不仅与增加制品花色品种有关，而且还对成品的色、香、味有很大影响。因此，馅料的制作是糕点中的重要工序。

馅料制作一般包括炒制馅和擦制馅两种方法。炒制馅是指经加热炒制的馅料，如豆蓉、枣泥、莲蓉馅等。擦制馅是指不经加热拌和而成的馅料，如五仁馅、椒盐馅等。虽然馅的种类较多，用料上也各有差别，但操作方法基本相同。制馅时应注意以下问题：

① 制馅所用的面粉要求熟制，以破坏面筋蛋白质，使馅心经烘烤后松酥、爽口，并可防止制品内心不熟、入口发黏。为保持馅心的理想色泽，熟制方法最好是蒸制。

② 制咸味馅以猪油为好，制甜味馅以花生油、香油为佳。使用豆油、葵花油、菜子油，必须熬炼，去其异味，冷却后使用。

③ 制馅所用的糖应加工粉碎，过罗后使用。这样不但便于操作，而且口感绵软，一般糖、熟面、油的比例是 1:1:0.6。

④ 馅内使用的小料应根据情况加工精选。为防止料与料之间味道排斥，一定要依品种要求选择小料。如玫瑰与南桂不得同时使用，麻盐馅不得使用花椒面、大葱，咸馅（椒盐、麻盐）不得使用带有酸味的果脯、瓜干。而芝麻、花生米等应烘烤粉碎后使用。

⑤ 严格控制加水量，馅心不得过软。馅内的少量用水最好与油一起加入，搅拌均匀，防止糖化。

下面介绍几种常见的馅料制作方法。

1. 豆沙馅

豆沙馅是糕点常用的一种馅，在中式糕点中用的最多，常用于月饼、蛋糕、面包、绿豆糕、豆沙卷、粽子等品种。因中式糕点有不同的地域特点，豆沙馅料的配方也各有差异。

(1) 馅料配方（以广式为例）

赤豆 32.4kg，白砂糖 22.3kg，绵白糖 26.2kg，花生油 16.1kg，糖玫瑰 1.6kg，碱水 26.2kg。

(2) 工艺流程

赤豆→漂洗→煮熟→去壳去沙→炒制→成品
↑
糖、油

(3) 制作方法　赤豆用水洗净并除去杂质，然后放入锅中，先用旺火煮沸，然后用文火煮烂，再将赤豆过筛取沙。若用机器取沙，将赤豆舀入取沙机，开动机器，湿豆沙沉入铝桶，再经过孔径为 1mm 的铜筛，入布袋挤出水分成为干沙块。若用手工取沙，将煮烂的赤豆置铜筛内并浸入水中，用手擦豆，淘洗，去皮，豆沙沉在桶底。弃去清水，将豆沙入袋压干即成。要求手捏成饼，一搓即散，呈紫红色。再将豆沙中加入油、糖进行炒制，一直炒到有一定稠度和可塑性时加入其他辅料，炒拌均匀就可起锅。

以上是细豆沙的基本做法。粗豆沙的制法较为简便，方法是：将煮熟的赤豆用石磨或绞肉机绞碎，然后入锅炒制。粗沙所含油、糖比细沙少，有时可加入适量糖精，故粗沙不耐贮藏。

(4) 注意事项

①赤豆要煮制适度，只要赤豆皮破裂，豆中心不硬，就可取沙。

②炒制时所用的油要分数次加入。为了防止锅中豆沙接底，在炒制时先加一些油；随着炒制的进行，水分减少，豆沙变厚，再分次加入剩余的油脂使成品豆沙光泽好、感官油润。

③炒制豆沙宜用文火，使水分充分挥发，糖、油充分吸水，色泽由红变黑，硬度和面团相近。炉火过旺，豆沙会有焦煳味。

(5) 品质要求　色泽紫黑油亮，软硬适度，不黏，无焦块杂质，口感软润，细腻甜香，无焦苦味。

2. 椰蓉馅

椰蓉馅是广式糕点特有的馅心，清香隽永，风味盎然。若将椰蓉馅中加入一定量的奶油，就制成了香而肥润的奶油椰蓉馅。

(1) 馅料配方（以广式为例）

椰丝 10kg，糕粉 3.75kg，猪油 5kg，白砂糖 11.5kg，鸡蛋 6.5kg、香精。

(2) 工艺流程

白砂糖、椰丝、蛋、油、香精→拌和→拌透→成馅
↑
糕粉、水

(3) 制作方法　先将白砂糖、椰丝、鸡蛋、油、香精等入搅拌机拌和，然后加入适量开水，如果是奶油椰蓉馅则用鲜牛乳代替水，继续搅拌，最后加入糕粉一起拌透成团即可。

(4) 注意事项　所用椰丝应轧成碎末，用开水拌和馅时应使白砂糖充分溶解，以便糖水渗入椰丝中。

(5) 品质要求　色泽淡黄，质软肥润，不油腻，不干燥，有椰香味。

3. 枣泥馅

各地枣泥馅的制作方法基本相同，但配方各异，风味有别。

(1) 馅料配方

①广式：黑枣3.74kg，白糖粉1.65kg，花生油2.3kg，熟糕粉300g，绿豆粉500g。

②苏式：黑枣2.5kg，白糖粉2.5kg，熟猪油320g，糖猪油600g，瓜子仁200g，松子仁100g，糖桂花50g，橘皮50g，黄丁50g。

③京式：红枣1.85kg，白糖粉3.7kg，花生油1.1kg，胡桃仁1.48kg，糖玫瑰370g，饴糖1.5kg。

(2) 工艺流程

红枣或黑枣→清洗→蒸煮→去核→去皮→打浆→混合→搅拌→成品
↑
白糖、油、其他辅料

(3) 制作方法　以红枣或黑枣为主要原料，用水洗净后，蒸烂，剥去枣核，放入筛中擦去枣皮，捣拌成泥。京式和苏式枣泥馅的制作是将白糖、油、果仁、蜜饯、香料等与枣泥调制而成。广式枣泥馅的制法是将枣泥放入锅中，与油、糖、绿豆粉混合后，用文火加热熬制，最后放入糕粉炒拌即成。

(4) 注意事项　京式和苏式枣泥馅重糖，并配入一定量的果料与香料。广式轻糖，注重天然枣味。广式加绿豆粉和糕粉来增加枣泥的黏度。

(5) 品质要求　色泽为光亮的紫红色，无枣皮、碎核，口味香甜。

4. 果仁馅

果仁馅是由多种果仁、蜜饯组成，也称为百果馅。由于各地特产不同，口味要求不同，用料亦各有侧重。广式用杏仁、榄仁；苏式用松子仁；京式用山楂（金糕）；闽式用桂圆肉；川式用蜜樱桃；湘式用茶油；东北地区用榛子仁等等。

(1) 馅料配方（以广式为例）

糕粉500g，白砂糖1.9kg，花生油300g，糖白膘丁1.5kg，核桃仁400g，杏仁300g，瓜子仁100g，熟芝麻500g，糖橘皮100g，糖冬瓜500g，榄仁200g，糖金橘300g，青梅、红枣肉、桂圆肉适量。

(2) 工艺流程

净果仁或蜜饯→切碎→拌和→果仁馅
↑
辅料、水

(3) 制作方法

①原料处理：杏仁、榄仁要浸泡去皮，瓜子仁、核桃仁要剔除其中的杂质和霉粒、虫粒，然后切成小粒；糖冬瓜、青梅、红枣肉、桂圆肉等需要切丁，糖金橘、糖橘皮等要切成细末。

②拌和：先将果料、蜜饯、白膘丁倒入搅拌机，然后加入油、糖和适量水进行拌和，最后加入糕粉拌和成软硬适度的馅。

(4) 注意事项

①使用榄仁要在搅拌后期加入，因榄仁质地脆嫩，加入过早易拌碎成屑。

②馅料中加适量的水可降低馅料的硬度，便于包制。但水分不宜过大，否则在烘烤时易产气，使饼皮破裂而跑糖。

(5) 品质要求

果料蜜饯颗粒要大小适中，搅拌均匀，不含杂质，口味不腻。

5. 火腿馅

火腿馅是糕点中的著名馅料，各地配方有所不同，广式以果仁为主，辅以火腿，食用时偶尔可尝到火腿丁，细嚼别有风味；苏、宁式是以火腿为主，辅以果仁。

(1) 馅料配方（以广式为例）

糕粉 6kg，熟面粉 3.5kg，花生油 1.5kg，白砂糖 21kg，芝麻 4.5kg，核桃仁 6.5kg，瓜子仁 600g，榄仁 800g，杏仁 800g，糖冬瓜 8kg，金橘饼 1kg，糖橘皮 2kg，玫瑰花 1kg，火腿 3kg，曲酒 500g，青梅适量。

(2) 制作方法

①原料处理　火腿去皮、骨，选取瘦肉。广式一般蒸熟，要求稍硬；苏、宁式习惯煮熟，要求稍软烂。经切丁或切片后，广、苏式习惯用酒拌和，宁式用麻油拌和。核桃仁、青梅、糖冬瓜、榄仁切成小粒，金橘饼、糖橘皮切成碎屑后待用。

②拌和　同果仁馅大致相同。

(3) 品质要求　火腿、果仁、蜜饯等料分布均匀，香味纯正，无油哈味或其他异味。

6. 椒盐馅

此类馅是苏式月饼常用的馅料。

(1) 馅料配方（苏式）

熟面粉 3.5kg，绵白糖 24kg，麻油 13kg，黑芝麻屑 10kg，核桃仁 5kg，松子仁 5kg，瓜子仁 2.5kg，糖橘皮 1kg，黄丁 1kg，黄桂花 2kg，精盐 0.5kg。

(2) 工艺流程

熟面粉、油、糖、盐、辅料
↓
黑芝麻→炒熟屑→擦拌→黑麻椒盐馅

(3) 制作方法　采用混拌法，将处理好的黑芝麻屑与熟面粉、油、糖、盐、核桃仁、松子仁、瓜子仁、糖橘皮、桂花等各种辅料混匀即可。

(4) 品质要求　擦拌均匀，油润不腻，香味浓郁，甜咸适口。

五、糖膏和油膏的调制

糖膏和油膏常用于糕点表面装饰，也可用于夹馅，可改进糕点风味及外观，提高其营养价值。糕点表面装饰有糖膏和油膏，不仅可使制品外观美丽诱人，而且能改进制品风味。

1. 白马糖

白马糖又称为白马糖膏、马牙糖、风糖。是指糖、水煮沸后加入转化剂再煮沸、冷却，搅拌成乳白色的半转化糖，大多用于蛋糕裱花，面包、大干点心装饰，也用于小干点夹心，既增加甜度，又装饰外观。

（1）配料比例

白砂糖 10kg，化学稀 1～2kg（化学稀用量根据化学稀浓度，可适当增减），水 3.5kg。

（2）工艺过程

① 将糖与水同时倒入锅内加热熬制，煮沸后过滤除杂，继续加热到 110℃时，投入化学稀，继续加热，温度达 115～118℃时停止加热。糖浆稠度感官检验方法是：用筷子挑出糖浆少许，滴入冷水中能结软块，说明熬糖恰到好处。

② 待糖液温度降至 50℃左右时，用木铲或搅拌机搅拌，搅到白色为止。将搅好的白马糖放在容器内，盖上湿布备用。

（3）注意事项

① 白马糖加工时要防止返砂，措施是注意用小火熬糖浆，并不时搅拌，用具要清洁。

② 搅拌拉白时注意温度不要高，以防糖膏粗糙。温度太低又不易拉白。

（4）质量要求　洁白细腻，不粗糙，软硬适中，柔软有光。

2. 蛋白膏

蛋白膏简称蛋白，是由蛋白、糖和其他辅料经搅打而成的膏状物。用于蛋糕裱花，面包、饼干夹心等。

（1）配方

蛋白 2.2kg，水 4kg，白砂糖 4.5kg，橘子香精 20mL，琼脂 0.1kg，柠檬酸 30g。

（2）工艺过程

① 将琼脂洗净放入容器内加水浸泡，泡开后倒入锅内加热，用小火熬制，用筛滤去颗粒杂质。加入糖、橘子香精、柠檬酸继续加热，待温度上升到 120℃时，使糖熬到起骨子即停止加热。

② 将蛋白在打蛋机内发至原体积 2～3 倍，冲入熬好的糖浆，边搅打边冲入，一直搅打到蛋白能挺住不塌为止。

（3）注意事项

① 蛋白以新鲜的为佳。因为新鲜蛋的黏稠性和韧性好，起泡性强。不新鲜的蛋不能用于制作蛋白膏。若用蛋白干，冬天用温水浸泡过滤后使用，不宜放置过久，否则蛋白分解变臭。

② 琼脂糖浆需过筛滤去杂质以防堵塞裱头。

③ 琼脂可用明胶代替。其配方为：蛋白 2kg，砂糖 12kg，明胶 0.3kg，水 6kg。如果制作中不加琼脂和明胶，只可做夹馅和涂料，不可裱花。

④ 蛋白、糖、琼脂的比例应根据蛋白膏的用途而有所增减，糖重的蛋白膏挺而不牢，宜用来涂面包或夹心；糖轻的宜用于裱花。

⑤ 制造蛋白膏的工具必须清洁，不得有油，否则，蛋白打不起。

⑥ 蛋白膏配方中加入一定量柠檬酸，其目的是帮助蛋白凝固，使蛋白洁白有光泽，并使蛋白膏具有爽口的水果味，还可以使裱出的红花延缓退色时间。

(4) 质量要求　色泽洁白有光泽，气孔细密，软而不塌，裱花时拉出的条子花纹清晰、棱角分明。

3. 奶油膏

奶油膏又名白脱淇淋、复制奶油。

(1) 配方

奶油 1kg，砂糖粉 1kg。

(2) 制作方法　将奶油倒入容器内，搅拌至发泡细腻后，再将过筛的糖粉分多次搅入奶油中，搅至呈细腻黏稠的油膏为止。需要着色时，则可分装于几个容器中，分别调入不同的颜色，搅匀即可使用。

(3) 注意事项　夏天需将奶油放在冰箱中，当天制作当天使用，制品应及时冷却。

(4) 质量要求　色泽光亮细腻、软硬适度，裱花软而不塌，清晰，入口肥厚而爽润，奶味浓郁。

六、糕点的成型

糕点的成型技术近年有了很大的发展，相当一部分产品实现了机械化和半自动化生产。成型即将调制好的面团（糊）加工制成一定形状。面团的物性对成型操作影响较大。调制的面团一般有两种，面糊：水分多，有流动性，不稳定；面团：水分较少，有可塑性，比较稳定，可根据面团特性及产品要求选用合适的成型方法。成型方法主要有印模成型、手工成型和机械成型。

1. 印模成型

印模是一种能使面团（皮）经按压成为一定形状的模具，形状有圆形、椭圆形、三角形等。常用于月饼、蛋糕、其他干点心类等。用印模成型要注意以下几点：

① 为使制品花纹清晰、棱角明显，单眼模要保持模内清洁油润，多眼模操作时，合理使用布面很重要。布面过少，饼坯易粘模，脱落困难。布面过多，易将花纹堵住，使饼坯纹印不清。

② 动作要连贯灵活，使巧劲，不能死磕、猛扣，否则会造成包馅类生坯的饼皮厚薄不匀。

③ 发现印模凹纹堵塞，应及时用竹签剔除，不能用锋利器具刮，以免模具发毛而造成粘模。操作后应将模具清洗干净，妥善保管。

④ 擦粉、刮头、出模速度要迅速，可以减少粘模现象。

⑤ 对于新刻的木模，用前应放在油中浸泡数日。新铁皮模在使用前，应用碱水洗去防锈油，涂上植物油，在烤炉中烘烤后备用。

2. 手工成型

许多糕点靠手工成型，常用的手法大致分为搓、摘、擀、包、捏、塑、裱、卷、叠、挤等。

(1) 搓　搓是用手将面团搓成各种形状的面坯，最常见的是搓条。搓大都适用于各种糕点用面团，但亦有区别，一般地，对要求筋力强的面团，其搓力要大，如面包面团等；对要求筋力弱的面团，其搓力要小；对有夹心的面条搓力也要轻。但都要求搓面用力均匀，外形整齐，皮面光洁。搓条时，要用掌跟推搓，双手用力均匀，不能一边重一边轻，否则搓出的面条一头大一头小，搓面不圆、不匀、不光洁。

（2）摘　摘指摘坯。摘是否得法，直接影响到制品的质量和形状的整齐划一。摘坯是否大小均匀，除了搓面条的本身质量之外，摘坯的方法也是关键。其正确的摘法一般是左手握条，四指平捏，右手四指摘坯，摘下一个戳在事先撒有铺粉的案板上，这时握条的左手向后移动一下，让出一个摘坯的截位，右手继续摘下另一个坯子。如此操作，直到摘完为止。摘坯时，两手要协调，做到边摘、边压、边移。摘口不起毛，摘坯大小接近。

（3）擀　擀是以擀筒或擀面杖作工具，将面团压成面皮，有单擀和复擀两种。

单擀是用擀筒或擀面杖对面团的一面进行压延使其均匀伸展。这种擀法用于饼坯、饼干等的制作，中、西式酥层皮也用单擀。操作时擀筒要灵活而不呆板，滚动自如，压延过程中前后左右交替滚压，可使面皮薄厚均匀。用力要实而不浮，底部撒粉要适量。

复擀是将经第一次单擀以后的面皮卷到擀面杖上进行多层压延。卷前要在面皮上撒粉以防压延时皮层粘连。复擀一般适用于薄面皮制品：如萨其马等。操作时要注意双手紧贴卷起的面皮在操作台上推动转滚，用力自然，双手由中部逐渐向两端移动，压延要厚薄均匀。

（4）包　包馅是将定量的馅料，包入一定比例的各种面皮中，使皮馅紧密结合并达到产品规定的技术要求，适合于需要包馅的糕点。如糖浆皮类、甜酥性皮类、水油酥性皮类糕点等，包馅的技术要求为皮馅分量准确、严密圆正、不重皮、皮馅均匀，并按下道工序的要求达到一定的形状。

（5）捏　捏是在包的基础上进行捏制的一种成型方法，指把包入馅心的生坯捏成各种形状。这是一项技术性较强的工作，手法多样，可捏出各种形象逼真的形态。捏法主要有以下四种：

① 挤捏法：是捏制成型中手法最简单的一种。左手托皮，右手入馅，随即把边皮挤合捏紧便成，操作方便、速度快，但形态呆板，不够美观。

② 叠捏法：这种成型方法较复杂，要求技巧较高，花样可随手变，制品形态各异。其制法一般是皮包馅后再将边皮提将起来，随手叠捏成内有空洞的形状，然后填入各种彩色花料，稍加整理即可熟制。

③ 皱捏法：是制作花点常用的一种成型方法。一般做法是皮包馅后，将食指放在皮子的外边，拇指放在皮子里边，然后左手托住馅饼坯，右手的拇指和食指轻提起边皮并将其折皱，边提、边皱、边捏，指力要轻巧，不要把皱折的边皮弄破。

④ 绞捏法：做法与皱捏法大致相同，不同的是在其边皮上一环一环绞捏出绳形的花边。这种花边环环相扣、花纹清晰，而且在熟制中不易松散，适合于制作各种花边酥品和油炸制品。

（6）塑　塑是一种综合性的成型方法，除了要有比较熟练的包捏技巧之外，还要有一定的艺术修养，如合理的造型和色彩的调配。可塑的形象很多，如飞禽走兽、鱼虾龟鳖、花草虫鸟、水果瓜鲜等。

（7）裱　裱是指在糕点制品上裱花，其方法是挤注，挤料是用糖膏或油膏，工具主要是花嘴。裱要有一定的美术和书法基础，合理构图，因此要经过一定的训练，掌握好裱花要领，才能做到手下生花。

(8) 卷　卷是将面团擀成长方形薄片，再经抹油（奶油或糖膏）和铺馅后卷制成型的一种方法。共分为单卷、双卷或多层卷几种。单卷是把擀长的长薄片涂抹上一层馅料后从一头卷向另一头。双卷则是涂抹馅料后两头往中间对卷，可双正卷与正反双卷。多层卷是用两张以上的面皮，涂上两层以上的馅料，然后卷制，其制品皮薄馅多，皮馅分明。

(9) 叠　叠指折叠。是将面团擀成薄片，按一定规则折叠起来的一种成型方法，多用于起酥制品的成型，常见的折叠方法有书叠法、顺叠法、十字叠法和分层叠法等。

3. 机械成型

机械成型是在手工成型基础上发展起来的，近年发展较快。常见的糕点成型机有压延、切片、浇模、包馅等。

(1) 压延机　压延操作容易实现机械化，常见的压延设备有往复式压延机、自动压延机等。往复式压延（面）机的工作中面团在两个轧辊之间往复运动，自动来回碾压，逐渐压延成一定厚度的面皮。

(2) 切片机　由刀片升降偏心轮使刀片上下做切削运动，边切边进行转动，切制对象大多是粉制糕片。要求薄厚均匀，切到底，不过分粘连。

(3) 浇注机（浇模机、注模机）　浇注机是将流动性物料挤出成一定形状的设备，其工作原理主要有四种形式。依靠活塞、旋转泵、螺杆等的单用或合用，能将喂入的物料定量或连续挤出。

(4) 自动包馅机　现代大型工厂大都采用自动包馅机，速度快。

七、熟制技术

糕点面团（糊）成型后，一般要经过熟制的过程。在熟制过程中糕点内部含水受热蒸发，淀粉受热糊化，疏松剂受热分解，面筋蛋白质受热变形而凝固，最终糕点体积增大，使制品成熟。熟制方法根据品种质量的要求，采用不同加热方式，可分为烘烤、油炸、蒸制、煮制等。熟制方法恰当，工艺条件合理，不仅可提高制品的色、香、味和外观质量，并可使制品达到理想的组织状态。

1. 烘烤

在烤制中，从热源发出的热量依靠传导、辐射和对流三种方式传递，其中以传导、辐射为主要形式。生坯受高温热烤后，表面温度很快上升，水分迅速蒸发。由于内部水分向外转移速度小于外层水分蒸发速度，这样就形成了一个蒸发层。随着烘烤的进行，蒸发层逐渐向里推进，慢慢加厚，最终在制品表面形成一层干皮。蒸发层温度保持在100℃左右，其外面温度高于100℃，里面温度低于100℃，且越靠近制品内部，温度越低。

烘烤中制品水分和油脂既以汽态方式与炉内蒸汽发生交换，也以液态方式向制品中心转移。由于皮的形成阻碍了内部水分向外蒸发，汽压加大，而制品中心温度又较低，于是加大了内外层蒸汽压差，迫使蒸汽向内层推进，当遇低温时冷凝，形成一个冷凝区。随烤制时间的延长，冷凝区逐渐向中心转移。当烘烤完毕后，制品中心的水分有所增加。制品中的油脂在烘烤时受热流散，向两相界面移动，由于水汽和疏松剂分解生成的二氧化碳向流散的界面聚结，于是油相和固相间形成很多分离层，构成油酥制品的质构。当制品温度达到油脂的挥发点时，部分低沸点油脂逸出，使制品具有香气。

当温度达到60～70℃时，制品内部同时进行着蛋白凝固和淀粉糊化两个过程，蛋白变性析出的水分被淀粉糊化所吸收。由于热的作用，制品中各成分也会发生一系列变化，其中典型的就是美拉德反应和焦糖化作用引起的褐变。美拉德反应和焦糖化反应不但使制品具有诱人的色泽，还产生香味物质，增加制品的风味。

炉温可分为微火、中火、强火三种形式。微火是指使制品保持原有色泽的炉温，一般在170℃以下，又称低温。中火是指使制品表面保持金黄色的温度，一般在170～220℃之间，又称中温。强火是指使制品表面具有较深色泽的温度，一般在220℃以上，又称高温、旺火。另外，烤炉（箱）内生坯上部空间的炉温为面火或上火，烤炉（箱）内生坯下部空间的炉温为底火或下火，烘烤时要根据品种灵活掌握。如微火适应不抢脸的酥皮类、奶油清酥类，要求保持乳白色；中火主要适应混糖皮类、茶酥类、蛋糕类糕点，制品要求色泽稍重，如金黄色；强火主要适应浆皮类、饼干类和一些体积较小的制品。

烘烤注意事项：

① 掌握烘炉的性能，充分发挥各部位的作用。

② 必须严格控制烤制时间和炉温，这两者相辅相成。如果炉温低、时间长，会使制品水分大量蒸发，产生干硬现象；如果炉温高，又会使制品外焦里嫩或不熟。

③ 重视炉内热气的对流作用。制品进入烘烤时，炉内的空气与制品蒸发的水汽形成对流，如果炉内温度适当，控制好对流作用，则制品成熟和着色均匀。

④ 要注意制品的大小、厚薄和生坯摆放的疏密以及烤盘之间的距离等。烤盘须保持清洁、完整，使用新盘时应先涂油空烤一次。

2. 油炸和油氽

油炸和油氽是通过热传导方式将热传给制品，使其成熟，成品香味浓郁，是中式糕点熟制加工的重要方法。传热方式主要是热传导，其次是对流。炸制过程中的介质是油脂，油脂具有很高的发烟点和燃点，可被加热到180℃以上，本身能储存大量热量。炸时热量首先传递到油炸容器，油脂再从容器吸收热量迅速传至制品表面，然后一部分热量由制品表面逐步传向内部，另一部分热量直接由油脂带入制品内部，使内部温度逐渐上升，水分不断受热蒸发。

由于油脂温度很高，制品很快受热成熟且色泽均匀。油脂除了起传热作用外，其本身被吸收到制品内部，也增加了制品的营养价值。

油炸和油氽过程中最重要的操作因素是油温和油炸时间。这两种成熟方法的区别是：油温高（一般160～250℃）的称油炸，油温不甚高（在120～160℃）的称氽，有些制品是先氽后炸，两种概念都可称为炸制。炸制的温度和时间，要根据糕点的品种不同进行选择，同时还必须注意到糕点的原材料、制品的大小、厚薄、受热面积等因素。油温选择适当，时间控制合理，会使制品油润光泽，色泽一致，不散，不碎，起发均匀，入口酥、脆，具有制品特有风味。若温度高，会使制品色深甚至变苦或内生外熟；温度低，会造成制品色白不脆。

3. 蒸、煮

蒸主要依靠蒸汽的传导和对流使制品成熟，而传导为主要传热方式。当成型的生坯进入蒸笼后即受到热蒸汽作用，蒸汽以传导的方式将热量传递给制品，制品外部的高压蒸汽逐步向内部低温低压区推进，使制品内部逐层成熟。

生坯在受热过程中，蛋白质和淀粉等成分发生一系列变化，蛋糕坯由生变熟，并具有一定的形态和质感。

生坯中的面筋在30℃左右发生最大限度的润胀，当温度进一步提高时，面筋蛋白质凝固变性并析出部分水分；而淀粉在50℃左右开始吸水发生剧烈膨胀，随着温度的上升，淀粉颗粒最终破裂、糊化，淀粉分子水化成含水胶体。当制品出笼冷却后，就成为凝胶体，具有光滑、柔润的表面。

煮是将成型坯投入沸水锅，利用水的传导和对流作用使制品成熟，其原理与蒸制相同。但由于水的沸点较低，常压下沸水温度为100℃，是各种加热方法中温度最低的，加之水的传导能力较差，所以煮制成熟缓慢，需时较长。在糕点中煮制主要用于米制品的成熟，例如粽子、汤圆等。

4. 烙制

烙是将成型的生坯放在平底锅中加热，通过金属传热成熟的方法。烙制的热量来自锅底，温度较高，将制品反复翻转使其受热均匀直至成熟。

烙制品大都皮面香脆，呈黄褐色，内部柔软。

5. 煎制

煎是热源通过煎锅、油脂将热量以传导方式传给生坯使其成熟的熟制方法。煎制过程中洒水，水遇热锅和热油变成蒸汽，进一步促使制品成熟，热蒸汽使生坯表面淀粉吸水膨胀、糊化，从而使制品上部柔软、底部金黄香脆。

八、熬浆与挂浆

熬浆是将糖和水按一定比例混合，经加热熬制成黏稠的糖液，糖浆熬制的好坏是影响挂浆类糕点质量的重要因素。糖浆可分为亮浆、砂浆、沾浆、稀浆、浓浆等。

1. 糖浆熬制方法

熬糖浆一般采用铜锅，目前许多工厂采用更为理想的蒸汽熬糖锅，可以避免砂糖结底焦化。熬制时先在锅内倒入糖和水，并以低温加热，轻轻搅拌至完全溶解，然后将火开大，继续加热至糖液沸腾，如需加有机酸、葡萄糖或淀粉糖浆，可在此时加入。一旦沸腾，停止搅动，如锅内出现糖的结晶，可用少量水将其冲洗进糖液中。沸腾过程中随时撇去表面浮沫和渣子，以保持糖浆洁白。迅速将糖浆烧至所需要的温度，当达到温度时立即移离火源，浸入冷水中数秒，以防止因容器吸收的热量使温度再度升高，而导致糖浆老化。糖浆熬制好后，必须待其自然冷却，最好贮存一段时间再使用，这样可使蔗糖转化得更彻底。

2. 不同糖浆的制法

(1) 亮浆　亮浆也称明浆、晶浆。一般为每千克糖加入300～400g水，加热到110℃（用筷子拔丝，丝可拉长4cm左右即可）时加入淀粉糖浆300g，再加热到115℃即可挂浆。挂浆要适当，熬老了的浆挂到制品上，涂层厚，粗糙，吃口硬，甚至制品粘连；如熬制得更老，则色泽变暗，变深。浆熬轻了，则制品喝浆多，易碎，流汤，外观不亮，入口黏，不易保管。

熬制萨其马用糖浆，每千克糖加化学稀600g，熬制温度为116℃左右，以增加黏度。特别是在夏季生产萨其马更要掌握好糖浆浓度，否则易散。

(2) 砂浆　砂浆亦称翻浆，1kg糖加150g水，加热110℃即可挂浆。由于糖浆中无化学稀，沾到制品上很快就发砂，不透明，色泽洁白，不散碎，表面呈现出细粒状。这种糖浆熬制时间要适当掌握，浆熬老了制品表面粗糙、变硬、色暗；熬轻了，不发砂，浆易浸入制品内，色暗、粘手，入口软。

（3）沾浆　制法与亮浆相同。只是每千克糖加 0.1kg 化学稀，熬到 108℃，即可挂浆。制品挂浆后，粘上一层糖粉。浆老，糖粉不粘，制品变硬；浆嫩，粘糖粉易洇，制品变软。

（4）稀浆　制法同亮浆，但温度稍低，在 105～110℃之间。将适量的炸好的半成品生坯投入浆内。浆老，制品不易喝浆；浆嫩，制品发洇，不易保管。

（5）浓浆　制法同亮浆。浆内放入相当量的化学稀（每千克糖加 0.6～0.8kg），温度在 114～116℃。可将小块半成品粘合在一起。浆老，制品变硬，切刀时散架；浆嫩，制品不易粘合。

3. 挂浆方法

挂浆是将炸好或烘烤好地制品表面涂上一层均匀的糖浆，挂浆的方法主要有浇浆、拌浆、浸浆三种。

浇浆是把熬好的糖浆均匀地浇在制品表面，常使用亮浆进行浇浆。这种挂浆方法适用于酥脆易碎的糕点品种，例如千层酥、千层馓子等。

拌浆是将制品倒入熬好的浆内，用铲子搅和，使制品周围粘上一层糖浆。这种挂浆的方法可使用各种糖浆，但要求制品比较结实或体积较小，例如糖枣、珍珠糕等。

浸浆是将制品浸没于已熬好的糖浆内浸泡，同时继续加温，使制品吃入适量的糖浆后再涝出。此法用于蜜三刀、洋角蜜、云子果等。

九、冷却、包装与贮存

熟制完成后的糕点，要经过冷却、包装、保管、运输和销售等几个环节。糕点加工往往重视生产环节，忽视包装、贮存、运输和销售环节，这将严重影响产品质量，造成不应有的损失。

1. 糕点的冷却与产品质量的关系

刚刚熟制后的糕点，由于在高温下，油、糖、水相互作用，使制品发软，最怕挤压。一定要凉透方可包装，这样不仅能使制品保持特有的造型，而且对于杜绝糕点的霉变起着重要的作用。

糕点的霉变原因很多，而且霉变的化学反应也很复杂。这除与糕点本身所含各种酶类的活动及氧化作用引起的酸败有关以外，常常是由于最普遍、最活跃的微生物与上述因素结合而引起的。

微生物繁殖的原因很多，但主要条件是营养、温度和水分。糕点制品一般营养丰富，含水量较高。如果温度适宜，就更有利于微生物的生存及繁殖。因此糕点熟制后不经冷却、在余热未散前进行包装，不仅使制品含水量增高，而且由于温度适宜，腐败微生物易使制品变质，病源微生物会引起食物中毒。此外，糕点的冷却对制品的疏松有利，可防止内心组织粘结。因此糕点的冷却与产品的质量有着密切的关系。冷却方式一般有两种：一种是自然冷却，另一种是吹风加速冷却。自然冷却时应尽量减少制品的搬动次数，制品与制品之间应保持一定距离。吹风冷却时酥皮类、清酥类不得直接吹风，防止制品掉皮。

2. 糕点包装应注意的事项

包装的目的是防止制品在保管运输过程中的破碎，防止空气中微生物对制品的污染，防止制品的吸潮或脱水等现象，保证产品的质量。应注意以下几点：

① 制品要轻拿轻放，码齐摆正，垫好无味的衬纸。

② 根据产品的不同特性，选择各种形式的包装物，而且应里外清洁、干燥，制品的装入量必须与包装物所规定的容量相符，不宜过高，一般为4～5层。

③ 产品的包装，最好严密封口，并在外贴上产品名称、等级、净重、生产日期、生产班组等标志。

3. 保管运输中应注意的事项

① 成品不得存放时间过长，不要堆放过高，不能露天保管，做到先进先出。

② 要根据不同产品的特点，放在适当的库房内保管，并要采取相应的措施和方法。如饼干类、酥类、茶酥类含水量少，最易吸收水分，因此，要放在干燥、通风处，以防吸潮，出现变形、发韧。而蛋糕类等由于本身含水量大，不宜在干燥的通风处，以防制品过早干硬。

③ 保管中要注意卫生，防止虫咬鼠磕，不要和有异味的东西放在一起。

④ 应尽量做到当地生产、当地销售，不进行长途运输，以防颠簸、破碎。

⑤ 搬动时应轻拿轻放，包装物上不应坐人或压以重物。应盖好苫布，防止污染或雨淋。

主要参考文献

1. 李里特等．烘焙食品工艺学．北京：中国轻工业出版社，2000
2. 陆启玉等．食品工艺学．郑州：河南科学技术出版社，1998
3. 赵晋府．食品工艺学．北京：中国轻工业出版社，1999
4. 李琳等．现代饼干甜点生产技术．北京：中国轻工业出版社，2001
5. 林作楫．食品加工与小麦品质改良．北京：中国农业出版社，1994
6. 袁惠新．食品加工与保藏技术．北京：化学工业出版社，2000
7. 刘钟栋等．新版糕点配方．北京：中国轻工业出版社，2002
8. 刘江汉．烘焙食品工艺学．北京：中国轻工业出版社，2003

第五章 面 条 制 品

面条是工业化生产成功的传统食品，种类很多，主要有挂面、方便面两大类。

第一节 挂面发展历史

挂面是一种深受广大消费者喜爱的面食食品，也是已经成功地实现了工业化生产的传统主食食品。随着人们生活节奏不断加快，人们对挂面的质量要求不断提高，因此，不断提高挂面加工设备、加工工艺以及生产管理的技术水平已成为摆在我们面前的一个重要任务。

一、挂面发展历史

我国是面条制品的故乡。据史料记载，面条制品始于东汉时期，距今已有1000多年的历史。东汉时称为“煮饼”、“水溲饼”，汉·刘熙《释名·释饮食》中有汤饼的记载。

魏晋、南北朝时称“汤饼”、“棋子面”等。《齐民要术》中有“棋子面”制作的记载。晋·束晰《饼赋》中有一段美好的描写，至今仍在民间流传：“清晨之会，涕冻鼻中，霜凝口外，充虚作战，汤饼为最”。隋·谢讽《食经》中载有“汤饼”、“浮萍面”的叙述。至南北朝时名“水引”、“馎饦”。“汤饼”与今日之“热汤面”近似。

唐、宋是面条真正成“条”的时期，称为“冷淘”、“热淘”，与今日过水面相近。唐代诗人刘禹锡曾有“举箸食汤饼”之句，说明面条在唐朝时，其制作技术已进入一个新的阶段。北宋汴梁城内北食店有“罨（腌）生软羊面”，南食店有“桐皮熟烩面”，川饭店有“大燠面”，寺院有素面。南宋临安城内有北味“三鲜面”、南味“鹅面”、山东风味“百合面”。黄庭坚有“汤饼一杯银线乱，牵丝如缕玉簪横”，苏辙有“人言小麦胜西川，雪花落磨煮成玉。冷淘槐叶冰上齿，汤饼羊羹火入腹。食前方杖我所无，煮饼十家或有诸 ”的诗句。陆游的诗有“村店卖荞麦荞面，荞熟山僧分馎饦”的诗句。在欧阳修的《归田录》中有“汤饼，唐人谓之不托，今俗谓之馎饦矣”。可见面条不但在唐、宋时已经形成，而且品种已具有地方特色。

元、明代面条制作又向前进了一大步，不但品种很多，而且已有挂面问世。明·刘基《多能鄙事》中就有水滑面、索面、托掌面、红丝面、米心其子、萝卜面等制法的记载。如水滑面：头面，春夏秋用新汲水，入油盐。先搅作拌面羹样。渐渐入水和搜成剂，用手折开作小块、再用油水洒和，以拳打二三百遍，如此三四次，微软如饼剂。就案上用拗（熬）棒拗百余拗，无拗棒则只揉数百拳，至面性行，方搓作面指头。入新凉水内浸时许，却下锅。冬月用温水浸（在日本市场上现在还有这种面供应）。

中国的制面技术在隋唐时传入日本，并于1883年由日本的真崎照乡氏制成辊压制面机，加上干燥技术的进步，便出现了工业化生产挂面，挂面生产发展到现在，工艺已经基本成熟，设备制造技术也达到了一定先进水平。这不仅使面条由传统手工操作走向了工业化生产，而且解决了保存问题，这不仅是制面史上的重要突破，而且也是传统食品工业化生产的成功范例。

意大利通心面是13世纪元代，由马可·波罗从我国传入意大利，随后意大利通心面的生产技术与产品品种又有了很大发展，其品种主要有长通心面和短通心面以及各种扭曲状与雀巢状制品。长通心面有空心和实心圆面条，有扁面条及花纹或锯齿形的长面条；短通心面有直形、弯曲形、螺壳状、车轮式等制品。

二、挂面生产辅料

生产挂面的主要原辅料有小麦面粉、食盐、食用碱、添加剂等。

1. 小麦面粉

(1) 蛋白质与面筋　面粉中的面筋蛋白质吸水形成面筋网络，包围吸水后的淀粉，形成具有一定弹性、延伸性、可塑性的面团，从而具有一定的加工性能，在辊压、切条后即制成湿面条，因而面筋的数量和质量直接影响着面条的质量，对加工过程也有影响。筋力高的小麦粉，制面的加工性能好，湿面条的弹性和延伸性强，断条少，面条的质量好；筋力低的小麦粉，制面的加工性能差，湿面条的弹性和延伸性弱，断条多，面条的质量差。但是筋力过高的小麦粉，制成面条后弹性过强，收缩率大，也不宜制面。比较理想的是中等筋力，即湿面筋的含量为28%～32%。

(2) 淀粉　小麦面粉中的糖类主要指淀粉，它在小麦面粉中占65%～75%，是构成小麦面粉的主体，也是构成面条的主体。小麦面粉中直链淀粉占24%左右，支链淀粉占75%左右。支链淀粉多的淀粉呈糯性，因而支链淀粉含量高一些的小麦面粉制成的面条比较柔软，口感光滑。

(3) 粗纤维　粗纤维对制面工艺是不利的，因为纤维素的吸水率一般为本身质量的8～10倍，比小麦淀粉的吸水率高30倍左右，比小麦蛋白质的吸水率高5倍左右。当面粉加水搅拌时，吸水率高的粗纤维总是要抢先吸水，从而影响小麦蛋白质和淀粉正常而均匀地吸水。另外纤维素没有可塑性和延伸性，含量多就会降低面团的强度，使湿面条容易断条。

(4) 脂肪　小麦粉中的脂肪主要存在于小麦胚芽中，一般不超过小麦粉的2%。全麦粉的脂肪含量较高，标准粉次之，特制粉最少。

脂肪在小麦粉中所占的比例虽然很少，但和小麦粉与面条的安全贮存有较大的关系。小麦粉和面条变质的原因之一，是由于脂肪水解成为脂肪酸，致使小麦粉和面条酸败变质。因此，在小麦粉和面条的质量标准中，都要把脂肪酸是否超过允许值，作为产品是否合格的重要指标之一。

(5) 色素　面粉中主要含有的色素是胡萝卜素和黄酮类色素。胡萝卜素易于氧化，能被空气中的氧所氧化，陈化的面粉白度增加就是面粉中的胡萝卜素被空气中的氧所氧化的结果。添加氧化剂如过氧化苯甲酰胺等，也能将其氧化。黄酮类色素在中性条件下是不显色的，而在碱性条件下显黄色，黄酮类色素比较稳定，不仅不被空气中的氧所氧化，也不被氧化剂所氧化。因而添加碱量较多的面条，其颜色总是黄色，即使原料面粉是漂白过的。

除了以上面粉质量对面条有影响外，另外还应注意，小麦面粉应经过适当时间的陈贮。

2. 和面用水

（1）水质与面质的关系　水的 pH 对制面生产工艺和质量有影响，若 pH 较低，酸性条件下会导致面筋蛋白质和淀粉分解，从而导致面团加工性能降低。和面用水的碱度一般要求控制在 30%浓度以下，如果碱度过大，会使面筋质被部分溶解，使面团的弹性降低、加工性能降低，用水浸泡时，汤中可溶性物质增加。水的硬度影响制面工艺和产品质量。硬度高会使小麦面粉的亲水性能变劣，使吸水速度降低，和面时间延长；硬水中的钙、镁离子与小麦面粉中的蛋白质结合，会降低面筋的弹性和延伸性，降低面团的黏度和工艺性能；钙、镁等金属离子与面粉中淀粉结合，影响淀粉在和面过程中的正常膨润和蒸面过程中的正常糊化，也会降低面团的黏度，进而影响其加工性能。

（2）水在制面中的作用　小麦面粉中的淀粉吸水湿润，将没有可塑性的干面粉转化为有一定可塑性的湿面团，为面条成型提供条件。

小麦面粉中的蛋白质吸水膨胀，相互粘结形成湿面筋网络，从而使面团产生黏弹性和延伸性。

水能调节面团的湿度，便于轧片。

水能溶解盐、碱等可溶性辅料。

在烘干面条时，水又是传热介质。

3. 食盐

食盐在方便面生产中是一种不可缺少的原料，它不仅起调味作用，而且能明显地改善面团的加工性能。了解食盐的性质、食盐在方便面生产中的作用以及使用效果对提高产品质量意义重大。

（1）食盐在制面中的作用　食盐有收敛面筋的作用，能增强湿面筋的弹性和延伸性，改善面团的工艺性能，提高面条的内在质量。

由于食盐水有较强的渗透作用，因此和面时面粉吸水快而均匀，缩短和面时间，提高面团质量。

在一定程度上能抑制某些杂菌生长和抑制酶的活性，能防止面团在热天很快变酸。具有一定的调味作用。

由于食盐降低了水的表面分压，因此具有一定的保湿作用，能够减少制面前期工序面团水分的损失。

食盐的加入使挂面烘干时内部水分朝表面迁移速度加快，会在一定程度上减少因烘干引起的酥面现象。

食盐的加入，可以增强小麦面粉的黏弹性，而黏弹性则是面条成型不可缺少的性质。形成面团是基于湿面筋的黏弹性和成分之间的分子力，其中前者是主要的因素。湿面团黏弹性受多种因素的影响，如原料的品质、加水量、水质、pH、和面温度和添加剂等。由于面粉品质、制面条件的变化，面团的黏弹性也会不断变化，为了提高制面质量，稳定面团黏弹性是很必要的，一般是靠增减加水量和添加食盐来调节的，利用食盐对面筋的收敛作用来调节面团的黏弹性是主要手段。

食盐的添加有一个适量范围，过多使用食盐，会使面筋性蛋白质变质，降低湿面筋的数量和质量，使面团的弹性和延伸性同时降低。在方便面生产中，通常食盐的加入量相当于小麦面粉重的 1%～2%，挂面生产其添加量为 2%～3%。

添加的食盐要求纯度高、杂质少、白色、味咸、无苦味、无涩味、无异臭味及无污染。

要求氯化钾、氯化镁、硫酸镁含量甚微，因为这些杂质的存在，不仅无助于增强面筋弹性，反而会增加水的硬度，使面团弹性减弱，进而影响产品质量。

食盐溶液在使用过程中最好经过过滤。一般将食盐溶解于和面用水之中。表 5-1 中的数据是在和面时添加一定量食盐所做的面团弹性和韧性实验。

表 5-1　添加食盐对面团质地的影响

食盐/%	拉力/g	伸长率/%
1	15	31.75
1.2	14.7	32.12
2	13	36.25
3	11.53	53.41

并非添加食盐的量越多越好，需要根据不同季节调整加盐的比率。食盐过多反而会降低挂面的韧性，导致挂面烘干时破裂，而且挂面不易干燥，存放期间易吸潮。对食盐添加量分别为2%、4%、6%和8%的粗挂面做弯曲强度实验和水煮实验，得出表 5-2 和表 5-3 的数据。数据表明，食盐量分别为2%、4%、6%时的面团几乎没有差别。但含量为8%时，面团呈粒状，不易制作成面条，而且随着食盐添加量的增加，挂面明显变脆，煮面时间相应缩短。

表 5-2　食盐对弯曲强度的影响

食盐含量/%	2	4	6	8
弯曲强度/（g/min）	19.8	19.4	18.12	17.9

表 5-3　食盐对水煮时间的影响

食盐含量/%	2	4	6	8
水煮时间/min	23	22	21.5	19

食盐有粗盐和精盐两种。粗制盐有不少杂质，不适宜用于制面，应该使用精制盐，并要把精制食盐先溶解于水中，用盐水和面，这样加盐就均匀。有些地区，如果没有精制盐而只能使用粗制盐的话，那就必须先把粗制盐溶解于水中，在沉淀池中搅拌静置，使杂质沉淀下来，去除杂质方可使用，但这样要增加设备和动力。

(2) 食盐的添加方法和加入量　加盐的数量，需根据面条的品种而变化。如制作挂面的加盐率，一般为小麦粉质量的2%～3%。制作方便面的加盐率一般为1.4%～2%。制作手拉线面的加盐率则要高达5.6%～10%。但加盐过度，会使面团的弹性和延伸性降低。在南方的梅雨季节，如果加盐过多，会使面条容易返潮变软，影响保存。所以，机械制面的最高加盐率一般不超过3%，手拉线面的最高加盐率一般不超过13%。另外，还要根据不同的季节调整加盐率，调整的原则是“春秋适中，夏多冬少”。例如制作挂面的加盐率，春秋两季为小麦粉质量的2.4%，夏季为3%，冬季为2%。梅雨季节可暂时不加或少加。

4. 食用碱

(1) 食用碱在制面中的作用　食用碱在制面中对制面工艺有以下主要作用：对面筋质有食盐的相似作用，能收敛面筋质，使面团具有独特的韧性、弹性和滑爽性。但其延伸性比盐水面团差;因碱性作用能使面条呈淡黄色,起着色作用,但色泽不明亮;能使面条产生一种特有的碱性风味,吃时爽口不黏,煮时汤水不浑;能使挂面不易酸败变质,便于贮藏。表5-4表明了食用碱对面团弹性及抗拉伸性的影响。

(2) 加碱方法和加入量　食用碱的加入量一般为面粉的0.1%~0.2%，一般与食盐一起溶于和面用水之中，然后再均匀地加入和面机中。

表5-4　食用碱对面团质地的影响

碱添加量/%	拉力/g	伸长率/%
0.2	18.6	32.25
0.3	16.0	36.5
0.4	15.0	43.0

注：表中实验小麦粉为特二级粉，灰分0.7%，水分13.6%，湿面筋含量33.4%，蛋白质含量10.58%。

三、挂面生产工艺

挂面生产技术虽各有所异，但基本工艺流程是相同的，生产流程见图5-1。

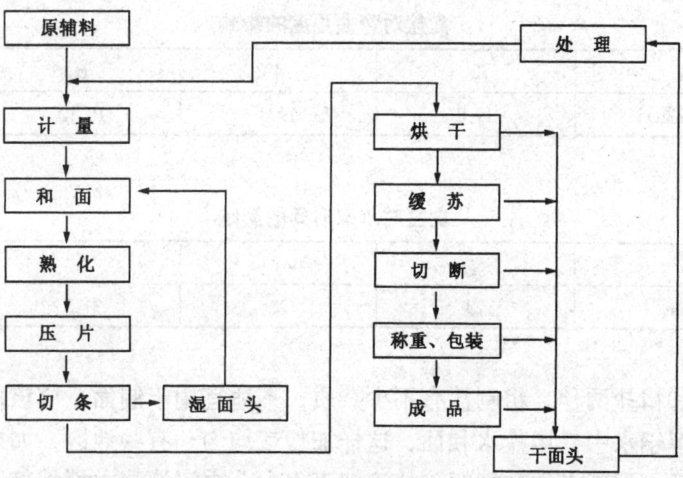

图5-1　挂面生产工艺流程

1. 和面

和面亦称合面、揉面、打粉、搅拌。虽然叫法不同，但意义相同。根据汉字字典中的注释:“和”指粉状物中加水搅拌揉弄，使之产生黏性。该注释已较好地表达了和面的定义。和面是制面生产的首道工序，是保证产品质量的关键环节之一，和面效果好坏，对下几道工序的操作关系极大。

(1) 和面的基本原理与工艺要求　和面的基本原理是在和面机中加入适量的水和添加剂，通过和面机一定时间的适当强度的搅拌，小麦面粉中的麦胶蛋白和麦谷蛋白逐渐吸水膨胀，相互粘结，形成一个连续的膜状基质，这些膜状基质相互交叉结合，形成立体状并具有一定弹性、延伸性、黏性和可塑性的面筋网络结构。与此同时，小麦面粉中常温下不溶于水的淀粉颗粒也吸水膨胀，并被湿面筋网络所包围，从而使没有可塑性的、松散的小麦面粉变成具有可塑性、延伸性和黏弹性的湿面团，为复合压延、切条成型提供了条件，为保证产品具有良好的复水性和口感打下基础。和面包括三个过程。第一，非水溶性蛋白，即麦胶蛋白、麦谷蛋白充分吸水膨胀形成面筋的过程；第二，淀粉颗粒吸水膨胀的过程；第三面筋网络的扩展过程。在这里面筋网络的扩展有着重要的作用。如果没有扩展，面筋结构不规则，网状组织粗糙，无弹性，韧性差，淀粉吸水膨胀充满面筋骨架后其组织效果不好，由此引起轧片断裂，吃时无筋力。扩展后面筋网络组织细腻，具有较大的弹性和韧性，淀粉吸水后充满面筋骨架组织的效果良好。面筋扩展前后其网络的变化情况如图 2-3 所示。

和面工艺的要求是形成具有良好加工性能的面团。即面团形成粒胚状，吸水均匀而充足，面筋扩展适宜，颗粒松散，粒度大小一致，色泽一致并略显肉黄色，不含“生粉”，手握成团，经轻轻搓揉仍能成为松散的颗粒面团。

(2) 影响和面效果的主要因素　和面效果的好坏受很多因素影响，要得到符合加工要求的面团，必须从各方面调整，使工艺条件达到最佳状态，而要做到这一点，了解和掌握影响和面效果的因素是非常必要的。影响和面效果的主要因素有小麦面粉、加水量、水质、水温、食盐的加入量、和面时间、和面机的搅拌强度、碎头的加入量等。

①小麦面粉：要获得具有良好加工性能的面团，首先要有良好的原料——符合产品加工要求的小麦面粉，具体要求如下：

要求面粉具有足够的湿面筋含量。湿面筋是使面团具有一定弹性、延伸性、可塑性的基本物质，只有保证了湿面筋含量，才能使压片、成型工序得以实现，才能保证产品的“筋力”。对于挂面生产，一般要求湿面筋含量为 28% ~ 32%。要满足加工性能和烹调性能的要求，仅保证湿面筋的数量还是不够的，还必须对湿面筋提出质量方面的要求，即要保证湿面筋具有一定弹性和延伸性，要做到这一点，必须从加工面粉的小麦品种选择开始。软质小麦面粉烹调性好，但面筋质差，而硬质小麦面粉面筋质好，但烹调性差。有冻害的小麦面粉面筋质较差。小麦面粉应经“伏仓”处理。还应注意小麦面粉的贮藏问题，不少厂家购进面粉时，对面粉的质量指标进行了认真检验并认为符合要求，但经贮藏一段时间后，产品加工时面团的质量极差。出现这种情况多半是由贮藏过程中升温和湿度大引起的，湿度、温度增高不仅会引起蛋白质变性，而且也会增加蛋白酶的活性，这两种情况都会减少湿面筋的数量和质量。

面粉的粒度对和面也有显著影响。颗粒大，水分从颗粒表面朝中间渗透的阻力大，面粉吸水时间长。若时间一定，颗粒越大，和面效果越差。颗粒大小不均匀，也会导致色泽不均匀。因而在购买小麦面粉时，进行颗粒检验是完全必要的。

②加水量：加水多少是影响和面效果的主要因素之一。和面的目的是使无黏性、无可塑性、无弹性的面粉成为有一定黏弹性、可塑性、延伸性的面团，而要达到这种要求，必须使面粉中的蛋白质充分吸水形成面筋，淀粉吸水膨胀，因而加水是达到和面效果的必要条件。加水量多少合适呢？理论上加水量要尽可能接近小麦粉本身的吸水能力。根据我国生产手拉线面的长期实践证明，要使小麦粉能充分吸水，和面加水率要达到 50% ~ 60%。过去上海生产的手拉长面，和面加水率是 50%。福州制面厂生产手拉龙须面的加水率为 50% ~ 60%，河北冀县生产的著名手拉宫面，其加水率为 60% ~ 65%。由于和面时充分吸水，面筋网络结构形成得好，面团的弹性、延伸性也就好。据福州制面厂介绍，该厂的手拉龙须面，细如棉

线。0.5kg面粉可拉出直径0.5mm以下，长度为5.5～6m的面条1000根左右，连接起来长达5.5～6km，可以说是“面粉纤维”。另据《羊城晚报》报道，中国厨师在美国表演手工拉面技术，一块面团当众拉成2048根面条，细如头发丝。实践证明，不同小麦面粉其理论加水量是不同的，根据有关测定，各种小麦面粉吸水率如表5-5所示。从小麦面粉中各化学成分的吸水率可看出，不同小麦面粉的吸水率不同是由它们的化学组成不同而引起的。小麦面粉中各化学成分的吸水率如表5-6所示。

表5-5　不同等级面粉的吸水率

小麦粉等级	蛋白质含量/%	吸水率/%
强力一等粉	12.00	63
强力二等粉	13.30	64
准强力一等粉	11.70	60
准强力二等粉	12.30	61
中力一等粉	8.30	53
中力二等粉	9.50	55
薄力一等粉	7.00	48
强力二等粉	8.30	50

表5-6　面粉中各化学成分的吸水率

名　称	蛋白质	淀粉	损伤淀粉	纤维素
吸水能力/%	200～300	30～40	200	800～1000

从表5-6可以看出，纤维素吸水率最大，但其在面粉中的含量很少，不是影响和面加水量的主要因素，损伤淀粉的含量也很少，只有蛋白质含量较高，吸水率也大。

以上所述的加水量是指小麦面粉本身的最佳吸水量，而挂面生产中由于是机械压片、悬挂式烘干，为了减少压片时粘辊和悬挂时断条，生产中对加水率进行了限制，一般为小麦面粉重的25%～32%。要根据具体情况对加水量进行调整，蛋白质含量高的面粉加水率高一些，蛋白质含量低的则低一些。当然，小麦面粉的吸水率还受到其他化学成分的影响，不同小麦面粉的化学成分不同，其吸水率也不同，面粉中水分不同加水率也不同。总之掌握一个原则，在不影响压片与烘干的前提下尽量多加水。

③和面用水的质量：水的质量对和面效果有影响。和面用水除了要符合普通饮用水标准外，还必须提出特殊要求。水对挂面生产的影响是多方面的，对和面工艺的影响主要是水的硬度和pH。硬度高的水，其中所含钙、镁金属离子会与面粉中的淀粉、蛋白质结合，从而降低面粉的亲水性能，使和面时间延长，并降低面团的黏度，最终导致面团加工性能降低。若水的酸、碱性太强，会使蛋白质变性和分解，进而减少了面团中湿面筋的含量，如酸性水分使麦胶蛋白溶解，降低面筋含量，还会使淀粉分解，使面团的加工性能降低。在我国，突出的问题是和面用水的硬度太高，因为大部分制面生产厂家都使用自来水和面，这对产品质量有很大影响。采用软水和面是挂面、方便面生产的发展趋势，而在技术上也是完全可行

的，因为目前硬水软化技术和设备都是成熟的。

④和面用水的温度：在和面机中，小麦面粉中的蛋白质吸水形成面筋的过程中不仅受水质和加水率的影响，而且还受到水温的影响。水温过低，和面机中的温度也低，因为和面机中的温度是环境温度、机械本身温度、面粉温度的综合。温度低则水分子的动能低，蛋白质和淀粉的吸水时间就会延长。和面机中的温度太高，易引起蛋白质热变性，导致湿面筋数量的减少，受热时间越长，变性程度越深，热变性严重时甚至没有湿面筋的形成。所以和面温度应控制在蛋白质变性温度以下，一般温度达到50℃时小麦面粉中的蛋白质便开始变性。实践证明，蛋白质的最佳吸水温度为30℃左右。如何保证和面时温度为30℃左右呢？和面时的温度是水温、面温、散热、机械吸热的综合，面粉温度、机械温度是不可调整的，现在的和面机本身没有加热装置，调整和面的温度只有靠水温的变化，盐水罐中一般要装上间接蒸汽加热装置，以蒸汽流量和加热时间来调水温，再以水温调整和面温度。和面的最佳温度为30℃左右，由于环境温度不断变化，面粉温度也随之变化，因而水温也跟着调整。如西欧制作通心粉时的和面用水温度为40℃以下，前苏联和面用水的温度为20～60℃，只有在西伯利亚的严冬季节才使用60℃的温水和面，因为当地环境温度为零下几十度，60℃的热水与冰冷的小麦面粉接触，会很快地降低温度，最后水温、面温等综合结果仍是30℃左右。目前我国在夏季及春末秋初，大多数地区用室温自来水和面，当室温在20℃以下时，提倡用温水和面。水温的高低要根据环境温度调整，如在东北地区严寒的冬天，环境温度较低，在这种情况下，水温可以提高到40～50℃，随着温度的提高，面粉的吸水能力逐步提高，其结果如表5-7。

表5-7　不同温度和时间小麦粉的吸水能力

时间/min	吸水能力/%				
	6℃	27℃	40℃	60℃	80℃
5	5.7	8.9	10.0	10.0	14.1
10	6.2	9.9	11.7	14.7	22.1
20	6.9	12.0	16.7	20.5	33.7
40	9.1	14.3	19.9	29.5	48.7

为了控制水温，最好设计一套温度自动控制系统和自动显示系统安装于盐水罐或定量罐上。由于环境温度的变化、面粉温度的变化，究竟水温控制在多少才能使和面机中的温度保持在25～30℃呢？这主要是靠经验，也可以根据各种原料的温度和热损失进行计算，然后在实践中验证结果。将不同季节的温度和水温记录下来，就可指导和面操作。

⑤食盐：和面时适当加入溶解的食盐，能起到强化面筋、改良面团加工性能的作用。因为食盐溶于水离解为钠离子和氯离子，该水溶液加入面粉后，能使面粉吸水速度加快，水容易分布均匀，同时，钠离子和氯离子分布在蛋白质周围，能起固定水分的作用，有利于蛋白质吸水形成面筋。通过水分子、钠离子、氯离子双重媒介作用，使蛋白质快速吸水膨胀并相互连接得更加紧密，从而使面筋的弹性和延伸性增强。由于食盐是和蛋白质起作用的，所以加盐量主要根据小麦面粉中蛋白质含量的多少来调整。其次，由于食盐有抑制酶的活性、防止面团酸败的作用，因而加入量还要根据季节、气温高低来调整。一般原则是：蛋白质含量

高则多加，蛋白质含量少则少加；加水率高则多加，加水率低则少加；夏季气温高多加，冬季气温低少加。

⑥食用碱：和面时加入适量的食用碱，能起到增强面筋的作用，同时还可中和面粉中的游离脂肪酸，但也不宜加入太多，否则会使面条发黄，硬度增加，甚至损坏面筋网络结构，降低面团的加工性能。

⑦和面时间：和面时间的长短对和面效果有明显的影响。因为小麦面粉中的蛋白质吸水形成面筋、淀粉吸水膨胀形成良好的面团结构，都需要一定时间。所以和面时间过短，加入的水分难以和小麦面粉搅拌均匀，蛋白质、淀粉没有与水接触或没来得及吸水，会大大影响面团的加工性能。而和面时间太长，面团温度升高（主要是由于机械能转变为热能），使蛋白质部分变性，降低了湿面筋的数量和质量，同时还会使面筋扩展过度，出现面团“过熟”现象。和面时间太长，设备条件也不允许。合理的和面时间是通过实验决定的，国外研究人员根据在和面过程中，面粉中的脂质与面筋质相结合，就不能被乙醚等溶剂所抽提出来的原理，在和面过程中，每隔一段时间，通过检验面团中脂质结合率的多少来间接证明面筋形成的程度。研究及生产实践证明，比较理想的和面时间是15min左右，最少不得少于10min。和面时间的长短还与和面机性能有一定关系，如真空和面机，由于机内压很小，加水时呈雾化状态，与面粉接触良好，同时，由于是真空状态，面粉中空气含量很少，水分很容易进入面粉颗粒之间，加快了蛋白质和淀粉的吸水速度，相应地就缩短了和面时间。搅拌速度快的和面机和面时间相应减少。

当产量一定，和面时间是由和面机容量大小决定的，国内制面生产中通常使用的是卧式双轴和面机，为了保证15min的和面时间，和面机的工作容量应为生产线单位时间内生产能力的1/3。即每锅和面总时间为20min，除去进粉进水约5min，有效时间可达15min左右。

⑧和面机搅拌强度：和面效果的好坏，与和面机的形式及其搅拌强度也有关系。搅拌强度一般用搅拌轴的转速来表示。搅拌的作用主要是将机内的面粉和水分及其他添加剂不断地翻动，使小麦面粉的各部分吸水均匀一致，并通过揉搓，使其形成具有良好加工性能的面团。因此，搅拌速度快慢对和面效果具有显著影响。和面时间与搅拌速度有密切的关系，搅拌速度过快，搅拌过于剧烈，容易打碎面团中形成的面筋，并且剧烈搅拌会因更多的机械能转换为热能而使面团温度升高，严重时会引起蛋白质热变性进而削弱面团的工艺性能。在一定范围内，搅拌强度高，和面时间应相应减少。但搅拌速度过低，水与小麦面粉不易搅拌均匀，会影响湿面筋的形成。同样，在一定范围内，搅拌速度低，和面时间应相应延长。搅拌强度与和面机的种类有关，卧式双轴和面机是国内方便面生产线普遍采用的一种和面机，其比较理想的转速是70～110r/min，而曲线搅拌杆和面机，比较理想的转速是12～17r/min。

⑨干面头回机量：挂面厂的面头大致分为湿面头、半湿碎头和干面头三种。在切条、上架及烘道入口处落下的面头称湿面头。预备干燥初端的掉落面头若及时收集，也可归为湿面头。湿面头的性质接近于面团，要及时回收入和面机中与面团充分搅拌均匀后送入熟化工序。

从烘道预备干燥末端至蒸发初端所掉落的面头一般称为半湿面头，这种面头与面团性质有差异，不能像湿面头那样直接回入和面机中搅拌，通常将其干燥脱水后与干面头一起进行处理。

干面头是在烘干后端落下的以及切断、计量包装等过程中所产生的面头，也包括经过干燥后的半湿面头。干面头含水量与成品挂面含水量接近，其性质与小麦粉大体相同，但面筋的分布形状等与原面粉有许多不同，这种干面头需湿法处理或干法处理后才能掺入和面机中与小麦面粉一起搅拌。

这种干面头经粉碎（干法）或浸泡（湿法）后，其面筋的数量和质量与原小麦面粉相差很远。因为干面头粉的面筋相互粘接作用降低，不成团而呈散状，也就是说干面头粉的面筋质工艺性能较小麦面粉降低较大，因而干面头回机量一般应控制在10%以下。

2. 熟化

熟化是进一步改善面团的加工性能，提高产品质量的重要环节之一。

(1) 熟化的基本原理与工艺要求　所谓“熟化”，即自然成熟的意思，也就是借助时间的推移来改善原料、半成品或者成品品质的过程。在制面生产中，面团的熟化是这样实现的：把和面后的如散豆腐渣状的面团放入一个低速搅拌的容器中，在低温、低速搅拌下完成熟化。对于面团来讲，熟化是和面过程的延续。如我国传统的拉面工艺中即有熟化工序：和面后，让面团静置一段时间，在搓条过程中再进行两次静置。现代工业化制面工艺中的熟化，就是受传统制面工艺的启发，再加上现代理论与实践而设计的。

小麦面粉是蛋白质粒子、淀粉粒子等组成的，粒子种类不同，直径不同，其吸水速度也不同。由于和面时间短，和面过程中加入的水，部分尚未渗透到小麦面粉的内部组织为蛋白质和淀粉所充分吸收，而是呈游离状态。从各种颗粒分析，吸水的均匀程度也是不够的，还没有完全形成符合加工要求的面筋网络组织，整个面团内部结构不稳定，比较松散，黏弹性较差。同时由于在和面过程中，面团因受和面机搅拌齿的打击和面团之间及与机壳的互相碰撞，使面团中初步形成的面筋质受到挤压和拉伸作用而产生应力，若以这种面团直接加工面条，面条内部结构不稳定，易变形。若经过熟化过程，便可消除这种应力。

根据上述理论，熟化工序的主要作用有以下几点：

①使水分最大限度地渗透到蛋白质胶体粒子的内部；使之充分吸水膨胀，互相粘连，进一步形成面筋质网络组织，如图5-2所示。

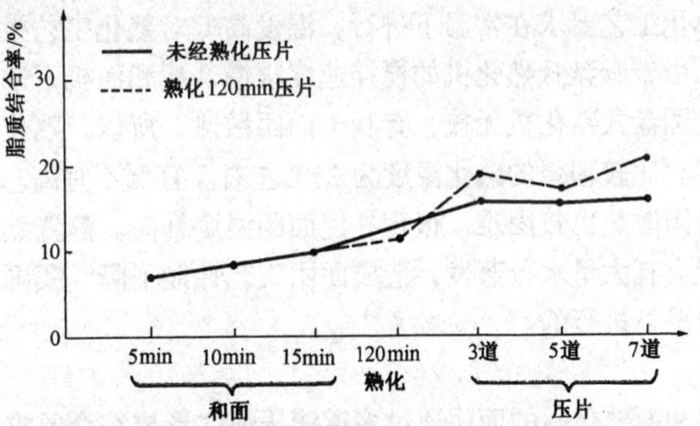

图5-2　熟化作用对面筋质形成的影响

②通过低速搅拌或静置，消除面团的内应力，使面团内部结构稳定。

③促进蛋白质和淀粉之间的水分自动调节，达到均质化，起到对粉粒的调质作用。

④对下道复合轧片工序起到均匀喂料的作用。

熟化工艺的要求是熟化时间一般为15min，最少为10min，如设备条件许可，时间长一些更好。熟化后的面团不结成大块，整个熟化过程中不升高温度。

（2）影响熟化效果的主要因素　影响熟化工艺效果的主要因素有熟化时间、搅拌速度、温度三个方面。

①熟化时间：根据熟化的原理可知，熟化的实质是依靠时间的推移自动地改善面团的工艺性能，因此，时间的长短就成为影响熟化效果的主要因素。我国制作手拉线面工艺过程中的四次熟化，静置时间共计6h以上。国外在机械制面中进行面团熟化时间试验，静置时间达2h以上。由此可见，在一定范围内，理论上的熟化时间是相当长的。但在连续化机械制面中，若要长时间地静置或低速搅拌熟化，必然设备很大，而且还会有大量水分损失。由于受设备条件的限制，不可能像理论要求那样进行长时间的熟化，一般只进行10~20min。根据检验小麦粉面筋质的经验，试样加水搅拌成面团以后，再静置30min面筋就已基本形成。因此在生产中把和面和熟化时间之和控制为30min，如果和面时间为10min，则熟化时间为20min，如果和面时间为15min，则熟化时间应为15min；如果和面时间为20min，则熟化时间为10min。这是确定熟化时间长短的依据。

为了保证熟化时间，操作时必须注意，当第一锅面团卸料入熟化机后，不要马上启动复合轧片机。因为和面和熟化时间基本相等，熟化机的容积应略大于和面机，若第一锅面进入熟化机后马上启动复合轧片机，大部分料的熟化时间达不到15min。

②搅拌速度：熟化工艺理论上要求在静态下进行，而作为机械化工业生产，面团静置后会结成大块，给复合轧片喂料造成困难。因此，在连续化制面生产流水线中，不得不把静态熟化改为动态熟化，以低速搅拌来防止面团结块，低速搅拌的盆式熟化机就是根据这个原理设计的。搅拌速度以能防止面团结块并能满足喂料为原则，只要能达到这两点要求，搅拌速度越低越好。对于盆式熟化机，经实验和大量的工厂实践，其搅拌杆的转速以5~8r/min为宜。

同时，不同的熟化机其熟化效果也是不同的。常见的熟化机有圆盘式熟化机（或盆式熟化机）和卧式熟化机，**前者转速低、熟化效果好，但搅拌时易结团，一机只能与一台制面机**配套。卧式熟化机转速较高，熟化效果不如盆式熟化机，但一台机器能与多台制面机配套。

③熟化温度：熟化工艺要求在常温下进行，温度高低对熟化工艺效果有一定影响，其影响关系与和面相似。由于圆盘式熟化机的搅拌速度很慢，从和面机下来的面团不可能在低速度搅拌下升温，而且圆盘式熟化机无盖，有利于面团散热，所以，熟化机中的面团温度低于和面机中面团的温度。比较理想的熟化温度为25℃左右。宜低不宜高。值得注意的是，卧式熟化机转速较高，面团散热也较困难，很容易使面团温度升高。静置熟化时必须注意保持水分，因为长时间静置会有大量水分蒸发，造成面团工艺性能下降。我国手工制面的四次熟化都是在保持湿度的情况下进行的。

3. 复合压延

复合压延就是将和面熟化后的面团通过多道滚压使之形成符合要求的面片。复合压延亦称压片、轧压或滚轧。我国古老的制面方法是手工擀面，即把手工和好的面团放在案板上，用擀面棒对面团反复滚压，逐步把面团压成一定厚度的面片。机械制面是液压成型，是把面团通过多道做相对旋转的轧辊而得到一定厚度的面片，实际也是根据手擀面的原理发展起来的。复合压延是制面生产的中心环节，对产品质量影响很大。

(1) 复合压延的基本原理与工艺要求　经过和面、熟化后的颗粒状面团，虽然小麦面粉中的麦胶蛋白、麦谷蛋白已经吸水膨胀并相互结合形成面筋，但这种面筋网络还是分散的、松散的，分布不够均匀的。淀粉颗粒吸水膨胀后也是松散的。由于面团的颗粒还没有连接起来，所以面团的可塑性、黏弹性和延伸性还没有显示出来。只有对面团施加压力，通过先大后小的多道滚轧，才能在外力作用下把颗粒状的面团轧成面片，把分散在面团中的面筋和淀粉颗粒集结起来，将疏松的面筋压展为细紧的网络组织并在面片中均匀分布，把淀粉颗粒包围起来。这样才能把面团的可塑性、黏弹性和延伸性体现出来，为切条成型做准备，把面条固有的烹调性通过压片孕育出来。我国传统制面法中用擀面棒反复压延面团，也就是为了通过加压，把分散在面团中的湿面筋连接起来，形成细密的面筋网络来包围淀粉粒子，并使它们在面片中均匀分布，以提高制品的加工性能和烹调性。

根据复合压延的原理可知，复合压延有两个作用：一是将松散的面团轧成细密的、达到规定厚度要求的薄面片；二是在压延过程中进一步促进面筋网络组织细密化和相互粘连，并最终在面片中均匀排列，使面片具有一定的韧性和强度，以保证产品质量。

复合压延的工艺要求是保证面片厚薄均匀，平整光滑，无破边洞孔，色泽均匀，并有一定的韧性和强度。

(2) 压片受力情况分析　复合压延设备的主要工作部件是由若干对等速相向旋转的刚性轧辊组成，轧辊的工作原理是复合压延机的工作关键。以单对轧辊为例分析复合压延的工作过程，如图 5-3 所示。图中 O_1、O_2 为一对轧辊，P_1、P_2 分别为轧辊 O_1、O_2 对面团或面片施加的正压力，F_1、F_2 分别是面片或面团受到的摩擦力，R_1、R_2 为 P_1、P_2 及 F_1、F_2 的合力，P_{1x}、P_{2x}、P_{1y}、P_{2y}分别为 R_1、R_2 沿 x 轴和 y 轴方向的分力。P_{1x}和 P_{2x}大小相等、方向相反，作用在同一条直线上，使面团或面片受到挤压；P_{1y}和 P_{2y}的大小相等、方向相同且一致向下，促使面团或面片跟随轧辊运动被拉伸。由于面团或面片进入一对轧辊后，同时受到拉、压的作用，面片结构变得细密，同时厚度减少。这一过程促使面筋质组织逐步形成粘连的、细密的网络结构。当面团由熟化机进复合压片机前两道辊时，在喂料器作用下由面团变为两条面片，再经复合辊复合为一条面片。面片进入连续压片机后，经若干道轧辊作用

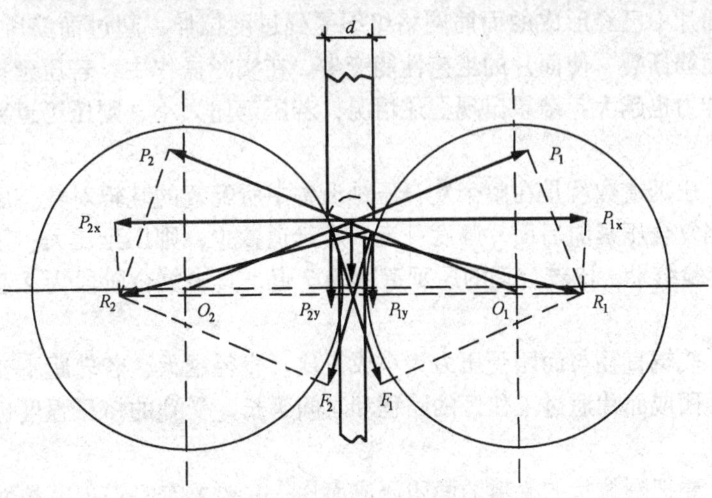

图 5-3　轧辊工作原理

后，形成的面筋网络组织紧密而均匀地包裹淀粉颗粒，面片被轧到符合厚度要求、具有相当紧密的程度，并具有一定的强度和韧性。

值得指出的是，将面团加工成面片的工艺有两种。一是复合压延，即前面提到的，将面团压成两片，再复合为一片，并经连续压片机逐步压薄到规定厚度。经复合压延出的面片能增加面片的耐挤压性，对面筋网络的形成有利。但先压成两片的面片，表面已形成表皮层，在复合时两块面片的两层表皮不易结合，对面筋的形成有一定影响。二是直接压片法，即面团直接经一组轧辊压片成型后，不经复合，再经几道轧辊逐步压薄到所需厚度，由于直接压片，不存在表皮层再结合的问题，只要适当增加压延道数和压力便可将面片加工成符合要求的厚度。

(3) 影响复合压延效果的主要因素　影响复合压延工艺效果的主要因素有面团的工艺性能、压延倍数、压延道数、轧辊直径、压延比、轧辊速度等。

①面团的工艺性能：面团的结构、水分、水的均匀性、面筋形成的数量与质量、面团温度等特性都直接影响复合压延的工艺效果。水分适宜稳定、干湿均匀、面筋形成充分，而且质量好、温度适当、结构性能良好的面团，在复合压片、连续压延过程中所产生的断片、破片等现象就少，面片质量也好，而且调节好的轧辊轧距一般可较长时间不再调整。反之轧片效果差，不但断片、破片严重，面片的韧性、弹性也差，而且轧辊轧距的调节也频繁。

②压延倍数：目前国内制面生产线多是复合压延，小产量的设备也有单片压片的。假若初轧片的面片厚度为4mm，末轧片的面片厚度为1mm，则复合压延与单压片的压延倍数分别为：

$$N_{复}=\frac{4+4}{1}=8;\ N_{单}=\frac{4}{1}=4$$

由此可见，复合压延的压延倍数大于单片压片，压延倍数越大，面片受挤压的作用越强，面片内面筋网络组织越细密化（不可超过面团所能承受压力的极限值）。因此不少人认为，采用复合轧片比单压片的面片紧密度和强度好。但复合的两片有时粘接不好，甚至会影响产品质量。

③压延比：在复合压延过程中，加压的大小与面筋网络细密化有一定规律。在压力达到某极限之前，压力大对面筋网络组织细密化是有利的，但如超过某一极限，对面片做急剧的过度压延，会使面片中已经形成的面筋网络组织受到过度拉伸，超过面筋所能承受的能力，导致将已形成的面筋撕裂，使面片的工艺性能变劣。在实际操作中，若压延比较大，面片所承受的压力和拉伸力也越大，结果出现上述情况；若压延比太小，则压延道数增加，设备庞大，也不合理。

④压延道数：压延道数就是在整个复合压延设备中所配置的轧辊对数。压延道数与压延比有密切关系，当复合压延前后面片厚度一定，压延道数少，则压延比大；压延道数多，则压延比小。根据实验结果，比较合理的压延道数为7道，其中复合阶段为2道，连续压片阶段为5道。

⑤轧辊直径：轧辊直径与面团受压力大小成正比。直径越大，若轧距不变，其工作区长度自然会增大，面团或面片通过工作区的路程和时间延长，受到的挤压强度也必然增大，反之亦然。

在压片开始，要把颗粒状的松散的面团压成面片，并要求有一定程度的面片完整，需要较大的压力，而且还要保证足够的喂料量，所以前两道轧辊直径一般较大。当把两片面片复合为一片时，为了使二者较好地粘合并有一定的紧密度，轧辊的直径也要大一些。在后面几道压片中，随着面片逐步变薄，面片的密度也逐步增大，面筋网络组织也逐步细密起来，所需的压力也逐步减少，轧辊的直径也应逐步减小，动力消耗也相应减少。这种轧辊直径是根据工艺要求设计的，称为异径轧辊。

⑥轧辊转速：轧辊转速对压片效果有重要影响。在轧距相同的条件下，转速越高，线速度越大，面片被拉伸的速度越快，产量越大；但过快的拉伸容易破坏已形成的面筋网络组织，而且面片光，滑度较差。转速低，线速度小，面片受压时间长，面片紧密光洁，但产量低。因此，在生产中必须严格控制每道轧辊的转速，特别是末道轧辊的转速，使之既能保证轧片效果，又能满足产量要求。一般末道轧辊线速度控制在28m/min左右。

4. 切条

(1) 切条的作用和要求　把经过若干道压延成形的薄面片纵向切成一定形状的过程称为切条，其作用是将轧片后的面片切成一定长度和宽度的湿面条，以备悬挂烘干。切条的基本原理是用一对并列放置、相向等速旋转的齿辊，相互啮合，使面片从相对旋转而啮合的齿辊中通过，利用齿辊凹凸槽的两个侧面相互紧密配合而旋转的剪切力作用，把面片纵向剪切成面条。并在齿辊下方装有两片对称而紧贴齿辊凹槽的篦齿，以铲下被剪切下的面条，不让其粘附在齿辊上，保证切条的连续进行。切条的工艺要求是切出的湿面条表面光滑，长短一致，无毛边、无并条现象，断条要少。

(2) 切面刀及其规格　切条器是制面的专用设备，习惯上称为“面刀”。齿辊的直径和长度是按照生产能力的大小与轧辊的长度相对应的。其主要技术参数是齿宽或槽宽，以不同的槽宽来剪切出不同宽度的面条，又以不同的槽宽来组成面刀的系列。我国面刀的槽宽，过去是用英制单位计算的，每英寸长度内切割成几条槽称几扣刀，如8扣刀，即每英寸中有8条槽。现在，我国已采用国际单位制，槽宽以毫米为单位，通用的标准槽宽为1、1.5、2、3、6mm等五个规格。近几年我国从日本引进了挂面和方便面成套设备，所以需要了解日制面刀的规格，以便今后逐步做到可以和国产的面刀进行互换。日本的面刀也是采用国际单位制，以槽宽为主要技术参数，但表示的方法和我国不同。

日本的面刀规格是用号数大小来表示的：面刀的槽宽 = 30/号数，号数大，槽宽小，面条细；反之则槽宽大，面条粗。如30号面刀的槽宽 = 30/30 = 1，15号面刀的槽宽 = 30/15 = 2。

表5-8、表5-9分别是我国、日本面刀的规格。

表5-8　　中国面刀规格

面刀槽宽/mm	1	1.5	2	3	6
挂面品种	银丝面	细面	普通挂面	宽面	玉带面

表5-9　　日本面刀规格

编　号	5	6	8	10	12	14	15	18
挂面宽/mm	6	5	4	3	2.5	2.2	2.0	1.8
编　号	20	22	24	26	28	30	40	50
挂面宽/mm	1.5	1.4	1.3	1.2	1.1	1.0	0.8	0.6

(3) 切断刀　切断刀是在一根轴上固定一块钢板作为动刀口，并以一定的速度旋转；用扁钢或钢做的定刀口固定在机架上，从面刀流出的面条周期性地被动刀口与定刀口切断（图 5-4），并由挂杆跳起，每根挂杆所挑起的面条长度与面刀的线速度、切断刀的转速有关。

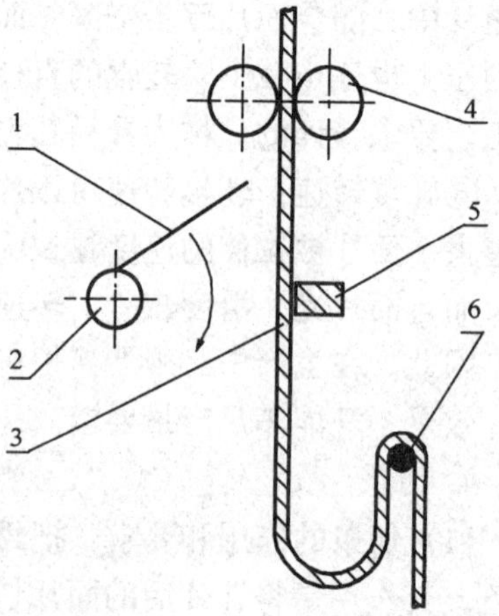

图 5-4　切断刀的结构和工作原理
1—切断刀　2—轴　3—面条　4—面刀
5—定刀块　6—面杆

$$h = \frac{v_{刀}}{n_{断}}$$

式中 h 为面条长度，m；$v_{刀}$ 为面刀线速度 m/min；$n_{断}$ 为切断刀转速，r/min。

5. 烘干

挂面烘干是一个脱水过程，其中包含了复杂的能量传递和质量传递过程。烘干工序是挂面生产中一个关键工序，不仅关系到产品质量，而且对能源消耗、产量、成本都有重要影响。

(1) 烘干的目的和要求　通过烘干使湿面条脱水最终达到产品标准规定的含水量，要求产品便于贮存，不酸、不酥、不黏、耐煮、耐保存；平直不翘，即产品具有良好的食用品质、烹调性能和商品效果。

(2) 挂面烘干基本原理

①湿面条中水分的结合形式：面条中水的结合形式对脱水速度影响较大。可将面条中的水结合形式分为三大类：化学结合、物理化学结合和机械结合。

化学结合水是经过化学反应后，水分严格按数量比例参与物质分子内部，与干物质结合很牢固，欲脱出此结合水只有在化学作用或在特别强的热处理条件下才有可能，但这样面条的品质已发生变化，因此在挂面烘干时，化学结合水不能脱掉。

物理化学结合形式有两种方式：吸附结合水和渗透压保持水。

吸附结合水是胶体微粒外表和内表上的力场所束缚的液体。胶体物料具有微粒分散度大的特点，因此胶体有巨大的内表面积，有极大的表面自由能，靠这种表面自由能产生了水的吸附结合。图 5-5 表示出分界面上（如液体—蒸汽）两相作用的简图。处于物质内部的分子同周围所有分子在各方面都受到相同的引力，引力的共同作用等于零。同时处在物体表面的分子在某种程度上是不平衡的，且具有自由能；由于这种自由能的作用吸引另一相的分子（接触介质），另一相分子间的结合比前一物体为小。当胶体吸水时放出膨胀热（水化热），使胶体-水体系压缩。当结合第一单分子层时放出的热量最大，此层结合得最牢固，且可处在较高的压力下。脱掉与物体结合得较强的吸附水需耗一定的能量。为了脱掉吸附水，水应变成蒸汽，然后开始向物体的外表面移动。

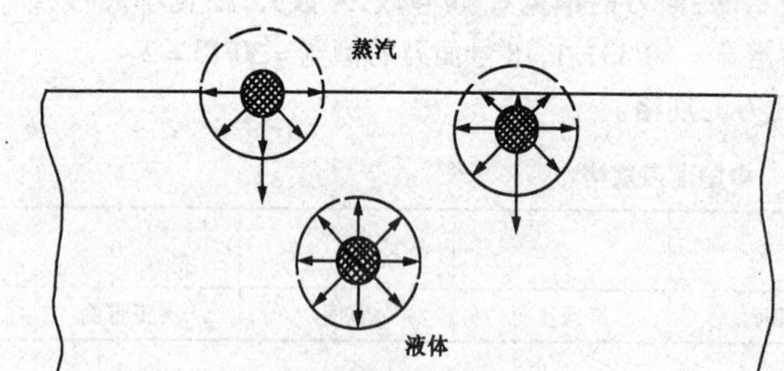

图 5-5　分界面上两相作用的简图

渗透压保持水（膨胀水和结构水）是在细胞内复合胶粒通过渗透吸收的水，它是在形成凝胶时占有的。从其结合能极小的意义上说，它是游离水。物体形成凝胶时，由封闭细胞构成间架，细胞壁由不溶性组分构成。此时可溶性组分部分地进入细胞，而部分处在它们的外表面。所以水经过细胞壁靠渗透方式向间架内渗透。膨胀水的吸收不放出热量，也不使体系受到压缩。由于细胞内外的浓度差，保持渗透压的水以液体形式经细胞壁在物体内扩散。

机械结合形式通常有大毛细管水和微毛细管水两种。大毛细管水处于平均半径大于 10^{-5} cm 的毛细管（孔）中。大毛细管弯月面上方的蒸汽压与自由表面上的饱和水蒸气压几乎没有区别。只有直接同其接触，水才能充满穿通的大毛细管。微毛细管水充满在平均半径小于 10^{-5} cm 的狭小孔隙中。液体充满任何微毛细管时，不仅发生在直接接触的情况下，而且可以通过吸附湿空气来实现。毛细管水是游离水，在烘干过程中容易蒸发，它在物体中既以液体形式移动（通常由物体中心层到蒸发区），又以蒸汽形式移动（经干燥层由蒸发区向外扩散）。

②吸附与解吸作用：挂面烘干是一个复杂的物理化学过程，烘干过程总是伴随着物质外部和内部的能量（热）和水分（质）的交换和转移。就是说，可以从面条内部水分的移动和表面水分的蒸发两个过程研究挂面的烘干机理。这两个过程往往是同时进行的。

我们将水与空气相接触的表面称为自由表面。由于水在自由表面汽化时，在该表面上形成一水蒸气层，因此水蒸气层处于饱和状态，其水蒸气分压力等于水在相同温度下的饱和水蒸气压力。此水蒸气压力与温度有关。

自由表面水分上方的空气，是水蒸气分子与其他几种气体分子机械混合而成，各种气体分子都处于不规则的布朗运动状态。自由表面的气体分子也是经常不断地运动着。

挂面表面水蒸气与周围空气水蒸气的相互运动可沿两个方向进行：如果物料表面的蒸汽分压力 $p_{物}$ 大于空气中的蒸汽分压 $p_{蒸}$，即 $p_{物} > p_{蒸}$，则物料表面水蒸气向空气中放出，产生蒸发过程（解吸作用），而且（$p_{物} - p_{蒸}$）之值越大，蒸发速度越大。如果 $p_{物} < p_{蒸}$，则物料将由于从周围空气中吸收蒸汽而吸湿（吸附作用）。

经过一定时间，当 $p_{物}$ 和 $p_{蒸}$ 相等时，出现动力学平衡状态。相当于平衡状态的物料水分称为平衡水分 $w_{平}$（或平衡湿度）。不难看出，平衡水分的数值取决于空气中的蒸汽分压 $p_{蒸}$，或者说取决于空气的相对湿度 $\varphi = p_{蒸}/p_{饱汽}$（$p_{饱汽}$是该温度下的饱和蒸汽压）。因为在平衡状态下 $p_{物} = p_{蒸}$，因此在这种状态下，空气的相对湿度等于物料表面的相对蒸汽压 $p_{物}/p_{饱汽}$。

③温度梯度和湿度梯度：挂面干燥过程中表面水分受热后首先由液态转化为气态，而后水蒸气从面条表面向周围介质中扩散，于是物料表面和它内部各区建立了水分差，亦可称湿度梯度。由于挂面是热的不良导体，烘干时首先表面被加热，通过传导内部逐步升温，在一定情况下会出现温度差，亦称温度梯度，这将对物料内部水分扩散产生影响，因而面条干制过程中，水分和热量传递相互有着密切的联系。

温度梯度将促使水分（无论液态或气态）从高温区向低温区迁移，这种现象称为导湿温性。这是一种复杂的现象，高温将促使液体黏度和表面张力下降，促使蒸汽压上升。此外，物料的导湿温性还将受到其内挤压空气扩张的影响。在温度差的影响下，毛细管内挤压空气扩张的结果会使毛细管水分顺着热流方向转移。导湿温性引起水分转移的流量将和温度梯度成正比。

挂面表面水分汽化（解吸作用）和内部水分向外迁移的过程同时进行，但两者的速度并非相等。当表面水分汽化速度低于内部水分迁移速度时，面条烘干过程的进程取决于表面汽化速度的快慢。此时的表面汽化速度对面条烘干过程起着控制作用。反之当内部水分向外迁移速度小于表面汽化速度时，水分不能及时向外扩散，出现表面首先干燥，蒸发由表面向内部转移的现象。此时水分从内部向外迁移的速度对面条烘干过程起着控制作用，且在烘干过程中通常是内部迁移起控制作用。特别应该注意的是，当内部水分向外迁移的速度小于表面水分汽化速度且速度相差过大，则将在表面某层结膜产生较大内应力，以致出现挂面酥条现象。

因此，怎样控制内部水分向外迁移速度并使其大于或等于表面水分汽化速度，是保证挂面烘干质量的关键问题。其基本途径有两个方面：一是降低表面水分汽化速度，相应地增大了内部水分的向外迁移速度；二是在不加速表面水分汽化速度的情况下，依靠改善面条内部结构或使内部温度提高的途径，增大内部水分的向外迁移速度。

降低表面水分汽化速度通常采用低温慢速烘干，增大内部水分向外迁移速度通常采用高温高湿烘干。

④烘干的副作用：从面条中除去水分，会导致面条发生物理、化学和生物化学变化，不可避免地会产生一些副作用。在烘干时湿面条的体积会收缩，并产生干燥应力。若烘干温度过高，则其化学成分发生一系列变化。

a. 收缩作用：收缩主要是由于水分除去后物料本身收缩造成的。

由于收缩作用的方向性，挂面在长度、宽度和厚度方向的收缩大小不一，长度方向最大(挂面长度一般为1.2～1.4m，其长度收缩率为7.5%～8%)，但不影响挂面的内在质量（至少说影响不大)，而挂面宽度和厚度方向的收缩作用甚小，但对内在质量的影响却十分突出。而且挂面越厚，其收缩副作用也越明显。

由于挂面在烘干过程中，其表面水分汽化速度往往大于其内部水分的向外迁移速度，因此内外水分的下降程度不同。含水量较高的面条内部的收缩作用小于含水量较低的面条外部的收缩作用，这种收缩梯度的变化，可从挂面横截面的等水分线上清晰看出。挂面因内外及各个方向上的水分梯度较大而产生的收缩不相等现象，使面条内部产生一种类似铸件冷却过程所产生的内应力，削弱面条组织结构的机械强度，出现挂面的纵向裂纹，即挂面出现酥条。有的挂面酥条现象是发生在贮存阶段，没有立即表现出来，但不论怎样，只要是酥条，其面条横断面必有裂纹线，并用手可以剥离。

b. 干燥应力：挂面的烘干过程是塑性体与弹性体的结合阶段，随着烘干的进一步进行，其弹性作用越来越占主导。一个理想的弹性体在施加应力时就会弯曲伸长，而解除负荷时就可以恢复原状，湿面条在弹性和塑性行为之间无明显的分界。

弹性强度取决于含水量，水分的存在起增塑剂的作用。湿面条在含水量约为22%和更高时，具有弹性-塑性行为。

这种应力可以用多种形式表示出来。进行干燥的面条外层在进行不可压缩的湿内心收缩。在表面水分汽化较快时，靠近表面的部分是塑性的拉紧，在后面的进一步脱水阶段，当内心本身收缩时，外部物料部分不再复原，而且塑性的表面拉紧，使其迅速结膜，内部水分向外的不断迁移积聚产生更大的楔应力，以致在面条虚弱抗力面上呈现裂纹。

c. 变性作用：挂面烘干过程的收缩和应力作用，伴随着水分的蒸发和迁移而进行，并因其速度差异出现程度不同的裂纹。而挂面在烘干中的变性作用主要决定于它的最高加热温度，也就是决定于它的耐温性。耐温性与它的化学成分有关。

挂面中的主要成分是蛋白质和淀粉。蛋白质是一种亲水胶体，它的吸水膨胀能力对挂面形成有很好的作用。但在高温影响下，蛋白质会发生变性，使其吸水和膨胀能力减小。蛋白质热变性速度及程度，依加热温度和时间而定。加热温度越高，加热时间越长，则变性程度越大。且温度每升高10℃，其变性速度将加快1~3倍；在同温度情况下，水分每增高3%~4%，其变性速度也将增加1~3倍。试验证明，将薄片面筋从30℃加热到50℃挂面品质不仅无不良变化，而且还有某些改善。但在温度超过50℃时，蛋白质发生热变性作用而凝固，恶化面筋的品质，且面条发脆，强度降低。面条煮熟后的硬度也随烘干温度升高而逐渐增加，影响其食用品质。

淀粉在低温水中不会溶解，但能吸水膨胀。一般生淀粉都是以一点为中心整齐地排列形成“胶束”，此淀粉称为β-淀粉。随着温度的升高，分子运动加剧，淀粉分子会向各个方向扩展。温度在60℃以内，变化不显著；当温度超过60℃以后会变成α淀粉，冷却后变成陈化淀粉，其食用品质变劣。

为防止挂面烘干过程对其品质的影响，必须正确选择烘干条件。空气介质的温度不能过高，采取低温保湿烘干是适宜的。如果温度较高，其烘干时间需要缩短，但这样对整个脱水工艺是不适当的。

⑤挂面烘干过程：从干燥特性出发，挂面在烘道内的烘干基本上分为三个阶段或过程：预备干燥阶段、主干燥阶段（依序又分内蒸发和全蒸发两个阶段）和最后干燥阶段。有的又将此三阶段分为冷风定条、保潮发汗、升温降潮和降温散热四个阶段。但就烘干本质而言则是相一致的。

a. 预备干燥阶段：刚进入烘道的鲜湿面条，由于其含水量大，本身所能承受的拉力较小，在自重作用下，容易伸长，截面积变小，相应地增大拉伸应力以至达到断裂应力极限，产生湿的断条。因此，必须首先设法除去湿面条表层的一部分水分，使其逐步从可塑体转向弹性-塑性体，固定其组织，增加湿面条的强度，避免和防止在干燥初期出现大量落面的现象。此烘干过程就称为预备干燥阶段。

显然，预备干燥阶段必须使湿面条表面水分的蒸汽压力大于空气介质中水蒸气分压力，才能蒸发除去湿面条的一部分表面层水分。完成此任务的条件是空气介质的相对湿度要控制适宜。如果空气相对湿度较低，则可直接利用室外空气进入烘干区，不但效果好，而且经济。但是过分干燥（空气相对湿度过低）的空气介质，则使面条表面层水分蒸发过快和过多，使其表面结膜，降低了干燥质量。如果空气介质的相对湿度过高，则需采用适宜的加热方法降低后，才能进入干燥区。否则过湿的空气直接进入干燥区，湿面条表面层水分蒸发十分缓慢，甚至不能脱去其表面层水分，造成湿面条大量掉落，达不到预备干燥目的。这一点往往被实际工作者所忽视，认为预备干燥阶段就是不加温只吹冷风，而没有仔细地分析所谓“只吹冷风”是针对相对湿度较低条件的空气介质而言的。一般在空气相对湿度>95%或空气介质温度≤10℃时，空气介质需要适当加温处理。

有一种观点认为，采用较低温度的冷空气介质进入预备干燥区，面条容易发生干燥龟裂和断条。事实上，引起面条干燥龟裂和断条的极限含水量为（25.5±0.5)%，而预备干燥是指将面条从含水量（30±0.5)%降到（28±0.5)%为止的阶段。因此使用相对湿度稍低的空气介质，加快表面层水分的蒸发速度，使其较快固定组织，不会出现干燥龟裂和断条现象。适宜的空气相对湿度值是（90±5)%，最佳范围是85%～90%。在此阶段，由于湿面条的表面层部分水分在不加温或稍加温的空气流动作用下自然蒸发，烘道空气吸收了一部分水分，因此相对湿度将相应地升高些。而温度的变化则从两个方面来看。一方面，经过和面、熟化、轧片和切条后的湿面条本身带有一定热量，如果空气吸收因水分蒸发带出的热量大于湿面条所带热量，则烘道内的空气温度一般低于车间室内温度1～3℃；若小于湿面条本身所带热量，则高于车间室内温度1～2℃。另一方面，如果采用适宜热风来促进湿面条表层部分水分的蒸发，尽管空气吸收了水分蒸发带出的热量，但烘道内的空气温度仍高于车间室内温度1～3℃（均针对烘道排湿条件而言）。

b. 主干燥阶段：主干燥阶段是湿面条干燥的主要阶段，也是关键阶段。根据时间顺序，主干燥阶段又分为内蒸发阶段和全蒸发阶段。

内蒸发阶段：引起面条干燥龟裂和断条的极限含水量为（25.5±0.5)%，因此预备干燥完成后，不能继续蒸发表面层水分进行干燥，必须以内部水分向外迁移速度为基准进行调温调湿干燥，完成挂面内部的水分向表面的迁移，即进行内部水分的迁移干燥，称之为内蒸发阶段。

经过预备干燥阶段进入此阶段的湿面条，本身温度较低。为了促使内部水分向表面层的迁移，必须逐步提高面条本身温度，增加面条的湿传导能力。温度的升高同时将降低 $p_{蒸}$，增大面条表面层水分的蒸发速度，并有水分蒸发量过大的可能，结果使得表面组织的毛细管（孔）失水收缩，造成“薄膜”起关门作用，内部水分向外迁移受到阻碍，且水分积聚在“薄膜”内层，产生很大的楔应力，致使已形成的面筋网络结构组织受到破坏，出现裂纹现象。因此，必须设法保证面条表面层湿润，防止“关门”现象的出现，使内部水分向表面的迁移效果处于最佳状态，这是控制挂面不“酥条”的关键性技术之一。通常的方法是保持空气介质有相当高的相对湿度，使烘道内空气介质中的水蒸气分压力等于或稍大于面条表面水蒸气压力。

有一种观点，试图完全阻止内蒸发阶段中面条表面水分的蒸发，只发生内部水分向表面的迁移作用。事实上，不管空气介质的相对湿度高得怎样，只要没有达到饱和状态，内部水分向表面层的迁移积聚和面条表面接受热空气介质所传给的热量，必将相应增大 $P_{物}$、降低 $P_{蒸}$，产生表面水分汽化现象，只是其汽化速度大小不同而已。所以，在内蒸发阶段，必须以内部水分向表面的迁移速度为基准，控制和调整空气介质的温、湿度，始终保持表面层水分汽化速度小于或等于内部水分向表面的迁移速度，减小干燥应力和楔应力的作用。

全蒸发阶段：内部水分向表面层的迁移，使水分子积聚于表面层，必须进一步升温，逐步降低烘干区空气的相对湿度，使面条水分在高温低湿状态中全面及时蒸发出去。否则，由于湿传导作用，水分逐步从高水分的表面层部位向低水分的内部中心层迁移，以达到或趋于内外断面层水分子浓度的平衡（动态平衡）。这种高温低湿的全面蒸发水分过程，称为全蒸发阶段。此阶段是整个脱水过程的高峰区，湿面条自身温度很高，表面层水分的汽化速度较快（相对湿度大幅度下降），而内部水分因湿传导和温湿传导作用，并没有向表面层全部迁移完毕，因此仍有“结膜”的可能，必须保持空气一定湿度，不能使空气过分干燥。

c. 最后干燥阶段：经过全蒸发阶段的高温低湿烘干，面条水分已大部分被脱去，因此不再需要加温降湿，仅靠流动空气的风力作用，将余温循环调节，缓慢降低面条本身温度，并继续脱去一小部分水分，以达到规定成品水分要求，保持面条内外水分和温度的平衡。此烘干过程称为最后干燥阶段或完成干燥阶段。

最后干燥阶段的作用有两个方面。一方面是挂面经过全蒸发阶段的高温低湿脱水，其表面和内部水分的含量极不平衡，必须采取缓苏过程进行调整，使挂面外表面和内部间的水分逐步趋于一致，并消除挂面因干燥收缩而产生的干燥内应力，增强韧弹性，达到挂面质量均质化。另一方面，挂面是不良导热体，经过全蒸发阶段的烘干后，其本身温度较高，尽管最后干燥阶段的空气介质温度较低，但挂面内部的热传递不能骤然停止，而要一直进行到挂面内外温度及其与空气温度相对平衡时才稳定下来。因此，需要经过余温来完成温度的平衡，使挂面内外温度与室温趋于平衡。否则干燥将继续进行，温度的不平衡性必引起挂面产生裂纹。

值得注意的是，挂面的酥条产生部位，除内蒸发阶段以外往往发生在最后干燥阶段。如果降温冷却速度过快，而挂面本身温度又不能急剧冷却，内外水分和温度不能趋于平衡，增加了脆性和内应力。

最后干燥阶段所要达到的挂面含水量，应根据质量标准中水分和空气介质的相对湿度来确定。挂面中的蛋白质和淀粉等主要成分以胶束状态存在，必须保持一定的结合水分，这是挂面烹调性和黏弹性存在的必要条件。如果挂面失水过多，其含水量过低，组织的胶束状态将遭破坏，脆性增加和弹性消失，产生“干酥”现象，不能长期贮存，也不耐搬运和重压。如果挂面含水量过高，其组织软弱，无法抵抗外来冲击和压力而酥断，并且在高于某大气状态下的平衡水分时，脱水仍将进行，水分内外的不平衡性导致挂面“潮酥”。实践证明，高水分挂面的“潮酥”在包装后的初期不至于发生，而是在贮存期间才暴露出来。认为挂面水分高一点可起到“保条”作用的观点是不正确的。成品挂面水分的取舍，原则上是空气相对湿度较高时取低限值，空气相对湿度低（空气干燥）时取上限值。适宜的成品水分为$(14.0 \pm 0.5)\%$，最佳范围为$13.5\% \sim 14.0\%$。

d. 各干燥阶段的相互影响：挂面的三段干燥，都有其各自的干燥作用和要求，但各干燥阶段均相互影响，即面条在烘干过程中的脱水不应过分集中在烘道前端或后端或高温区等某一部位，应遵循某一规律进行合理分配。例如在预备干燥阶段，采用稍干燥的空气介质能加速湿面条从塑性体向弹性-塑性体的转化，但是过于干燥的空气介质，则使湿面条表面水分蒸发过多，将会造成内蒸发阶段的湿度变低，保潮性差，有导致表面层水分蒸发速度大于内部水分向外迁移速度的可能，出现面条表面干燥过度而“结膜”。同理，由内蒸发阶段进入全蒸发阶段，若相对湿度下降幅度过大，面条水分迅速蒸发仍有“结膜”的可能。至于由主干燥阶段进入最后干燥阶段，无论空气相对湿度是增加（如潮湿天气）或是减小（如夏季干燥天气），其变化速度也不宜过大，应采取缓苏办法以达到面条内外温、湿度及其与空气间的平衡，所以，就整个面条的脱水过程而言，其相对湿度的变化应是平滑的曲线。

(3) 影响挂面烘干效果的主要因素　影响挂面脱水的因素除其本身的性质特征外（如面条的物理结构、化学组成、形状、厚度、水分结合方式、初始终了含水量等等），与空气介质的温度、相对湿度、流速和挂面与空气的接触状况有关。这些参数随着时间的推移或者沿烘道长度的变化而改变，即烘干是在变化条件下进行的。为了简化研究，首先规定为恒定条件，而实际条件对烘干过程的影响用烘干系数 K 的变化来表示，并分区段进行烘干过程的计算。

①空气的温度、湿度：影响面条脱水的主要因素是空气介质的温度和相对湿度，其中以相对湿度的影响为主，同一温度下，相对湿度越低则脱水速度明显加快。在相同温度条件下，湿面条在第一小时脱水较快，占总脱水量的40%左右。1h之后面条脱水变得缓慢。在保证工艺质量的前提下，当鲜湿面条进入相同湿度不同温度的蒸发过程的前10min，其断头量无明显增加，而在20~40min时间内，断头量则变化很大；在相同相对湿度情况下，空气温度越低，面条湿断头量增加越明显；相对湿度的大小对湿断头量的影响较温度的影响更加明显，湿度越大，其定条能力越低。因此控制预备干燥阶段的空气湿度处于适宜状态是十分重要的。最佳的湿度范围是85%~90%，当温度低时其相对湿度值相应偏低，当温度高时其相对湿度值也相应偏高。

空气温、湿度对脱水后的挂面产品也有影响。最后干燥阶段的作用是调整挂面内、外水分及温度之间的不平衡和与室内空气温、湿度之间的不平衡。一般认为，若室内空气较烘道尾端湿润则挂面吸水，若较干燥，则挂面继续脱水，这两种现象均影响挂面质量，若温、湿度差异过大则会产生酥条现象。

②湿面条的性质和形状：包括湿面条的物理结构、化学组成、食用品质、形状、大小及厚薄等。

③湿面条的最初最终含水量：对于挂面来说，它是内部扩散控制性物料，要十分注意控制表面水分过快挥发，致使面条表面结成硬皮现象，因为若出现这种现象，会严重影响面条品质。

④空气的流动：在其他因素不变的情况下，烘房中空气的流动状态对挂面烘干是有一定影响的，适当的空气流动不但会使面条干燥均匀，也会加快干燥速度。但空气流动不能太强烈，因为挂面摆动太强会增加挂面断头量。

(4) 烘房种类及特点　烘房是实现挂面干燥的主要设施，一般按热量传递、挂面运动方式、加热热源进行分类。

①按热量传递方法分类：按热量传递方法分为对流烘干、辐射烘干、高频烘干和综合烘干四种基本形式。

a. 对流烘干法：利用加热的空气介质直接与挂面接触，热量以对流方式传递给挂面而使其脱水。空气介质起着载热和载湿的双重作用：即不断传递热量给挂面，又带走汽化出的水分。此种烘干方法目前国内外广泛使用。

b. 辐射烘干法：此烘干方法是挂面在烘干过程所需要的热量，主要靠辐射方式进行传递。目前有些地方所使用的远红外烘干和太阳烘干均属此类。

c. 高频烘干法：将挂面置于高频微波电场中，在高频电场作用下，挂面中的带电分子和极性分子等随着电场方向的改变而激烈地振动，引起相互之间的摩擦而产生热量，同时由于高频电场作用使挂面形成多孔性，有利于挂面内部的水分向表面迁移。

d. 综合烘干法：此烘干法即是将对流烘干、辐射烘干和高频烘干等方法综合使用。比如，以对流式烘干为主导的隧道式连续烘干工艺中，在加热列管上涂以远红外涂料，在烘干初始或烘干之前经高频微波处理，使面条形成多孔结构后再连续烘干，此例就是一种综合性烘干法。

②按挂面运动方式分类：按照挂面在烘干过程中所处运动方式进行分类，则可分为固定式烘干与移动式烘干两大类，移动式烘干又可分为索道式（单行移动）烘干和隧道式（多行

移动）烘干。

a. 固定式烘干法：此法就是使挂面在烘干过程中处于相对静止状态，不随烘道长度方向而有步骤地移动。其优点是所需设备简单，一次性投资少，成本较低，但烘干过程中温、湿度不易控制，产量低，劳动强度大，无法实现挂面生产机械化。目前所使用的固定式烘道烘干和太阳晒干均属于此类。

b. 隧道式烘干法：此方法的特点是挂面多排并列进入烘干区干燥。排数有 3~9 排，由总体传动轴带动各排链条作等速运动。此烘道形式在国内比较普遍。

c. 索道式烘干法：此类烘道是我国从日本引进的挂面自动生产线上的烘干设备，此法特点是低温、高湿、长时间的干燥，易保证产品质量，但其占地面积较大、投资多。

③按热源方式分类：按照烘道热源方式的不同，可分为蒸汽加热烘干、烟道气加热烘干、电加热烘干、热风炉加热烘干、热风-烟道气并联式加热烘干、高温水烘干法等。

a. 蒸汽加热烘干法：利用锅炉产生的水蒸气作为热媒，借助蒸汽管道将其输运至烘道内一定部位，通过热交换器获得挂面烘干所需热量，即为蒸汽加热烘干。其显著特点是烘道内比较卫生，温度控制容易，但一次性投资高，操作比较复杂，而且蒸汽管道热损失、蒸汽漏泄损失、二次蒸发损失、煤不均匀燃烧热损失和冷凝水热损失等，使蒸汽加热烘干的热效率低，能源浪费大。

b. 烟道气加热烘干法：此法与蒸汽加热烘干不同的是，以烟道气作为热媒输送至烘道内，通过烟道管将热量传递给烘道空气从而对挂面进行加热，目前应用也较广泛。其特点是烘道结构简单，烘道内比较卫生，但温度不易控制，而且烟道管内易积灰，出烘道后烟气的余热不易回收等，致使热效率低，能源浪费大。

c. 电加热烘干法：此方法靠电阻产生热量来加热空气介质，而后将空气介质输送到或扩散到烘道内。其基本特点是温度易于控制，无燃烧产物，但耗电量大，成本较高。

d. 热风炉加热烘干法：该法是在通风机作用下，自然空气经热风炉炉壁获得热量而被加热，加热的空气通过风网输送到烘道中对挂面进行加热。燃烧后的烟道气经除尘后排放到大气中去。此法的基本特点是只进行一次热交换，热效率高于蒸汽加热烘干法，烘道中的温、湿度易于控制，但也有其明显的缺点，那就是烟气热损失较大。

e. 热风-烟道气并联式加热烘干法：此法除了像热风炉加热烘干一样，又将炉膛内燃烧产生的烟道气以管道送至烘道内通过管道壁对空气进行间接加热，出烘道后的烟道气再进行除尘并排放到大气中。此法的特点是吸取热风炉加热的优点，克服了热风炉烟道气排走大量热量的不足，即是对热风炉和烟道气烘干优点的综合。

f. 高温水烘干法：此法是通过热水炉将煤燃烧的热量把水加热，再通过泵、管道将热水输送到烘道中去，热水通过管壁将热量传送给烘道中空气从而对挂面进行加热，出烘道的水再回到热水炉中，这样形成一个循环回路。此法的基本特点是一次性投资少，没有余热损失因而节约能源，温度控制方便，安全性高。

(5) 烘房的基本原理　挂面烘房作为挂面烘干的场所，不仅要有足够的容量，更重要的是要保证挂面具有良好的脱水效果和较高的热利用率，因而合理的烘房结构不仅涉及挂面质量，而且还涉及厂家的经济效益。

①对烘房的基本要求

a. 烘房应有适宜的容量：即应有足够的长度、适宜的宽度和高度，以保证挂面有足够的脱水时间和容纳量，并提高烘道的利用率。

b. 烘房应是封闭性与敞开性的有机结合体：封闭性的作用在于防止外界不利自然条件，如低温高湿季节对挂面脱水质量的影响，并减少热量向外散发。敞开性的作用则是要充分利用外界有利自然条件，如夏季的高温低湿空气以节约能源。

c. 整个烘房应具有较好的保温性：一般烘房面积比较大，具有较大的传热面，因而提高其保温性以减少各种散热损失，提高热效率非常重要。

d. 烘房内应具有良好的通风系统：必须保证有适宜状态的新鲜空气进入和低温高湿空气的适量排出，并保证挂面在烘干中有一定的摆动，这就要求烘房中要安装排风扇和排潮扇。

②烘房的温、湿度分布和原则性设计

a. 烘道的热湿分布规律：挂面在烘干过程中，依次经过预备干燥阶段、主干燥阶段和最后干燥阶段三个大的区间，其烘干温、湿度也有所区别，预备干燥阶段需要温度较低、湿度较高的空气介质，主干燥阶段中的内蒸发阶段需要低中温度而湿度稍高的空气介质，全蒸发阶段需要中高温度而湿度较低的空气，而最后干燥阶段的温、湿度则由全蒸发阶段的温、湿度逐步过渡到室内温、湿度，其温度逐渐由中温降到低温，湿度逐渐由低湿回升到较湿值。

在烘道某处的横断面上，热湿的分布有两种情况：在烘道的宽度方向，某处的温度值、湿度值均对应相等，不能有差距，即烘道某横断面宽度方向上的温、湿度值为常数，其值等于烘道长度方向对应处的温、湿度值。而烘道某处的高度方向的热湿分布的情况是：经加热的空气温度较高、湿度较低，在对流风扇等扩散作用下，挂面吸收一部分热量，烘道壁吸收散热热量，空气温度逐步降低，但到一定位置后（如接近挂面尾端），其温度趋于一致。根据此分布规律，为防止挂面尾端烘干起翘现象，烘干工艺的排湿孔布置在与挂面中部对应的高位上是比较适宜的。

b. 烘房的原则性设计：烘房结构一般为多排、单排和固定多排式几种，均为长方体空间。隧道式两端开放，挂面行走呈直线或呈直角式运动，烘道顶部为平顶形，四周无或少有保温层，上部空间布置热交换器和对流风扇，中部布置输送链条、支撑钢架和容纳挂面，底部空间布置排潮装置。

烘房内热湿扩散分布与排潮，应根据烘道内热湿分布规律进行设计，烘干各区间的扩散风扇、气流方向和排潮等应严格区别。一般地，预干燥阶段和内蒸发阶段、最后干燥阶段所要求的空气温度不宜过高，选用下压风比较合适。但对空气温度较高的全蒸发阶段，则应选用上排风，将热风吹在烘道顶部再被迫回旋，以避免高温热空气直接吹在挂面上部，使其干燥过度，造成面条断落现象。当然这种对流风扇向上安装，是针对目前烘道较短需高温快速烘干而言的。如果烘道较长，采用低温保湿烘干工艺，就不存在面条断落问题，而且有利于装设大气引风装置，充分利用高温低湿的空气，节约热能消耗。热空气除了要求从上至下作强制对流外，在水平方向宜造成一定的对流条件，但其水平流向必须严格规定。目前烘干过程中的普遍现象是，预备干燥阶段湿度过高或略高，而主干燥阶段的湿度过低或略低造成湿度不足。所以，热湿空气作适当的水平流动，不仅能利用部分排湿空气热量，而且对烘干过程的保湿有积极作用。其水平流动方向可从进烘道端推向出烘道端，起点位置一般在接近主干燥阶段尾部，不能进入最后干燥阶段。但需要指出，空气的水平流动不能从主干燥阶段流向预备干燥阶段，否则容易在干燥初始结露，出现面条大量掉落现象。烘道内的热湿扩散装置一般用风扇，有轴流式风扇、离心吊扇和小型鼓风机，其中以风量大、压力小的轴流式风扇为最好。其常用规格为直径 600mm、风翼角 5°左右，转速 200～250r/min，风量 100～150 m^3/min。离心吊扇常用直径为 1200mm 和 900mm。对整个烘干的通风系统，要求热空气及时混合分布均匀，湿空气适时适量排出，并使挂面有一定摆动幅度，减少和避免挂面尾部起翘和卷曲。一般经验，烘道内挂面表面风速在 2～2.5m/s 左右，挂面摆幅 15°～20°。烘道内排湿装置的装设，应根据两个因素来确定。一是根据挂面在各区间的脱水速度和烘道内空气湿度的要求而确定，如果烘道内的空气湿度高于控制值则需要排湿，反之则需要保湿；二是排湿装置必须防止外界冷空气的倒灌现象，以免影响挂面质量，产生酥条。而且尽量利用和回收排湿空气的热量。因此，排湿部位一般布置在预备干燥阶段的前中区、内蒸发阶段与全蒸发阶段的过渡区、全蒸发阶段的前中区等几个位置，且预备干燥阶段的前区排湿较高，全蒸发阶段的前区略高，其余较低。排湿口的布置高度有两种情况，一种是在烘道两壁的底部，另一种是布置在与挂面中部高度对应的烘道两壁。排湿形式建议采用夹墙排湿，每个排湿口装有可调节排湿量的百页调节器，若是低温保湿长时间烘干工艺，也可不用百页调节器而采用自然排湿；若是高温快速烘干工艺则可不用百页调节而采用小型排风扇作机械排湿，其效果较好。

c. 加温部位的确定和烟气管道的布置：加温部位的确定，要求进烘房的湿面条升温较快又不过急，最后干燥阶段降温冷却过程足够，实践证明，选择内蒸发阶段的后区或偏中区作为加温起点比较适宜。但目前的许多挂面厂是在烘道中部作加温起点，其进烘道的湿面条温度上升慢，经过主干燥阶段以后的降温冷却过程较短，容易造成挂面带温包装，给酥条带来隐患。对于采用烟道气加热烘干和热风-烟道气并联式加热烘干的工艺，其烟气管道的布置对挂面质量和热交换量有较大影响。一般有两个要求，一是要设法强化管道的传热，二是要求产生的热空气不能使各烘干区间发生温度过大突变，特别要避免温度在内蒸发阶段与全蒸发阶段的过渡区间、全蒸发阶段与最后干燥阶段的过渡区间发生过大的差距。

6. 后处理技术

经烘干后的面条必须切成一定长度，并进行计量包装，同时对生产中产生的干、湿面条进行处理，以提高经济效果。

(1) 切断

①切断的作用与要求：目前所普遍应用的是机械切断装置。切断的工作原理是利用切刀与挂面的相对运动，借助于切刀的剪切或切削作用把挂面切断。切断对挂面的内在质量无多大影响，但与挂面的外观质量和干面头量增减有极大关系。切断工艺是整个挂面生产中面头量最多的环节，因此切断工艺要求是长度一致，断头最少。我国挂面的切断长度大多数选取 200 mm 和 240mm 两种规格，长度的允许误差为 ± 10mm。切断工艺的断头（即干面头）控制在挂面产量的 6%～7%，越低越好。

②切断设备及其特点：目前我国常用的机械切断装置主要有圆盘式切面机和切刀式切面机两种类型。圆盘式切面机的特点是传动系统简单、生产效率高，但切出的挂面整齐度差，断损严重。

(2) 包装和计量

①计量的作用和要求：计量是挂面包装前的一道重要工序，是商品核价、销售和流通的前提。计量准确与否关系到消费者与生产厂家的利益，是衡量挂面质量的标准之一。因此，计量的一般要求是计量准确，误差在规定范围内。现行 LS74—82《挂面质量标准》规定净重

偏差控制在±1.0%以内。

挂面的计量方法有人工计量和自动计量两种。目前我国绝大多数挂面厂普遍用人工、台秤计量，只有很少数挂面厂从日本引进的挂面自动生产线中有自动计量设备。采用人工计量有许多不利因素：包装工多，工效低，人手直接与产品接触而对产品易造成污染。称量的准确度难以保证，除台秤等机械的影响因素外，更重要的是由于人为的因素而使计量误差偏大和不稳定。因此采用自动计量是今后发展的方向。

②包装的作用和要求：为利于贮存、运输和销售等环节取得好的效果，必须对挂面产品进行必要的包装。挂面包装的基本要求是整齐美观、卫生安全、标志完整、图案清晰。

挂面的包装方法有手工包装和机械包装两种。目前我国的绝大多数挂面厂都是手工包装，将挂面卷成圆筒形，且有两种主要包装方式：一种是挂面一端封口，另一端外露10mm左右；另一种是挂面两端均不封口。另外有些名特产品的包装比较讲究，采用塑料袋或薄纸盒，并在其上开一个透明小窗孔利于购者观察，在盒或袋的外面用透明玻璃纸包装密封，美观醒目，提高挂面的装潢商品价值。

挂面的包装目前是薄弱环节之一，较普遍存在着保管、运输、销售环节的挂面吸湿、发霉、虫蛀、污染、断损等问题。因此挂面的包装应向着密封性、抗压性等方向发展，而首先需要解决挂面包装袋或盒及挂面自动包装机械的问题。近年来从日本引进的挂面自动生产线中已选用了自动包装机，包装材料是印有彩色商标的复合塑料薄膜，包装形式是枕形，纵向及两端均密封。

(3) 面头处理　在挂面的切条、上架、烘干、下架、切断和计量包装等生产过程中，不可避免地要产生面头，需要及时处理后再回机作原料加工生产挂面。

①面头的类别与性质：挂面厂的面头大致分为湿面头、半湿面头和干面头三种。

在切条、上架及烘道入口处落下的面头称为湿面头。预备干燥初端的掉落面头，如果及时回集，也可归为湿面头。湿面头的性质接近于面团，要及时回入和面机中与面团充分搅拌均匀。

从烘道的预备干燥末端至全蒸发初端所掉落的面头一般称为半湿或半干面头。由于此面头的含水量不相等，与面团性质有差异，不能像湿面头那样直接回入和面机搅拌。通常将其干燥脱水到与干面头含水接近，作为干面头进行处理。

干面头是在烘干后端落下的以及切断、计量包装等过程所产生的面头，也包括经过干燥后的半湿面头。由于干面头的含水量与成品挂面的水分相近，其性质与小麦粉大体相同，但面筋质的分布形态与小麦粉面筋的分布形态等又有许多差异，因此需要经专门处理后，才能掺入和面机中与小麦粉、面团混合搅拌。

影响和面效果的原料因素主要是小麦粉中的面筋质含量及质量两个方面。干面头和小麦粉的蛋白质含量大致相等，干面头粉的面筋质含量较低，与小麦粉差别较大。从面筋质的分布特征及质量状况而言，干面头粉与小麦粉的面筋质相比粘接作用降低，不成团，呈散状，即是说，干面头粉的面筋质工艺性能较小麦粉明显降低。

②干面头的处理方法：干面头的处理方法目前主要有湿法（或软化）处理和干法处理两种。

a. 湿法处理：干面头的湿法处理就是把经清理后的干面头置入浸泡池或容器内进行浸泡，使干面头充分吸水软化后，再按一定比例掺入和面机中与小麦粉一起搅拌的方法和过程。此处理方法的特点是面头中的面筋网络组织破损小，有干面头转化为湿面头的作用，因此回机质量较好，而且节省投资和电力费用，生产成本低。但面头浸泡时间过长，尤其是夏季易发酸变味，因此采用湿法处理的时间不能过长，一般春冬两季的时间宜 40～60min，夏秋季节的时间宜 30～40min。每次的浸泡量需依次有所调整，并保持浸泡池的清洁卫生。

b. 干法处理：干法处理就是将干面头通过初筛、粉碎、细筛加工成干面头粉，并按一定比例掺入和面机中与小麦粉一起搅拌的方法和过程。此处理方法的特点是比较卫生、劳动强度低。但由于干面头粉碎成粉状物（全通过 54GG 特料筛绢），面筋质损伤大而工艺性能较差，影响挂面质量，而且生产成本比湿法处理高，因此采用干法处理的面头掺入比例必须严格控制，一般比湿法处理低。

实践证明目前的干面头处理方法，采用湿法处理的工艺效果比干法好，生产成本也低，但干法处理的劳动强度低。因此中小型挂面厂采用湿法处理适宜，大型挂面厂则应综合考虑各种因素确定。但不管以何种方法处理干面头，其掺入和面的比例必须控制在 10%～15%范围。

第二节　方　便　面

方便面是在挂面生产基础上发展起来的，历史上记载的“汤饼”、“索面”实际上是方便面的“雏形”。方便面的工业生产始于日本，1958 年日清公司首创方便面生产设备，由于产品有食用方便、价格低廉等优点，迅速占领了日本市场，并发展到了中国、韩国、澳大利亚等许多国家和地区。我国自 1982 年前后从日本引进方便面生产线，由于产品符合我国消费者的饮食习惯，迎合了工业发展的需要，所以方便面生产在国内迅速发展，在短短十几年内成为国内销售额最大的方便食品。发展到目前，国内方便面工业无论是设备还是生产工艺都已基本成熟，产品品种多，是一种深受广大消费者喜爱的方便食品。

一、方便面的分类及其特点

方便面自 1958 年问世以来发展迅速，有上百个品种和数千个不同商标，而且叫法也不同，如“即席面”、“快食面”、“快餐面”、“即食面”、“方便面”等。在分类上也没有统一规定，习惯上及各种文献公认的有三种分法。

(1) 按干燥工艺分　按其干燥工艺可分为油炸方便面、热风干燥方便面、微波干燥方便面、非脱水方便面。

油炸方便面干燥速度快（大约 70s 完成干燥），糊化度高（淀粉糊化率达到 85%以上），面条由于在短时间内快速蒸发脱水使其内部具有多孔性，因而该产品复水性良好，沸水浸泡 3 min 即可食用，方便性较高，而且具有宜人的油炸香味。但由于产品含有 20%～24%的油脂，因而成本高。另外，氧化后产生氧化酸败现象，产生油腻味，使产品口感和滋味明显下降，所以油炸方便面贮存期较短。

热风干燥方便面是将蒸煮糊化的湿面条在 70～80℃温度下进行脱水干燥的产品，由于不使用油脂，因而造价低，不易氧化酸败，保存时间长。由于干燥温度低，因而干燥时间长，糊化度低，面条内部多孔性差，食用时复水时间长，方便性较差。

微波干燥由于其具有穿透性强、升温快等特点，弥补了热风干燥和油炸干燥的不足之处，因而产品具有贮存期长、复水性好、价格较低等特点。但微波干燥具有耗能高等缺点。国内目前已有微波干燥方便面问世，就其工艺看一般有两种，一种是全部采用微波干燥工艺，另一种是采用了油炸、微波两种脱水工艺。

(2) 按包装方式分　按包装方式可分为袋装、杯装、碗装三种。

我国目前以袋装为主。袋装成本低，易于贮存和运输，食用时需另备餐具，因而其方便性不如碗装、杯装的产品。

碗装、杯装方便面由于其本身有餐具，具有更好的方便性，而且这类产品一般都有两包以上的汤料，营养丰富。但由于包装容器较贵，所以这种产品成本较高，而且由于包装材料回收率低，会给环境造成污染。

(3) 按产品风味分　按产品风味可分若干种，如中国风味的酱油炒面、葱油虾味面，日本风味的酱味面、咖喱荞麦面等。

二、方便面生产工艺流程

油炸方便面、热风干燥方便面其工艺流程见图 5-6。软罐头方便面（LL 面）工艺流程见图 5-7。

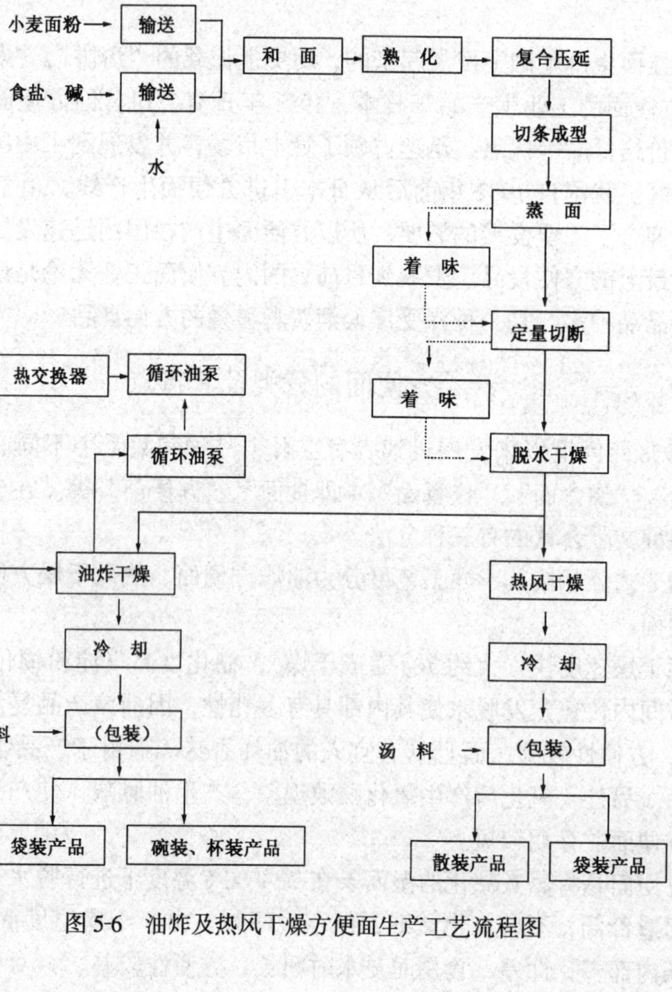

图 5-6　油炸及热风干燥方便面生产工艺流程图

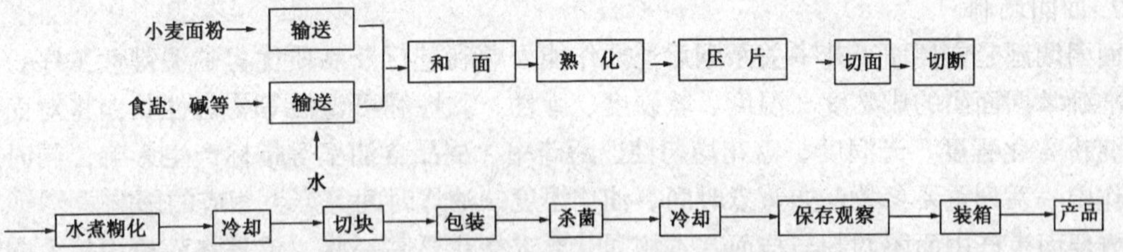

图 5-7　软罐头方便面生产工艺流程图

1. 方便面原、辅料预处理

（1）盐、碱水的制备　方便面生产中有时对水温要进行调整，一些水溶性添加剂如食盐、食用碱等要进行溶解，因而方便面生产都配备有供水系统，该系统主要由盐水罐、定量罐、耐腐蚀离心泵等组成。盐水罐主要用来溶解食盐、食用碱及其他水溶性添加剂，内装有搅拌器，以加速食盐等添加剂的溶解。为了保证和面温度和加速添加剂的溶解，一般还有盘管，通有蒸汽。盐水罐的容积由产量而定，一般可容下一个班的和面用水。盐水罐要用不锈钢制造，并且装有液位指示计、溢流管、疏水阀等。值得注意的是，出水管一般不要放在最底部，不然沉淀下来的杂质，尤其是溶解食盐后的杂质沉淀在底部，生产时首先放进和面机中，使产品有牙碜现象。盐水罐最好不要做成平底，因为污水及沉淀下来的杂质不易放出，一般做成锥底，这样清洗罐的污水和沉淀很容易通过底部的阀门排出。盐水罐必须有溢流口，以避免进水时溢出罐外。溢流管道一般直接进入下水道。盐水罐加热系统必须用间接加热，设计时要根据工艺要求的升温范围和升温时间考虑加热面积，直接加热，蒸汽管内的污染严重，引起产品颜色、风味变劣，甚至货架期缩短。为了保证用水质量，最好在输送管道上加上管道过滤器。定量罐是一个设有玻璃水位管或带有液位显示器的不锈钢罐，其容量为45～60kg，底部装有排水阀或截止阀，和面水溶液由盐水泵输入该罐后，根据玻璃管显示的刻度决定和面加水量。其液位可在罐内装一电极棒来控制，也可以用溢流口来控制。盐水输送泵要用耐腐蚀的不锈钢或塑料离心泵，其型号规格可根据流量及扬程的实际需要选用。

（2）糊状浆体的制备　称取粉状原料后，置于立式打蛋机桶中，混合时逐步加入冷水，以慢速搅拌。然后在不断增加水的搅拌条件下逐渐形成糊状的浆体，再快速搅拌片刻，此时可能在透明状的浆体中带有白色斑块，原因是部分粉状颗粒被周围的黏稠浆体包围所造成，使水分一时难以渗透。取出浆体，待静置过夜后自行消失。总加水量约为它本身质量的30倍，使用时已成糊状，可用瓢勺均匀添加。

（3）物料溶液的制备　将鸡蛋（冰蛋）、食盐、色素或味精等倾入带搅拌桨及外壁有绝热材料的预混槽中，加入部分清水后搅拌，液料温度冬天应保持在35～40℃，夏天需使用部分冰块或冰水，液料可保持在15～20℃。每一作业班所使用的物料可一次性预混，槽的大小可根据生产量进行设计，应配置两只，交替使用。

（4）其他添加剂原料的处理　色素在盐水罐中溶解备用。复合磷酸盐通常应单独溶化后备用。乳化剂中单硬脂酸甘油酯、蔗糖酯、卵磷脂等也以少量热水溶化，在立式打蛋机中充气混合成泡沫状乳浊液备用。

（5）抗氧化剂的处理　先将BHA用10倍质量的95%的酒精充分溶化后，投入BHT，不断地搅拌至完全溶解为止。将增效剂柠檬酸用5倍于本身质量的清水完全溶解，然后将两种溶液合为混合溶液备用。

2. 面团调制

面团调制是方便面工艺中关系到后道操作能否顺利进行及品质优劣的关键性工序。如果不能准确掌握面团的成熟度、温度、软硬度、弹性、黏性和可塑性等物理性状，将对面条成品的淀粉 α 化程度、光润度、盘花均匀性、断碎率、成品含油率等指标产生影响，同时对工艺操作中一系列重要参数，如蒸煮时间、油炸温度、油炸时间等产生相应的影响。

方便面生产中面团调制与挂面基本相同，要求往往要高一些。首先将面粉用气力输送至位于和面机上部的带有计量装置的贮料斗中备用。如无气力输送系统，可在和面机上部设一振动筛，将袋装面粉过一下筛以除去面粉中的线头等杂质。一般不提倡将袋装面粉未经过筛直接倾入和面机之中。然后分别将制备好的原料溶液、添加剂溶液边搅拌边加入和面机之中。值得一提的是由于方便面对面粉的要求往往比挂面高，再加入不少吸水性强的添加剂，和面时的加水量往往比挂面多。一般和面加水量为面粉质量的28%～30%，连同面粉本身含水13%～14%和鸡蛋中75%的水，和面后面团含水达到33%～34%，方便面不像挂面悬挂干燥存在拉长问题，因而在不影响压片和折花成型的前提下应尽量多加一些水。

实践证明，过高的黏度对生产方便面不一定十分有利，这样会使面条油炸后膨化度降低，结构中孔隙过小。一般认为最大黏度值高的可达710BU（Brabender unit），最低时仅为270BU，中间值应在470～540BU。

方便面生产中加入的添加剂往往是几种甚至是十几种，在加入时要掌握一个原则，应根据所掌握的理化知识和诸多添加剂的有关性质，使添加剂与面粉尽量地混合均匀。值得一提的是，方便面生产线多采用卧式双轴和面机，这种和面机只上下翻动，轴向翻动很小，就是说，加入添加剂甚至加水时，应在轴向上加入均匀。

方便面生产中会产生一些碎头和次品，油炸后的碎头和次品其理化特性方面与原面粉相差甚远，不得再粉碎加入和面机之中，这样做是为了保证面团的质量。

3. 复合压延

(1) 控制适当的面片厚度　对于方便面来说，其压片的原理与挂面相同，但它对产品的影响有其特殊的地方。

最后一对压辊压延出的面片厚度与后工段的工艺参数有关，对面条的复水性能和面块的耐压强度亦有较大的影响。各种不同品种的方便面应根据其产品的特点控制不同的厚度，其中以杯装面最薄，大致是0.3 mm，因为它是冲泡型方便面，袋装的煮食型油炸方便面1～1.2mm，α 化软面及炒面1.2mm以上。

较厚的面片切成的面条直径较粗，蒸煮时它的中心部位较难成熟。在相同的蒸煮时间、蒸汽压力及流量的条件下，面条的糊化程度较低，油炸时间就要相应延长，否则面条的黏弹性不够，油脂吸收率高，复水时间长。但较厚的面片亦会使单位时间内的产量比较高，作为工厂来说，既要考虑产品质量，又要讲究经济效益。应当通过试验确定出适当的厚度，是平衡产量与质量之间关系的重要措施。

(2) 要控制适当的压延比　经预压机初压成的面片结构十分松弛，表面比较粗糙，面片结构中的孔隙不均匀。必须经重叠复合辊轧，使孔隙充填，面片坚实，形成均匀的厚片。面片复合压片以后，延展性增强，但表面仍然比较粗糙，需经4道压片机逐步压延成薄片，供切条成型用。4台压片机必须依次装在一条直线上，使面片在机台上连续运转，面片不易断裂，实现连续化生产流水线。

在面片复合及压延过程中，一定要掌握各对辊筒之间的间距，以逐步压薄为原则，严格控制面片的压延比（有两种计算方法，一种是指压片前面片的厚度与压片后面片厚度之间的比例。另一种方法是指压片后的厚度比压片前减薄的百分比），这样每次受到的挤压力基本接近，就会使面片逐步趋向于表面光滑，层次清晰整齐，结构均匀，制成的面条粗细一致。如果压延比过大，将会使面片表面粗糙，层次遭到破坏，结构过于紧密。这样既不利于蒸面时中心部位淀粉 α 化，亦妨碍油炸时面条的体积膨松。

4. 切条折花成型

（1）切条折花成型的基本原理与工艺要求

①方便面切条折花的基本原理：首先使复合压延后的面带通过相互啮合，具有间距相等的多条凹凸槽的两个侧面相互紧密配合而具有剪切作用，从而使面带成为纵向面条。在齿辊下方装有两片对称而紧贴齿辊凹槽的铜梳，以清除被剪切下的面条不让其粘附在齿辊上，保证切条能连续进行下去。利用面刀切割出来的面条具有前后往复摆头的特点，使之通过一个特殊设计的截面为扁长方形的成型器，成型器下方装有一条可以无级变速的不锈钢丝编成的细孔网带，网带的线速度小于面条的线速度。由于存在着速度差，使通过成型器的面条受到一定阻力而前后摆动，扭曲堆积成一种波峰竖起、前后波峰相靠的波浪形面层。由于网带速度大于面条在成型器中的速度，因而将面条逐步拉开，形成了一种波纹状的花纹，而后将其输送至蒸面机，通过蒸煮把波纹花纹基本固定下来。

②切条成型的要求：面条光滑，无并条，波形整齐，密度适当，分行相等，行与行之间不连接。

（2）影响切条折花成型的主要因素　影响切条折花成型的主要因素有面片质量、切刀、面片线速度与网带线速度之比、成型导箱前壁压力门上压力的大小等。

①面片质量：面片质量对切条成型效果有重要影响。若水分太高，切条成型的面条无支撑能力，导致花纹塌陷，若水分偏少，导致花纹稀疏。面片若有破边或孔洞，会使成型后的面条断条增加。面片最后形成的厚度必须符合标准，若面片的厚度超过了面刀两齿辊凸凹槽之条间的间隙，会使切条成型的面条表面有皱纹。

②面刀的质量：面刀是成型器的主要组成部分，若两齿辊啮合深度不够，可能引起并条现象，篦齿压紧度不够，面刀齿槽中会积累杂质，引起面条光洁度变差。

③面条线速度 v_1 与成型网带线速度 v_2 之比值的大小：面条线速度与成型网带线速度之比是影响切条成型效果的主要因素之一，它利用面条线速度大于成型网带线速度的关系，促使面条在成型箱内弯曲扭转堆集成波浪形花纹的面层。v_1/v_2 的值大则波纹密；v_1/v_2 的值小则波纹稀。速比的范围为 $v_1/v_2=6\sim8$。

④成型导箱前壁压力门上压力的大小：成型导箱前壁压力门上压力的大小，是影响成型效果的另一主要因素。它与面条线速度和成型网带线速度之比是相辅相成的。在导箱前壁用铰链装着可活动的压力门，在压力门上装有钩子，可用悬挂螺帽的多少和大小来调节压力的大小。也可在压力门上焊接一螺杆，上加螺帽，以螺帽的进退来调节压力的大小。压力大则波纹密，压力小则波纹稀。

5. 蒸面

蒸面是制造方便面的重要环节。制造方便面的基本原理是将成形的生面糊化，然后迅速脱水便得到产品，糊化的程度对产品质量尤其是复水性有明显影响。

（1）蒸面的基本原理与工艺要求　蒸面就是使波纹面层在一定温度下适当加热，在一定时间内使生面条中的淀粉糊化，蛋白质产生热变性。所谓淀粉糊化，实际上就是俗话讲的“蒸熟”，用科学术语讲，就是把β化状态的淀粉变成α化状态的淀粉。β化淀粉即是生淀粉，它的分子是按一定规律排列的结晶状态，吃起来口感不好，而且由于消化酶不易进入分子之间，因而也不易消化。β化淀粉吸水加热后即变成α化淀粉，这种淀粉分子排列是混乱的，消化酶容易进入分子之中，易于消化分解。糊化淀粉吃起来口感也好。糊化后的淀粉是可以逆转的，即经常提到的“回生”或“老化”现象。减少方便面在贮藏过程中的“回生”速度，保证产品具有良好的复水性，首先就要尽量提高蒸煮时的糊化率，然后迅速脱水使糊化后的淀粉结构固定下来。在一定范围内，脱水速度越快，糊化的淀粉“回生”速度越低。固定“糊化”状态的面条具有较好的复水性，用沸水浸泡一段时间，能够恢复到原来蒸熟时的状态，即可食用。

热风干燥方便面和油炸方便面都要有蒸面工序。非油炸方便面要求糊化度达到80%以上，油炸方便面要求糊化度达到85%以上。

方便面生产中，蒸面是通过连续蒸面机来完成的。蒸面机由不锈钢网带、蒸汽喷管、排汽管、隧道几部分组成。工作时，不锈钢网带在隧道中运行，面条在网带上面随网带一起运行，由蒸汽喷管喷出的蒸汽通过网带对面条加热从而使面条成熟。这种蒸面机进口较低，出口较高，其原理是利用热汽向上升的特点，当隧道内的蒸汽喷管向底槽喷入直接蒸汽时，蒸汽将沿着倾斜面从低向高在蒸槽中分布，冷凝水向低处流，这样，必然是低的一端蒸汽量较少，湿度较大，进入槽内的湿面条温度较低，遇蒸汽易使部分蒸汽冷凝结露，结果使面条水分增加，有利于淀粉的糊化。在蒸面机高的一端，蒸汽量大，温度较高，湿度较低，有利于面条吸收热量进一步提高糊化度。这种倾斜式连续蒸面机不但内部温度从低到高，湿度从高到低，符合淀粉糊化的要求，而且机身倾斜后，蒸槽的有效长度有所增加，蒸面时间相对延长，蒸汽利用率有所提高，有利于淀粉糊化。常用的倾斜式连续蒸面机可以根据需要调节蒸汽压力和蒸面时间，以控制温度、湿度和产品糊化度。

连续式蒸面机除了倾斜式的，还有一种水平式的。水平式蒸面机槽内盛有自来水，直接蒸汽喷入水中，使水沸腾而产生大量水蒸气，其基本原理就是靠水沸腾产生的蒸汽对面条加热而使面条中的淀粉糊化。

（2）影响蒸面效果的主要因素　蒸面目的就是使生面条中的淀粉糊化、蛋白质变性。糊化度的高低对产品口感和复水性有明显影响。如何提高蒸面时的糊化度，是生产中的一个关键技术。影响蒸面效果的主要因素有面条中水分、蒸槽中的温度、蒸面时间和面条的物理结构。

①蒸面温度：淀粉糊化是使淀粉颗粒在适当温度下吸水溶胀裂开，形成均匀的糊状。因此，糊化的首要条件是要有适当的温度。使淀粉开始糊化的温度称为糊化温度。

不同的谷物淀粉，其糊化温度是不一样的。小麦淀粉开始糊化的温度是59.5℃，终了糊化的温度是64℃。要使以小麦粉为原料的面条糊化，蒸面的温度一定要在64℃以上。在一定时间内，温度越高，糊化度亦越高，温度越低，糊化度亦越低。尤其方便面是由多层面条扭曲折叠而成的面带，有一个厚度和密度的问题，因而要使具有一定厚度和密度的面条能在较短时间内蒸熟，需要的温度比糊化温度高。在方便面生产中，蒸面机进口温度为60～70℃，出口温度为95～100℃，由于连续式蒸面机是常压设备，所以最高温度只能在100℃以下。出口温度比进口温度高，一是连续式蒸面机是倾斜式，二是工艺的要求，面条进入蒸面机前温度一般比室温高 1~5℃，若进口温度太高，大的温度差可能超过面条表面及面筋的承受能力，因而进口温度低于出口温度，使面条进入蒸面机内有一个逐步升温过程。出口温度高，除了可提高面条的糊化度外，由于面条温度较高，出口后还会失去一些水分，起到一定的干燥作用。

②面条含水量：淀粉糊化的重要条件，除了温度外，还有吸水量的多少，因而影响蒸面效果的第二个重要因素是生面含水量的高低。在蒸面温度和蒸面时间不变的条件下，生面条的含水量越高，面条的糊化程度也越高。面条含水量与糊化程度成正比。这个道理用我们日常生活的例子可以证明，如果我们在煮米饭时加水不足，虽经高温蒸煮，仍会出现“夹生”现象，其原因就是大米淀粉吸水不足，糊化困难。蒸面和煮饭的道理一样，都需要使淀粉充分吸水。要使生面条中的淀粉充分吸水，首先要在不影响轧片和成型的前提下尽可能在和面时多加水，和面加水率与蒸面时淀粉糊化的关系见表 5-10。同时也要尽可能在蒸面过程中使面条多吸收一些水分。值得一提的是，目前有的方便面制造厂家为了改善产品的口感，在复合压片与连续压片之间增加一个面片熟化工序，即把面片静止一段时间后再连续压片，这对提高产品质量确实有益，但必须采取措施防止面片水分的损失，否则不但影响连续压片和成型，而且还会降低蒸面时的糊化率。

表 5-10　　和面加水率与糊化程度的关系

和面加水率/%	25	30	35	40	45
蒸面糊化率/%	64	73	80	91	94

③蒸面时间：蒸面后生面条变成熟面条，其中淀粉糊化程度高低除了与温度、含水量有关外，还与蒸煮时间有关。延长加热时间，可以提高产品糊化率，因为淀粉糊化需要一定过程，缩短加热时间会降低产品糊化率。实验证明，蒸面时间的长短与糊化程度的高低成正比，其相互关系如表 5-11 所示。

表 5-11　　蒸面时间与糊化程度的关系

蒸面时间/s	5	10	15	20	25	30	35	40	50	55	60
糊化程度/%	51	72	74	76	80	81	82	82	83	85	86

表 5-11 的技术参数是单层面条在蒸汽压力为 0.15~0.2MPa、蒸槽内温度 96~98℃的实验条件下取得的，蒸面时间达到 60s 时，糊化度就已达到 86%。但方便面实际生产中，在 60s 时间内面条糊化度是达不到这个程度的，因为实际生产与实验室的条件是有差异的。实际生产中是多层面条组成的面块，与蒸汽的接触就没有实验室条件下好，而且和面加水率、面条的粗细厚薄、成型后面块的密度、蒸汽压力和室温高低等都会影响蒸面效果。所以实际生产中的蒸面时间长一些。前面已提及，提高糊化度对产品质量有益，延长蒸面时间是提高产品糊化度的重要措施之一，但实际生产中，蒸面时间控制在多少呢？延长蒸面时间，面条糊化度提高，但设备长度一定时，延长时间就会降低传送网带的速度，降低单位时间内的产量，同时能源消耗也高。若以增加蒸槽长度的办法来延长蒸面时间，厂房基建费增加，设备

费也相应增加。蒸面时间缩短，会节省能源，增加单位时间内的产量，但产品糊化度低，产品口感与其复水性会变差。根据许多厂家的实践，蒸面时间一般控制在 90 ~ 120s，在此条件下面条糊化度可达到 80%以上。在生产中，若不影响产量，尽量提高产品糊化度对产品质量是有利的。

在蒸面时，有时产品品种不同，蒸面时间也不同。如热风干燥方便面，由于其脱水速度低，糊化的淀粉易回生，因而热风干燥方便面在贮存过程中比油炸方便面易老化回生，加之其不具备油炸方便面的多孔性，因而复水性较差。为了改善其复水性，除了采取其他措施外，提高蒸面时的糊化度也是一个重要措施，所以，热风干燥方便面生产中，蒸面时间比油炸方便面长。

④面条的粗细和面块的疏密厚度：面条的粗细厚薄和面块的疏密是影响蒸面效果的主要因素之一。面条越细，在蒸面过程中，面条中心升温快，糊化度高。面条越粗，在蒸面过程中，面条中心升温慢，中心部分难糊化，因而整体糊化度低。面块密度松一些、薄一些，与蒸汽的接触效果好，易于糊化，反之，面条花纹稠密且厚，与蒸汽的接触效果不好，当然面条不易糊化。为了将产品的糊化度提高，将面片的厚度减小是一个重要途径。

6. 定量切断

（1）定量切断的基本原理与工艺要求　定量切断工艺比较复杂，是方便面生产线上所特有的多功能工序。它的作用有四个方面，首先将从蒸面机出来的波纹面连续切断以便包装，并以面块长度定量，然后将面块折叠为两层，最后分排输出。其基本原理是把从蒸面机中出来的熟面带通过一对作相对旋转的切刀和托辊，按一定长度切断，以长度定量。在切断的同时，利用装在曲柄连杆机械上的折叠板作往复运动，使折叠板插在切断面带的中间处，并插入折叠导辊与分排输送带之间，把蒸熟切断的面带对折起来分排输出，送往下道干燥工序。定量切断的工艺要求是定量基本准确，折叠整齐，进入热风干燥机或自动油炸机时落盒基本准确。

（2）影响定量切断效果的主要因素

①面条的性质：面条本身的性质对定量是否准确及折叠效果有明显影响。方便面是按切割长度定量的，若其他条件不变，面条本身的含水量、面片的厚度、花纹的疏密程度发生变化，最后每块的质量也必然发生变化，因而面条本身的性质会影响定量的准确性。同时面条含水低到一定程度时，定量切断折叠后面块松散，影响油炸或热风干燥时落盒的准确性。从蒸锅出来的面条温度较高，表面黏度大，对切断和折叠也有影响，因而在蒸锅和定量切断设备之间应安装风机强制降温。

②各传动单元之间线速度的配合：整个定量切断设备有五种线速度，即连续蒸面机网带线速度 v_1，面带供给网线速度 v_2，旋转切刀与托辊的线速度 v_3，折叠板往复线速度 v_4，折叠托辊与分排输送的网带线速度 v_5。如何使这五种线速度均衡配合，是定量切断机构能否正常工作的关键，它们之间的配合应是后者的线速度大于前者，即 $v_5 > v_4 > v_3 > v_2 > v_1$。若后道的线速度小，则会出现面带堆积堵塞使切断折叠部分不能正常工作。

③旋转切刀与旋转托辊线速度的配合：切刀刀刃的旋转线速度应该与托辊表面的线速度保持相等，或者使托辊线速度略快于切刀的线速度。如托辊的线速度慢于切刀速度将引起面带的阻塞而不能正常工作。

④折叠托辊线速度与分排输送网带线速度的配合：折叠托辊与分排输送网带的线速度应

相等，否则会引起二者之间的相对运动，由于摩擦力的作用会使折叠的面块两层长度不等。

7. 油炸干燥

油炸工序是生产油炸方便面的关键工序，是国内方便面生产中普遍采用的快速脱水方法。

(1) 油炸干燥的基本原理与工艺要求　油炸干燥就是把定量切断的面块放入自动油炸机的链盒中，使之连续通过高温的油槽，面块被高温的油包围起来，本身温度迅速上升，其中所含水分迅速汽化。原来在面条中存在的水迅速逸出，使面条中形成了多孔性结构。同时也进一步增加了面条中淀粉的糊化率。在面块浸泡时，热水很容易进入这些微孔，因而具备了很好的复水性。由于油炸的快速干燥，固定了蒸熟后淀粉的糊化状态，大大降低了方便面在贮运期间的老化速度，保持了方便面的复水性。脱水的目的就是降低水分以利于贮存，同时改善其产品质量。油炸的工艺要求是：油炸均匀、色泽一致、面块不焦不枯、含油少、复水性良好，其他指标符合有关质量标准。

(2) 影响油炸效果的主要因素

①油炸温度：油温的高低是影响油炸效果的因素之一。油温过低，面块炸不透；温度太高，面块会炸焦。在适当的时间内，比较合理的温度是130～150℃。整个油炸过程一般分为三个阶段，即低温区、中温区、高温区。面块刚进入油锅时，温度要低一些，其理由有三条：一是面块刚进入油锅时，若温度较高，面块大量吸热，水分蒸发很快，当面条进入中温区时，由于这时水分很少，对面条的进一步糊化不利。二是由于第一阶段脱水太多，已形成了多孔状态，当面条进入中、高温区，面块就会大量吸油，即工厂中常见的“干炸”现象，产品含油会明显增加，成本也相应增加。三是第一阶段面块接触到太高的温度，超过面筋网络的承受能力，会降低产品质量，一般低温区的油温与面块的温度之差最好不要超过80～100℃。在工业生产中，面块入盒后随链条传动，首先进入低温区，其油温一般为130～135℃，而后进入中温区，其油温一般为135～140℃。最后进入高温区，其油温一般为140～150℃，使面条脱水至产品质量要求。控制各阶段温度是通过调节两端进油量的多少来实现的，进油锅前面块温度一般低于油温3～4倍，于35～50℃进入低温区后开始吸收油的热能，而进入中、高温区后，面块本身温度只低于油温的10～20℃，吸收热能量减少，这样就出现了在低温区面块吸收能量多，而到高温区吸收能量少，因而在低温区设计了两个进油喷油器，而在高温区只设计一个喷油器，进入低温区的油量大于高温区。温度的调整，还可利用二个进油口处阀门以改变油的流量。为了便于监视三个阶段的温度，应安装三个温度表，并应对其进行定期校正以保证准确性。

②油炸时间：油炸时间与油温一样是影响油炸效果的重要因素，而且这两个因素相互影响。一般说，当原料水分与产品水分一定时，温度低，油炸时间长，温度高，则油炸时间短。当温度一定时（140～150℃），比较适宜的油炸时间为70～80s。若时间太短，面块脱水不彻底，会影响产品质量，甚至在贮存、运输中发霉。若时间太长，面块容易炸焦，而且由于面块在油中浸泡时间长，使产品含油量增加，增加成本。

③油位：油炸锅中的油不但要保持一定的温度，而且还要保持一定的数量。若油锅中油脂太少，油位太低，面块在油中的浸没深度太浅或不能浸入油中，会影响面块的脱水速度。若油位太深，会使高温循环油量增加，使油的劣化速度加快，产品过氧化值增加。比较合理的油位应使油的上表面高于油炸盒顶部30～60 mm。而且还要保证油位的相对稳定，若上下

浮动较大，会影响油温，对面块的糊化度、产品含油量都有较大影响。

④油耗：油炸后的面块要带走一部分油，若面块含油过多，生产中耗油量增加，影响生产成本，所以在原料选择、工艺操作等方面要尽量降低产品含油量。

⑤油脂的质量：油脂的质量不但影响产品含油，而且也会影响产品其他质量指标。油的凝固点高，组成油的脂肪酸中的饱和脂肪酸含量高，稳定性高，但其流动性差，出油炸锅时会有一些油脂沥不下来而附在面条表面，导致含油量增加。而凝固点太低，说明油脂的脂肪酸中不饱和脂肪酸含量高，其稳定性差，在高温油炸及产品贮运中易氧化酸败。在生产中，一般采用凝固点为 20～36℃的棕榈油。

⑥面块的性质：面块的性质也是影响油炸效果的因素之一。若前段工序生产的面条中有生粉，或表面不光滑，会导致产品含油升高。若面块水分发生变化，而整个油炸操作工艺条件不变，则最后产品含水也将发生变化。若面块的花纹疏密增加，会影响油炸过程中水分的蒸发，尤其当面块花纹出现局部过于紧密时，会导致产品局部含水过高，最终成为次品。

8. 热风干燥

热风干燥是生产非油炸方便面的重要脱水方式，国内生产的非油炸方便面主要采用的是热风干燥。

（1）热风干燥的基本原理与工艺要求　热风干燥是生产非油炸方便面的干燥方法。由于方便面已经过 90℃以上的高温糊化，其中所含淀粉已大部分糊化，由蛋白质所组成的面筋已变性凝固，组织结构已基本固定，与未经蒸熟的面条的内部结构不同，能够在较高温度、较低湿度下在较短时间内进行烘干。

热风干燥的工艺要求是达到产品质量标准规定的水分以下，以便于保存、包装、运输和销售，尽量使面块形状一致，干燥速度尽量提高，较快地固定 α 化状态，以防止方便面在贮藏和运输中 α 化的淀粉再回到 β 化的淀粉，保证面条具有良好的复水性。因此，要求干燥介质的温度尽可能高一些，干燥时间尽可能短一些。干燥后的方便面要求水分在 12.0% 以下。

（2）影响热风干燥的主要因素

①干燥温度：干燥介质的温度高，干燥速度快，反之则干燥速度慢。温度高能增加水分的蒸发速度，增加面条表面的水蒸气分压，实际上是增加了水分朝空气中迁移的速度，这是高温下干燥速度增加的原因。在方便面生产中，一般要求热风温度为 70～80℃。若能在蒸熟的面块进入干燥机时，先用 200℃的高温热风吹 10～20s，面条中间水分快速迁移会使其膨化而产生许多小孔，就会大大改善方便面的复水性。但膨化的面条黏性、韧性降低，没有咬劲，口感也较差。而且高温干燥需要高压蒸汽与传热面积大的热交换器，要增加设备投资和提高生产成本，所以很少应用。

②相对湿度：干燥介质的相对湿度是影响干燥速度的主要因素。相对湿度大，蒸汽分压高，面条的蒸汽分压与干燥介质中水蒸气分压之差是面条干燥脱水的动力，当干燥介质中的水蒸气分压与面条表面的水蒸气分压相等时，面条失水和吸水呈现一种动态平衡，当干燥介质中的水蒸气分压超过面条表面的水蒸气分压时，面条呈吸水状态，因此要使面条干燥必须使干燥介质中水蒸气分压降低，即将空气中的相对湿度尽量降低。在鼓风机进口处安装蝶阀就是为了排除湿度较大的空气，达到降低相对湿度、增加干燥速度的目的。在热风干燥方便面生产中，一般要求干燥介质的相对湿度低于 70%。

③鼓风静压力：由于链盒式干燥机内从上到下有九层装满面块的面盒，因此对上下流动

的气流有比较大的阻力，热风循环是自上而下地反复进行，要使热风穿过九层面块，需要一定的风压。若风压太低，热风就很难穿过九层面块，干燥效果就差；若风压太高，会大大地增加动力消耗。

④面块的性质：面块的性质也是影响热风干燥效果的重要因素。面条的粗细、花纹的疏密度、面条中水分的多少都会影响面条的干燥速度和产品中的水分。另外，面块的形状也会对产品外观有影响。

9. 微波干燥

目前微波用于方便面的干燥有两种形式，一是以微波干燥全部取代油炸，二是部分取代油炸，因而微波方便面几乎不含油或含油量大大降低，这不仅降低了成本，提高了经济效果，而且这种低含油的食品对消费者的健康也是有益的。

10. 冷却

(1) 冷却的基本原理与工艺要求　油炸方便面经过油炸后有较高的温度，输送至冷却机时，温度一般还在 80 ~ 100℃。热风干燥方便面从干燥机出来到达冷却机时，其温度还在 50 ~ 60℃，这些面块若不冷却直接包装会导致面块及汤料不耐贮存。若冷却达不到预定的标准，也会使包装内产生水汽而造成吸湿发霉，因此对产品进行冷却是必要的。冷却方法有自然冷却和强制冷却。

自然冷却就是利用面块温度高于室温的特点，把被冷却的面块放在室内，使周围空气吸收其热量，借助时间的推移缓缓地进行冷却。这种冷却方法不适用于连续生产。

强制冷却的原理与自然冷却的一样，是利用被冷却物体与冷却介质的温差致冷。但具体方法不同，强制冷却是借助于鼓风机，促使空气加强流动，使被冷却物体通过冷却隧道，在冷风的作用下，迅速降温散热。

冷却工艺的要求，是冷却后的面块温度接近室温或高于室温 5℃左右。

(2) 影响冷却效果的主要因素　对冷却效果有影响的主要因素有面块性质、冷却时间、网带行走速度和风速等。

①冷却时间：其他参数一定，冷却时间越长，冷却效果越好，反之，冷却时间越短，冷却效果就越差。随着冷却的进行，面块与冷却介质的温度差逐步缩小，降温速度也逐步变小，无限制的延长冷却时间会使冷却设备庞大，或者生产能力降低，因为延长冷却时间的办法只有两种，一是降低传动速度，二是延长冷却隧道的长度。

②冷却风速和风量：冷却风速和风量是影响冷却效果的主要因素之一。风量大则冷却机内外能量交换量大，有利于快速降温，因为冷却介质和面的温差增大了。风量大则要求风压也要大，风压大对面块的冷却是有利的，因为只有保证一定的风压，才能吹透面块，将其能量带走。

③网带的行走速度：网带的行走速度和冷却时间是相互影响的，网带行走速度越快，冷却时间越短，冷却效果越差；反之，网带行走速度越慢，冷却时间越长，冷却效果越好，但会降低产量。网带的行走速度是可以调整的，调速幅度为 3 ~ 9m/min。

④面块的性质：面块的温度是影响冷却效果的主要因素。若是热风干燥方便面，本身的温度低，冷却就容易进行；若是油炸方便面，本身的温度高，冷却的难度就大。另外，面条直径大小、面块花纹紧密程度、面块的堆积情况均会影响其散热效果。

第三节 软罐头方便面生产工艺

软罐头方便面是较新的方便面品种，亦称LL面、水煮面，在方便面生产、消费过程中，人们发现，油炸方便面虽然复水性好，但含油高，与传统面条风味、口感差距较大，而热风干燥方便面经过了干燥、复水过程后，其风味与传统面条也有明显不同之处，正是在这种情况下软罐头方便面应运而生。

一、软罐头方便面生产原理和特点

1. 生产原理

软罐头方便面生产原理是按照配方把原料、辅助原料充分混合成具有一定弹性、可塑性、延伸性的面团，经喂料、复合后进行面带熟化，再经连续压片后切成面条，然后经蒸煮将面条做熟，再经水洗、调整pH、包装后进行杀菌、冷却，检验合格后配上汤料再进行第二次包装即为产品。

2. 特点

①产品采用水煮糊化，不但含水高，而且与加热介质直接接触，且又经杀菌，因此产品糊化度高。

②产品含水大于60%，因此产品在贮存中淀粉老化速度大大降低。

③产品不需脱水，因此与干燥工艺相比节省能源。

④由于采用先进的和面技术，加水量有所提高，又经过面团熟化、面带熟化，吸水比较充分，形成的蛋白质面筋网络没有经干燥而被破坏，因此其口感接近于传统面条。

⑤不像油炸方便面那样需添加抗氧化剂，也不经油炸，不会受油炸产生的有害物质的污染，合成添加剂污染也有所降低，因此这种方便面更具营养安全的特点。

⑥产品为高含水产品，因而对杀菌操作要求严格。

⑦生产环节多，工艺流程复杂，设备庞大，固定资产投资较多。

二、软罐头方便面生产工艺流程

1. 原料

小麦面粉灰分0.5%以下，蛋白质含量10.8%～11.2%，湿面筋含量32%～36%。

2. 和面

软罐头方便面的和面与普通面条和面一样，是为了使面粉中蛋白质吸水形成湿面筋，并包围吸水后的淀粉从而形成适合于加工面条的面团。软罐头方便面采用的是真空和面，且其搅拌速度是可调的。真空状态下，喷入的水很容易雾化，因此保证了加水的均匀性，而且面粉中的空气被抽出形成了真空状态，水很容易渗入到内部，减少了面粉颗粒表面的吸附水，相应地增加了加水量。普通和面面团含水一般为30%～34%，而真空和面其面因含水可达到35%～40%，比普遍和面加水量有大幅度提高，这对提高湿面筋的数量和质量是有利的。同时该和面机采用开始阶段高速搅拌，这对水和面粉的均匀接触有利，后阶段采用低速搅拌，可以避免高速机械搅拌破坏已形成的面筋网络。

3. 熟化

软罐头面条生产工艺一般采用面团熟化和面带熟化两种熟化手段。面团熟化一般采用带式熟化机，并配有碎块装置。面带熟化是在复合与连续压片之间进行的，该装置有行走系统、保温系统、保湿系统，一般为半密封式，熟化时间一般为 60～90min，熟化温度约为 25℃。

4. 复合及连续压片

软罐头方便面的制面和常规制面一样，面团性质、压延比、压辊直径、压延道数等是影响压片效果的主要因素，该工艺前几道压片采用波纹辊压片，这是因为光辊压片时，面片受到的纵向力大，形成的面筋网络横向强度小，而波纹辊压出的面片其面筋网络横向耐拉强度明显增大，这就大大改善了面带质量。对提高产品筋力有益。

5. 水煮与水洗

该工艺的目的是将切条并定量切断的面条放入水中加热煮熟，使面条中的淀粉糊化，蛋白质变性。影响煮熟效果的主要因素有温度、面条水分、水煮时间、面条与水的接触状态等。面条采用水煮比汽蒸好一些，一是面条与水的接触效果好，二是面条在水中吸收了水分，对糊化是有利的。水煮后面条质量约为水煮前的 2.3 倍。为了保证水煮工序的连续性，定量切断后的面条自动落入水煮机中多孔的面筐中，间接蒸汽加热装置维持水温在 93～97℃，同时也要通入直接蒸汽，目的在于使面条处于疏松状态，以保证糊化的均匀性，由于水煮糊化比普通汽蒸效果好，因此糊化时间短，为 3～5min。为了防止溢锅，需在水中加一些消泡剂。

水煮糊化后的面条在包装之前要进行水洗，目的是降低温度、降低黏度，并调整 pH 至 4.3 以下，关键是 pH 的调整，因为这种产品的保存靠两个因素，一靠控制 pH，二靠杀菌。生产中车间内要经常检查 pH，pH 计测定有时误差较大，还要用酸碱滴定法加以校正（要求至少每 30min 测定一次）。在实际生产中，调整 pH 是靠在水中加入乳酸来实现的，首先把 50%的乳酸在稀释罐中稀释，然后与水洗槽中的水循环，须注意的是，原料面粉灰分高时，用酸量适当加大，为了保证水洗效果，水洗槽要有吹泡装置。

6. 杀菌、包装

产品的包装分两部分。水洗后的面条沥水后进入自动包装机，每 200g 左右一袋，杀菌后在室温下保存 7～14d，观察无异常现象后，再进行第二次包装，即进行碗装或袋装。这种软罐头一般都要进行第二次包装，因为第一次包装的包装材料加热杀菌后变形较为严重，影响产品的外观。

第一次包装后即进行杀菌，这一步是延长产品贮藏期的关键技术，影响杀菌效果的主要因素有杀菌温度、杀菌时间。产品的杀菌温度一般为 93～97℃，杀菌时间为 30～45min，这样的条件可以保证产品保存 6 个月。

实验证明，随着温度的上升，微生物受热致死的时间会大大缩短。根据这一原理，生产中为了缩短杀菌时间，提高生产效率，有时采用高温杀菌，一般杀菌条件为 121～125℃、15min。但高温杀菌锅内温度不同，尤其冷却时，袋内温度高于杀菌锅内温度，压力大于杀菌锅内压力，这一压力差是引起破袋的主要原因，解决的办法是采用反压式杀菌锅并采用真空包装技术。

第四节　通心面生产

通心面是国外很普遍的面制品，我国目前也有少量生产。它是以谷类粮食为原料，经过粉碎、胶化、调味、挤压、干燥等工序生产而成，它具有比普通的以压片、切条工艺生产的面条口感好、咬劲强、耐煮、不易断条、贮存期长等的优点。

一、通心面生产概况

通心面亦称通心粉，其发源地不清楚，可能是在中国某地产生，马可波罗从中国回去时随身带回了通心粉，并把它介绍给了意大利贵族，然后传到法国，又传到欧洲各地。1800年，意大利人用木头制造了世界上第一台手工操作挤压通心粉的设备，虽然本身很粗糙，效率很低，但这是首次挤压代替压片生产面条的方法。1860年以后，意大利有了较完善的通心粉生产设备，工业化的生产线相继问世。1900年，意大利使用了混合机、揉面机和干燥室，在以后30年内没有什么变化。

1934年，法国、意大利和瑞士相继造出了各种类型的挤压机，从此新型连续挤压工艺取代了传统的批量生产工艺。1946年瑞士首次使用了以砂子粉为原料加工通心粉的连续加工系统。1950年，随着自动称量和包装设备的研制成功，连续工艺的自动化得到最后完善。

按人均年消费通心粉制品数量计算，意大利为30kg，占世界第一位；阿根廷为18.4kg，占世界第二位；利比亚为12.5kg，占世界第三位；其次是委内瑞拉10kg，瑞士9.4 kg，葡萄牙6.7 kg，法国6kg，美国3.5 kg，澳大利亚为3kg。

通心粉制品的主要优点是：

①所用原料为优质小麦粉，也可用面筋质量和数量符合标准的上等焙烤用粉来生产通心粉制品。由于成品水分低（13%）、机械强度高，无大的吸湿性和易腐性，可以贮藏一年以上而无口味和营养性质的变化。

②营养价值高，因为制品由蛋白质含量高的小麦粉制成。

③蛋白质和糖类的消化率高，符合体力劳动者的营养要求。

④煮面快而简单，细制品约煮5min，厚制品煮15~20min。

⑤烹煮水中干物质数量很少（4%~7%）。

二、通心面的种类

根据通心粉制品的形状可将其分为四个类型，而每个类型又分为若干种类。

1. 管状制品

属于这一类型的有长通心粉、弯筒通心粉和尖状通心粉。

（1）长通心粉　长通心粉又可分为普通波纹（直径为5.6~7mm）、特殊波纹（直径为4~5.5 mm）、上等波纹（直径大小7mm）、棍形（直径在4mm以下）。

（2）弯筒通心粉　其为切短的管制品，稍微弯曲，外弧长度为1.5~5cm。弯筒通心粉又分为普通（直径为5.6~7mm）、特殊波纹（直径为4.1~5.6mm）、棍形（直径为4.1mm以下）和用作馅的（直径为20±3 mm）等种类。

（3）尖状制品　为切短的斜切口管制品，从尖角的斜切面的长度为3~10cm。它又分为上等（直径大于 7mm）、普通（直径为 5.6～7mm）和特殊（直径为 4.1～5.6 mm）三个种类。

2. 线制品

属于这种类型的有细挂面（直径小于 1.2 mm）、普通挂面（直径小于 1.5 mm）和上等挂面（直径小于 3 mm）。

3. 片状制品

属于这一类型的首先是面条，它又分为光面、波纹（齿形）面、锯齿面、波浪面等。

通心粉尺寸可以任意改变，但其宽度不应小于 3mm，厚度不大于 2mm。长面条长度大于 20cm，短面条则不小于 1.5 cm。

4. 几何图形制品

属于这一类型的有通过特殊几何图形压膜孔直接压出来的制品，或者把通过专门压膜细缝压出的薄面团，用冲压的方法制成产品。

三、原　　料

生产通心粉的主要原料是面粉和水。生产通心粉的面粉是硬质小麦粉，主要原料小麦是杜伦小麦。硬质琥珀杜伦小麦原生长在俄国，其特点是籽粒极硬，而其胚乳几乎是半透明的琥珀色，这种颜色是由叶黄素和蒲公英黄质引起的。杜伦小麦中的面筋质并不产生小麦面筋质所产生的同样弹性、韧性。用这种小麦面粉生产的通心粉机械强度大，表面光滑，具明亮、纯净的黄色。这种产品在水煮后能保持完整，具有均匀的结实性，不发黏。

杜伦小麦被加工制成一系列面粉产品，其中杜伦小麦粉、砂子粉、粗粒粉在制造通心面方面有广泛的用途。

杜伦小麦粉全部是 149μm 以下（100 目以下）的研磨产品，无麸皮，无胚芽，灰分小于 1.5%（干基），水分小于 15%。

在制造通心粉时，其配方中也可加入冻蛋、鲜蛋或蛋粉，做成的产品称为鸡蛋通心粉。

四、长条通心面生产工艺

长条通心面的基本生产流程：

面粉投料→定量进料→加水→第一次快速混合→第二次慢速混合→第三次减压混合→挤压成型→自动分配→干燥→切割包装→产品

1. 和面

和面的目的是让适量的水分和面粉均匀地混合，使面粉的淀粉颗粒充分吸水膨胀起来，并使蛋白质形成网络结构，保证面条烹煮时不发黏、不浑汤。第一阶段先快速后慢速搅拌混合，搅拌可由单轴的、轴上装有许多桨叶的和面机来完成，预混合后使其中的水分达到 31% 左右。第二阶段的混合要求在真空条件下进行，减压处理可使面条质地更加紧密，不易断裂，并使制品呈半透明状，而且外观好看，吃起来有“咬劲”。把真空施加于面团可用二种方法：一是将整个面室包围起来用真空抽气；二是在进行最终混合时抽真空。在启动挤压机上的混合器进行抽真空混合之前，先应检查绞龙和混合桨片是否堵塞，将经过预混合的配料加到混合器中，罩上混合器上盖，关紧空气口，启动真空泵和混合器。三次搅拌的总时间为 30～60min。

2. 挤压成型

将混合和揉好的面团送入螺旋式挤压机中，由于螺旋的作用，强迫面团通过模孔使面成为各种形状和长短的通心面。挤压工艺是通心面和其他各种面条的不同之处。挤压过程是在抽真空负压下进行的，挤压工作压力为 8.0～13.0MPa，温度用冷水控制在 48℃左右。

3. 干燥

通心面干燥是一个较为复杂的过程，这直接关系到成品的质量好坏。干燥的主要目的是在保证不破坏营养成分的前提下使挤压后的通心粉水分由 31%左右降到 12.5%左右。

在通心粉干燥过程中，有两个参数很重要，一是水分的蒸发，二是蒸发速度，这两个参数对产品的影响很大。通心粉干燥一般为两个阶段，第一阶段干燥较为均衡，在这一阶段，面条表面布满了游离水，处于饱和状态。第二阶段为慢速干燥阶段，面条内部扩散出来的水已不能使其表面水分处于饱和状态。传统的通心粉烘干分为以下两个阶段：一是预干燥阶段，在预干燥室中，悬挂在杆上的通心粉首先被迅速预干燥，在这一阶段，面条呈假塑性状态，当温度达到 60℃，水分降至 25%时，这种假塑性状态消失。二是主干燥阶段，通心粉通过一连串相互间隔的低湿度通风区和高温区，大约经 20 次以上的交替加热和静止，使面条内、外水分平衡，均匀地达到完全干燥的效果。

主要参考文献

1. 徐秋水．各类面条生产技术．北京：中国轻工业出版社，1992
2. 罗忠民．挂面生产技术．北京：中国轻工业出版社，1992
3. 陆启玉等．食品工艺学．郑州：河南科学技术出版社，1998
4. 赵晋府．食品工艺学．北京：中国轻工业出版社，1999
5. 陆启玉等．方便面生产技术．郑州：中原农民出版社，1994
6. 林作楫．食品加工与小麦品质改良．北京：中国农业出版社，1994

第六章　米制方便食品

据有关资料报道，全世界水稻年产量达 4×10^8t 左右，以年产量排序，主要产稻国为中国、印度、印度尼西亚、孟加拉国、泰国、日本、巴西等。亚洲稻谷产量约占全世界产量的92%，以大米为主食的人数约占全世界人口的1/3，还有4亿人口以大米为辅助粮食。

据史学家考证，水稻原产于我国云南地区，我国栽培的稻谷主要有籼稻、粳稻、早晚稻、水陆稻、黏糯稻。

在中国食品史上，稻米是江南人民自古以来的主要食品。烧饭、熬粥、做糕点、酿酒、制醋和做小食品都离不开它。所以随着历史的发展，稻谷产量和种植面积越来越大，作为“五谷”之一，它的位置也越来越排在前面。新石器时代位于五谷中的第四位，商周时期位于第五位，春秋时为第三位，秦汉时位居第四位，两晋时位居第三位，隋唐时位居第二位，宋元至现在位居第一位，为五谷之冠。目前我国是稻谷产量最多的国家，种植稻谷面积占世界种植面积的1/4，而总产量占世界总产量的1/3。

大米在我国人民生活中占重要的位置，约有3/10的人食用大米，江南和长江流域则主要以大米为主食，基本上一日三餐离不开它，以大米为基料的食品种类繁多，不胜枚举。随着人民生活的改善，以大米为基料的方便食品也应运而生，这类食品主要有杀菌袋装米饭、米饭罐头、杯装米饭、α 化米饭、冷冻米饭、湿切米粉、方便米粉、米饼干、米片、浓缩糙米汤、预糊化米粉、糙米汉堡、罐头粥、米片粥以及膨化大米制品。限于篇幅，本章只介绍方便米饭与米粉的生产工艺。

第一节　方便米饭

一、方便米饭的历史及现状

方便米饭是主要的主食方便食品，随着人们生活的需要不断改进，种类也不断增加。罐头米饭是最先发明的方便米饭，是第二次世界大战时期出现的，最初是用金属罐封装的，但携带不太方便，又由于罐头米饭开盖后，需要加热20min才能食用，因而食用也不方便。在第二次世界大战期间，为了解决欧洲战场军需，克服罐头米饭的缺点，美国通用食品公司研制了脱水米饭，亦称 α 化米饭。这种米饭是把白米水洗后，充分 α 化，再用特殊方法进行快速干燥、冷却，用塑料袋封装，食用时加入热水浸泡几分钟即成米饭。日本也用这种产品作为军粮，并在战后改为民用，把它作为登山、旅游的方便食品。这种 α 化米饭虽比罐头米饭更加方便，但由于经过多道处理工序，失去了原有风味，也损失了不少营养成分。另外由于蒸煮和大量脱水，消耗能源较多，导致成本较高。为了保持米饭的原有风味和减少加工过程中营养成分的损失，人们又研制了冷冻米饭，即将煮熟的米饭装入气密性好的包装容器内封口后，在 -20℃温度进行冻结，用冷藏库贮藏和冷藏车运输。这种米饭从生产、运输到销售有一个“冷冻链”，尽管这种米饭能够保持产品的风味和长期贮存，由于成本较高而使其在普及上受限制，到20世纪70年代以后，方便米饭的制造技术出现了一个飞跃。首先日本研制了蒸煮袋米饭，又称软罐头米饭，接着又有冲洗去黏方便米饭和膨化快餐米饭相继问世，这三种米饭受到消费者的欢迎，从而也有力地促进了方便米饭的发展，无论是制造工艺还是产量都在直线上升。方便米饭发展到目前，已成为生产工艺及设备较为成熟的具有系列化产品的方便食品。

二、软罐头米饭

软罐头方便米饭的生产工艺流程图如下：

原料预处理→淘洗→浸泡→预糊化→配料搅拌→装袋密封→装盘→
蒸煮杀菌→蒸煮袋表面脱水→成品装箱入库

1. 原料预处理

生产这种产品的主要原料有大米、糯米、调味料及各种副食品、油脂等，所有这些原料必须是新鲜的而且符合食品卫生要求的品种，过热或发过霉的米、有异味的或变质的副食品、油脂、调味品一律不得使用，否则，直接影响产品风味，而且影响人民的身体健康。

预处理是指大米筛选除去杂质，副食品如鸡、肉等也要洗干净并炒煮好。

2. 淘洗

淘洗主要是为了除去粘附在大米表面的粉末杂质，同时也能冲去大米中的碎糠，淘洗的次数应严加控制，因为淘洗会降低成品的营养价值。淘洗对大米营养成分的影响见表6-1。

表6-1　　大米在淘洗过程中的营养损失

大米品种和等级	标准一等粳米					标准一等米				
淘洗前后含量	淘洗前	淘洗次数			损失率/%	淘洗前	淘洗次数			损失率/%
		1	2	3			1	2	3	
维生素 B_1 损失量/（mg/100g）	0.16	0.0329	0.0086	—	25.91	0.10	0.021	0.017	—	38.00
钙损失量/（mg/100g）	10.54	5.548	1.058	1.636	78.20	13.88	3.503	0.464	2.303	45.17
磷损失量/（mg/100g）	102.7	4.54	14.97	—	19.00	110.13	17.45	5.52	1.70	22.40
铁损失量/（mg/100g）	10.57	1.78	—	—	16.84	13.88	1.16	—	4.09	37.82
固形物损失量/（g/100g）	100	2.40	0.40	0	2.80	100	2.81	0.36	0.23	3.40

3. 浸泡

原料米在蒸煮前必须进行浸泡，以使米粒充分吸水湿润。一般原料米的含水量在14%左右。粳米、糯米和这两种混合物的吸水量，从浸泡后的10min开始到2h之间，吸水量上升很快，并逐渐趋于饱和（40%左右）。如果浸泡时间再延长，会导致米粒易碎，从而严重影响产品质量，所以浸泡时间一般为2h。当然原料的浸泡时间还与水温有关。如果用温水浸泡，可适当地缩短时间，但绝不可以热水浸泡，否则会出现米粒黏糊现象。

4. 预糊化

预煮，即是将原料米预先煮成半生熟饭，是为后道工序做准备的。如果不进行这道工序而直接进行高压杀菌蒸煮，得到的产品会出现软硬不均、夹生粘连、搅拌不匀等现象，只有经过预煮，才能克服这些缺点，即使不使用机械定时翻转的回转杀菌锅，也仍能使蒸煮袋内部上下液分布均匀。预煮时间掌握在25min左右，米粒呈松软、晶莹状即可。

还有一种预糊化方法，将浸泡沥水后的大米在190～200℃的油温中炸30s左右，使米粒呈微膨化状态，易于吸水，为下一步糊化打下基础，同时也降低了黏度，增加了松散度。然后将炸后的大米加水常压蒸煮，时间一般为30min左右，煮后使大米含水达到65%～70%。值得注意的是，煮后使大米含水达到60%以上是很重要的。实践证明，糊化后的大米，含水在86%以下或高于60%是不易回生的。

5. 配料混合

将预糊化以后的大米与烹好的配菜混合均匀。

6. 装袋密封

按一定质量，将搅拌均匀后的大米和配菜的混合物逐步袋装（一般每袋200～250g）。此时物料黏性大，装填困难，对包装机要求较高，一般要具有自动供袋、开口、充料、加水、脱气、密封、冷却等功能，而且可以根据包装材料的性质、物料的多少选择封口温度、加热时间、真空度以及封口压力。

要选用合适的包装材料，其应具有耐热、耐油、耐寒、耐腐蚀、气密性好、易封口、无毒、无味、化学性质稳定等特性。目前使用的多为以下三种复合材料：聚酯/聚丙烯；聚酯/铝箔；聚酯/铝箔/聚烯烃。

包装时要尽量提高真空度，这是因为物料为含油脂的混合物，氧化作用容易引起氧化酸败，空气的存在还会降低物料的传热性能，对加热灭菌是不利的，同时，空气加热膨胀性大，大量空气存在会在杀菌中出现破袋现象。同时包装的封口位置不得有油迹污染或液汁污染，以免影响密封强度。袋装的装填高度应在封口线以下3.5 cm处，封口宽度为8～10mm。

良好的封口必须通过表观试验、熔合试验、破裂试验及拉力试验。

（1）表观试验　首先用肉眼观察是否有皱纹及污染情况，封口宽度是否为8～10mm，然后将内容物挤向封边，并加一定压力，观察封边有无裂缝及渗漏现象。

（2）熔合试验　封口必须完全熔合，即袋内层形成一种完全的粘合，当封口内层发生剥离时，虽然熔合良好，但这种封口仍应属不合格。封口内层没有完全熔合时，虽然可以符合破裂试验及拉力试验的要求，但经过一定时间贮藏或振动及跌落就成为不合格品了。

（3）破裂试验　封口是否良好，可以通过破裂试验进行测定。破裂试验有两种，一是耐内压力试验，亦称爆破强度试验，即把空袋放在压缩空气源上，然后用压紧装置夹住，并对准袋口匀速压入压缩空气，在预定压力及时间内，封口最大分离宽度不应大于1.6 mm。应当注意，杀菌条件和贮藏时间对封口处的分离度都会有影响，对三层复合的包装材料，热熔封口后，可以通入26.87Pa的压力，在30s通过，经过24h后只有20.69Pa、30s通过，再经杀菌和贮藏后，袋只能在13.73Pa、30s通过。二是耐外压力试验，亦称静压力强度试验，在袋中装入水后，放在两块能指示水力负荷的板之间，在袋上加静负载，袋内部封口长度应能每15mm可承受0.75MPa的压力，时间为15s。

（4）拉力试验　拉力试验应该辅以破裂试验，拉力测试对封口质量起保证作用，是一种强制性测试法。拉力试验有两种，一是静态拉力试验，即用一种万能拉力测试器来测试破坏每一样品封口总宽度所需的总力。对于三层复合材料其封口拉力要达到 0.286 kg/10mm，不管是封口后或贮藏 3 个月，对拉力都无太大影响。二是动态拉力试验，剪 10mm 宽的数条封口样条，一端夹在架子上，另一端悬挂各种不同质量的砝码，放入杀菌锅中以 121℃、30min 杀菌，取出后根据落下砝码的质量，就知道了实际拉力强度。

7. 装盘装车

将装袋的半成品人工装入长方形的蒸煮盘内均匀排列，然后再一盘一盘地装入专用的平推车中，为下一道工序做准备。

8. 蒸煮杀菌

(1) 杀菌的目的和要求　把装盘装车的半成品送入压力杀菌锅中进行蒸煮杀菌，通过这道工序要达到两个目的，一是使大米中的淀粉进一步糊化，将大米进一步做熟；二是达到杀菌的目的。采用的设备一般为反压式杀菌锅，一般要求这种杀菌设备能方便地调整和设定杀菌温度、杀菌时间、杀菌压力，并具有自动调整、自动记录、加热均匀等特点。

(2) 加压杀菌与冷却　为了保证软罐头在杀菌过程中不破袋，应使杀菌锅内杀菌和冷却时压力不波动，这是因为当冷却水刚通入杀菌锅的瞬间，锅内压力急剧下降，但软罐头内容物不能立即同时冷却，因而袋内压力仍然很高，势必造成破袋，因此，杀菌锅要充入一定的压缩空气以抵消压力差，使杀菌锅中的压力始终大于软罐头袋内的压力，一直到冷却结束。

(3) 影响软罐头食品杀菌效果的主要因素

①袋内残留空气量：袋内空气残留量越大，热传导越差，尤其是当空气残留量在 20mL 以上时会造成灭菌不足，而且杀菌时由于气体的膨胀引起破袋现象。另外，袋内残留空气还会影响食品中易于氧化的脂肪和维生素 C 等。

②杀菌锅内热分布及传热介质温度均匀性：在杀菌开始，准备计杀菌时间时，必须将锅内空气完全排尽，而且杀菌锅内的传热介质必须流动，水平流动或垂直流动均可，但不得有“死角”。加热介质温度必须均匀，上下温差要小于 0.5℃。

③软罐头厚度：软罐头食品厚度应有一定限制，厚度的变化往往导致杀菌时间的不足，而且袋与袋之间、袋本身厚度要均匀。蒸煮袋尺寸、容量及成品厚度见表 6-2。

④初始温度：软罐头杀菌操作前袋内食品的温度往往影响细菌致死率，所以杀菌条件的建立，均应有一定的给定初温。

表 6-2　　蒸煮袋尺寸、容量及成品厚度

蒸煮袋容量/g	尺寸/［长（mm）×宽（mm）］	成品限制厚度/mm
180～200	170×130	15
250	200×150	18
300	200×170	20
500	200×200	20
1000	300×220 或 300×300	25
2000	350×300	30

⑤黏度：黏度会影响传热效率，黏度超过给定值则会影响细菌致死率。

⑥配方：内容物中如含有淀粉往往会把内容物包围起来，不但会改变热传导，而且又因膨胀而保护细菌不被杀死。在含糖和辣椒制品中，可能含有许多耐热性细菌，这些细菌不易被杀死。

⑦加酸食品：应注意食品的 pH，以免将低酸食品当作高酸食品进行杀菌。加酸食品杀菌条件比较温和。

⑧杀菌温度和时间：这对食品的安全性很重要，杀菌时间或杀菌温度哪怕是少几分钟或低 1～2℃都可能导致大批量食品败坏。

⑨食品的形状：容器中食物的形状和位置与杀菌效果密切相关，杀菌方式应与食品形态相适应。

⑩杀菌中的排气：开始应在 5min 内大排气，杀菌过程中必须经小排气以使温度均匀。

9. 蒸煮袋表面脱水

经高温蒸煮杀菌后的软包装袋表面附着水分，如不除去就难以装箱。脱水装置一般采用一对用特殊海绵体制成的轧辊，另外加装两条进料出料输送带。杀菌后的米饭袋通过海绵轧辊，表面水滴即可去除，一般即可装箱。如要求表面完全干燥，可使用吹风机吹一下，然后装箱即可。

三、α 化米饭

1. α 化米饭生产原理

α 化米饭实际上是一种糊化的米饭，其基本生产过程是：将大米经过预处理、糊化后进行干燥处理，在干燥过程中，在保证基本外观的前提下尽量提高复水性，食用时加沸水复水后即可食用。该产品具有工艺简单、耐贮藏、运输方便、方便性强等优点，但其外观和风味与传统米饭仍有差距，而且耗能较高。

2. α 化米饭生产过程

α 化米饭基本生产流程为：

原料预处理→浸泡→蒸煮糊化→干燥→冷却→包装

这种工艺生产方便米饭，关键技术是糊化、干燥工艺；重点要解决两个问题，一是使产品的外观和风味接近传统米饭的风味，二是尽量提高其复水性。α 化米饭生产工艺不尽相同，其基本区别就在糊化、干燥工艺不同。主要有以下几种方法。

(1) 二次蒸煮-压扁-膨化法

①蒸煮：将浸泡后的大米捞出晾干，用压力 0.08MPa 的蒸汽蒸煮 10～35min，使米的含水量达到 30%～35%，但米心部分尚未充分 α 化，呈半熟状态。

②压扁：压扁前先吸入 10～40℃的冷风，时间为 4min，将蒸煮米冷却到室温，使米粒呈松散、分离状态，然后进行压扁。

压扁可使米粒通过轧辊空隙或用金属板压迫来实现。工业上一般采用 0.1～0.6mm 间隙的轧辊来实现这一目的。

③二次蒸煮：压扁后的米片放入搅拌机，加水搅拌，使米粒均匀吸水，并将所加入的水全部吸收。待米粒吸足水分后，再用 0.08MPa 的蒸汽蒸煮 15～30min，蒸煮后的米含水量在 30%～50%，并充分 α 化。在 α 化过程中，加入食品乳化剂，如甘油酯、蔗糖酯、山梨聚糖酯等。添加的油脂为动物油脂或植物油脂。动物油脂以牛脂、猪脂为宜，植物油脂最好是棉子油或大豆油等半干性油。

④干燥：一般采用热风干燥法，干燥温度为60～100℃。干燥后的米粒中含水量为8%～20%。

⑤膨化：膨化操作是将米粒与热风接触，高温热风的温度为150～300℃，尤以180～250℃最为理想，膨化时间很短，为10～40s，膨化后大米的含水量为4%～7%。

（2）煮沸—蒸煮—干燥法　首先把白米在室温下浸泡于水中，使米的水分增加到30%。接着把米煮沸8～10min，直到水分增至65%～70%。沥干后在冰水中冷却冲洗1～2min，再摊在筛面上干燥，把140℃的空气压送入干燥室内，以60m/min的速度通过筛面使米的最终水分为8%～14%，干燥条件是关键，温度必须相当高，至少在开始时要高，使米粒表面水分除去的速度要快于其能从米粒内部扩散的速度，这一步骤是使米粒形成多孔性结构。

（3）多次干燥法　Roberts发展了这种产品的加工方法，大米在室温下浸泡于水中，然后在水中煮沸1～3min，使水增加到45%～55%。限制煮沸时间和水分的增加，以保持米粒的完整和表面淀粉不脱落或少脱落。分两步进行干燥。开始时把温度调节在约200℃，高的热量使米进一步凝胶化，米粒表面迅速干燥变硬，使米粒保持为多孔状态。与此同时产生一些膨化，在米粒中形成一些小的、均匀的空隙，把预煮的米放在干燥室内，空气以足够高的速度压入室内使米粒在筛面上呈悬浮状态。米粒在这种高温下只保持1～3 min以防止烤焦，但仍能膨化和结构定型。随着把温度降为100℃完成米粒的干燥，使水分降为10%～15%，这种产品复水5min就能食用。

Flynn和Hollis提出了一种改进方法，使米粒分阶段吸水达到各种程度的凝胶化，这是在中间吸水阶段，使米粒在不存在过量水的情况下，加热达到或超过凝胶化温度。例如，把米浸泡在水中使水分达到25%～30%，然后在常压下蒸，使水分增加到30%～35%，再浸泡在38～88℃的水中，使水温增加到60～70℃。把米粒沥干、冲洗并适当干燥以保持轻度的多孔性结构，在蒸和再浸泡阶段之间的中间阶段，采用加压步骤，以进一步改善结构和减少再浸泡时间。为了减少成品复水时间，一种特定的加工步骤如下：将白米输入（压入）干热空气中，在约93℃下加热15min，然后把水煮的米在常压下蒸10min，米粒在这一阶段末期已经达到均匀和真正完全的凝胶化，水分约为70%。接着把米粒在冷水中洗约2min，以终止煮的过程并除去任何外来物。然后把米沥干铺在连续式皮带输送机上，料层约厚2.5 cm，使大米通过压力通风干燥机，空气在121℃下以53.34 m/min的速度向上和向下穿过米层，这一方法生产出的速食米饭复水时间仅需5min。

（4）冻结-解冻法　Kenea Ster等人把用“冻结-解冻法”处理与过去的浸泡、煮沸、蒸和干燥相结合，把碾好的半煮米在27℃的水中浸泡16h以达到水分饱和点。如增加水温可把浸泡时间减少到1.5h，大米完全凝胶化而没有剥落和表面损坏。把热的、吸了水的凝胶化的大米放在水中冷却，再沥干、冻结，首先冷冻到冰点0℃，并在此点保持1～3h。在此期间内产生大的冰晶，破坏了胶质淀粉状结构并产生了多孔性颗粒。这种产品在再蒸过程中易于吸水。在有目的地延长冻结步骤后，使米粒迅速降温以保证完全冻结。把冻结的米在非干燥条件下解冻以防止米粒互相聚结。冻结米的解冻是在室温或暖空气中保持5h或更长一些时间而完成的。把解冻的产品干燥到约43℃，不少于3.5h。为了防止在成品中形成玻璃化的米粒，必须在解冻时仔细控制温度和湿度，特别是让大米在121℃温度下进行干燥。

另一种方法是把大米在49℃浸泡2h，煮沸10min，水分约达70%，然后在冷水中使其迅速降温以防止进一步的余热自煮。再沥干，按上述方法仔细地冻结。把冻结的米在29℃的气流中解冻30min，在110℃干燥2h后达到最终水分8%。成品像全整米，带有磨圆的、不破碎的颗粒，色泽好，食用时在水中煮沸5min。

第二节　米　　粉

“米粉”从词义来理解，应该是大米为原料所磨成的粉。但是，我们习惯上称的米粉却是以米为原料，经过洗米、浸泡、磨浆、搅拌、蒸粉、压条、干燥等一系列工序所制成的一种圆截面、长条状米制品。这种制品在我国的福建、广东等地称为米粉，如福建的“兴化粉”、广东的“沙河粉”等；在上海称为“米面”，意为以米为原料制成的面条；在日本称为“米粉面”，而且可分为米粉生面、米粉干面、米粉即席面等品种。

一、米粉的生产方法和特点

米粉的生产工艺各不相同，但大致可分为湿法生产和干法生产两种，它们的基本流程见图6-1、图6-2。

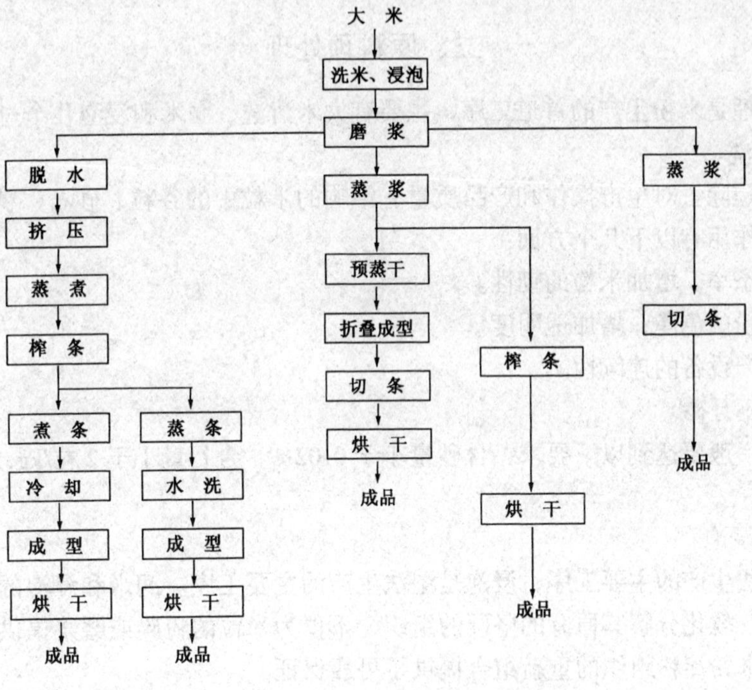

图6-1　湿法生产米粉工艺流程

1. 湿法生产的特点

产品柔韧可口，断条率低，产品质量好，生产用水量大，淀粉损失量大，出品率低，能源消耗多。

2. 干法生产的特点

产品出品率降低，设备投资少，动力消耗低，操作要求严格，产品质量不易控制。

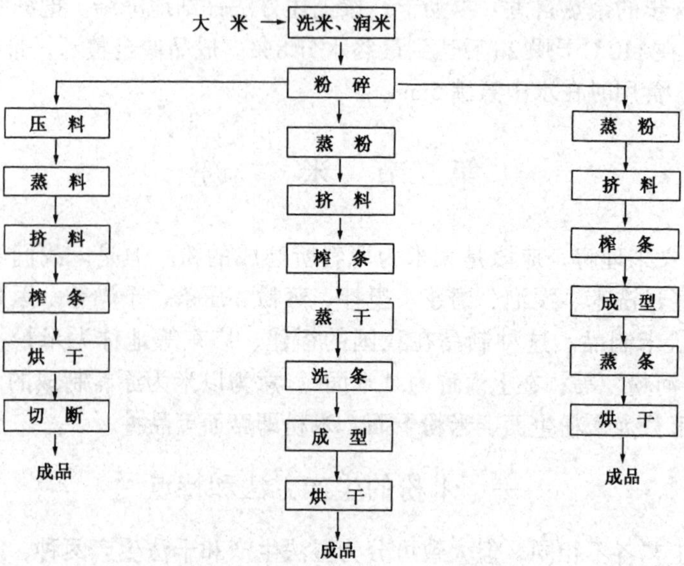

图 6-2 干法生产米粉工艺流程

二、原料预处理

原料预处理是米粉生产的首道工序，主要有大米清洗、润米和浸泡几个过程。

1. 大米清洗

清洗主要是除去对生产操作和产品质量有影响的米粒中的谷粒、砂石、糠片、糠粉、糠麸等，其主要作用有以下几个方面：

①减少断条率，增加米粉的韧性。

②改善米粉的色泽，增加透明度。

③提高生产设备的连续性。

④使米粉不牙碜。

通过清洗一般要达到以下要求：含砂量小于 0.02%，含谷量小于 2 粒/kg，大米留皮总量不大于 15%。

2. 润米和浸泡

润米是干法生产的主要工序，浸泡是湿法生产的主要工序。润米和浸泡的目的就是要让米粒充分吸水，软化分解其原有的坚硬的组织，不仅为米粒的粉碎或磨浆提供了良好的生产条件，而且为米粉淀粉组织的重新组合提供了可靠保证。

润米和浸泡效果受诸因素的影响，因而操作时间为 2～12h 以内灵活掌握。一般要求润米后其水分为 28%～30%，浸泡后大米含水量为 40%～45%。干法生产对水分的控制更为严格。在气温较高的情况下，为防止米粒发酸，可在米粒中添加 2%的食用酒精，并适当缩短润米和浸泡时间。

3. 影响原料预处理的主要因素

(1) 影响米粒清洗质量的因素　通常影响米粒清洗质量的因素有两个：一是只洗不碾，当原料等级较低时，就会影响产品质量；其二是流量太大，物料不能得到充分的清洗和碾削，杂质清洗不完全，影响产品质量。

(2) 影响润米和浸泡质量的主要因素

①着水量：一般着水量应维持在浸过大米表面5cm左右。

②润米和浸泡时间：润米和浸泡时间一般应掌握在2~12 h，要根据具体情况灵活掌握，气温较高时，可取偏小值，气温较低时，可取较大值。若时间太短，米粒未润透，米质软硬不一，使磨浆时出现粉状粗细不匀或米浆粗粒过多的现象，不利于粉条淀粉组织合成新的紧密结构和降低断条率。

③环境温度和湿度：空气中湿度大，温度低，米粒中水分蒸发慢，应适当延长润米时间；空气中湿度小，温度高，米粒中的水分蒸发快，应适当增加着水量。

三、粉　　碎

粉碎是利用机械克服米粒内部的凝聚力，将其分裂成粉末的过程。通常粉碎大米有击碎和磨碎两种方式。击碎是利用高速回转式粉碎机撞击米粒使其粉碎，一般应用于干法生产米粉。磨碎是利用上下两个锋利坚硬的磨盘，对米粒进行研压和摩擦使其粉碎，一般应用于湿法生产米粉。

1. 粉碎的目的和作用

(1) 粉碎的作用

①方便蒸料：大米经润米后，水分虽然基本渗透到米粒的中心，但并非均匀浸泡整个颗粒，若不经过粉碎而直接去蒸料，势必导致蒸料时间长、效果差、消耗大及产量低等结果。

②有利于挤条成型：把颗粒状的大米制成条，必须要有粉碎过程，否则就很难把它挤成粗细均匀、富有弹性和韧性的米粉条，或加工成细嫩的粉片。

③有利于淀粉的重新优化组合：米粒加工成粉条，一方面是对原淀粉组织结构的破坏，另一方面又是淀粉组织结构的重新组合。大米只有先经过粉碎，破坏原有米粒淀粉的组织结构，并使其均匀吸水膨胀，才能再经蒸料和挤压使之成为紧密坚实的条状结构。

④有利于淀粉糊化：虽经润米，米粒中的水分依然很难达到平衡，因为粒状物总是比粉状物要大。用粉碎或研磨的方法破坏其结构，水分就容易渗透到颗粒中间，有利于淀粉糊化。

(2) 粉碎要达到的技术要求

①粉末的粗细度：经磨浆后的米浆应全部通过40~50目绢筛，如果一台磨浆机达不到该指标，应加用双机联磨，使米浆的细度能达到要求；经粉碎后的粉末应80%通过60目绢筛，若粉末不能达到细度要求，或者粉末内有较多的粒子状物，除检查前工序的生产质量外，还可在粉碎后增设分级筛，将残留的粒子重新粉碎。

②粉末的含水量：粉末的含水量对蒸料有直接影响，在粉碎中应特别注意。一般说，磨浆后米浆的含水量应在40%~50%，粉碎后粉末的含水量应在24%~28%。

在干法生产中，米粒经过粉碎以后，还需要有一个让水分自然平衡的过程。因为在润米中，米粒中心的水分一般比边缘少。同时，米粒因粉碎发热又散发了部分水分，所以粉碎以后的粉末应当静置1~2h，让粉末粒子之间的水分自然渗透平衡。

2. 影响粉碎效果的主要因素

(1) 影响磨浆效果的主要因素

①浸米时间：大米浸泡时间短，米粒没有吸足水分，淀粉组织未得到软化，在磨浆中会出现米浆中粗粒物较多的现象。因此对入磨米粒的浸米时间要认真地控制好，切实做到未达到规定浸米时间的米粒，决不允许入机，以保证米浆质量。

②磨浆机转速：转速是保证磨浆机产量和质量的重要因素。转速高，进入工作面的米粒流量会增大，产量会有所提高。但是米粒所受到的冲击力也大，容易造成米浆中含粗粒物多。要保证磨浆机研磨出的米浆质量好、产量高，应按照设备出厂规定的技术要求确定转速。

③磨盘工作面的锋利程度：磨盘工作面的形状对米浆粗细度的影响很大。如果磨盘工作面较光滑圆钝，米浆粗细度差；磨盘工作面粗糙锋利，研磨出的米浆就比较细嫩。目前磨浆机所用的磨片有砂轮片和钢磨片两类。新磨片磨出的米浆比较细嫩，使用一段时间以后，会失去原有的锋利，应做技术性处理，以保证米浆的质量。

④流量：这里所说的流量是指混合流量，也就是进入磨浆机的米粒和水的混合流量。流量与轧距在操作中是相互配合的。轧距固定，流量必须保持一定，否则就会影响设备效率。进料时，进水量太大，会造成米浆粗粒多；进水量太小，进米粒量多，又会造成米浆浓度大，影响蒸浆。生产中只有合理控制流量与轧距，才能稳定磨浆质量，提高生产效率。

⑤磨片轧距：轧距是决定磨浆机效率的因素之一。一般来说，米浆粗细度是随着轧距的变化而变化的。轧距小，压力大，米浆细嫩；轧距大，压力小，米浆中粗粒多。但磨片轧距太小，产量会降低，还会造成米浆温度升高。所以，要根据生产实际情况确定磨片轧距，以提高设备效率。

(2) 影响粉碎效果的主要因素

①米粒含水量：米粒含水量高，产量明显下降，电耗必将上升。米粒含水量低，产量高而且耗电少，但粒子状物多，影响米粉条质量。

②粉碎机锤片线速度：锤片的线速度是粉碎机主要的工作性能之一，其产量、质量都随着锤片线速度的提高而增加，当转速达不到设计要求时，产量降低，粉碎物粗。

③筛孔大小：筛孔是保证粉末质量的关键。筛孔过大，通过筛孔的粉末就粗；筛孔过小，通过筛孔的粉末就细，但产量降低。在实践中一般采用孔径为0.6mm的筛孔。

④吸料风机的风量和风压：很明显，风压低，风量小，物料输送困难，粉碎机难以正常工作。

⑤流量：在一定范围内增加流量，产量的增长比能耗增长要快得多。但当达到单产最低能耗以后，继续加大流量，会导致单产能耗增大。

四、蒸　　料

把已粉碎为粉末或已磨浆的大米淀粉，在一定的温度下糊化的过程称为蒸料。蒸料是米粉生产的重要工序之一。

1. 蒸料的目的和作用

蒸料，实际上就是要把大米淀粉在相应的温度下糊化，使之成为胶体，以便于加工成米粉条。大米经洗米、润米和粉碎，米粒只发生物理变化，并没有发生化学变化。直接把这些粉状物与水混合并挤压，很难把它加工成坚韧细嫩的米粉条。因为不经高温糊化，不可能形成富有黏性的胶体，没有胶合的可能性。要生产合格的米粉条，必须通过蒸料把大米中的结晶态淀粉分子与非结晶态淀粉分子之间的氢键拉开，使它们各自成为胶体。

大米淀粉在糊化过程中是如何成为胶体的呢？当水分充足，温度达58～61℃时，淀粉开始吸水膨胀，结晶体慢慢地“溶解”，持续一定时间后，淀粉粒子全部解体成为胶体。淀粉成为胶体后，黏性强，能挤成条。

米粉条生产中有切粉和榨粉、干法和湿法生产的区别，蒸料方法也就因此而有所不同。如切粉生产中的蒸料是把混合后的米浆均匀地落到蒸料带上，由蒸锅加热糊化。榨粉生产中蒸料方法有四种：把米浆放到蒸料带上蒸熟后输送到榨机榨条，这是第一种；用过滤脱水机械将米浆脱水后，放入蒸料器内糊化，这是第二种；粉状物混合后，用榨机制成颗粒，然后将颗粒放入蒸锅内蒸熟，这是第三种；把粉状物加入搅拌蒸料机内，加入适量的水，启动电机，打开蒸汽阀将料蒸熟，这是第四种。蒸浆法和搅拌蒸料法的机械化程度较高，蒸料效果也较好，劳动强度小，适应于产量较大的米粉条生产厂。

2. 蒸料的技术要求

蒸料有较高的技术要求。在切粉生产中，要求米浆浓度适中、落浆均匀、蒸槽内温度稳定、熟度足够。在榨粉生产中，蒸料的技术要求更严格，具体表现在以下方面：

(1) 要增加米粉条的强度　要在粉状物内混合4%～10%的已回笼蒸熟的碎粉条，而且这些碎粉条要浸泡成米浆再加入，其目的是用以增加米粉条的强度。刚开始生产若没有回笼碎粉条作增黏剂，可蒸熟一些米饭，再把米饭浸成米浆混合到粉状物中去，既可提高米粉条的黏性，又可增加米粉条的大米芳香味。

(2) 要控制蒸料糊化程度　要控制蒸料糊化程度，料不能蒸得太熟或者太生。料蒸得太熟，榨出的米粉条容易粘连；料蒸得太生，榨出来的米粉条韧性差、断条率高、吐浆值（米粉条在烹调中淀粉溶解在水中的比值）大。蒸料熟度一般掌握在80%～85%。

(3) 要控制蒸料后的含水量　蒸料时的水分添加量应根据粉状物含水率灵活掌握。原粉状物含水量低，可多添加一些水；原粉状物含水量高，蒸料时可少添加一些水。一般说，粉料中含水量高，则蒸料过程短、熟化快、韧性差、榨条难；粉料中含水量低，则蒸料过程所需时间长、熟化慢，榨机推料阻力大，容易损坏设备。通常控制物料蒸熟后含水在28%～36%较适宜。

(4) 要控制蒸料的温度　由于蒸料方法不同，蒸料温度也不一样。一般说，温度在58～61℃大米淀粉就开始糊化，但是在机械化大批量生产中，仅维持该温度会出现产量低、蒸料时间长的现象，不适应大批量生产。大批量生产要求大米淀粉糊化温度控制在80～90℃，最低不低于80℃。

(5) 要控制蒸料的时间　蒸料时间与大米淀粉糊化程度、色泽、吐浆值、水分等都有密切关系。蒸料时间短，料不能蒸熟，粉条泛白，产品断条率高，吐浆值也高。蒸料时间太长，色泽淡黄，米粒含水率高。因此，确定蒸料时间要综合考虑粉料含水率、蒸料方法、温度等因素。

(6) 要注意蒸后物料的保温　物料蒸熟后，不直接进入挤料机，应覆盖麻布（或采取其他相应的措施），保持物料温度，以防止冷却后水分散发过多而导致米料硬化，影响榨条。

在方便米粉条的生产中，蒸料技术又有不同要求。方便米粉条要求α化值高，吐浆值低。因此，米料一定要熟，糊化度不能少于85%～90%。

米粉条生产对蒸料的具体要求是：蒸熟后的蒸料粒子应透明，用手掰开，里外熟度基本一样。用搅拌蒸料机蒸熟的料应成直径为5~10mm的棉球状，有透明光泽感。方便米粉蒸料应成为直径为10~20mm的粒子，具有相当的透明度。

3. 影响蒸浆效果的主要因素

蒸浆是湿法生产切粉的主要工序，影响蒸浆效果的主要因素有以下几个方面：

(1) 蒸浆的温度　蒸浆机一般采用蒸汽、直接火、电加热三种供热方式。应用最多的是蒸汽供热。蒸浆的技术要求是蒸槽内温度均匀，以保证蒸出好的粉片。如果蒸槽内温度不均匀，将会出现粉片起皱纹（因槽内温度太高所致）、粉片生烂、熟化不足（因槽内温度太低造成），蒸出来的粉片时好时烂（因槽内温度高低不稳定引起）的现象。可见，温度是影响蒸浆的最基本因素。因此，在生产中既要调整好总气阀的蒸汽流量，又要分别调整好两端支气阀的蒸汽流量，保持蒸槽内的温度在95~99℃以内。

(2) 米浆流量　米浆流量是由落浆格控制的，它因米浆浓度、蒸料带的清洁度、蒸料带的线速度、米浆厚度的变化而变化。在操作中应按照技术要求严格"监视"。米浆流量大，粉片厚，线速度快，有可能出现蒸不熟的现象；米浆流量小，粉带薄（蒸后的粉带用刮刀不能把它刮起），会影响产量。另外，在控制米浆的流量时，还要注意把落浆格与蒸料带的操作有机地结合起来，防止出现粉片一边厚、一边薄的现象。

(3) 米浆混合浓度　米浆是由水和研磨后的米淀粉相互混合组成的，它们的结合纯属一种物理性的拌和，不是化合。这种结合是极不稳定的，容易产生沉淀分离。若米浆与水分离，使米浆混合浓度低，蒸出的粉片厚薄不匀，淀粉胶合效果差，不细嫩洁白。为使米浆结合均匀，工艺上可采用拌浆桶搅拌来取得较好的混合均匀度。

4. 影响蒸料效果的主要因素

蒸料是干法生产米粉的主要工序之一，影响蒸料效果的主要因素有以下几个方面：

(1) 投料量　一般蒸料机为间歇式设备，若投料过多，不仅会使电机过载，而且还会延长蒸料时间，粉料糊化不均匀，影响产品质量；若投料量太少，又会影响生产效率。

(2) 蒸料的转速　转速慢，粉状物入机后不能充分扩散和对流，机内物料很快结团，使糊化了的面块包围未糊化的物料，很难达到预定的糊化均匀度。一般认为，蒸料机的搅拌线速度控制在7.5~8.5m/s比较合适。

(3) 物料含水量和蒸料时间　物料含水量和蒸料时间都是影响淀粉糊化质量的基本因素。它不仅影响蒸料，而且还影响榨条。若物料含水过多，淀粉糊化快，结团快，则混合糊化的均匀度差，严重时还会卡死拌轴。这种米料在榨条中还会造成粉条粘连，不利于疏松成型。如果物料中含水太少，蒸料时间长，糊化慢，产量低，同样达不到理想的蒸料效果。

五、挤料、榨条、冷却和松丝

1. 挤料

米粉经高温拌蒸后，淀粉受热而迅速吸水糊化成胶体（胶体形成是在20%的含水量和58℃温度的条件下开始的）。此时，胶体没有经过外力挤压，胶粒之间的结构很不紧密。只有经外力挤压才能使它们紧密坚实地胶合成整体，才能把它们做成条状。挤料就是把经过糊化后的淀粉用机械挤压胶合的首道工序。

为什么在米粉条生产中要经挤料、榨条两道挤压工序呢？因为淀粉糊化后，淀粉粒子因吸水而膨胀，粒子之间的空隙较大，再加上刚蒸出的物料质地松散、粒状不一、α化程度差异大等多种因素的影响，所以靠一次挤压，并迫使米料通过直径为0.6～1.5mm的筛孔板凝固成条，很难达到米粉淀粉结构紧密坚实的要求。只有使糊化了的粉料经两次挤压成条，才能保障米粉条的韧性。挤料属于初挤压工序，目的是对刚糊化的粉料进行形状改良，打破它自然形成的胶体状，使松散形挤压成紧密坚实形，成为一种新的胶合凝固体，给榨条创造条件。

挤料的方法，是把经过糊化的粉料输送到螺旋式的榨条机内，由螺旋推力作用不断将物料推向前运动，使它们在机膛内挤压成团，然后从出料孔排出。

挤料的技术要求，是被挤压出的料条应该结构紧密坚实，且有良好的透明度。刚糊化的粉料虽然有透明度，但并不明显，只有经过挤料后透明度才会增加。如果挤压出来的米料仍泛白色，说明机膛压力不足，进料不够，应增加进料流量。对泛白色的米料应该重新回机再挤，这样才能达到挤料的技术要求。

2. 榨条

榨条又称挤丝或出丝，它是确定米粉条直径、形状、规格和进一步加强淀粉胶合性的重要工序。

榨条的方法是把经过挤料后的米料输送到螺旋式榨条机内，由螺旋推进力迫使米料穿过筛孔板成为粉条。

3. 冷却

冷却在米粉条生产中又称熟成。其方法是让从榨条机出来的米粉条经风吹将其强制降温。米粉条从榨条机出来，温度最高可达80℃，如果不冷却，米粉条容易粘连在一起，影响产品质量。

冷却在米粉条生产中也很重要。米粉条的生产工艺不同，其冷却方法也不同。常用风冷却和结合冷却两种。风冷却是用风扇通风作短时间的冷却。它的作用是疏松粉条，减少粘连结块，风干米粉条表面带有的黏性凝液。用该方法冷却，不会改变米粉条的品质。结合冷却是风冷却和自然冷却相结合的方法。米粉条经风吹冷却后，再让它自然冷却数小时，以达到产品质量标准。结合冷却的作用是促使粉条α化淀粉向β化转变。β化是指α化淀粉经冷却后的回生。这种冷却方法会改变米粉条的品质，只适用于排粉生产，不适用于方便米粉条的生产。这是为什么呢？因为方便米粉条要求全部是α化淀粉，只要用开水一泡，就可以食用。如果方便米粉条中的α化淀粉转变为β化状态，米粉条很难用开水泡熟，即便泡透，吃起来还是有夹生感。而排粉则要求久煮不糊、不浑汤、爽口，因而必须要有α化淀粉的回生过程。

淀粉回生除采用结合冷却以外，还有机械冷冻的方法。机械冷冻是用制冷设备使米粉条温度迅速下降，加速淀粉回生。但在现阶段米粉行业生产中还没有采用此方法。

米粉淀粉回生，温度是重要的因素，但不是唯一的条件，回生要在一定的时间内才能完成。常温下，几分钟内淀粉回生率是微乎其微的。所以，不少厂家在排粉生产中，用4～16h来完成α化淀粉向β化的转变，然后再松丝复蒸。

结合冷却还有另一个作用就是熟化，又称熟成或静置。其做法是将风冷后的米粉条放在不通风的室内，让它静置，促使条内淀粉粒子定性和水分平衡。静置的时间一般为2～4h。静置时间过短，会使米粉条内淀粉粒子来不及固定而被水分子扩散运动打乱，造成产品烹调性差。静置时间过长，既挤占场地，又易发生霉变。

4. 松丝

松丝是将出条切断冷却后的米粉条疏散。米粉条在出条中带有黏液，虽然经强制冷却和风干，还会有少量的米粉条粘连在一起。如果不松丝，米粉条经复蒸（烘干）后，会相互粘连结堆，很难成型。因此，冷却之后的米粉条需经松丝。

松丝可用手工，也可用机械。生产直条状米粉条一般都采用手工松丝。生产排粉常常是用机械松丝。排粉是经长时间冷却后淀粉已回生的米粉。米粉条表面已结膜硬化，在松丝中不怕挤压，适应于机械搓丝。

松丝的技术要求虽然不十分严格，但基本要做到不夹条、不结块。

六、蒸煮、切断和成型

1. 蒸煮

蒸煮是把出榨条机并冷却后的米粉送到复蒸器内，由蒸汽直接加热，使其进一步糊化；或者把刚出榨条机的米粉条直接投入沸腾的水中，使其再次糊化的过程。

蒸煮的作用就是要把组成米粉条的淀粉全部 α 化。经过第一次蒸料后大米淀粉糊化程度仅仅只达到 80%～85%。挤成条后，淀粉组织结构表面紧密，但淀粉粒子并没有完全相互胶合。只有再经过蒸煮，让米粉条继续受热吸水糊化，将糊化程度迅速提高到 95%以上，米粉条才能稳定形状，达到断条率小、吐浆值低、韧性强等指标。因此，蒸煮是米粉条淀粉组织结构完全胶合的特殊工序，也是排粉生产中不可缺少的重要环节，操作中应认真对待。

蒸煮的方法通常有干蒸和水煮两种。干蒸就是把米粉条放在容器内用蒸汽糊化。干蒸在米粉条生产中被广泛应用。其方法有连续复蒸、间歇复蒸和高压复蒸等。水煮是用 100℃沸水煮。

（1）干蒸米粉的几种方法

①连续复蒸法：从榨条机出来的米粉条落到输送带上，由输送带把米粉条送到复蒸器内。米粉条在复蒸器内一面接受高温糊化，一面向出口处移动，直到复蒸完成。连续复蒸的技术要求是：米粉条在温度为 95～99℃的复蒸器内，直接与蒸汽接触不能少于 12～15min。复蒸后米粉条表面必须具有油润透明感。

②间歇复蒸法：将松丝后的米粉条装入蒸柜内，关闭柜门，拧开气阀，让蒸汽入柜。持续一定时间后，关闭气阀，卸出柜内被蒸的物料，然后又重新进料。间歇蒸料的时间，可根据进入蒸柜内米粉条的数量来确定。一般每批米粉条入蒸柜后，温度控制在 95～99℃，蒸料时间不少于 30min。如果蒸柜中米粉条多，叠层厚，蒸料时间应不少于 40min。

③高压复蒸法：是指用压力容器来复蒸米粉条。其蒸料方法与间歇复蒸法基本相似，唯一的区别是前者在常压下蒸条。采用高压蒸条特别要注意容器所允许的工作压力，准确调整安全阀和严格控制气压。用高压蒸汽能减少蒸条的时间，且蒸条温度高、蒸汽消耗少。

（2）水煮　水煮的工作过程是将榨条机挤出来的米粉条送到沸水锅内，糊化后立即捞出成型。水煮的技术要求是锅内的水必须是沸水，米粉条下锅时要均匀散开，水煮时间不大于 60s。若水煮时间过长，米粉条容易溶解在水中，淀粉损失大，成品率低。

2. 影响蒸煮质量的基本因素

蒸煮的目的是提高米粉条淀粉糊化程度。在米粉条生产中，淀粉糊化程度越高，产品的吐浆值和断条率就越低，烹调性就越佳。因此，在操作中应认真掌握蒸煮技术，严格控制蒸条温度、时间等。

(1) 蒸煮温度　温度是淀粉糊化的首要条件。在米粉条蒸煮中，尤其是在间歇复蒸器内，米粉条堆叠较厚，用基本的淀粉糊化温度（58～61℃）是无法把原淀粉α化度提高的，必须用较高的温度（95～99℃以上）才能办到。因此，不少厂家利用压力容器复蒸米粉条，目的就是设法提高复蒸温度，以达到更佳的复蒸效果。

高温蒸条能加速米粉条淀粉粒子的构造的改良，糊化速度也很快。常压蒸条，温度比较低，要获得良好的复蒸效果，只有相应地延长蒸条时间。此外，常压蒸条时蒸汽耗量大。据统计，一般常压蒸条比压力容器蒸条的耗汽量大10倍。

(2) 蒸煮时间　米粉条复蒸时间是由粉质含水率和原淀粉糊化程度所决定的。在相同的蒸条温度下，米粉条含水多，已糊化的淀粉回生少，则淀粉再糊化速度快，蒸条时间短；若米粉条含水少，已糊化淀粉回生多，则淀粉再糊化速度慢，蒸条时间长。在流水作业中，米粉条出榨条机后只经过风扇冷却段，冷却时间短，水分挥发很少。因而它的糊化速度快，所需蒸条的时间也就短（通常是14～16min）。在排粉生产中则又有所不同。米粉条出丝后，经长达4～16h的冷却，米粉条中的水分有相当部分被蒸发掉。这种米粉条含水量少，淀粉回生多，必须延长蒸条时间才能使淀粉全部糊化。就像把隔夜的米饭再煮成粥一样，要花很长的时间方能把它煮烂。所以在排粉生产中蒸条时间应不少于30min（蒸条温度为95～99℃）。

3. 产品成型

产品成型也称米粉条的成型。米粉条种类和品质的差别，通常是用不同的形状表现出来。米粉条成型很有讲究，如常见的圆条波纹状米粉条称为波纹粉；圆条折叠状米粉条称为排粉；扁条湿状米粉条称为米面；烘干切断成型的称为切粉等等。

不同形状的米粉条，有不同的成型方法。例如：直条状成型是用相应的机具，将米粉条排散，利用米粉条自身的重力拉直而成；波纹状成型是控制出丝速度与输送速度之比，同时限制出丝头与输送带的间距，迫使米粉条弯曲成起伏不大的波纹；折叠成型是用手工把米粉条折叠成疏散的块状；条状成型是利用出条筛孔板的孔形、孔径挤压而成等等。

产品的成型是米粉条生产中不能缺少的工序。成型的好坏对产品的干燥脱水和产品的销售影响也很大。从生产技术上看，米粉条的成型必须做到松散、透气性能好，才便于干燥脱水；从产品销售的角度来讲，则要求造型美观大方、式样新颖、包装得体、携带方便，方能吸引顾客。因此，对米粉条的成型，需要认真研究。

七、干　燥

干燥是米粉生产中的一个重要环节，米粉品质不同，干燥技术要求也不同。

1. 干燥速度

干燥速度是指在一定的温度下单位时间内被干燥物中汽化出水分的量。

米粉条的干燥时间不宜太短，一般控制在4h以上。若干燥时间太短，将会产生以下现象：一是米粉条内有气泡。气泡是指米粉条烘干后，能用肉眼看见的像鱼子状的透明斑点，这一般是由于干燥时间短、脱水速度快，米粉条内水分子剧烈运动而造成的。米粉条中的气泡多，不仅影响外观，而且会增加断条率。二是米粉条脱水不均匀。若干燥时间太短，米粉条容易产生吸热不均匀的现象。吸热多的部位，水分蒸发迅速，吸热少的部位，水分蒸发慢，致使米粉条脱水不均匀。脱水不均匀又可能使已干燥的部位脆裂，而未干燥的部位霉变。

2. 干燥质量

米粉条经过脱水以后，不应产生酥脆断裂、变色、变味、出现斑点等现象。在实际生产中，不管采取哪种干燥方法，都时常会出现米粉条开裂的情况，人们称之为酥条。酥条就是因为干燥速度快，米粉条变色。出现斑点也是因为干燥速度快、温度高所造成的。

要提高干燥质量，防止米粉条酥脆、变色、起斑点，最根本的是要根据米粉的干燥原理，根据不同的环境条件，选择合理的技术参数。长期生产经验表明，环境空气的相对湿度大、气温低，烘干的质量好。因此，有不少生产厂采用“低温长时间”的干燥方法。

3. 方便米粉条的干燥

方便米粉条经过复蒸处理后要立即脱水干燥。它的干燥有其独特的规律。

方便米粉条是用优质脆米为原料制成的米粉条，是一种淀粉全部糊化的米粉条。干燥时间要用较高的温度（50℃左右）迅速脱水。为什么呢？因为方便米粉条生产需要较快地固定 α 化淀粉，以防止 α 化状态的淀粉向 β 化转化。只有固定了 α 化淀粉，米粉条才具有良好的复水性能（在沸水内泡 3min 即可食用）。

方便米粉条的干燥方法，在国内运用较成功的是热风干燥，把经过复蒸后的米粉条迅速送入温度 50℃左右的干燥室内，用热风连续脱水 3～4h，使米粉条的水含量迅速降到 13%～13.5%。采用热风干燥，特别要注意温度和时间，防止淀粉回生老化。

主要参考文献

1. 陆启玉等．食品工艺学．郑州：河南科学技术出版社，1998
2. 米粉条生产技术．南昌：江西科学技术出版社，1988
3. 陆启玉．方便食品加工工艺与配方．北京：科学技术文献出版社，2002

第七章 冷冻食品

第一节 概 述

冷冻食品工艺学是运用人工制冷技术来降低温度以保藏食品和冷冻加工食品的科学。冷冻食品工艺学所涉及的内容比较广泛，它不仅需要了解各种食品组分的特性，以及它们在低温保藏或冷冻条件下发生的物理、化学和结构学方面的变化、原理，而且还需要具备冷冻方法的基本知识。

冷冻食品应该满足以下定义：

①鲜食品原料经前处理和预加工［畜产品经屠宰、分割，水产品经去头、去内脏等不可食部分，农产品经拣选、水洗、漂细或烹调加工（煮、炒、油炸、烤）］而达到食品卫生标准。

②经过适当的前处理，并采用适当的包装，保证卫生安全。

用快速冻结方法加工，即迅速通过 -1 ~ -5℃的食品最大冰晶生成带（食品中心温度达到 -15℃或以下），且冻结贮藏的终温是 -18℃，保存期长。

③产品经简单的解冻加热或烹调即可食用。

④配有符合要求的包装和标签。

由此可见。冷冻食品是以低温来保存食品原有的品质与成分，而不借助任何添加物，如防腐剂和其他非调味品，因而具有卫生、安全、方便、营养与美味等优点。

冷冻食品通常分为以下三大类：

①各类生鲜冷冻食品：包括冷冻水产品、冷冻家禽产品、冷冻家畜产品、水果和蔬菜的冷冻加工品。

②调理食品：包括调理鱼肉类食品、面制调理食品和米制调理食品。

③冷冻饮品：包括冰淇淋、冰棒和冰冻固体果汁等。

冷冻食品有以下的优点：

①能较长时间贮存，调节了季节性的供需平衡。

②食用方便（有些食品解冻即可食用）。

③营养合理（冷冻食品配料时控制脂肪、热量及胆固醇的含量）。

④品种多样（采用多种食谱，能满足消费者的不同嗜好）。

⑤和罐头食品相比，不但口味鲜，而且能耗低（约低 30%），因而成本较低。

食品保藏的方法有很多，有生物保藏法、化学保藏法和物理保藏法。在物理保藏法中又有光照辐射保藏法和低温保藏法之分。在这多种多样保藏法中低温保藏法被应用得最广泛。因为低温保藏法不仅能抑制微生物和酶类的活动，使食品不腐烂变质，而且还有成本低、保藏质量好、不会产生其他的副作用等优点。与其他保藏方法相比，冷冻更能保持食品的鲜度、营养价值和原有风味。所以低温保藏食品的方法，越来越受到人们的重视。

人类为了维持生命，维持正常发育，必须从外界获得足够的能量和物质。这些物质都含有蛋白质、脂肪、糖类、维生素及一定量的矿物质等，而这些物质又来源于动植物有机体，它们易受自身及外界物理因素、化学因素的影响及微生物的作用而发生腐烂变质。据国际制冷学会估计，全世界每年因各种原因腐烂变质的食品占食品年总产量的45%。因此，解决食品保藏技术，减少食品浪费，提高食品质量，保障人民健康，是目前世界各国急需解决的问题。故促使冷冻食品工艺学迅速发展起来。

人们利用低温条件来保藏食品的历史可以追溯到古代，早在公元前1000多年，我国劳动人民已经开始利用天然冰雪来贮藏食品。因用天然冰雪保藏食品的方法受到地区和季节的限制，以后人们为了扩大天然冰雪的利用，开始千方百计地贮藏冰雪，来延长对天然冰雪的利用时间。

到了19世纪上半期，食品冷冻技术由于冷源的改进而取得了划时代的发展。1834年英国人Jocob Ferking发明了以乙醚为制冷剂的压缩式冷冻机；1860年法国人Carre发明了以氨为制冷剂、以水为吸热剂的吸收式冷冻机；1872年美国人David、Boyle和德国人Carl Von Linde又分别发明了以氨为制冷剂的压缩式冷冻机。从此人工冷源开始逐渐代替天然冷源，使食品冷藏的技术手段发生了根本性的变革。

但是最初发明的人工制冷机仅仅用来制冰，然后再用冰去保藏食品。所以制冷的手段虽然得到根本上的改进，但对于食品冷藏的技术来说却并无多大变化。冰的温度成了食品低温保藏的极限。直到1877~1878年间，法国人Charles Tellier为了解决把牛羊肉从新西兰和阿根廷等地运回法国的问题，才开始用氨吸收式冷冻机来直接冻结和冷藏牛羊肉。因为仅仅用冰来冷藏是解决不了长期运输途中肉类的保藏问题的。用冷冻机来直接冻结和冷藏食品有很多优越性，它不受冰融化的限制可以长期保藏食品；能够根据冻结和冷藏食品的需要对温度进行调节和控制等优点。但直到二次世界大战以后，美国科学家系统研究了速冻食品以及冷藏理论，提出-18℃为合适的冷藏温度，并成为速冻食品工业界公认的冷藏温度标准。国际公认，当冷冻食品中心温度快速达到-18℃，并在此低温下稳定持续地冷藏保存，能最大限度地保持食品原有色、香、味和外观及品质。冷冻保鲜是目前效果好、费用低、保鲜时间长的一种食品储藏方法，它优于以牺牲食品部分鲜度、营养和风味作为代价换取食品保存期的其他方法，如干燥、盐渍、烟熏或罐头等。因此冷冻机直接用于食品冷冻的方法才迅速得到推广。食品冷冻保藏不仅在车船运输过程中应用，而且很快被广泛地应用于陆地，巨大的冷库在许多城镇和港口建立起来。20世纪50年代，美国加利福尼亚阿尔贝尼的美国农业部西部地区研究实验室根据大量研究结果提出著名的TTT新概念，即速冻食品的质量决定于时间和温度两个因素；然后有人继续发展这一理论，提出速冻食品的质量还取决于产品原料、加工工艺以及包装等因素。此后，各国相继制定了冷冻食品制造工艺和法规，速冻食品实现工业化生产并进入超级市场，深受消费者青睐。

中国冷冻机直接冷冻食品的起步较晚，最初只是在一些沿海大城市加工少量产品出口。1973年以后，北京、上海、青岛等地陆续从日本引进螺旋式速冻装置，进入了20世纪80年代后，随着我国引进速冻设备（如从瑞典引进液态化速冻装置等）的不断增加和国产速冻设备的研制成功，国内速冻食品的品种和产量开始较大幅度地增加。进入20世纪90年代，国内冷冻食品工业迅速发展，1995年我国冷冻食品的总产量约240万t，如果按当时的年增长率20%~25%计算，估计目前我国冷冻食品的总产量已达800万~1000万t。冷冻食品发展较快的有上海、北京、天津等大城市和沿海开放城市，现在在各大超市和家用冰箱中最多的冷冻食品是冷冻面制品、冷冻肉制品、冷冻蔬菜以及冷冻调理食品。食品的冷冻保藏，今天已经成为和人们生活息息相关的一门科学技术。

冷冻食品是当今世界上发展最快的食品工业之一，平均每年以20%～30%的速度增长。这是与国际上20世纪60年代以来速冻食品加工工艺与设备不断发展；冷藏运输和销售冷柜以及家用冰箱、微波炉日益普及；妇女就业率上升，收入提高，家务劳动社会化需求不断增长这些因素密切相关的。

近几年冷冻食品作为方便食品的一大门类，发展势头强劲，已成为我国传统食品工业化、主副食品产业化的重要途径之一，随着科技发展和人们生活水平的提高以及流通体系中冷链的日益完善，我国冷冻食品的发展将有更广阔的市场前景。

第二节　冷冻食品生产原理

一、食品低温保藏基本原理

在常温下放置时，由于空气中的微生物很容易附着在食品表面以及食品中存在的酶的作用，会使食品的感官品质（色、香、味）以及内在品质（质地）下降，营养价值降低。如果继续放置，食品就会腐烂变质。除了微生物和酶引起的变质外，还有非酶促反应引起的变质，如脂肪的氧化酸败等。低温储藏可以在一定程度上抑制微生物的生长繁殖和食品中酶的活性，降低非酶因素引起的化学反应的速率，因而能够延长食品的保藏时间。

食品的低温保藏分为两大类：一类是食品的冷却储藏，又称为保鲜（10℃以下）；另一类是食品的冻结贮藏（0℃以下）。前者是将食品的温度降低到食品的冻结点以上的某一适合温度，食品中的水分不结冰，达到大多数食品短期贮藏如糕点类，和某些食品如水果类、蛋类等的长期储藏的目的；后者是将食品的温度降低到食品冻结点以下的某一特定温度，使食品中的大多数水（自由水）形成冰结晶，达到使食品长期储藏的目的。食品保藏的期限随保藏温度的变化而变化，也就是说保藏温度越低，保藏时间越长。见图7-1。

由于食品的低温保藏可分为两大类，因此食品的冷冻的温度范围也可分为两大类：冷却保鲜的温度范围和冻结储藏的温度范围。食品冷却保鲜的温度范围为－2～15℃。例如：一般果蔬（苹果、梨）可以在0℃附近储藏，面包需存放在2℃以上温度，因在0℃附近面包很容易老化，但香蕉必须保存在12℃或以上温度，否则香蕉的果皮会变黑，蕉心发硬。食品冻结储藏的温度范围为－12～－45℃，食品冻结储藏的温度越低，则食品的稳定性越好，储藏期也长，但会增大冻结的能耗。

1. 低温对酶活性的影响

酶是生物机体组织中具有特殊催化活性的蛋白质。其活性是温度的函数，在低温时(0～40℃）随着温度的升高，酶的催化活性增大，但当温度达到一定值时（一般50℃以上），随着温度的升高，酶会因变性导致催化活性降低，所以，温度对酶的影响存在着双重性。酶的最适温度是酶催化反应速度达最大时的介质温度。当温度达到80～90℃时，大多数酶都失去活性。酶的活性因温度而发生的变化常用温度系数来衡量，温度系数

$$Q_{10} = \frac{K_2}{K_1}$$

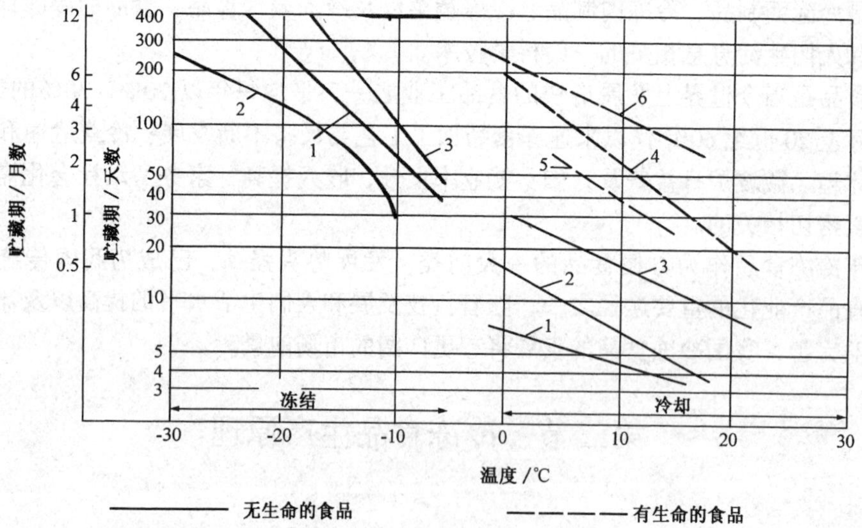

图 7-1 一些冷冻食品的储藏期与储藏温度的关系
1—生鸡 2—少脂鱼 3—牛肉 4—长期储藏的苹果品种
5—柑橘 6—带壳鸡蛋

式中 K_1——温度为 t℃时酶活性所导致的化学反应率；

K_2——温度为 $t+10$℃时酶活性所导致的化学反应率。

在一定的温度范围内，大多数酶的 Q_{10} 值为 2 ~ 3，也就是说温度每下降 10℃，酶的活性就会削弱至 1/3 ~ 1/2。低温虽然没有使酶蛋白变性失活，但在一定程度上抑制了酶的活性。温度越低，对酶的活性抑制越强。例如将含有酶的食品储藏在 -18℃以下时，酶的活性受到很大程度的抑制，从而有效地延缓了含酶食品的腐败变质。但酶的活性并没有丧失，因而催化反应仍在缓慢进行。例如胰蛋白酶在 -30℃下仍有微弱的活性，脂肪水解酶在 -20℃下仍能引起脂肪的缓慢水解。

为了将食品在冻结、冻藏和解冻过程中由于酶活性引起的不良变化降低到最低限度，食品经过短时间的热烫（例如蔬菜在冻结前的烫漂），预先将酶的活性钝化，然后再冻结。由于过氧化物酶是最耐热的酶，当过氧化物酶失活时，可以保证其他的酶也受到破坏，因此，常采用检验食品中的过氧化物酶残余活性的方法，来确定食品热烫处理的工艺参数。

2. 低温储藏对食品中微生物的影响

（1）低温导致微生物活力降低和死亡的原因 任何微生物都有一定的正常生长繁殖的温度范围，温度下降，微生物细胞内的酶活性随之降低，温度越低，它们的代谢能力越弱或者说活力越低，当温度降低到微生物能存活的最低极限温度时，微生物就停止生长。许多嗜冷菌的最低生长温度低于 0℃，如荧光杆菌的最低生长温度为 -5 ~ -8.9℃。在食品冻结时，食品中的自由水大部分或全部形成冰晶体，冰晶体的形成和增大会使得微生物细胞破裂，细胞内的原生质或胶体脱水，蛋白质损伤和变性，导致微生物死亡。

食品的冷却储藏可阻止微生物的生长或减慢微生物的生长速度，所以在低温下可以延长食品的贮藏期，当食品冻结时，微生物的生长被抑制或停止，所以冻结储藏更有利于保存食品（如馒头的冻结保藏）。

(2) 影响微生物低温致死的因素

①温度的影响：温度在冰点左右或冰点以上，部分能适应低温的微生物仍然处于生长趋势（见表 7-1），因此导致食品变质，这是冷却储藏的食品有一定储藏期限的原因，超过此期限，食品也会变质不能食用。

表 7-1　　牡蛎在贮藏过程中细菌数的变化

贮藏期/d	下列各贮藏温度中每毫升的细菌数		
	5℃	0℃	－5℃
0	1600	1600	1600
6	6600	3600	3400
17	66500	4100	2100
24	1660000	8900	1800

冻结温度对微生物的威胁性很大，尤其是－2～－5℃的温度对微生物的威胁性最大。但是温度下降到－20～－25℃时，微生物的死亡反而缓慢得多（见表 7－2），因为温度低至－20～－25℃时，微生物细胞内的生化反应几乎完全停止，胶质体的变性也十分缓慢。

表 7-2　　荧光假单胞菌在冰冻储藏中的死亡率

温度/℃	贮藏时间/d	占最初菌数的百分比/%		
		损伤菌	死亡菌	正常菌
－7	1	25	51	24
	7	17	82	1
	15	1.9	98	0.1
－18	1	41	51	8
	7	34	63	3
	15	12.8	87	0.2
－29	1	35	48	17
	7	39	54	7
	15	36	59	5

②降温速度的影响：在冻结温度以上时，降温越快，微生物的死亡率也越大。这是因为在迅速降温过程中，微生物细胞内的新陈代谢所需的各种生化反应的协调一致性被迅速破坏。

食品冻结时的情况恰恰相反，缓冻会导致大量微生物死亡，而速冻则相反。因为缓冻时形成量少粒大的冰晶体，不仅对微生物细胞产生机械性破坏作用，还促进蛋白质变性。速冻时食品在对细胞威胁性最大的－2～－5℃的温度范围内停留的时间甚短，而且温度会迅速下降到－18℃以下，能及时终止微生物细胞内酶的反应和延缓胶质体的变性，故微生物的死亡率较低。一般来说，食品速冻过程中的微生物的死亡率仅为原菌数的50%左右。

③介质的状态：高水分、过大 pH 和过小 pH 都会导致微生物死亡，但适当的糖、盐、蛋白质和脂肪会加速微生物的生长（可以作为培养基）。但某些微生物例外，例如嗜酸微生物在很低的 pH 时仍保持旺盛的活力，还有一些微生物其结合水含量很高（细胞和霉菌的芽孢中），因结合水不易结冰，所以在低温时对它的破坏不大。

④储藏的时间：冻结贮藏时微生物的数量一般总是随着贮藏期的增加而有所减少。

二、食品冻结的技术原理

食品的冻结就是将食品的温度降低到食品冻结点以下的某一预定温度（一般要求食品的中心温度达到 -18℃或以下），使食品中的大部分水分冻结成冰晶体。食品的冻结分快速冻结（速冻）和慢速冻结，食品组织中因冻结形成的冰晶大小、位置等因冻结速度不同而存在较大差别，一般情况下，冻结的速度越快，冰结晶越细，食品的组织越不易被破坏，解冻后口感好。而缓慢冻结，冰结晶粗大，组织易破坏，解冻后口感差。因此，为了保证最终产品质量，生产冻结食品选择的冻结方式，必须能使被冻品以最快的速度通过食品的最大冰晶区。有试验表明，面点系列中水饺，当采用先进的速冻方法时，通过最大冰晶区 -1 ~ -5℃时间为 5min，冻结到中心温度为 -18℃，冰结时间一般控制在 30min 之内，冻结速度等于 18cm/h。

1. 速冻的概念

速冻食品就是将新鲜的农产品、畜禽产品和水产品等原料与配料经过加工后，利用速冻装置使其在低温 -30℃及其以下进行快速冻结，使食品中心温度在 20 ~ 30min 内从 -1℃降到 -5℃，然后再降到 -18℃，并经包装后在 -18℃及其以下的条件进行冻藏和流通的方便食品。速冻食品解冻后仍能保持原有的组织结构，汁液流失少，基本上保持了食品的原有色、香、味。

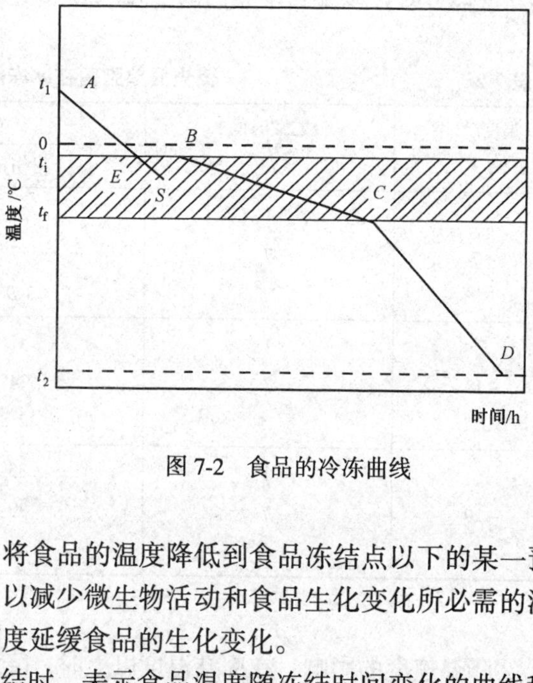

图 7-2　食品的冷冻曲线

2. 食品冻结理论

食品的冻结就是运用现代冻结技术（包括设备和工艺），在尽可能短的时间内，将食品的温度降低到食品冻结点以下的某一预定温度，使食品中的大部分水分形成冰晶体，以减少微生物活动和食品生化变化所必需的液态水分，这样就可以高度抑制微生物活动和高度延缓食品的生化变化。

（1）冻结曲线与冰结晶生成带　食品冻结时，表示食品温度随冻结时间变化的曲线称为冻结曲线。在食品冻结时，随着冻结时间的延长，食品的温度逐渐下降。新鲜食品冻结曲线的模式见图 7-2 和图 7-3。

不论何种食品，其冻结曲线在性质上都是相似的。曲线分三个阶段：

第一阶段，食品的温度从初温降低至食品的冻结点（*A-S*），即食品温度从 t_1 降到 t_s，期间没有冰的形成。点 *S* 代表过冷点，过冷点是否明显取决于食品物料和测温装置。这时食品放出的热量是显热，此热量与全部放出的热量比较，其值较小，所以降温速度快，冻结曲线

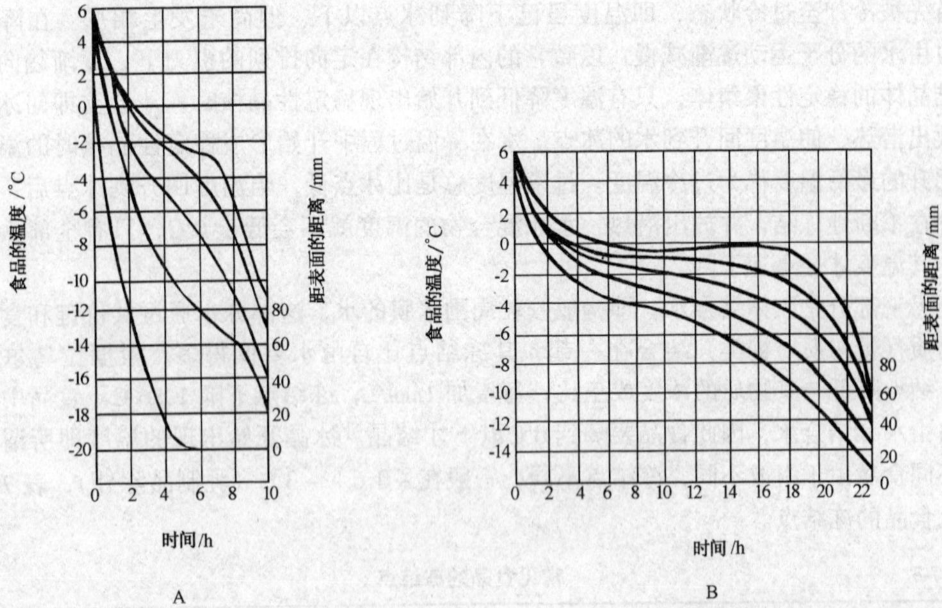

图 7-3　食品的不同部位（从表面-中心）在不同介质中冻结曲线

A—在盐水中的冻结　B—在空气中的冻结

较陡。到达 S 点时，食品内的水分开始形成冰晶，冰结晶放出的潜热引起温度回升至食品的冻结点或略低于冻结点 t_i（B 点）

第二阶段，食品的温度从食品的冻结点 B 降低至 C 点左右。这时食品中的大部分水结成冰，放出大量的潜热（每千克的水结成冰时，放出约 334.72kJ 的热量）。残留水分中的溶质的浓度也越来越高，导致残留溶液的冻结点越来越低，因而 BC 曲线逐渐向下倾斜，到达 C 点时，容易冻结的水全都冻结，食品呈完全冻结状态，此时的温度为 t_f。

第三阶段，食品的温度从 C 点左右继续下降至终温 D，此时放出的热量一部分是由于冰的降温，另一部分是由于残余少量的水继续结冰。这一阶段的冻结曲线也比较陡峭。

冻结曲线平坦段的长短与传热介质的传热快慢关系很大。传热介质传热快则第二阶段的曲线平坦段短。对图 7-3 的食品冻结曲线进行比较，就可看出以冷盐水为传热介质的食品冻结曲线的平坦段比以冷空气为传热介质的食品冻结曲线的平坦段短。也就是说，以冷盐水为传热介质的食品冻结速度快。

从图 7-3 还可看出，食品在冻结过程中，同一时刻的温度始终是食品表面最低，越接近中心层越高。在食品的不同部位，食品温度下降的速度是不一样的。

计算冻结过程的放热量时，必须知道冻结终温。从图 7-3 可以看出，食品的表面、中心和所有中间各点上的冻结终温是不一样的，实际计算时只能采用平均冻结终温。当食品中心温度低于 -5℃时，平均冻结终温可用食品表面冻结终温与食品中心冻结终温的算术平均值来表示。

由于冻结食品大量的冰晶是在 t_i 到 t_f 温度范围内形成的，故称之为最大冰晶生成带（zone of maximum ice crystal formation）。

（2）冻结点和冻结率

①冻结点：食品中的水有自由水和结合水之分。自由水的冻结点在 0℃以下，也就是说

常常首先被冷却至过冷状态，即温度虽已下降到冰点以下，但尚未发生相变。在降温过程中，自由水的分子运动逐渐减慢，以致它的内部结构在定向排列的引力下，逐渐趋向于形成近似结晶体的稳定性聚集体，只有温度降低到开始出现稳定性晶核时，才会立即向冰晶体转化并放出潜热，使温度回升到水的冰点。水在降温过程中开始形成稳定性晶核时的温度或在开始回升的最低温度称为过冷温度。过冷温度总是比冰点低，当温度回升到冰点后，只要液态水仍在不断地冻结，并放出潜热，水冰混合物的温度就不会低于0℃，只有全部水分都冻结后，其温度才会迅速下降。

而另一部分是胶体结合水，即构成胶粒周围水膜的水，这部分水通过共价键和食品的大分子物质（蛋白质、糖类）结合在一起，其冻结点比自由水要低得多。根据拉乌尔第二法则，冻结点降低与其物质的浓度成正比，每增加 1mol/L，冻结点下降 1.86℃。食品中的水分包括自由水和结合水，因此食品要降到0℃以下才结晶。冰晶开始出现的温度即所谓的冻结点。不同食品由于组成不同，冻结点不同，一般在 -0.6~-3℃（乳制品除外），表 7-3 是几种常见食品的冻结点。

表 7-3　　常见食品的冻结点

品　种	冻结点/℃	含水率/%	品　种	冻结点/℃	含水率/%
牛肉	-0.6~-1.7	71.6	葡萄	-2.2	
猪肉	-2.8	60	苹果	-2	87.9
鱼肉	-0.6~-2	70~85	青豆	-1.1	73.4
牛乳	-0.5	88.6	橘子	-2.2	88.1
蛋白	-0.45	89	香蕉	-3.4	75.5
蛋黄	-0.65	49.5			

但食品中水分完全冻结要使温度降低到 -60℃左右。所以在一般冷库的温度范围内不是全部水分都被冻结。也就是说，还剩下少量未冻结的高浓度溶液。只有当食品的温度降低到低共熔点时，食品中的水分才会全部冻结成固体。低共熔点就是在降温过程中，食品组织内的溶液浓度增加到一定的浓度后不再改变（即不再有冰晶体析出），水和它所溶解的盐类共同结晶并冻结成固体时的温度。必须注意的是，食品中溶液的浓度只有递增到低共熔液所要求的浓度时才会在低共熔点冻结固化。实际上食品的低共熔点为 -55~-65℃，而冻结食品的温度仅为 -12~-30℃，因此冻结食品中的水分并未完全被冻结。

②食品的水分冻结率：食品的水分冻结率指的是食品冻结过程中，在某一温度时食品中的水分转化成冰晶体的量，与在同一温度时食品内所含水分和冰晶体的总量之比。或者说是冻结终了食品中的水分冻结量，称为冻结率（又称结冰率）K（%）。它的近似值为：

$$K = 100\ (1 - t_d / t_s)$$

式中的 t_d 和 t_s 分别为食品的冻结点及其终了温度。如某食品的冻结点为 -1℃，降到 -18℃时的冻结率为 94.5%，即全部水分的 94.5%已冻结。从工艺角度看，冻结率仅与冻结终了温度有关，与冻结速度无关。冻结率大小与冻结过程中两大危害之一浓缩残留水量的大小直接相关。所以对一些稀有的和高价值的食品采用超低温速冻来提高冻结率，确保冻结食品的质量。

(3) 结晶条件　水或水溶液的温度降低至冻结点时并不会结晶，一般情况是温度降低到冰点以下，也就是过冷状态时，才会结晶。同样，当食品中液体温度降到冻结点时，液相与结晶相处于平衡状态。要使液体变为结晶体就必须破坏这种平衡状态，也就是说必须使液相温度降至稍低于冻结点，以造成液体的过冷。因此过冷现象是产生冰结晶的先决条件。

当液体处于过冷状态时，由于某种刺激作用而产生结晶中心（产生晶核）。在稳定的结晶中心形成后，如继续散失热量，那么冰结晶将不断增大。结晶时相变所放出的热量使水或水溶液的温度由过冷温度升至冻结点温度，如图 7-4 所示。

各种液体食品均有其不同的过冷临界温度，如畜、禽、鱼平均为 -4 ~ -5℃，乳类为 -5 ~ -6℃，蛋类为 -11 ~ -13℃。

(4) 冻结速度与冰晶大小以及分布的关系　当食品冷冻温度达到过冷点时，食品中的水分开始结晶，晶核一形成，冰结晶开始生长。晶核形成的速度、冰结晶生长速度与过冷度的关系如图 7-5 所示。图中 A 点是晶核形成的临界温度。在过冷度较小的区域（冻结点至 A 点之间），晶核形成数少，但以这些晶核为中心的冰晶生成速度快；过冷度超过 A 点，晶核形成的速度急剧增加，而冰晶生成的速度相对比较缓慢。食品冻结时，冰晶体的大小与晶核数直接有关。晶核数越多，生成的冰晶体就越细小。除此以外，食品的冻结速度对冰结晶的大小、形状、数量和分布状况影响也很大。缓慢冻结时，冰结晶大多在细胞的间隙内形成，冰晶量少而粗大。而快速冻结时，冰结晶大多在细胞内形成，冰晶量多而细小。见表 7-4。

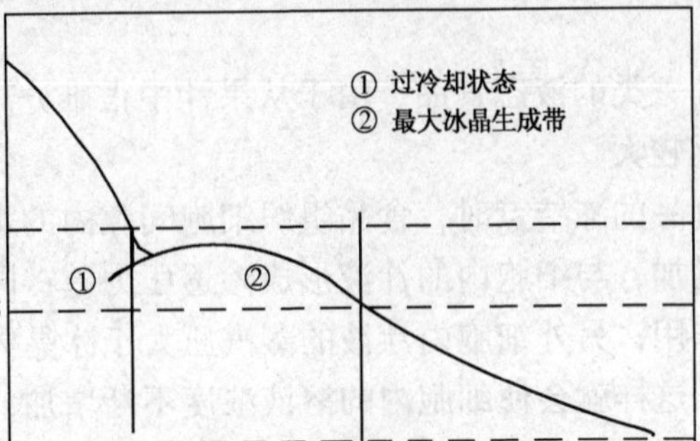

图 7-4　冻结时食品中心温度的变化

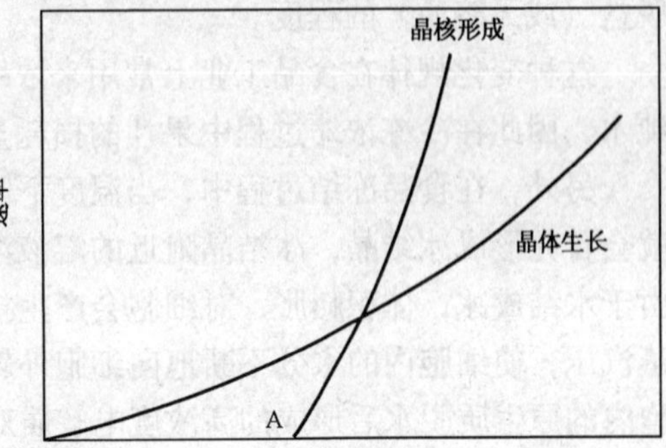

图 7-5　晶核形成、冰晶生长速度与过冷度

表 7-4　　冻结速度与冰晶形状的关系

冻结速度（通过 0 ~ -5℃的时间）	冰结晶				冰层推进速度 I，水分移动速度 W
	位置	形状	大小（直径 × 长度）	数量	
数秒	细胞内	针状	(1 ~ 5) μm × (5 ~ 10) μm	无数	$I \geqslant W$
1.5min	细胞内	杆状	(0 ~ 20) μm × (20 ~ 50) μm	多数	$I > W$
40min	细胞内	柱状	(50 ~ 100) μm × 100 以上 μm	少数	$I < W$
90min	细胞外	块粒状	(50 ~ 200) μm × 200 以上 μm	少数	$I \leqslant W$

从表 7-4 可得知，冻结速度快时，冰结晶尺寸小，并且主要先在细胞内形成；而冻结速度慢时，冰结晶大并且先在细胞外形成。所以速冻是控制冰结晶长大的很有效的方法。

（5）冻结速度的评价　将两瓶不同颜色的水各自放入冷空气和冷盐水中冻结，前者冻结需 72h，后者仅需 3h。在所得的冻块中，颜色的分布也各不相同。缓慢冻结的冻块中外层几乎无色，越靠近中心，色泽越浓；快速冻结的冻块中，外层呈淡色，外层至中心颜色差的梯度不像缓慢冻结的那么悬殊。这说明水溶液冻结时，冻结速度越快，冻结溶液内溶质的分布往往越均匀。

溶液或液态食品开始冻结时，理论上只有纯溶剂在它的外层周围冻结，并形成脱盐（或较纯）的冰结晶，这就相应提高了冻结层附近的溶质浓度，这样就会在尚未冻结的溶液内产生浓度差和渗透压力差。因此，在浓度差的作用下溶质就会向溶液中部位移，而溶剂则在渗透压力差的作用下，逐渐向冻结层附近溶液浓度较高的方向推进。这样，随着冻结过程的进行，溶液或液态食品内不断地进行着扩散平衡，随着溶液温度的不断下降，冻结层内的溶质浓度不断地增加，使冻结溶液内的溶质按几何形态重新分布。

又因为扩散作用是在溶液或液态食品开始冻结后才发生，冻结层分界面的位移速度必然大于溶质的扩散速度。这样，溶质在冻结溶液内的重新分布或分层化，完全取决于冻结层分界面的位移速率和溶质的扩散速度的对比关系。冻结层分界面的位移速度越快，冻结溶液内的溶质分布就越均匀，然而在冻结推动扩散的情况下，冻结层分界面高速度的位移，也难以使冻结溶液内的溶质达到完全均匀分布的境地。冻结层分界面的位移速度越慢，冻结溶液内的溶质分布就越不均匀，然而冻结层分界面缓慢的位移也很难使最初形成的冰晶体达到完全脱盐（或无溶质）的程度。

这种变化规律在食品工业上常用来浓缩果汁一类的液态食品，由于从果汁中很难分离出纯水，因此在冷冻浓缩过程中果汁的损耗量就比较大。

另外，在食品冻结过程中，当温度下降到食品的冻结点时，食品组织细胞间隙内的水分就会首先形成冰结晶，冰结晶附近的溶液浓度增加，与细胞内的汁液形成渗透压力差；同时由于水结成冰，体积膨胀，对细胞会产生挤压作用；另外细胞内汁液的蒸汽压大于冰晶体的蒸汽压，使细胞内的水分不断地向细胞外转移，这样就会使细胞内的溶液浓度不断增加，细胞内的原生质脱水后形成的高浓度电解质对蛋白质胶体溶液具有变性作用。在食品冻结过程中，从细胞内向细胞间隙内转移的这部分水分会在细胞间隙内冻结成冰晶体，当食品解冻时这些汁液很难被原生质重新吸收回去，从而形成流失汁液。

食品的冻结速度对这些从食品组织细胞内向细胞外转移的水分影响很大。冻结速度快，则食品组织细胞内向细胞外转移的水分少，能使细胞内那些尚处于原来状态的汁液迅速形成冰结晶；反之，冻结速度慢，则食品组织细胞内向细胞外转移的水分多，这样不仅形成的冰结晶颗粒大，而且也造成细胞内的溶液的浓缩。

大多数冻结食品只有在全部或几乎全部冻结的情况下，才能保证成品的良好品质。食品内若还有未冻结核心或部分未冻结区存在，就极易出现色泽、质地和其他方面的变质现象。残留的高浓度的溶液是造成部分冻结食品变质的主要原因。冷冻浓缩导致的主要危害大致如下：

①溶液中产生溶质结晶，并且反复冻结还会产生重结晶（或冰晶体长大），从而影响食品的质构。例如冰淇淋冻结时就会因为乳糖的浓度太高而产生乳糖结晶，其质地会出现沙

粒感。

②在高浓度的溶液中若仍有大量的溶质未沉淀出来，蛋白质就会因盐析而变性。

③有些溶质呈酸性，当冷冻浓缩时会使 pH 下降到蛋白质的等电点以下，导致蛋白质凝固。

综上所述，对冻结食品而言，大粒冰结晶和浓缩引起的危害都很大，因此快速冻结是保证冻结食品质量的重要因素。快速冻结的主要优点如下：

①食品冻结后形成的冰晶体颗粒小，对食品组织细胞的破坏性也小。

②食品组织细胞内的水分向细胞外转移较少，因而细胞内汁液的浓缩程度较小。

③食品的温度可以迅速降低到微生物的最低生长温度以下，阻止微生物对食品的分解作用；同时可以迅速降低食品中酶的活性，提高食品的稳定性。

快速冻结对于水果蔬菜来说特别重要，因为果蔬的细胞壁很脆弱，它们在缓慢冻结时会受到严重损害。动物组织的细胞膜的韧性和弹性都比植物组织的好，肉类对冻结速度的敏感性不像水果蔬菜那么强。家禽缓慢冻结时，外观容易变为暗黑色，而鱼类腐败变质速度较快，所以对家禽和鱼类也应尽可能快速冻结。

有些食品本身虽非细胞构成，但冰结晶的形成对其品质同样有影响，例如冰淇淋的冻结泡沫体。缓慢冻结制成的冰淇淋，冰结晶颗粒大，质地很粗糙，不像快速冻结制成的那么细腻，而且大粒冰晶体会破坏冰淇淋内的气泡，使冰淇淋在贮藏过程中出现容积收缩。

3. 影响速冻食品质量的关键因素

(1) 冻结速度　所谓速冻食品，一般要求在 -30℃以下，将处理过的新鲜原料或加工食品在短时间(20~30min)之内快速冻结起来，特别是通过最大冰晶生成带(0~-5℃)的速度要快，产品以小包装的形式在 -18℃的条件下贮藏和流通。温度越低，冻结速度越快，速冻食品的质量越好。因此，冻结是速冻食品生产的关键步骤，冻结速度的快慢直接关系到产品的质量。冻结的最基本的要求是应以最快的速度通过最大冰晶生成区，使内部水分冻结成均匀而细小的冰晶，使细胞组织破坏少，从而获得较好的品质。相反，如果缓慢冻结，会使冰晶集中在几个局部地方，造成对局部组织的严重破坏，引起细胞脱水，导致产品质量下降。食品的冻结速度有两种表示方法——即以时间或以距离来表示，以时间划分，是指食品中心温度通过 -1~-5℃最大冰晶生成带所需的时间，若在 30min 内称为快速冻结，若在 30~120min 内称为中速冻结，若超过 120min 称为慢速冻结。以距离划分是指 1h 内 -5℃的冻结面从食品表层向中心移动的距离，称为冻结速度(υ)，其单位为 cm/h。德国学者普朗克将冻结速度分为三类：$\upsilon \geqslant 5 \sim 20$cm/h，为快速冻结；$\upsilon = 1 \sim 5$cm/h，为中速冻结：$\upsilon = 0.1 \sim 1$cm/h，为慢速冻结。目前市场上的有些冷冻产品，冻结质量比较好，是真正的速冻食品；有些冷冻产品由于受条件限制，是用冷藏库代替速冻机冻成的(冻结时间长)，冻结质量不高，不是速冻制品。

(2) 品温波动　食品冷冻的原理是通过降低食品温度，使它所含的全部或大部分水分随着内部热量的散失而形成冰晶体，因此减少生命活动和生化反应所必需的液态水分，抑制微生物活动，减缓食品的品质变化。理论上，防止微生物繁殖的临界温度是 -12℃，但在此温度下酶及非酶作用以及物理变化都还不能有效地抑制。-18℃对于大部分冻结食品来说是最经济的冻藏温度。在 -18℃下，一般冻结食品可冻藏约一年时间而不失去商品价值。

冻结食品的品质保持与品温有直接的关系，品温越低，品质降低的速度就越慢。所以，冷冻食品从生产出来后，为保持其原有品质，从生产到消费之间所有环节都要维持规定的很低的品温。冻藏温度升高,品质保持期会明显缩短。所以,不仅生产地、消费地要冻结冷藏,从生产地到消费地之间的运输及消费地冷藏库与销售店之间的运输都必须保持低温,就是在搬运、装卸的时候也要采取有效措施尽量减少温度的波动(也就是说要有很好的冷藏链)。

快速冻结方法生产的冻结食品，具有细微的冰结晶结构。如果在冻藏过程中温度经常波动，微细的冰结晶会逐渐减少、消失，而大的冰结晶会逐渐成长，也就是出现重结晶现象。冰结晶的成长是冰结晶周围的水或水蒸气向冰结晶移动，附着并冻结在它上面的缘故。当温度上升时，食品中的一部分冰结晶，首先是细胞内的冰结晶融化成水，液相增加，由于水蒸气压的存在，水分透过细胞膜扩散到细胞间隙中去，当温度又下降时，它们会附着并冻结到细胞间隙中的冰结晶上面，使冰结晶成长。在冷藏室内，速冻食品直接与空气接触，即使是有包装的食品，在食品和包装之间也存在空隙。所以，若在冻藏室内，空气温度波动幅度大而且频繁，速冻食品内冰结晶会成长（重结晶），表面冰晶会升华，会严重影响产品的外观和内在质量。

冻结食品表面的温度、室内空气的温度和空气冷却器蒸发管表面的温度三者之间总存在温度差，因而存在水蒸气压差。冻结食品表面温度与冻藏室空气温度之间的温差，会使冻结食品失去热量，进一步冷却；同时因水蒸气压的存在，冻结食品表面的冰晶会升华，跑到空气中去。冻结食品表面的冰晶不断向空气中升华，会使冻结食品表面出现干燥现象，甚至导致食品表面干裂。

冻藏温度的变动会给冻品的质量带来很大的影响。所以，速冻食品出厂日期短并不能保证速冻食品的质量一定是好的。速冻食品的品质在更大程度上取决于产品经历的温度及其变化。从某种意义上来说，冻藏温度与冻结速度对速冻食品品质的影响是同等的，甚至更大。如果由于处理不当造成温度突变，致使速冻食品热得“出汗”（或出霜）甚至解冻，对速冻食品品质来说是十分有害的。

在较长的冻藏期内，冻藏温度经常发生波动，食品还会在空气中氧的作用下缓慢地发生一系列的生化变化（如氧化、分解等），使品质下降。

三、食品冷链

食品冷链由冷冻加工、冷冻贮藏、冷藏运输和冷冻销售四个方面构成。不同食品冷藏链又不同。

冷却食品的冷藏链：将食品的温度降低到指定的温度，但不低于食品汁液的冻结点。通常其流通过程的温度上限是7℃，下限为4～0℃。食品经冷却后可延长它的贮藏期，并能保持新鲜状态。经过预冷的蔬菜、水果、冷却肉、禽、水产品和乳制品等都会采用这种温度的冷藏链，发展前景良好。但由于在冷却温度下，细菌、霉菌等微生物仍能生长繁殖，故食品只能作短期保存。

冻结食品冷藏链（低温冷藏链）：对各类冻结食品和冰淇淋等是将温度降低到冻结点以下，并要求整个流通过程保持在－18℃以下（对冰淇淋要求为－22～－25℃），使食品中的大部分水分冻结成冰。这就使微生物的生命活动及酶的生化作用均受到抑制，因此冻结食品可作长期贮藏，是目前各种冷藏链的主体。

冰鲜冷藏链：将某些畜肉产品或水产品贮存在0℃以下至各自的冻结点的范围内称之为冰鲜贮藏或冰温贮藏，属于非冻结保存，食品新鲜度较高，且可延长食品贮藏期，但流通过程要求控制的温度范围较狭小，一般为0～-2℃，故技术难度较高。

超低温冷藏链：对部分水产品（如金枪鱼等）来说，贮藏温度低达-45℃以下，整个流通过程要求保持在-30℃以下，称为超低温冷藏链，其品质的保持明显优于-18℃低温冷藏链，货架期也较长，并能满足生鱼片食用的要求。

1. 冷冻加工

包括肉类、鱼类的冷却与冻结；果蔬的预冷与速冻；各种冷冻食品的加工等。主要涉及冷却与冻结装置。这一工序是影响冷冻食品品质众多因素中最关键的因素之一。消费者最关心的是食感问题，为保持冷冻食品的良好食感，要尽快通过-1～-5℃的最大冰晶生成带和0～4℃的淀粉老化温度带。为此，采用快速冻结和深度冻结的方法。要求冻结温度为-35～～-45℃，在30min内使食品中心温度达到-18℃。国际制冷协会对冻结速度的规定是：食品表面与中心温度点间的最短距离与食品中心点温度降至比冻结点低10℃所需时间之比。如5cm/h的冻结速度称为快速冻结。一般采用螺旋传送带式、液态氮式、隧道式、接触式等连续冻结装置。

食品在-10℃时大部分水冻结成冰，剩下的溶液浓度增高，水分活性降低，细菌不能繁殖，-15℃以下可防止果蔬变色，-18℃时能杀灭生物和寄生虫等微生物。

2. 冷冻贮藏

包括食品的冷藏和冻藏，也包括果蔬的气调贮藏。主要涉及各类冷藏库，此外还涉及冷藏柜、冻结柜及家用冰箱等。为保持产品品质，冷藏库的温度要控制在-20℃以下，产品温度在-18℃以下。应尽量减少温度波动，波动范围应控制在±2℃，为此在整个操作过程中要严格遵照规范。

3. 冷冻运输

所谓输送，通常是指冷冻食品从一个冷藏库输送到另一个冷藏库的长时间运输过程。它是冷藏链的一个重要环节，因此要求品温保持在-18℃以下。为此要求：

①冷冻食品品温必须控制在-18℃以下，才能进入冷藏库，交接双方要有品温的认定制度；

②在运输过程中必须使食品温度始终控制在-18℃，为此，要有制冷设备和制冷手段，并且要有测温工具或温度自动记录仪；

③要按操作规范进行装卸。包括食品的中、长途运输及短途送货等。主要涉及铁路冷藏车、冷藏汽车、冷藏船、冷藏集装箱等低温运输工具。

4. 冷冻销售

包括冷冻食品的批发及零售等，由生产厂家、批发商和零售商共同完成。早期，冷冻食品的销售主要由零售商的零售车及零售商店承担。近年来，城市中超级市场的大量涌现，已成为冷冻食品的主要销售渠道。超市中的冷藏陈列柜兼有冷藏和销售的功能，是食品冷链的主要组成部分之一。在这个环节中，食品由于温度波动次数多、幅度大，被污染机会多，食品的质量往往得不到保证。为保持食品的安全性和品质，要求在销售过程中实施低温控制。因此，经营销售冷冻食品的商店，必须具备冷藏设备。较大的超级市场和冷冻食品专营店除具备多种形式的冷藏销售柜外，还应具备冷藏库，使品温控制在-18℃以下。冷冻食品在商店滞留的时间应越短越好，冷柜内食品周转要快，不能将销售柜当作冷藏库使用，从业人员应按操作规范进行操作。

四、食品在冻结时的变化

1. 物理变化

（1）冻结时体积膨胀产生内压　水结冰时，其体积增加约9%，食品在冻结时体积约增加6%。并且冻结时，首先是表面水分结冰，然后冰层逐渐向内部延伸。当内部的水分因冻结而体积膨胀时，会受到外部冻结层的阻碍，产生内压称作冻结膨胀压，纯理论计算其数值可高达8.7MPa。当冻结食品不能承受如此大的内压时就会发生破裂。如采用-196℃的液氮冻结金枪鱼时，由于鱼厚度较大，不能将鱼的内外同时冻结，即发生龟裂，这就是内压造成的。此外，当这种压力特别大时，可将内脏的酶类挤出、使红血球崩溃、脂肪向表层移动等。并因血球膜破坏，血红蛋白流出，加速了鱼肉的变色。

当食品温度通过-1～-5℃最大冰晶生成带时，膨胀压曲线升高达到最大值。外部肉质抵抗不住此压力时会产生龟裂，内压迅速下降。当食品厚度大、含水率高、表面温度下降极快时易产生龟裂。日本为了防止因冻结内压引起冻品表面的龟裂，在用-40℃的氯化钙盐水浸渍或喷淋冻结金枪鱼时，采用均温处理的二段冻结方式，先将鱼体降温至中心温度接近冻结点，取出放入-15℃的空气或盐水中使鱼体各部位温度趋于均匀，然后再用-40℃的氯化钙盐水浸渍或喷淋冻结至终点，可防止鱼体表面龟裂现象的发生。此外，冻结过程中水变成冰晶后，体积膨胀使体液中溶解的气体从液相中游离出来，加大了食品内部的压力。冻结鳕鱼肉的海绵化，就是由于鳕鱼肉的体液中含有较多的氮气，随着水分冻结的进行成为游离的氮气，其体积迅速膨胀产生的压力将未冻结的水分挤出细胞外，在细胞外形成冰结晶所致。这种细胞外的冻结，使细胞内的蛋白质变性而失去保水能力，解冻后不能复原，成为富含水分并有很多小孔的海绵状肉质。严重的时候，用刀子切开后其肉的断面像蜂巢，食味变淡。

（2）物理特性的变化

①比热容：比热容是单位质量的物体温度升高或降低1K（或1℃）所吸收或放出的热量。在一定压力下水的比热容为4.18kJ/（kg·K）[即相当于1kcal/（kg·K）]，冰的比热容为2.0 kJ/（kg·K）[即相当于0.48kcal/（kg·K）]。冰的比热容约是水的1/2。

食品的比热容随含水量而异，含水量多的食品比热容大，含脂量多的食品比热容小。对一定含水量的食品，冻结点以上的比热容要比冻结点以下的大。比热容大的食品在冷却和冻结时需要的冷量大，解冻时需要的热量亦多。

食品比热容的近似计算式（Siebel式）为：

$$c = 3.35\omega + 0.84 \text{（冻结点以上）}$$
$$c' = 1.26\omega + 0.84 \text{（冻结点以下）}$$

式中，ω是食品中水分的含量。该近似计算式的计算值与实测值有很好的一致性。但在食品冻结过程中，随着时间的推移，冻结率在不断变化，会对食品的比热容带来影响。因此需根据食品的品温求出冻结率，对比热容进行修正。

②热导率：构成食品的物质不同，热导率不同。水的热导率为0.6W/（m·℃），冰的热导率为2.21 W/（m·℃），约为水热导率的4倍。其他成分的热导率基本上是一定的，但因为水在食品中的含量是很高的，当温度下降，食品中的水分开始结冰的同时，热导率就变大。

另一方面，冻结食品解冻时，冰层由外向内逐渐融化成水，热导率减小，热量的移动受到抑制，解冻速度就变慢。此外，食品的热导率还受含脂量的影响，含脂量高则热导率小。热导率还与热流方向有关，当热的移动方向与肌肉组织垂直时热导率小；平行时则大。

(3) 汁液流失　食品经过冻结、解冻后，内部冰晶融化成水，如不能被组织、细胞吸收回复到原来的状态，这部分水分就分离出来成为流失液。流失液不仅是水，还包括溶于水的成分，如蛋白质、盐类、维生素类等。汁液流失使食品的质量下降，营养成分、风味亦受损失。因此，流失液的产生率成为评定冻品质量的指标之一。

解冻时水分不能被组织吸收，是因为食品中的蛋白质、淀粉等成分的持水能力因冻结和冻藏中的不可逆变化而丧失，由保水性变成脱水性所致。汁液的流出是由于肉质组织在冻结过程中，内部水产生的冰结晶（重结晶）对其产生的机械损伤所造成的。损伤严重时，肉质间的空隙大，内部冰晶融化的水通过这些空隙向外流出；机械损伤轻微时，内部冰晶融化的水因毛细管作用被保留在肉质中，加压时向外流失。冻结时食品内物理变化越大，解冻时体液流失也越多。品温变化越大，解冻时，汁液流失也越多。

一般来说，如果食品原料新鲜，冻结速度快，冻藏温度低且波动小，冷藏期短，则解冻时流失液少。若水分含量多，流失液亦多。如鱼和肉比，鱼的含水量高故流失液亦多。叶菜类和豆类相比，叶菜类流失液多。冻结前处理中如加盐、糖、磷酸盐时流失液少。食品原料切得越细小，流失液亦越多。

(4) 干耗　冻结过程中，食品中的水分从表面蒸发，造成食品的质量减少，俗称“干耗”。干耗不仅会造成企业很大的经济损失，还给冻品的品质和外观带来影响。例如日宰2000头猪的肉联厂，干耗以2.8%或3%计算，要年损失600多吨肉，相当于15000头猪。

干耗发生的原因是冻结室内的空气未达到水蒸气的饱和状态，其蒸汽压小于饱和水蒸气压，而鱼、肉等含水量较高，其表面层接近饱和水蒸气压，在蒸汽压差的作用下食品表面水分向空气中蒸发，表面层水分蒸发后内层水分在扩散作用下向表面层移动。由于冻结室内的空气连续不断地经过蒸发器，空气中的水蒸气凝结在蒸发器表面，减湿后常处于不饱和状态，所以冻结过程中的干耗在不断进行着。

食品冻结过程中的干耗可用下式表示：

$$q_m = \beta A\ (p_f - p_a)$$

式中 q_m 为单位时间内的干耗量（kg/h），β 为蒸发系数［kg/（h·m^2·Pa)］，A 为食品的表面积（m^2），p_f 为食品表面的水蒸气压（Pa），p_a 为空气的水蒸气压（Pa）。

上述关系式表明，蒸汽压差大，表面积大，则冻结食品的干耗亦大。如果用不透气的包装材料将食品包装后冻结，由于食品表面的空气层处于饱和状态，蒸汽压差减小，就可减少冻结食品的干耗。

此外，冻结室中的空气温度和风速对食品干耗也有影响。空气温度低，相对湿度高，蒸汽压差小，食品的干耗亦小。金华肉联厂曾做过试验，冻结室内空气温度从－8℃经过20h分别降至－21℃和－25℃，整个降温过程始终保持温差3～4℃，比较二者之间的干耗。终温降至－25℃的干耗为1.65%，降至－21℃的干耗为2.4%，二者相差0.75%。故降低冻结室的温度可减少食品的冻结干耗。

对风速来说，一般概念是风速加大，干耗增加。但如果冻结室内是高湿、低温，加大风速可提高冻结速度，缩短冻结时间，食品也不会过分干耗。

2. 组织变化

蔬菜、水果类植物性食品在冻结前一般要进行烫漂或加糖等前处理，这是因为植物组织在冻结时受到的损伤要比动物组织大。

植物细胞的构造与动物细胞不同。植物细胞内有大的液泡，它使植物组织保持高的含水量，但结冰时因含水量高，对细胞的损伤大。植物细胞的细胞膜外还有以纤维素为主的细胞壁，而动物细胞只有细胞膜，细胞壁比细胞膜厚又缺乏弹性，冻结时容易被胀破，使细胞受损伤。此外，植物细胞与动物细胞内的成分不同，特别是高分子蛋白质、糖类含量不同，有机物的组成也不一样。由于这些差异，在同样的冻结条件下，冰结晶的生成量、位置、大小、形状不同，造成的机械损伤和胶体损伤的程度亦不同。

新鲜的水果、蔬菜等植物性食品是具有生命力的有机体，在冻结过程中植物细胞会被致死，这与植物组织冻结时细胞内的水分变成冰结晶有关。当植物冻结致死后，因氧化酶的活性增强而使果蔬褐变。为了保持原有的色泽，防止褐变，蔬菜在速冻前一般要进行烫漂处理，而动物性食品因是非活性细胞则不需要此工序。

3. 化学变化

(1) 蛋白质冻结变性　鱼、肉等动物性食品中，构成肌肉的主要蛋白质是肌原纤维蛋白质。在冻结过程中，肌原纤维蛋白质会发生冷冻变性，表现为盐溶性降低、ATP 酶活性减少、盐溶液的黏度降低、蛋白质分子产生凝集使空间立体结构发生变化等。蛋白质变性后的肌肉组织，持水力降低、质地变硬、口感变差，作为食品加工原料时，加工适宜性下降。如用蛋白质冷冻变性的鱼肉作为加工鱼糜制品的原料，其产品缺乏弹性。

蛋白质发生冷冻变性的原因目前尚不十分清楚，但可认为主要是由下述的一个或几个原因共同造成的：

①食品中的水分形成冰结晶，被排除的盐类、酸类及气体等不纯物就向残存的水分移动，未冻结的水分成为浓缩溶液。当食品中的蛋白质与盐类的浓缩溶液接触后，就会因盐析作用而发生变性。

②速冻结时，肌细胞外产生大冰晶，肌细胞内的肌原纤维被挤压，集结成束，并因冰晶生成时蛋白质分子间失去结合水，肌原纤维蛋白质互相靠近、蛋白质的反应基相互结合形成各种交联，因而发生凝集。

③脂类分解的氧化产物对蛋白质变性有促进作用。脂肪水解产生游离脂肪酸，但很不稳定，其氧化结果产生低级的醛、酮等产物，促使蛋白质变性。脂肪的氧化水解是在磷脂酶的作用下进行的，此酶在低温下活性仍很强。

④狭鳕等鱼类的体内存在特异的酶，它能将氧化三甲胺分解成甲醛和二甲基苯胺。甲醛会促使鳕鱼肉的蛋白质发生变性。

上述原因是互相伴随发生的，通常因食品种类、生理条件、冻结条件不同，而由其中一个原因起主导作用。

(2) 变色　食品冻结过程中发生的变色主要是冷冻水产品的变色，从外观上看通常有褐变、黑变、退色等现象。水产品变色的原因包括自然色泽的分解和产生新的变色物质两方面。自然色泽的被破坏如红色鱼皮的退色、冷冻金枪鱼的变色等，产生新的变色物质如虾类的黑变、鳕鱼肉的褐变等。变色不但使水产品的外观变差，有时还会产生异味，影响冻品的质量。

4. 生物和微生物的变化

(1) 生物的变化　生物是指小生物，如昆虫、寄生虫之类，经过冻结都会死亡。牛肉、猪肉中寄生的无钩绦虫、有钩绦虫等的胞囊在冻结时都会死亡。猪肉中的旋毛虫的幼虫在-15℃下20d后死亡。大麻哈鱼中的裂头绦虫的幼虫在-15℃下5d死亡。由于冻结对肉类所带有的寄生虫有杀死作用，有些国家对肉的冻结状态做出规定。联合国粮农组织（FAO）和世界卫生组织（WHO）共同建议，肉类寄生虫污染不严重时，须在-10℃温度下至少贮存10d。

日本人有吃生鱼片的习惯。在荷兰，人们也常生吃鲱鱼。为了杀死鱼肉中寄生虫的幼虫，荷兰以法律的形式规定，用于生吃的鱼，厂商须履行在-20℃条件下冻结24h的义务。

(2) 微生物的变化　引起食品腐败变质的微生物有细菌、霉菌和酵母，其中与食品腐败和食品中毒关系最大的是细菌。微生物的生长、繁殖需要一定的环境条件，温度就是其中一个重要条件。当温度低于最适温度时，微生物的生长受到抑制；当温度低于最低温度时，微生物即停止繁殖。引起食物中毒的细菌一般是中温菌，在10℃以下繁殖减慢，4.5℃以下停止繁殖。霉菌和鱼类的腐败菌一般是低温菌，在0℃以下繁殖缓慢，-10℃以下停止繁殖。

冻结阻止了微生物的生长、繁殖。食品在冻结状态下贮藏，冻结前污染的微生物数随着时间的延长会逐渐减少，但不能期待利用冻结可杀死污染的微生物，只要温度一回升，微生物就很快繁殖起来。所以食品冻结前要尽可能减少细菌污染，才能保证冻品的质量。

食品在-10℃时大部分水已冻结成冰，剩下的溶液浓度增高，水分活性降低，细菌不能繁殖。所以-10℃对冻结食品来说是最高的温度界限。国际冷冻协会（IIR）建议为防止微生物繁殖，冻结食品必须在-12℃以下贮藏。为防止酶及物理变化，冻结食品的品温必须低于-18℃。

冻结阻止了细菌的生长、繁殖，但由于细菌产生的酶还有活性，尽管活性很小可还有作用，它使生化过程仍缓慢进行，降低了食品的品质，所以冻结食品的贮藏仍有一定期限。

五、食品的玻璃化转变及食品的玻璃化保藏

1980年美国食品科学家Levince和Slade提出了以食品玻璃态和玻璃化转变温度为核心的“食品聚合物科学”理论，开创了一条食品科学研究的新途径。该理论认为，食品在玻璃态下，造成食品品质变化的一切受扩散控制的反应速率均十分缓慢，甚至不发生反应，因此食品采用玻璃化保藏，可以最大限度地保持其原有的色、香、味、形以及营养成分。其原因是：在此状态下，分子热运动能量很低，只有较小的运动单元，如侧基、支链和链节能够运动，而分子链和链段均处于被冻结状态，在此情况下，物质的自由体积分数仅为0.02～0.113，分子流动阻力较大，从而使体系具有较大的黏度（约为10^{14} Pa·s），以致整个体系中的分子扩散速率很小。

1. 食品的玻璃态、高弹态和黏流态

食品玻璃化的概念来源于合成高分子（高聚物或大分子）领域，从高分子领域得到的一些模型化、规律性的认识可以应用到食品领域。食品主要成分蛋白质、多糖等都是高分子。研究表明，这些生物大分子与合成高分子之间在结构和功能上都存在着一些共性，因此，越

来越多的食品科学家意识到合成高分子科学在食品材料、产品及加工领域的潜在价值，并将合成高分子领域的理论应用于食品科学中，玻璃态转变就是其中之一。玻璃态是指在温度低时，分子能量较低，热运动能力很弱，线形高聚物的大分子链和链段都不能运动（均处于被冻结状态），此时分子的状态和分子的相对位置都像固体似的固定下来，也没有足够的自由体积，分子或链段只能像固体似的在自己的平衡位置做微小的振动、转动或移动，链段可以有微小的伸缩，此时高聚物较硬，像固体玻璃一样，这时的聚合物所表现出的力学性质与玻璃相似，故称这种状态为玻璃态或玻璃化（glassy state），这时的温度为玻璃化温度，用 T_g 表示。在玻璃态时，高聚物的物质交换及化学反应在动力学上受阻，因而体系具有良好的结构和化学稳定性。

自玻璃化温度 T_g 开始温度逐渐升高后，热运动能力足以使链段运动，但还不能使整个分子链运动。此时，高聚物当受到外力作用时，无定形聚合物表现出很大的形变（分子链可以通过主链上单键的内旋转和链段运动，来适应外力的作用，这时分子被拉直），外力解除后，形变可以回复（被拉直的分子链又要通过内旋转和链段运动恢复到原来的卷曲状态）。我们称这种受力后形变很大而且还能恢复的力学性质为高弹性，这种状态称为高弹态，又称橡胶态（rubbery state）。

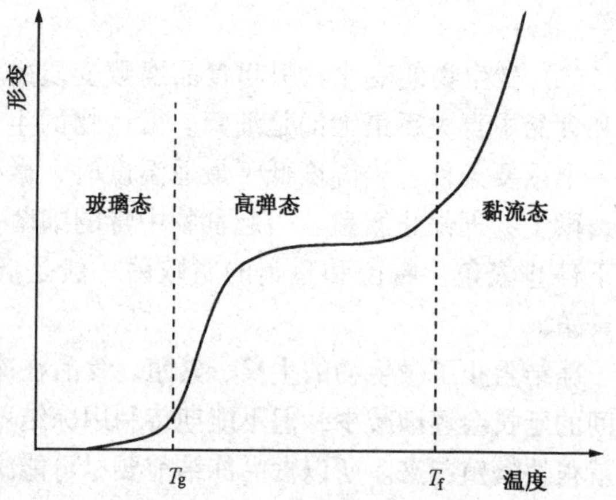

图 7-6　非晶态聚合物的温度形变曲线

温度继续升高，热运动的能量不仅使链段可以运动，而且也能使整个分子链发生运动，高聚物成为流动的黏液，这时的状态是黏性流动状态，即黏流态。能使整个分子链发生运动的温度称为黏流温度，用 T_f 来表示。玻璃态、高弹态和黏流态称为无定性聚合物的三种状态，见图 7-6。

2. 食品的玻璃化转变

随着温度的升高，聚合物发生由玻璃态向高弹态的转变，即玻璃化转变（glass transition），其转变温度为玻璃化转变温度（glass transition temperature），用 T_g 表示。但对于高水分食品（水的质量分数大于 20%），由于降温速率不可能达到很高，因此一般不能完全实现玻璃化，此时，玻璃化转变温度指的是最大冻结浓缩溶液发生玻璃化转变时的温度，定义为 T_g'。

目前，对于聚合物的玻璃化转变，常见的有三种理论解释，即①热力学理论；②自由体积理论；③动力学理论。

（1）热力学理论　热力学所认为的理想玻璃化转变为具有平衡性质的二级相转变。但事实证明，玻璃化转变不同于结晶，它不是热力学相变，没有达到真正的热力学平衡，处于玻璃态的体系实质上为一过冷的共熔体，处于非平衡态。转变温度强烈的依赖于加热的速度和测量的方法，所以通常实验观察到的玻璃化转变并不是真正的二级转变，而是一个松弛过程。

（2）自由体积理论　自由体积理论最初是由 Fox 和 Flory 提出来的。这一理论认为固体或液体物质，其体积由两部分组成，一部分是分子已经占据的占有体积，另一部分为未被占据的自由体积，被称为“孔穴”体积。自由体积提供分子运动所需要的空间。当高聚物被聚冷时，先是自由体积逐渐减少，当减少到自由体积已没有足够空间供分子运动时，高聚物进入玻璃态。此时的临界温度即为 T_g。T_g 以下时，自由体积冻结，分子的运动性低。

(3)动力学理论　动力学理论认为以上两种理论各有缺点。玻璃化转变的自由体积理论没有考虑自由体积的膨胀或收缩的时间依赖性。热力学理论的观点是构象在平衡态的变化，同样不涉及时间问题。而玻璃化转变现象有显著的时间依赖性，具有明显的动力学性质，因此有人提出玻璃化转变是由动力学方面的原因引起的。

最初的动力学理论认为，当高聚物冷却时，体积的收缩由两个部分组成：一是直接的，即链段的运动降低；另一部分是间接的，即链段的构象重排成能量较低的状态。后者有一个松弛时间，在降温的过程中，当构象重排的松弛时间适应不了降温速度时，这种运动就被冻结而出现玻璃化转变。

动力学理论的另一种是位垒理论。这一理论认为大分子链构象重排时，涉及到主链上单键的内旋转，单键在内旋转时存在着位垒。当温度在 T_g 以上时，分子运动有足够的能量去克服位垒，达到平衡。但当温度降低时，分子热运动的能量不足以克服位垒，于是便发生分子运动的冻结。

3. 食品的玻璃化转变温度的测定

玻璃态转变温度最常见的测定方法为量热法，即利用 DSC(示差扫描量热法)、DTA(差热分析仪)和 DMA(热力分析仪)来测定。其他方法还有毛细管膨胀计法、形变法和波谱法。

4. 食品体系的玻璃化保藏

目前，国外关于冷冻食品低温稳定性的研究焦点是未冻结的冷冻浓缩相的玻璃化转变。冷冻食品中未冻结水的存在加剧了酶促反应和重结晶现象，缩短了食品的货架寿命。在较高的冷藏温度、较大的温度波动和较长的贮存期间下，产品质量的下降会更加严重，尤其是那些含有较多未冻结水、易形成结晶的食品(如冰淇淋，其水分含量为 60% ~ 66%)。如果将食品在其玻璃化温度下保藏，食品体系具有很高的黏度(10Pa·s)，分子扩散速率极低，体系处于亚稳态，对酶促反应和重结晶现象都很稳定，体系中诸如蛋白质、多糖等功能性大分子的构象重排所引起的食品质构的变化以及风味物质的散失等现象就会被抑制，从而大大提高食品质构、结构和化学组成的稳定性。因此，可以通过在玻璃化温度以下贮存食品，或提高食品体系的玻璃化温度来缓解冷冻食品品质的恶化。

玻璃化转变和玻璃化温度的影响因素很多，下面就以水分、冷冻速率、贮藏温度、多糖稳定剂和溶质的相对分子质量为例，讨论这些因素对冷冻食品体系(或模拟体系)玻璃态转变及其低温稳定性的影响。

(1)水分对食品冷冻玻璃化的影响　水是大多数食品中不可缺少的组分，有些冷冻食品，例如冰淇淋的含水量可达 90%以上。从食品的质构角度来看，水是食品体系中最广泛存在的增塑剂。所谓增塑剂是指那些加入高分子材料中，能够提高高分子材料的加工性能如柔软性和拉伸性能的物质。从分子水平上讲，在食品体系中，增塑剂的增塑效应是其增大了分子间的空间或自由体积、降低了局部黏度、提高大分子链段运动能力的结果。体系中水分越高，溶质分子自由体积越大，使分子和分子链完全冻结所需的温度，即 T_g 就越低。水作为增塑剂可以使水溶性大分子的 T_g 下降，一般来说，水分增加 1%，T_g 下降 5 ~ 10℃。同时，水溶性大分子的存在使水的蒸汽分压下降，冰点也随之下降。如图 7-7 所示为聚合物水溶液的温度-浓度状态图，其中 T_m 是冰的熔点，T_g 是大分子的玻璃化转变温度，T_g' 是特定体系的最大冷冻浓缩玻璃化转变温度。可以看出，浓度为 0 时（即纯水）的 T_g 为 -135℃，浓度增大时，T_g 也随着增大，在浓度较大的区域，影响更为明显。

体系的 T_g 随水分的变化情况可用于决定原材料的加工或贮存条件。对冷冻食品体系来说，水分越少，体系 T_g 越高，食品体系越容易进入玻璃态。此时，食品可以在较高的温度条件下进行加工或贮存，既可降低成本，又方便操作。

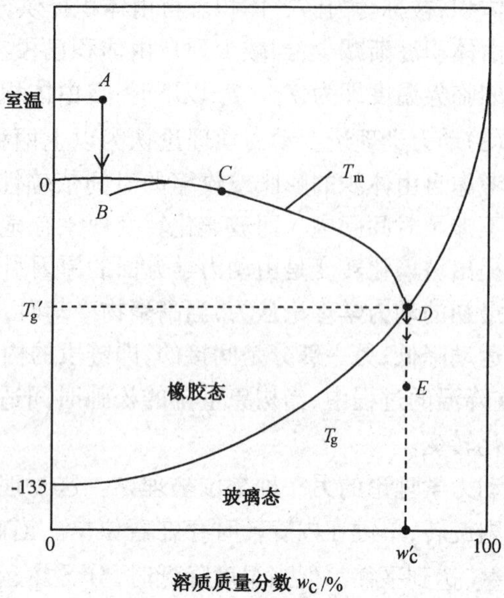

图 7-7　聚合物水溶液的温度-浓度（指溶质的质量分数）状态图

从图 7-7 可以看出，当初始浓度为 c_A 的溶液（A 点）从室温开始冷却时，随着温度的下降，溶液过冷到 B 点后将开始析出冰晶，结晶潜热的释放又使溶液局部温度升高，这样，溶液将沿着平衡的熔融线不断析出冰晶，冰晶周围剩余的未冻溶液随温度下降，浓度不断升高，一直下降到熔融线与玻璃化转变曲线交点（D）时，溶液中剩余水分将不再结晶（称为不可冻水），此时的溶液达到最大冻结浓缩状态，浓度较高，它以非晶态基质（matrix）的形式包围在冰晶周围，最终形成镶嵌着冰晶的玻璃体。一般将基质在低于玻璃化转化温度时所处的状态称为玻璃态，将基质在高于玻璃化转变温度时所处的状态称为橡胶态。通常在各类食品中，水分较低的食品如奶粉、麦芽糊精、淀粉等的 T_g 值很高，而水分较高的食品如草莓、苹果、冰淇淋、速冻食品等的 T_g 值一般都较低。

水分较高时，在冷冻降温过程中，首先到达的是水的冰点，这时，溶液中水分子的迁移不受体系大分子的制约，就会有部分的水结晶，体系中溶液和晶体两相共存，随着冰晶的析出，溶液的浓度升高，T_g 上升，进一步降低温度，溶液相最终会进入玻璃态。因此，对于高水分的食品产品，玻璃化保藏时实际上体系是冰晶和无定形相共存。水对玻璃化保藏的影响主要来自两个方面，一是体系 T_g 的显著下降给寻找合适的玻璃化保藏环境带来了困难，另一方面较多冰晶的存在会影响食品的口感、外观及质量。

(2) 冷冻速度对食品冷冻玻璃化的影响　从热力学的角度来看，对于水和生物大分子组成的体系，随着温度的降低，到达水的冰点以后，就成为一个两相体系，继续降低温度，在不考虑压力变化的情况下，两相的比例及组成就是温度的单值函数，也就是说，在热力学平衡的情况下是无法控制体系的冰晶含量的，只能通过冷冻过程中的动力学上形成阻碍冰晶生长的环境使得体系远离平衡态，才有可能得到期望的产品。

随着冷冻速度的上升，冷冻体系的 T_g 呈下降趋势。快速冷冻的体系结晶程度不如慢速冷冻完全，未冻结相浓度低，溶质分子自由体积大，因而 T_g 较低。由于快速冷冻的食品体系 T_g 较低，在贮存中较慢速冷冻更易发生重结晶，导致口感有所下降。但在另一方面，冰晶尺寸是冷冻速度的函数。相对慢速冷冻样品来说，冷冻速度大的食品体系中冰晶数量多、尺寸小，分布也均匀，口感较好。即使在贮存期间发生了重结晶，快速冷冻样品中的冰晶往往仍小于慢速冷冻的样品。

(3) 贮藏温度对食品冷冻玻璃化的影响　当今冷冻食品的运输、销售体系的贮藏温度通常为 -18℃或小于 -18℃，高于一般冷冻食品的 T_g（以冰淇淋为例，其 T_g 在 -30～ -45℃之间）。因此，即使一开始快速冷冻得很好、口感细腻的冷冻食品，在较长时间的贮藏后，仍可能发生严重的重结晶，产生不良的口感，贮存温度较高、波动较大时尤其如此。同时也必须看到，降低贮藏温度虽不能完全抑制重结晶现象，至少也可以缓解冰晶生成的严重程度，从而提高产品的口感与货架寿命。因此，英国对冰淇淋的有效贮存期有以下规定：-23℃时有效贮存期为 1d； -32℃时为一周； -37℃时为一个月。

(4) 添加剂对食品冷冻玻璃化的影响　如前所述，仅仅依靠快速冷冻和较低的贮藏温度，也无法保证消费者最终获得的产品质量，因为大分子的 T_g 曲线限制了改善的可能范围，还必须结合其他各种手段，使用添加剂的目的是改变体系的热力学相图，从而调整 T_g 的位置，以使得冷冻过程中玻璃化转变点有理想的温度。常用的添加剂是冷冻稳定剂和冷冻保护剂，如多糖稳定剂。

以冰淇淋为例。冰淇淋为含有脂肪球、气泡、冰晶和浓缩的未冻结相（含糖和多糖稳定剂等）的多相体系。在冰淇淋制造的凝冻过程中，糖和多糖稳定剂被挤入冰晶周围的区域中，导致未冻结相浓度急剧增加。从自由体积理论来看，多糖稳定剂的加入减少了溶质分子的自由体积，从而提高体系的 T_g 和低温稳定性。然而，Goff 运用 DSC、TMA 和 SEM 对蔗糖溶液和冰淇淋进行研究的结果表明，添加多糖稳定剂，如刺槐豆胶、瓜尔胶、黄原胶、羧甲基纤维素或卡拉胶等等，可以控制冷冻食品体系中冰晶的生长速度和冰晶大小，从而提高冷冻食品的质量和货架寿命。

(5) 溶质对食品冷冻玻璃化的影响　溶质的分子结构及相对分子质量也会影响冷冻食品体系的 T_g，具体表现在溶质主链的柔性、几何立体结构因素和链间的相互作用因素对 T_g 的影响上。当溶质高聚物主链的柔性大时，体系的 T_g 降低；当溶质分子的几何立体结构复杂、转动的空间位阻大时，体系的 T_g 增高；当溶质分子之间相互作用形成更大分子降低了链的活动性时，体系的 T_g 也增大。以蔗糖溶液和果糖溶液为例，蔗糖溶液的 T_g（-46℃）略高于果糖溶液的 T_g（-48℃）。这是因为蔗糖分子为双糖分子，相当于果糖分子接上一个侧位基团，较大的空间位阻使蔗糖分子运动性下降，体系的 T_g 上升。

第三节　冷冻方便食品生产过程

一、速冻饺子加工工艺及技术关键

1. 工艺流程

称量面粉→加水和面→放置→分割→压延制皮→包馅→速冻→包装→冷藏

↑

馅心原料清洗→称量→绞碎

2. 关键技术

（1）原辅料配方　高筋粉500g，五花肉300g，蔬菜500g，酱油10g，猪油50g，香油50g，味精10g，料酒、五香粉、葱、姜、盐适量。

（2）菜类处理工序　洗菜工序看似简单，但是实践证明很多卫生问题都出现在这个简单的洗菜工艺中。比如常见的沙子、头发丝、塑料片等异物杂物，小工序不注意就会出现大问题。因此洗菜时除了要认真挑拣虫叶、烂叶、枯叶、黄叶外，最主要的是要用流水冲洗，至少复洗时要用流水，以便清洗干净。切菜主要就是把颗粒大、个体长的蔬菜切成符合馅料需要的细碎状。从食用口感方面讲，菜切得越粗越好，一般人们较喜欢食用的蔬菜长度在6mm以上，但蔬菜的长度太长则制作的馅料没法成型，因为成型机的输馅管一般都较小，尤其是馅斗的出馅口更小，如果馅料太粗，容易堵塞，在成型过程中不出馅或出馅不均匀，所形成的水饺就会呈馅太少或馅太多的现象，严重影响水饺的外观质量。如果菜切得太细，虽有利于成型，但食用口感不好，会有很烂的感觉，或者说没有嚼感，消费者不能接受。一般机器饺适合的菜类颗粒为3～5mm，因此对切菜工艺的考核点主要是掌握菜的长短。脱水也是菜类处理工序中必不可少的工艺，尤其是水分较高的蔬菜，如地瓜、洋葱、包菜、雪菜等，各种菜的脱水率还要根据季节、天气和存放时间的不同而有所区别，春夏两季的蔬菜的水分要比秋冬两季的蔬菜来得高，雨水时期采摘的蔬菜要比没雨时期采摘的水分多。另外很容易被忽略的因素就是采摘后存放时间的长短，存放时间长了，会自然干耗脱水，一般春季没雨时期各种蔬菜的脱水率可以控制在15%～17%。一个简单的判断方法就是采用手挤压法，即将脱水好的菜抓在手里，用力捏，如果稍微有一些水液从手指缝中流出来，说明脱水率已控制得良好。

（3）肉类处理工序　在水饺馅料的制作过程中，肉类的处理非常重要，特别是使用冻肉时。归纳起来六个字：硬刨、硬绞、解冻。水饺生产过程中最怕出现肉筋，肉筋的出现会使水饺的一端或两端捏合不紧，甚至几个水饺连串，影响外观。为此，要求在肉类处理时充分切断肉筋；对尚未解冻的肉类进行硬刨，刨成6～8mm厚的薄片，再经过绞肉机硬绞成碎粒，这样处理后的肉基本上没有明显的肉筋，但如果马上用于制作馅料，会因为没有充分解冻而无法搅拌出肉类的黏性，所制得的馅料在成型过程中容易出水，因此带来的后果是不易成型和馅料失味，因此在硬刨、硬绞后要充分解冻，如果在冬天还得用风扇吹，否则达不到好的效果。

（4）配料　如果认为有了水饺配方就可生产水饺，那是非常错误的。同样的一个配方，不同的投料顺序会得到不同的效果。各种原料可归纳为四个部分：肉类、粉类、菜类、油类。好的投料顺序为：

肉类＋辅助料类（食盐、味精、白糖等）→充分搅拌─┐
　　　　　　　　　　　　　　　　　　　　　　　　↓
　　　　　　　　　　　　　　　　　　　　　再稍微拌匀
　　　　　　　　　　　　　　　　　　　　　　　　↑
菜类＋油类（一般为花生油和芝麻油）→先拌和─┘

肉类要和食盐、味精、白糖、胡椒粉、酱油、虾油以及各种香精香料等先进行搅拌，主要是为了能使各种味道充分地吸收到肉类中，同时肉类只有和盐分搅拌才能产生黏性，盐分能溶解肉类中的盐溶性蛋白而产生黏性，水饺馅料有了一定的黏性后生产时才会有连续性，不会出现出馅不均匀，不会在成型过程中脱水。但是也不能搅拌太久，否则肉类的颗粒性被破坏，食用时就会产生口感很烂的感觉，食用效果不好。判断搅拌时间是否适宜可以参考两个方面：首先看肉色，肉颗粒表面有一点发白即可，不能搅拌到整个颗粒发白甚至都搅糊了，肉色没有变化也不行。其次还可以查看肉料的整体性，肉料在拌馅机中沿一个方向转动，如果肉料形成一个整体而没有分散开来，且表面非常光滑并有一定的光泽度，说明搅拌还不够，肉料还没有产生黏性；如果肉料已没有任何光泽度，不再呈现一个整体，体积缩小很多，几乎是粘在转轴上，用手去捏时感觉柔软，且会粘手，说明搅拌时间太长了。

菜类和油类需要先拌和，这点往往被人们忽略或不被重视。其实这是一个相当重要和关键的工艺。因为肉料含有3%～5%的盐分，而菜类含水量非常高，两者混合在一起很容易使菜类吸收盐分而脱水，因此产生的后果是馅料在成型时容易出水，此外一个可能隐藏的后果是水饺在冻藏过程中容易缩水，馅料容易变干，食用时汤汁减少，干燥。如果先把菜类和油类进行拌和，油类会充分地分散在菜的表面，把菜叶充分包起来，这样无论在成型还是在冻藏过程中，菜类中的水分都不容易分离出来，即油珠对菜中的水分起了保护作用。而当水饺食用前水煮时，油珠因为受热会完全分散开来，消除了对菜类水分的保护作用，菜中的水分又充分分离出来，这样煮出来的水饺食用起来多汤多汁、口感最佳。

前面两个工艺处理好了，两部分原料混合在一起只要再稍稍拌匀即可，检验的标准只要看菜类分散均匀了没有。

(5) 制面皮　用于生产水饺的面粉要具备灰分低(灰分<0.5%)、白度高、水分适中(13%～15%)的条件,最主要的质量要求是湿面筋含量高(不仅蛋白质含量高而且质量好)。一般要求面粉的湿面筋含量在28%～30%,面筋是形成面皮筋度的最主要因素,制作的面皮如果没有好的筋度或筋性,在成型时水饺容易破裂,增加废品率,增大成本。淀粉和面筋是面粉的主要成分,另外还有水分、蛋白质以及灰分,好的面粉的水分为13%～15%,灰分<0.5%。搅拌是制作面皮的最主要工序,这道工序掌握的好坏不但直接影响到成型是否顺利,还影响到水饺是否耐煮,冷冻保藏期间是否会开裂。为了增加制得的面皮的弹性和韧性,要充分利用面粉中的蛋白质,要使这部分的少量蛋白质充分溶解出来,为此在搅拌面粉时添加少量的食盐,食盐添加量一般为面粉量的2%,添加时要把食盐先溶解于水中,加水量通常为面粉量的38%～40%,在搅拌过程中,水要分成2～3次添加,搅拌时间与和面机的转速有关,转速快的搅拌时间可以短些,转速慢的搅拌时间要长。搅拌时间是否适宜,可以用一种比较简单的感官方法来判定,即:搅拌好的面皮有很好的筋性,用手拿取一小撮,用食指和拇指捏住小面团的两端,轻轻地向上下和两边拉延,使面团慢慢变薄,如果面团能够拉伸得很薄透明,不会断裂,说明该面团已经搅拌得刚好;如果拉伸不开,容易断裂或表面很粗糙会粘手,说明该面团搅拌得还不够,用于成型时,水饺很小,而且表皮不光滑,有粗糙颗粒感,容易从中间断开,破饺率高。当然,面皮也不能搅拌得太久,如果面皮搅拌到发热变软,面筋也会因面皮轻微发酵而降低筋度。

(6) 成型　有了馅料和皮料，接下来就可以成型了。所用的水饺机的类型不同，成型出的水饺的外观和质量自然也就不一样，但成型时有几个要点要注意：首先要调节好皮速，皮速快了会使成型出的水饺产生痕纹，皮很厚，如果皮速慢了，所成型出的水饺容易在后角断开，也就是通常所说的缺角，因此调节皮速是水饺成型时首先要做的关键工作。调节的技巧是关上机头，关闭馅料口或不添加馅料，先空皮形成一些水饺，此时可能会因为皮料空心管中没有空气，出现瘪管，空皮饺形成不出来，这时可以在机头前的皮料管上用尖器迅速地捅一个小洞，让空气进入，这样皮料管会重新鼓起，得到合适的外观和稳定的重量时，皮速才算调好。其次，要调节好机头的撒粉量，水饺成型时由于皮料经过绞纹龙绞旋后，面皮会发热，经过模头压模时，水饺会随着模头向上滚动，滚到刮刀时产生破饺，因此在机头上方放适量的撒粉是必要的，撒粉的目的就是缓和面皮的黏性。撒粉量不是越多越好，如果撒粉太多，经过速冻包装时，水饺表面的撒粉容易潮解，而使得水饺表面发黏，影响外观。平时对水饺机的保养和维护是保证水饺成型质量的重要因素，特别是对机头的保养，水饺机头在出厂时都喷涂有一种不沾面皮的铁芙蓉，对这种涂料不能用硬器刮，只能用布料擦拭。

(7) 速冻　对于冷冻调理食品来说，要把原有的色香味保持得较好，速冻工序至关重要。原则上要求低温短时快速，一般在 - 35 ~ - 45℃速冻机中进行速冻，使水饺以最快的速度通过最大冰晶生成带，中心温度要在短时间达到 - 18℃，在销售过程中出现产品容易发黑、容易解冻的根源是生产时的速冻工序没有控制好，主要可能在以下几个方面控制不好：冻结温度还没到 - 20℃以下就把水饺放入速冻，这样就不会在短时间内通过最大冰晶生成带，不是速冻而是缓冻；温度在整个冻结过程中达不到 - 18℃；另外一种可能是生产出的饺子没有及时放入速冻间，料中的盐分、水分已经渗透到了皮料中，使皮料变软，变扁变塌，这样的水饺经过速冻后最容易发黑，外观也不好。

(8) 包装贮藏　速冻食品在称量包装时要考虑到冻品在冻藏过程中的失重问题，因此要根据冻藏时间的长短适当地增加分量。冷库库温的稳定是保持速冻水饺品质的最重要因素，库温如果出现波动水饺表面容易出现冰霜，反复波动的次数多了，就会使整袋水饺出现冰渣，水饺表面出现裂纹，严重影响外观，甚至发生部分解冻而相互粘结。

二、速冻包子加工工艺及技术关键

1. 工艺流程

称量面粉→加水和面→放置→分割→制皮→包馅→速冻→包装→冷藏

2. 关键技术

(1) 原辅料配方　高筋粉 500g，夹心猪肉 300g，酱油 25g，植物油 10g，皮冻 100g，糖、料酒、葱、姜、盐适量。

将夹心猪肉洗净后用绞肉机绞成肉酱。将猪肉皮煮烂熔化，待冷却后即为皮冻，将其切成小丁。

(2) 制馅　取适量清水分几次加入肉酱中，随后加入皮冻及各种辅料，搅拌至肉酱发黏为止。

(3) 制皮和包馅　将面粉调制搓揉成具有韧性的面团，擀成中间厚、边缘薄的皮子。包馅时，将包入肉馅的皮子四周团团捏拢，收口后形似宝塔。

(4) 速冻　包好的小笼包子应立即放入 - 30 ~ - 35℃的冷冻机中速冻 10 ~ 25min，当中心温度达 - 18℃时取出，装袋、封口、冻藏。

三、速冻芝麻汤圆加工工艺及技术关键

1. 工艺流程

原辅料处理→制馅心→制糯米粉团（即调制面皮）→包馅→速冻→检验→包装冷藏

馅心的制作：黑（白）芝麻→去砂除杂→清洗→沥干→炒熟→冷却→磨粉→其余辅料磨碎加入搅拌均匀（猪板油和白砂糖）→调馅→搓圆→称量→速冻→馅心

2. 技术关键

(1) 原辅料配方　糯米 750g，猪板油 250g，芝麻 250g，白糖 350g，桂花、饴糖、单甘酯、海藻酸钠、CMC－Na 适量。

(2) 馅料的制作　馅料的主要原料是芝麻、白糖和猪板油。用文火将黑(白)芝麻炒至九成熟,无焦煳味,然后,把其中的 50%磨成芝麻酱,其余部分碾成芝麻仁;将猪板油去膜、去杂后,用绞肉机绞碎。将处理好的黑芝麻(包括芝麻酱)、猪板油和白砂糖按一定的比例混合,再加入水、桂花、饴糖、单甘酯、海藻酸钠、CMC-Na 来调节馅心的黏度和软硬度。搅拌均匀后,把馅料分坯搓圆,在－30℃的条件下速冻 30min,使其中心温度达到－15℃备用。

(3) 汤圆皮的制作　汤圆皮料主要是由糯米组成，因此对皮料的原料处理也就是对糯米的处理。糯米处理可分清洗、浸泡、磨浆、脱水等四个过程，制成水磨糯米粉。糯米洗净后用清水浸泡软化。磨浆时边投料边加水，使浸泡米始终在含水状态下进入磨浆机，否则磨出的米粉不够细腻，很粗糙。传统的手工汤圆用常用的煮芡法或热烫法制皮即可，因是立即食用。但工业化生产的速冻汤圆要经过速冻及长时间的冻藏和销售，汤圆皮是否会冻裂以及破裂的程度会直接影响汤圆的质量和声誉，因此必须加入防止汤圆裂皮的各种食品添加剂。普遍做法，添加一定量的熟皮和少量的改良剂（如变性淀粉、魔芋精粉、瓜尔豆胶、蒸馏单甘酯、复合磷酸盐、海藻酸钠、CMC、海藻酸丙二醇酯等，根据需要加入不同的添加剂或它们的复合品）。取干水磨糯米粉（占总重量的 10%～15%）倒入搅拌机，按比例加入预混好的速冻汤圆改良剂，开机搅拌，经充分混合均匀后，再按干水磨糯米粉总质量的 85%～90%加水继续搅拌，待湿糯米粉团均匀、柔软后，静置 10～20min 即可使用。

(4) 速冻、包装、冷藏　将混合好的粉团用机器或手工加速冻好的馅心搓成表面光滑的汤圆，再把汤圆放入铺有塑料薄膜的盘中进行速冻。速冻采用强风循环，在－30～－35℃的温度下速冻 30～45min，使汤圆中心温度达到－18℃时为止。检查速冻质量后进行包装封口，包装使用塑料袋或塑料盒。包装后迅速放入（－18±1)℃的温度下冷藏。

四、速冻烧卖加工工艺及技术关键

1. 速冻烧卖的工艺流程

原辅料处理→制馅→制皮和包馅→装盘→冻结→包装

2. 关键技术

(1) 原辅料配方　面粉 500g，糯米 500g，猪肉 150g，火腿肉 25g，冬笋 50g，冬菇 50g，猪油 50g，酱油 10g，糖、料酒、葱、姜、盐适量。

将猪肉和火腿肉洗净后切成碎粒，冬笋和冬菇切成小丁，先将洗净的糯米放入水中浸泡 1～2h，待糯米粒胀发后在锅中煮成稍干硬的米饭。

(2) 制馅　先在锅中炒熟肉料、冬笋、冬菇、葱末和姜末，然后加入酱油，糖、盐等调味料，再加入糯米饭一起边炒边拌，直至锅内汤汁吸干即可出锅，作为馅料。

(3) 制皮和包馅　用热水将面粉和成面团,用手或机器制成中间略厚、边缘皱起花纹的烧卖皮,将馅料放入,把皮子捏拢,但不封口,使在上边可以看到里面的馅心,上面为荷叶边的形状。

(4) 速冻　首先将包好的烧卖冷却一段时间，然后装盘，迅速放入－35℃的冻结器内冻结，速冻 10～25min，使其中心温度达－18℃以下。然后在－18℃的冷库中存放。还可将包好的烧卖蒸熟、冷却、再速冻，这样在微波炉中解冻后即可食用。

五、速冻春卷加工工艺及技术关键

1. 速冻春卷的工艺流程

原辅料配方→制馅→和面制皮和包馅→油炸→成型→装盘→冻结→包装

2. 关键技术

（1）原辅料配方　高筋粉500g，五花肉250g，冬笋100g，荠菜100g，虾米5g，酱油35g，白糖15g，花生油100g，香油50g，味精10g，料酒、葱、姜、盐、水淀粉适量。

（2）制馅　将五花肉洗净后用绞肉机绞碎。冬笋、荠菜、葱、姜切成碎末。先在锅中将肉末、冬笋丝、葱末、姜末煸炒一下，然后将各种调味料加入肉酱中用搅拌机搅匀，最后加入荠菜末和少量水淀粉，使馅成糊状。

（3）和面制皮和包馅　将面粉、水、盐按适当的比例（150:130:1）混合，以水分被面浆完全吸收为宜。打浆后的面浆静置5h（室温20～22℃），然后用春卷制皮机制皮。烘制好的春卷皮要放置一段时间，使它回软、有韧性。用制成的春卷皮和处理好的馅，手工包成春卷。春卷长度为10cm，宽度为4cm，厚度2.5cm左右，成型全过程不能使馅料外露，馅料分布均匀。成型后的春卷直接装入盘中，准备冷冻。

（4）油炸　将油入锅烧至七八成热时，将春卷生坯放入，并不时翻动，待其色泽成金黄时即可取出，然后置于5～7℃下冷却数小时。

（5）速冻　将冷却好的春卷尽快装袋封口，装盘。盘装的春卷在连续式或间歇式－35℃的冻结器内冻结，速冻35min，使其中心温度达－18℃以下。如果冻结终温度过高，春卷皮易产生细小的裂纹，造成油炸时皮破裂。馅的冷却温度、春卷的冻结温度和冻结时间以及冻结后的春卷温度等是关键。速冻好的春卷立即放在－18℃的冷库中冷藏。

主要参考文献

1. 黄圣明．国内外冷冻食品生产现状与发展趋势．中国食物与营养，1997（2）：20～24
2. 李少华．对发展我国冷冻食品的建议．冷饮与速冻食品工业，2000（1）：38～40
3. 蒲彬等．速冻芦笋的热烫工艺条件研究．西北农业学报，2003，12（3）：152～156
4. 成训妍．速冻青豆加工技术．农村经济与技术，2003（6）：41
5. 沈月新．HACCP维护冷冻食品的安全性．中外食品，2003（11）：26～27
6. 冯志哲．食品冷冻工艺学．上海：上海科学技术出版社，1984
7. 冯志哲，沈月新，史维一等编著．食品冷藏学．北京：中国轻工业出版社，2001
8. 林志民，苏德福，林向阳编著．冷冻食品．北京：科学技术文献出版社，2002
9. 殷小梅，许时婴等．冷冻食品体系中的玻璃化转变．食品工程，1998（3）：44～46
10. 周惠明．影响速冻食品质量的关键因素．食品工业，1998（6）：42～43
11. 林文定．冷冻食品的冻结技术与应用．福建轻纺，1998（10）：5～9
12. 李建松．两种冷冻调理食品的生产工艺．冷饮与速冻食品工业，1999（1）：10～11
13. 钟　芳．食品的冷冻玻璃化保藏．食品与机械，2000（5）：9～10
14. 李志军．鱼类冷冻调理食品生产工艺．食品科技，2003（7）：34～15
15. 何明刚．冷冻春卷的加工方法，冷饮与速冻食品工业，1996（2）：7～8，11～15
16. 李　勇．食品冷冻加工技术．北京：化学工业出版社，2005
17. 华泽钊，李云飞，刘宝林编著．食品冷冻冷藏原理与设备．北京：机械工业出版社，1999
18. C.P.Mallett编著．冷冻食品加工技术．张慜等译．北京：中国轻工业出版社，2004

第八章　挤压膨化食品的生产

第一节　概　述

一、挤压膨化食品发展简史

膨化食品是指谷物或蛋白质等原料经过加工后体积膨胀许多倍，内部组织成为多孔、疏松的海绵状结构的食品。食品膨化的方法有两种，一种是采用急热使水分急速气化，另一种是含水原料在高压加热中突然降压。目前较多使用挤压膨化的方法，即使用螺杆挤压机。螺杆挤压机既可制膨化食品，也可生产出非膨化食品，采用螺杆挤压机生产的食品即为挤压食品。膨化的产品为多孔组织，经干燥后即可食用；非膨化的产品为半成品，需经焙炒或油煎膨松，调味后食用。

膨化与挤压技术是当今世界上一项新型食品加工技术，在方便食品领域尤其是小食品生产中得到越来越广泛的应用。由于膨化食品花色品种多，风味多元化、美味化，所以深受广大消费者的喜爱。

现代食品膨化与挤压技术始于20世纪30年代。首先把挤压机应用于生产谷物方便食品，到了40年代末期，挤压膨化技术逐渐扩大到其他食品领域，50年代出现由谷物、油、蛋白质、调味料、半干食品制成的膨化动物饲料，70年代利用挤压蒸煮机生产出片状或丝状有咀嚼感的大豆粉产品，作为肉类补充品，即“人造肉”。

日本最早应用挤压膨化技术加工玉米、麦类，发展到现在已普遍地用膨化大米制作面包、点心、蒸制品等各种方便食品。在1979年，日本生产的膨化食品就有300种。美国膨化小食品的产值已达十多亿美元，畅销世界各地。挤压膨化技术已经成为当今世界食品工业发达国家的主要食品加工手段之一。

利用液压进行工作的间歇柱塞式通心粉挤压机出现在1900年左右，将单螺杆挤压机应用到面条的连续压制上是在1930年前后，这种挤压机将面粉、水和其他成分揉合起来成为一种均匀面团，挤压机螺杆推动面团通过模板上的模孔后成为各种形状的面条。生产这种面条用的挤压机属于低剪切的螺杆挤压机，它在挤压面团的过程中，机内只产生少许热量，就能满足生产的要求。20世纪30年代后期，General Mills Inc. 首次将挤压技术应用于谷物方便食品上。

1936年，膨化玉米果首次挤压成功，直到1946年之后，它才开始商品化。这种膨化玉米果生产所用的挤压机的特点是，螺杆的螺旋在内部有沟槽的筒体内转动时，对物料的剪切作用大，全部热能是由挤压机轴上的机械能转换而来的，这种挤压机属于高剪切自热式的螺杆挤压机。

20世纪40年代后期，工程技术人员通过改变螺杆、筒体、模板的结构，设计制成不同尺寸、形状和生产能力的挤压机。除了自热式挤压机外，当时出现了能在筒体外夹套中借助蒸汽或电热元件给筒体加热，以实现温度控制的设备，从而扩大了挤压机在食品加工领域中的应用。

20世纪50年代，挤压蒸煮的家畜饲料得到了迅速发展，特别是利用挤压机生产的不同形状的宠物饲料，代替了焙烤加工的饼块饲料。

20世纪60年代，用单螺杆挤压机首次进行了工业化膨化速食早餐谷物食品的生产。传统的早餐谷物的生产工序复杂，所用设备多而且庞大，愈来愈多地被挤压方法所代替。此期间不少研究人员对挤压过程中物料所发生的变化进行了科学研究和解释。

20世纪70年代，双螺杆挤压机被应用到食品加工中，用挤压机生产的组织化植物蛋白——人造肉实现了工业化生产。此时，欧美的方便食品已有35%以上是用食品挤压机生产的。在此期间进行的理论研究是对挤压熟化原理进行探讨和广泛对挤压模型进行分析。

20世纪80年代，欧洲共同体国家和日本都把挤压膨化技术和双螺杆食品挤压机的开发研究放到了重要地位，组织成立了相应的专门的研究开发机构，取得了很大进展。

20世纪90年代，世界上已有以美国公司、德国公司、意大利公司和法国公司为代表的食品挤压机生产厂家，生产各种系列的食品挤压机投放市场。

我国民间的爆米化、爆豆子等都属于膨化食品，有着悠久的历史，但长期以来膨化技术在我国的进一步发展和开发应用进展缓慢，应用现代膨化技术在我国还处于起步阶段。1979年，北京市食品研究所在我国首先研制成功了食品挤压机，并投放市场，这标志着我国工业化生产挤压膨化食品的开始。

由于挤压膨化食品具有独特的风味和低廉的价格，因而深受人们的喜爱，许多高等院校和研究所开始进行食品挤压技术和挤压设备的研究。1987年，中国农业大学沈再春等研制了6SLG54—18型双螺杆食品挤压机，并进行了挤压食品膨化机和膨化物料性能方面的研究。1992年，江苏理工大学孙一源等以法国BC-45双螺杆食品挤压机为原形，利用相似理论研制了满足实验要求的小型食品挤压机。江南大学丁霄林等利用引进的法国BC-461型双螺杆食品挤压机就玉米等食品原料在挤压加工过程中各种因素对淀粉、蛋白质等质构变化及对食品风味的影响做了深入研究，这些理论研究目前在国内处于领先水平。1996年，北京化工大学朱复华、林炳鉴和陈存社等人自行设计制造了可视双螺杆挤压机，将中国食品挤压技术的研究手段又提高了一大步。

20世纪80年代初，继北京市食品研究所研制成功了食品挤压机之后，苏州第二米厂和山东食品发酵工业研究所，先后研制出了挤压膨化机；1985年，北京义利食品厂引进了德国WP公司的C-37型双螺杆挤压机。1986年，北京蛋品厂等单位先后引进了意大利Map公司的Rc27型双螺杆食品挤压机，国内企业消化了这些设备的技术，制造出了中国的双螺杆食品挤压喷爆机。到20世纪90年代，河南济源机械厂、江苏锡山金龙食品机械厂、山东济南赛信机械有限公司等企业也先后生产出双螺杆食品挤压机。1996年，原国内贸易部北京商业机械研究所研制成功了一条多功能食品挤压生产线，其主机是由计算机控制的同向双螺杆挤压机。

综上所述，目前我国的挤压食品，无论是在理论研究上还是从设备的设计制造上都处在蒸蒸日上、方兴未艾的形势下。

二、食品膨化与挤压技术的研究内容

膨化与挤压技术是加工食品的新途径，世界各国都在进行广泛深入的研究，研究内容主要有以下几个方面。

①挤压膨化技术的工艺研究，提高膨化机对物料的适应性，开拓更广泛的应用领域。如用低值动物蛋白生产更高价值的仿真食品，用挤压膨化技术生产变性淀粉、糖果、巧克力、酪蛋白和发酵制品等。

②实现挤压机的自动化开机。研究自动开机阀，简化挤压机在开停机时的操作步骤，节省时间，降低物料损失和能量损失。开机时，由计算机自动调节挤压机的转速、加水量、蒸汽量、糊化物量和干物料量，使其在尽可能短的时间里就达到稳定的工作状态。通过对挤压参数的连续测量，对产品进行质量控制，将所测量的产品出口处温度、压力、机筒温度和机械能耗等参数自动输入微机，由微机把计算出来的最佳调节值又反馈到挤压机的各执行部位，从而连续又准确地控制产品质量。

③探求采用特别耐磨的优质材料来制造螺杆元件和机筒，提高产品在加工过程中的稳定性。

三、膨化与挤压技术及产品的特点

挤压食品的加工过程与通常食品加工的蒸煮、熟化过程完全不同，挤压食品的加热、熟化和挤压成型是在一台挤压机内，用很短的时间几乎是同时完成的。其加工的大致过程是：食品原料按不同的配方混合，经过预处理后，进入螺杆挤压机中，在螺杆的转动作用下，被揉捏成一种有黏性和塑性的面团，进而继续受到剪切和加热作用，并在模头的控制下产生一定的压力，结果使淀粉糊化、蛋白质变性、酶失活。所有这些过程一般是在5~10s内完成的，最长也不过1min，其温度可达200℃以上，所以，人们把这种挤压加工过程称为高温短时（HTST）过程。在制作膨化食品时，模头前物料的压力可达10MPa以上，所以，目前又把这个过程称为高温、高压、短时过程（HHS）。

1. 挤压膨化技术的特点

(1) 应用范围广　膨化与挤压技术能用于对各种原料的加工，如豆类、谷类、薯类等，还可加工蔬菜及某些动物蛋白等。除广泛用于食品加工外，在饲料、酿造、医药、建筑等方面亦广为采用。

(2) 工艺简单，成本低　谷物食品加工过程一般需经过混合、成形烘烤或油炸、杀菌、干燥等工序，并配置相应的各种设备。而采用挤压方式加工，由于在挤压过程中同时完成混炼、破碎、杀菌、压缩成形、脱水等工序而制成膨化产品，使生产工序显著缩短，制造成本降低，且可节省能源20%以上，是一种节能的新工艺。

(3) 能使用低价值原料，便于粗粮细作　许多粗粮中富含矿物质、维生素、必需氨基酸等营养成分，符合人体营养需要，但粗粮口味粗糙而受到人们的冷落。膨化加工后，能改变物料的组织结构、密度和复水性能，质地变柔软，口感和风味得到改善，消化吸收率提高，可将粗粮原料加工成高品质的食品。

(4) 设备占地面积小，生产能力高　膨化加工技术可连续生产，生产能力高，并可在一定范围内进行调节。小型设备的生产能力为30~50t/h，大型设备的生产能力达10t/h以上。而单位重量产品所需的占地面积小，如Clextral BC45型双螺杆挤压机，包括自动控制部分在内仅占地8m^2，这是任何食品蒸煮加工系统所不及的。

(5) 产品种类多　利用相同的膨化设备，调整工艺条件可加工各种不同原料，膨化食品产品的形状可随模孔的形状而改变。

(6) 无废弃物　只要管理严格，生产过程中将无废弃物排放。

2. 挤压膨化食品的优点

(1) 产品营养素损失少，消化吸收率高　膨化食品系高温短时加工产品，膨化时间一般只有3~5s，粮食中的营养成分破坏较小。膨化过程中，因原料中淀粉糊化、蛋白质变性而增强了食物的可消化性，破坏了某些食品中的不良因子（如大豆中的脂肪氧化酶），使消化率提高。大米膨化食品与普通米饭相比，蛋白质的消化率由76%提高到84%，膨化大豆酿造的酱油与普通酱油相比，蛋白质的利用率从65%提高到90%。在营养素保留方面，据国外报道，普通蒸煮大米维生素 B_1 含量为0.3mg/100g，膨化大米为0.53mg/100g。普通蒸煮大米维生素 B_6 含量为83.4mg/100g，膨化大米为100mg/100g。同时，生产膨化食品便于进行营养强化，全面提高食品的营养价值。

(2) 食用快速方便　膨化食品一般可直接食用或用沸水冲食。如用普通方法蒸的大米饭，冷后即回生（又称老化），硬而难吃，且不易消化，但大米经膨化后就不再产生"回生"现象，随时都可食用。淀粉食品的熟化，实质是 β-淀粉转变为 α-淀粉。由于 β-淀粉是由支链淀粉、直链淀粉以氢键彼此结合的胶束状淀粉组成，一般加热不能彻底把淀粉胶束状态破坏，冷却后胶束状态恢复原状，俗称"回生"。采用膨化技术，比一般加热糊化能使淀粉体积增大15~20倍（一般加热糊化只能使淀粉体积增大60~100倍，而膨化可增大1000~2000倍）。由于体积显著增大，支链和直链的分子间被切断呈现较大的间隙，冷却后不易复合，可防止食品"回生"。所以，膨化技术对于制造米面类的方便食品具有特别重要的意义。

(3) 食品风味好，用途广　由于食品膨化后有很多微孔，吸水力强，容易复水，可保持食品独特的风味。同时，粗粮膨化后改善了口感，并且可将膨化的原料进一步生产为各种美味食品。

(4) 卫生水平高，贮存性能好　由于膨化过程是在高压、高温条件下进行，相当于一次高压杀菌，从而提高了食品卫生水平。膨化食品的含水量一般在10%以下，能有效地抑制微生物的生长繁殖，在密封条件下贮存性能好，保存期长。

四、挤压膨化食品的分类

1. 根据原料和加工过程分

(1) 直接膨化食品　以谷物、薯类和豆类为原料，用膨化机直接膨化成球形、薄片、环形或棒状等各种形状，再喷洒糖浆、盐或味精等调味品，最后干揉，以供食用。爆米花、爆薯片、爆豆子等均属于直接膨化食品。

(2) 膨化再制食品　先将谷物、薯类和豆类膨化，然后将膨化产品磨成粉，配上各种辅料再制成各种食品，如面包、饼干、糕点等。如将玉米膨化后磨成粉，加入其他原料中可以做出几十种美味新型食品，膨化食品为粗粮细做开辟了广阔的前景。

2. 根据最终产品的膨化度分

①轻微膨化的食品，如通心面条、豆筋、饲料等。

②半微膨化食品，如植物组织蛋白（人造肉等）、锅巴、（畜禽、鱼）饲料等。

③全膨化食品，如玉米膨化果、麦圈等。

3. 根据加工食品用的主要原料分

①淀粉质挤压食品，如用大米、玉米等谷物进行加工。

②蛋白质挤压食品，如用脱脂大豆、脱脂棉子等进行加工。

③脂肪质挤压食品，如用全脂大豆等进行加工。

4. 根据生产食品的性状分

①小吃食品，如玉米果、麦圈、锅巴等。

②面食类，如实心面条、空心面条、豆筋等。

③快餐食品类，如早餐谷物、快餐粥、汤料、婴儿羹等。

④根据风味、形状分：从风味、形状上则能分出几百种挤压食品，如从风味上分，有甜味、咸味、辣味、咖喱味、海鲜味、牛肉味挤压食品等。从形状上分则更多，有条形、圆形、饼形、环状、内夹心挤压食品等等，在这方面的任何一个变动都能扩大出一种挤压食品品种来。

第二节　食品挤压膨化生产的基本理论

一、设备构件及工作原理

螺杆挤压机是一种装在卧式柱状机筒里的螺旋输送机，因出料模孔的开孔截面比机筒和螺杆横截面之间的空隙小得多，物料在出口模具处受阻，使物料在进入挤压机后的输送过程中始终处于连续被压缩状态。有的挤压机在机筒内具有轴向凸棱，可限制物料的运动，增强螺杆对物料的剪切效果。多数挤压机的机筒被制成夹套式，夹套内通入蒸汽或液态加热介质，以控制机内物料的温度。产品的最终形状、膨胀程度和最终密度取决于挤出模孔的尺寸、形状以及挤压机的工作参数，如温度、压力、水分和螺杆转速等。蒸煮挤压机的构造如图 8-1 所示。

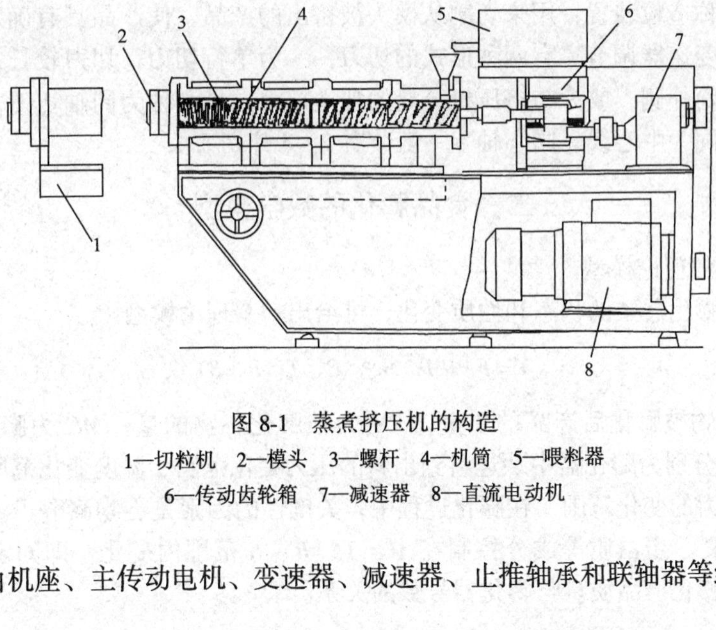

图 8-1　蒸煮挤压机的构造

1—切粒机　2—模头　3—螺杆　4—机筒　5—喂料器

6—传动齿轮箱　7—减速器　8—直流电动机

驱动装置由机座、主传动电机、变速器、减速器、止推轴承和联轴器等组成。

进料系统包括干料、油料的贮存器和输送装置。

挤压机中的螺杆可依其在机筒内的不同位置和作用分三部分。进料段螺旋的螺牙较深，以使足够的原料进入挤压机内，进料段占螺杆总长的10%～25%；压挤段螺纹的螺距逐渐减小，沟槽变浅，其作用是对物料产生压挤和剪切，使颗粒原料转变成不定型塑性面团，通常此阶段占挤压机螺杆总长的1/2；定量供送段或称限流段靠近模头，螺纹浅，物料所受的摩擦剪力最大，消耗机械能最多，物料处于高温高压状态。

挤压机机筒为圆筒状，与螺杆仅有少量间隙，多数机筒之内壁为光滑面，有时为了强化对食物的剪切效果，防止食物在机筒内打滑，机筒内壁常带有若干较浅的轴间棱格或螺旋状槽。机筒具有加热、保温、冷却和摩擦之功能。

挤压机的成形装置是赋予食品形状和结构的重要部件，它由模头、切刀和输送器组成。模头靠螺钉固定在机筒出料端的法兰上，上有若干个不同形状的小孔，以使食物通过成型。模头是一个很精确的零件，它必须有足够的强度来承受挤压机机筒内的高压。模孔由极耐磨的材料制成，常用的材料有铬钢、青铜合金，有时在模孔内镶嵌聚四氟乙烯材料。模头构造对产品结构影响颇大，图8-2是不同模头的设计对产品结构的影响情况。(a) 为圆锥形模孔，它将降低螺腔内的压力要求，使产品获得光滑的表面。(b) 是具有突变截面，模孔长度短的模头，它会给食品造成较大的机械损伤并导致产品组织细粒化、柔软化和产生髓化结构，用于获得小球形状食品。(c) 为侧向排料的模头，它可以增加产品的层次和纤维化结构。(d) 为带有较长冷却通道的模头，它可减少产品的膨化度。

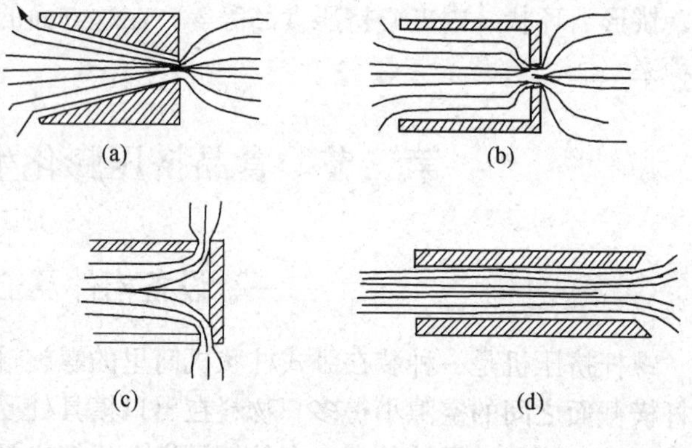

图 8-2　模头设计与产品结构的关系

旋转切刀又称造粒装置，用来切割从模头被挤出的产品，使产品具有确定的长度，其转速可以通过无级变速器调节。有两种形式的切刀，一为单行切刀，切刀较长，电动机及其传动装置设置在机筒外侧，或为与挤压机分离的独立部分。另一种为同轴切刀，驱动切入的中心轴与机筒轴为同一中心线，同心轴上一般装有2～4片切刀。

二、食品膨化的数学模型

1. 食品膨化的理论模型

根据谷物在膨化器中的状态和性质变化，可给出一个理论模型：

$$Y=f\ (RM,\ MC;\ P,\ T,\ R,\ S)$$

式中 Y 为谷物被膨化后产品的质量，RM 为被膨化谷物的量，MC 为膨化器中含水量，P、T、R、S 则分别为膨化器中从进料到出料的压力变化范围、温度变化范围、停留时间的变化范围和剪切力的变化范围。在膨化过程中，关键性的因素是谷物高分子结构的变化。把在膨化过程中淀粉、蛋白质等成分控制在 P、T、R、S 范围内变化，即固定膨化器参数的变化，可以分析膨化产品质量与膨化器号数的关系。

2. 单螺杆膨化挤压机的加热功率

温度是挤压过程得以进行的必要条件之一，挤压机的加热冷却系统就是为了保证这一必要条件而设置的。

物料在挤压过程中得到的热量来源有两个：一个是料筒外部加热器供给的热量；另一个是料与机筒内壁，物料与螺杆以及物料之间相对运动所产生的摩擦热。前一部分热量由加热器的电能转化而来，后一部分热量由电动机输给螺杆的机械能转化而来。这两部分热量所占比例的大小与螺杆、机筒的结构形式、工艺条件、物料性质等有关，也与挤压过程的阶段有关。另外，这两部分热量的比例在挤压过程的不同区段也是不同的：在加料段，由于螺槽较深，物料尚未压实，摩擦热是很少的，热量多来自加热器。而均化段，物料已熔融，温度较高，螺槽较浅，摩擦剪切产生的热量较多，有时非但不需要加热器供热，还需冷却器进行冷却。在压缩段物料受热是上述两种情况的过渡状态，也就是由摩擦剪切产生的热量比加料段多，而比均化段少。摩擦剪切产生热量的速度会随着物料的向前移动而渐渐增快，这也是挤压机的加热冷却系统多是分段设置的原因。

精确计算加热功率在实用中往往无多大必要，因理论上计算所得的加热功率是按机筒的预热升温来考虑的，而且它远大于实际所需要的值，这是由于螺杆的转动对物料的摩擦和剪切会产生热量（内热）。因此，当挤压机工作稳定以后，一般都不需全用外部加热功率来加热，而只是需用设计值的部分功率来加热。由于这些原因，挤压机机筒的加热所需要的功率目前多根据经验计算。下面介绍几种经验计算方法。

按机筒内表面积计算：

$$N = \frac{1}{1000}\pi d\left(\frac{L}{D}\right)A$$

式中，N 为机筒加热功率，kW；d 为机筒内直径，cm；L/D 为螺杆长径比；A 为单位面积的加热功率，W/cm^2，A 的值一般由经验选定。由于各种物料的性质（如熔点、比热容、热容和熔融潜热等）不同，在选取 A 值时应予以注意。目前 A 一般取 $3 \sim 4W/cm^2$。

此式未考虑机筒的升温时间，为了表明加热功率与加热部件的总质量、升温时间与加热效率之间的关系，可用下式计算：

$$N = 0.00116\frac{c \times m \times \Delta T}{\eta t}$$

式中，N 为加热功率，kW；m 为加热部件（包括机筒和螺杆）的质量，kg；ΔT 为加热温度与加热部件初温之差，℃；c 为机筒及螺杆的比热容，一般取 $c = 53$kJ/（kg·K）；t 为加热时间，h；η 为加热效率（一般取 0.5）。

由于挤压机的结构参数不断改进，因此其加热功率也相应有所变化。例如排气挤压机的长径比较大，机筒的增长使其加热功率也会相应地增加。因此在设计时，应以近期国内外同类型机的加热功率作参考来确定所需要的加热功率。

三、食品膨化的基本原理

1. 膨化原理

膨化的方式主要有两种，一种是气流式膨化，另一种是挤压式膨化，两种膨化方式对物料的作用不同，因而物料被膨化的状态也不同。气流式膨化是靠外部加热或供给过热水蒸气的方法使体系获得能量而达到高温高压状态；挤压式膨化是靠螺旋套杆推动，曲折地向前挤压，在推动和摩擦力的作用下物料被加压、混合、压缩并获得和积累能量而达到高温高压，成为带有流动性的凝胶状态。此时所有的成分均积累了大量的能量，水分呈过热状态，当骤释至常压时，这两种高能状态体系即朝向混乱度增大即熵值增大的方向进行，而发生膨化（见图 8-3）。膨化使过热状态的水分瞬间气化而发生强烈爆炸，水分子约膨胀 2000 倍。物料组织受到强大的爆破伸张作用而形成无数细致多孔的海绵体，体积增大几倍到几十倍，组织结构和理化性质也发生了变化。膨化过程中的高温高压和高旋转作用对物料形成分子水平的剪切，使蛋白质变性降解，长链淀粉被剪切成短链淀粉、糊精和糖，因此膨化后的物料处于易被酶水解的状态。

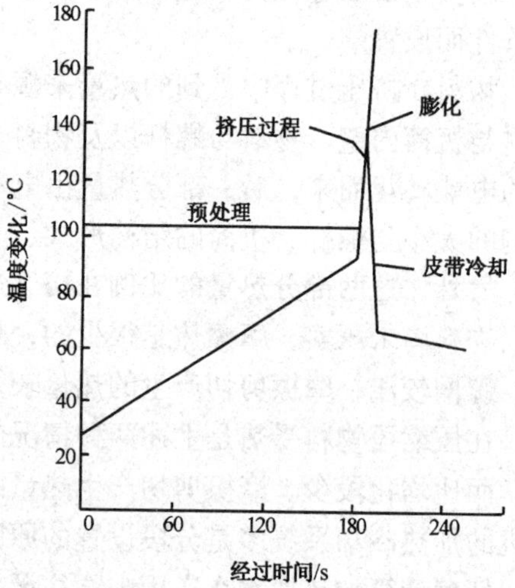

图 8-3　食品挤压加工时的温度-时间曲线

挤压膨化机可用于生产小吃食品、方便营养食品、组织化产品等。但是，气流膨化设备目前一般仅限于小吃食品的生产。综上所述，挤压膨化与气流膨化有如表 8-1 所列的主要区别。

表 8-1　　挤压膨化与气流膨化的主要区别

项　目	气流膨化	挤压膨化
原　料	主要为粒状原料，水分和脂肪含量高时，仍可进行加工生产	粒状、粉状原料均可，脂肪与水分含量高时，挤压加工及产品的膨化率会受到影响，一般不适合高脂肪原料加工
加工过程中的剪切力和摩擦力	无	有
加工过程中的混炼均质效果	无	有
热能来源	外部加热	外部加热和摩擦生热
压力的形成	气体膨胀、水分气化所致	主要是螺杆与套筒间空间结构变化所致
产品外形	球形	可以是各种形状
使用范围	窄	广
产品风味及质构	调整范围小	调整范围大
膨化压力	小	大

2. 挤压膨化食品的变量控制

挤压食品生产规模的大小不同，则控制形式也不同。就以最简单的、经常在农贸市场见到的、用柴油机拖动的单螺杆玉米膨化食品挤压机为例，它全部用手工操作，似乎很简单。

其实，我们也应注意到它也离不开两个参数的控制，首先对原料的粒度要控制好，如果用粉状物料，那么这个机器就不能生产了；其次是操作者用手和漏料斗的活门开度控制进料量，此进料量不能过大，更不能断流；至于温度则听其自然，无法控制。所以，此种生产很不稳定，经常看到操作者拆下模头维修，机器很难连续长时间工作。虽然这种机器易拆，但操作者仍然感到麻烦，这种频繁的故障对大工厂的大机器来说是绝对不允许的。所以，对挤压食品生产设备的控制就显得特别重要，设备制造厂要全面考虑各个设备的控制方法，设备操作者要给予足够重视。这种控制的目的，一是为了保证设备的正常运行，加工出合格的食品；二是在出现会造成破坏性的故障时，报警停机，保护设备。

被控制的变量有两大类，一是自变量，二是因变量。

(1) 自变量控制　对于挤压食品生产系统来说，对产品质量有直接影响的自变量有：

①原料组分：决定产品基本特性的关键变量是原料组分，认真地确定和精确地控制各组分的比例是非常重要的。特别应该强调的是少量的添加剂的变化也会引起挤压过程发生复杂变化，如脂肪含量的变化会影响到挤压产品的膨化率，还原糖含量的增加会导致褐变等等。所以，生产工艺配方一经确定，操作者就必须严格按比例进行混合。

②水分：作为原料组分之一的水，由于在挤压加工中有着特别的作用，我们就把它单独作为一个自变量独立地进行控制。给原料增加水分可以是液态加入，也可以是蒸汽态加入，可以在原料混合时加入，也可在预处理机中向混合好了的原料中单独加入，有时把水或蒸汽直接喷射在挤压机的某工作区内。加水量和加入位置是自变量。

③螺杆转速：这也是一个自变量，许多螺杆挤压机都具有变速调速装置，操作者很容易控制转速。

④喂料量：这是挤压机必须控制的自变量，可以用容积法控制，也可以用重量法控制。操作者必须按工艺要求严格控制喂料量。

⑤切刀转速：根据产品的形状要求，操作人员事先给定切割机的转速，所以，它也是一个自变量。

⑥干燥（冷却）机的温度及其输送带速度：它们是自变量。

⑦调味机的喷油量和喷粉量：这两项也是自变量。

以上这些可由操作者给定，又不因其他参数的变化而变化的量被称之为自变量。

(2) 因变量控制

①黏度：挤压物料在熔融状态时的流变特性是复杂的，其黏度随原料组分、水分、剪切率及温度的不同而不同，它是个因变量。

②挤出量：挤出机的产量是随挤压机的几何尺寸、螺杆转速、模头压差及黏度等多种因素的变化而变化的，所以，它是个因变量。因此，生产管理者和操作者应了解，在保证产品质量的前提下，对挤压机的产量不必过分追求，可多可少。

③压力：挤压机内的最高压力受模板几何形状、物料流变特性的影响而变化，它是个因变量。在挤压机的工作过程中，压力只能是一个监控值。

④温度：挤压机内物料的温度，除受外加热器电压、蒸汽压力的影响外，还因外界的散热条件和挤压机内物料摩擦机械能转化成热能的多少而发生变化，所以，温度也是个因变量。

⑤滞留时间：物料在挤压机内的滞留时间由螺杆的几何尺寸和转速等因素决定，所以，它也是个因变量。

(3) 变量的测定　在挤压机工作过程中，对上述的变量要进行控制，着重解决的是测量问题。不同的变量，测量方法和所用仪器等也不同。

①喂料量的测定：干组分的计量方法可有两种——质量式和容积式。质量式喂料机一般设计成能以均匀的质量流输送干粉，这种喂料与组分的容积无关，计量装置多是连续皮带秤和杠杆秤。连续皮带秤分恒速皮带秤和变速皮带秤两种，恒速皮带秤靠使皮带上的物料量均匀达到恒定质量的喂料。变速皮带秤靠改变皮带的速度以达到恒定质量的喂料，也就是当皮带上的物料轻了，则皮带速度加快，当皮带上的物料多了，则皮带速度就减慢，保证在单位时间内的喂料量相等。皮带秤的结构较复杂，这里不作详细介绍。

容积式喂料机比较简单，也比较便宜，适用于密度均匀的物料，它可以在所有的时间里提供恒定容积的物料。容积式喂料机最常用的是变速螺旋输送机，其喂料量与螺旋转速成正比，用转速换算成喂料量，调节转速即可调节喂料量。容积式喂料机中还有一种是振动喂料机，喂料的容积流量可以通过改变喂料槽的振动频率或振幅来控制。此外，还有料斗与输送皮带组合的喂料机，可以靠改变皮带速度而固定料斗出口，也可靠改变料斗出口而固定皮带速度达到恒容量的喂料。

②水流量的测定：挤压机的供水多是以恒容积计量法进行的。水的计量装置有容积泵等，其供水量与活塞的往复频率和活塞行程、直径有关，用于小流量高背压的输出，在几何尺寸确定之后调节往复频率即可调节水量。水流量的测量仪器主要有孔板流量计、转子流量计和涡轮流量计。

孔板流量计测量的原理是利用孔板前后的压差和孔板的特征直径来换算出流量，一般每个孔板有一孔板特性曲线，根据测得的压差值即可查出流量值。

最常用的是转子流量计，转子流量计的结构比较简单，其工作原理是进水由下向上流动，流动的水把浮子托起，浮子在一锥形管中浮动，浮子与锥形管形成一环形通流面积，流体以一定的流速流过这环形面积，就可根据浮子的高度得出流量值。当流量增大时，此环形面积下流体的速度增大，使浮子升高，则流通的环形面积增大，使流体的速度又达到定值，于是浮子停留在新的高度处，此高度表示另一个大一点的流量值。流量直接显示在流量计上。流量计只要通过调整进出口阀门，让浮子停留在某一刻度值下，就能保证流体流量不变，用起来非常直观，调起来非常方便；缺点是不便将其应用到自动控制中。

目前，自动控制中流量的测量多采用涡轮流量计，就是在流通管道中加一涡轮，它的转速与流量成正比，转速的信号很容易输出，所以，这种测量元件正逐步代替孔板流量计。

③转速测定：测定挤压机螺杆转速最普通的方法是，采用一个小型 DC 转速传感器，传感器输出的电压与转速成正比。其他还有用磁性传感器的，它的简单原理是在转动元件的某一位置上装一强磁材料棒，在与这一磁棒相对应的固定壳体处装一个磁感应器，转子每一周切割一次磁力线，磁感应器发出一个波动信号，这个波动频率就代表转子的转速，在自动控制上应用这种磁性传感器进行测量非常方便。

④温度测定：在食品挤压生产中需要有许多测点才能进行温度的测定，如物料温度、筒体夹套温度、模头温度以及其他辅机所需测定的温度等。热电偶已成为最普遍、最方便的测温传感器。有电阻式的传感器，温度变化则传感器的电阻值也变化。但多数采用的是双金属接点式传感器。双金属接点式传感器的电压差与接点处的温度成正比，因此，用它来测量温度非常方便。通常，标准热电偶传感器是把热电偶放置在一个不锈钢管子中，通过挤压机壳

体上的小孔插入被测温度的套筒中，如要测量物料的温度时，热电偶外露端必须与筒体的内表面齐平，防止螺杆转动时将其损坏。

温度的测量记录都比较简单，甚至多点测量也不复杂，成本也比较低，然而要想得到产品的准确可靠温度是困难的，因为它是由多种因素造成的。

⑤压力测定：食品挤压机中压力的测量是很重要的，尽管如此，有不少设备由于种种原因而不测量它，这对生产很不利。在模头后面测量熔融态物料流的压力，对物料流动和挤压作用现象的观察是非常有用的。由于挤压机模头处物料流的特殊性，它又是处在高温、高压区内，所以，在这里测压使用的是应变式压力传感器。应变式压力传感器的体积小，电信号便于输出，一般为标准螺纹接口。现在又有一种集压力和温度测量于一体的传感器，用它测量温度非常方便，简单易行，但是要得到非常准确的产品温度还是很困难的。同时在一个点上测得压力和温度两个参数，避免了在筒体上多打孔。

一台较好的挤压机本身就带有这些测量传感器、二次仪表和控制柜，如日本三菱公司生产的食品挤压机的整机，在挤压机筒体正上方置有温度控制盘，主控制柜在动力部分的后面，这样的布置紧凑，但在拆装筒体时不方便，所以，也有把控制柜与主机分开放置的方案。国产双螺杆食品挤压喷模机两个控制柜中的一个是主控柜，主要控制总电源开关、所有电机的启动和转速，另一个是温度控制柜，主要控制各段筒体的温度、模头的温度等。

挤压机早些时候用的是反馈式自动控制，控制器在接收到测量的信号后，与给定值进行比较，然后输出信号驱动执行机构动作。后来发展到了模拟控制，模拟控制器是在模拟信号的基础上进行工作，对误差信号进行控制计算并输出模拟控制信号。近些年来，由于计算机技术的发展和广泛应用，挤压机的控制也采用了数字控制器，数字计算机以循回检测周期性工作方式对各回路进行控制，绝大多数的信号都是模拟信号，因此，必须用 A/D 板把模拟信号转换成数字信号，按计算机的接口输入到计算机中，完成标准的输出控制信号的计算。数字输出信号还必须通过 D/A 板把数字信号转换成模拟信号。目前，计算机的计算速度明显增加，容量加大，所以，除了用计算机完成过程控制外，还可以贮存许多加工工艺数据与加工记录，向操作人员进行错误提示和报告。

四、物料膨化后物理与化学性质的变化

1. 淀粉物料在膨化过程中的变化

食品挤压机可用来蒸煮含有淀粉的物料，也可用来挤压蒸煮各种淀粉制得食品。淀粉在挤压蒸煮下很快糊化，这是一个复杂过程，受许多因素影响。淀粉糊化的主要特征是淀粉粒悬浮在过量水中，在剪切作用下造成温度上升；随着温度的升高，水分的渗透也随之增加；过量水分的渗透，使大量水分被吸收，最后淀粉颗粒破裂而糊化。糊化作用表现为淀粉分子中氢键发生变化，糊化淀粉的持水性显著提高。淀粉糊化恰当，不仅溶解度和流体动力学性质发生变化，而且糊化淀粉对快速的酶降解作用也很敏感。这在工艺学和营养学方面有重大意义。

经过高温短时间挤压蒸煮方法制得的小麦糊化淀粉，在高倍显微镜下可以观察到其结构发生变比，即经过热、湿和剪切作用处理后由原来的结晶结构转变成连续多孔的网状结构。这从营养和功能两方面考虑都是很重要的。水分和温度对挤压蒸煮原料的性质影响很大。水

分一旦超过糊化量，则不能膨化，即使水分超过稍少而产生膨化，但因制品出料后水分的迅速蒸发，原有的膨胀形态很快变瘪，这是由于过度的膨化使淀粉结构中作为食品膨体空间支柱的骨子键拉长了，在膨体空间水分蒸发后的刹那间形成负压，在大挤压力的作用下，一旦超过骨子键的强度，则膨化后的食品很快收缩而变瘪。此外，用同一种小麦淀粉作为原料，在同一台挤压机中，若采用低剪切力进行挤压则可制得具有稠糊特性的制品，而用高剪切力进行挤压则制得稀糊制品。在中间条件下加工淀粉，可以得到中等稠度制品。由此可见，挤压机结构和物料加工条件的选择，对加工物料的性质，如挤出制品的黏度、复水率、密度和糊化（即胶凝）特性等影响很大。

(1) 结构变化　在扫描电子显微镜下观察谷物的结构，发现经膨化后结构发生变化，其变化情形依膨化方式不同而异，挤压膨化后呈片状结构，气流膨化后呈蜂窝状结构。膨化使淀粉粒解体、淀粉链裸露，可加快与酶的作用，提高原料的利用率。

对玉米分别在200、270和300℃的温度下进行气流膨化，取膨化后的各粉碎样品少量，溶于水中制成悬浮液，再取少许固定于样品台上。样品经适当处理后，再用JSM-35C扫描电子显微镜逐一观察玉米淀粉的微观结构。发现玉米淀粉在270℃下膨化后，其孔隙最大，结构最疏松，膨化效果最好；200℃及300℃下膨化的疏松程度差不多。但是300℃下膨化程度不均匀，尽管结构很疏松，但局部有少量未膨化开的淀粉晶体颗粒存在；在200℃下膨化效果最差，不仅结构不够疏松，而且还有许多淀粉晶体颗粒存在。

(2) 膨化倍数的变化　膨化倍数反映了原料经膨化后其体积膨胀程度，是谷物膨化产品的一个重要物理性质。膨化倍数随着温度的升高而增加，到270℃时出现最大值，温度继续升高，膨化倍数反而有所下降（表8-2）。

表8-2　温度对膨化倍数的影响

	膨化温度/℃	膨化倍数
样品	200	6.04
	250	6.93
	270	8.72
	300	7.27
对照		1.00

(3) 糊化度的变化　糊化的淀粉含量与总淀粉含量的比值称淀粉糊化度。糊化度是淀粉糊化程度的量度，表8-3列出温度对糊化度的影响。

表8-3　膨化温度对糊化度的影响

	膨化温度/℃	糊化度/%
样品	200	37.55
	250	48.63
	270	74.32
	300	79.17
对照		0

由表 8-3 可知，膨化温度对糊化度有很重要的影响，随着温度的升高，糊化度增加。这是因为温度增加，水分子、淀粉分子的热运动加剧，因而对淀粉分子的破坏程度也增加。正常情况下，淀粉糊化（α 化）及有效酶水解所需的最低水分含量大约是 40%，但在糊化过程所提供的高温、高压下，在水分含量不足 20% 时，物料在膨化机中也可获得较高程度的糊化。

(4) 淀粉降解　表 8-4 列出了玉米和黍米膨化后的淀粉变化。从表中可知，无论是玉米还是黍米，膨化后的淀粉含量减少，而糊精和还原糖含量则显著增加，挤压膨化的效果优于气流膨化的效果，这说明淀粉在膨化过程中发生了降解。

表 8-4　淀粉、糊精、还原糖和还原能力（以干基计）　单位：%

样品		淀粉	糊精	还原糖	还原能力
玉米	对照	83.92	0.02	1.32	1.40
	挤压膨化	70.95	9.45	6.22	6.58
	气流膨化	78.72	1.38	5.95	6.27
黍米	对照	76.55	0.72	1.24	1.43
	挤压膨化	68.84	4.65	4.64	6.06
	气流膨化	68.13	6.93	2.71	3.58

表 8-5　膨化玉米中直链淀粉与支链淀粉的分配（以绝干物质计）　单位：%

样品	总淀粉	直链淀粉	支链淀粉
挤压膨化玉米	79.277	38.023	41.254
气流膨化玉米	79.585	35.645	44.940
对照玉米	82.924	35.260	47.664

玉米中含有多种化合物，如淀粉、蛋白质、脂肪、纤维素、低聚糖和氨基酸等等，这些化合物的相对分子质量不尽相同。当玉米处于高温高压的密闭环境中时，高分子的聚合物处于熔化状态，一些黏度较大的分子可能发生暂时缠结，且局部分子链被强大的压力切断，断裂的位置通常发生在分支点、链的中心部位以及杂原子之间的链上，导致支链淀粉降解。支链淀粉的降解受多种因素影响，其中最重要的一个因素是挤压式膨化中的剪切力。另外，原料的水分、膨化温度也对降解有影响，所以挤压膨化产品支链淀粉降解程度高于气流膨化产品的支链淀粉降解程度。膨化不仅导致支链淀粉的降解，还能引起直链淀粉中 α-1，4 糖苷键的断裂，产生小分子物质，即发生淀粉的糊精化作用，导致总淀粉含量的降低（见表 8-5）。淀粉中不被酶水解的是 α-1,6 糖苷键，酒精发酵后残留的淀粉主要是 β-界限糊精，膨化可使部分 α-1,6 糖苷键断裂，β-界限糊精减少。因此，膨化后的玉米，其淀粉利用率就会提高。

(5) 可发酵性糖含量的变化　玉米膨化前后可发酵性糖含量的变化如表 8-6 所示。玉米经挤压后，可发酵性糖含量显著增加，这是淀粉降解的又一证明。可以说，挤压膨化在一定程度上代替了酶的糖化作用。挤压膨化对淀粉不仅有糊化作用，而且还有糊精化和糖化作用。

气流膨化后，可发酵性糖增加较少，这说明，对于分子降解来说，机械剪切力的作用要比高温高压重要得多。但是，气流膨化对淀粉分子的降解还是有作用的，尽管糊化程度很低。从支链淀粉的变化可以看出，气流膨化使大分子有限地降解，但产物分子仍很大，即气流膨化对支链淀粉仅有脱支作用。

(6) 水溶性成分的变化　水溶性成分即水浸出物。谷物经膨化后，水溶性成分增加几倍到几十倍，如表 8-6 所示。挤压膨化后的水溶性成分比气流膨化后的水溶性成分增加得多；膨化黍米的水溶性成分比膨化玉米的水溶性成分增加得多。水溶性成分的增加，为酶的作用提供了有利条件。

表 8-6　　膨化前后谷物的水溶性成分（以干基计）　　单位:%

		均　值
玉　米	对　照	3.275
	挤压膨化	32.70
	气流膨化	16.81
黍　米	对　照	4.190
	挤压膨化	52.81
	气流膨化	50.17

(7) 醇溶性碳水化合物含量的变化　醇溶性糖类是指能溶于 80℃乙醇的低分子糖类。根据纸上层析分析,醇溶性糖类中含有葡萄糖、果糖、蔗糖、棉子糖、水苏糖及双糖。通过实验得知,膨化后醇溶性糖类含量减少,且随着温度的增高而降低,如表 8-7 所示,这些糖的损失是由于与氨基酸发生美拉德反应所造成的。

表 8-7　　温度对醇溶性糖类含量的影响

	膨化温度/℃	醇溶性糖类含量/%
样　品	200	0.161
	250	0.129
	270	0.116
	300	0.103
对　照		0.459

(8) 水溶性糖类含量的变化　水溶性糖类是指除醇溶性糖类以外，能溶于水的那部分糖类，如可溶性淀粉、糊精、低聚糖等。如表 8-8 所示，随着温度增高，水溶性糖类含量增加，这说明温度对淀粉的降解有一定作用。但醇溶性糖类的含量却随温升高而降低。从两个实验看来，对于气流式膨化来说，膨化对玉米淀粉分子降解的作用主要是增溶，即液化作用，而糖化作用很小，故温度升高有利于支链大分子降解为直链大分子，即有利于支链淀粉的脱支，而对直链淀粉的降解作用很小或不起作用。

表 8-8　　温度对水溶性糖类含量的影响

	膨化温度/℃	水溶性糖类含量/%
样　品	200	4.32
	250	4.48
	270	5.56
	300	6.45
对　照		0.84

(9) 产品对酶的敏感性与温度的关系　对酶的敏感性用 V_I 表示。V_I 表示降解的初速度，F 表示易降解淀粉的含量，降解的初速度越大，则降解越快；易降解淀粉的含量越多，则膨化产品降解程度越好，这利于酶的作用。由表 8-9 可以看出，随着温度升高，V_I 和 F 均增大，这说明膨化后淀粉对酶的敏感性随温度升高而增大，这从另一个角度反映了温度对支链淀粉的降解作用。

表 8-9　产品对酶的敏感性与温度的关系

	膨化温度/℃	V_I/（g/100g）（以 100g 淀粉计算）	F/（g/100g）（以 100g 淀粉计算）
样品	200	22.31	42.16
	250	26.51	58.71
	270	33.94	69.94
	300	35.01	75.16
对照		4.02	17.54

2. 蛋白质在膨化过程中的变化

富含蛋白质的各种植物原料经挤压膨化后转变成“纤维状”食品，这些食品主要是类肉物和挤出物。大豆蛋白是工业化挤压加工中惟一应用的蛋白原料，一般以湿润的脱脂大豆为初始原料，经挤压膨化后转变成组织化大豆蛋白（即 TSP)，可用作各种肉或鱼的增补剂。脱脂大豆约含有 50%的蛋白质，且大多为分布均匀的球蛋白。大豆中还含有 30%的糖类和少量的水分、脂肪、纤维素、灰分等。挤压膨化时，在组织形成纤维状类似肉结构的过程中，蛋白质起着主要作用，糖类仅起次要作用。在大豆脱脂过程中，需进行热处理以把残留的溶剂去净，但这会降低蛋白质的溶解性和膨化的有效性，一般氮溶解指数（NSI）低的原料，其组织化效果较 NSI 高的差，高 NSI 的原料能赋予产品优良的纤维状及多孔性。在挤压膨化过程中，蛋白质受到高温（150~200℃）和高压（1.72~6.10MPa）的处理，使得大豆物料转变成连续的塑性“熔融”（melt）状物。这种熔融状物料经过挤压筒时，互相连接的蛋白分子平行穿过螺杆，穿过挤压盘，物料从高压高温状态突然进入大气常压环境中，挤出物因此而释放出大量过热蒸汽，导致产品膨松和多孔状结构的产生。切块干燥成终产品，复水后具有类似肉一样的结构，可作为天然肉的类似物或代替物。反映这种产品功能与质量的重要参数有膨松密度、流变性和吸水率。从物理特性来说，挤压使蛋白质转变成一种均匀的结构体系；从化学观点来看，挤压过程是以某种方式使贮藏性蛋白质重新组合成有一定结构的纤维蛋白体系。此外，挤压过程还会引起蛋白质营养的变化。

(1) 蛋白质溶解性的变化　挤压会降低蛋白质的溶解性，这可能是由于加热引起 7S 和 11S 组分分解成的亚基之间发生热诱导交联的缘故。挤压过程使大豆蛋白处于热、压力和剪切力等综合作用下，目前仅对热的影响做了系统的研究。在一定范围内，挤压温度上升，产品的组织化效果好。蛋白质经高热处理后结构会发生变化，诸如肽键的水解、氨基链的变性和新共价异肽键的形成等。蛋白质在低水分条件下对热的抵抗力强些。

对溶液的研究表明，在低于 100℃的条件下，热首先将 11S 球蛋白组分离解成亚单元，后者又互相联接形成大的聚合物，这一过程受 pH 和离子强度等因素影响。已离解的亚单元发生聚合主要是在疏水键和离子键的作用下进行的，与巯基团无关。应用各种溶剂有选择地溶解经热变性的脱脂大豆蛋白达 3h，即使在有巯基乙醇这类可切断二硫键的试剂存在下，水和缓冲液所浸出的蛋白质仍很少。因此，大豆蛋白热处理后最明显的变化就是它的溶解性降低。但脲溶液仍能溶解出 3/4 的蛋白质，这是因为脲能分裂氢键和疏水键。在 100℃或 100℃以下的温度下对 7S 和 11S 两种球蛋白组分间的作用进行研究，结果表明，有 7S 存在下 11S 不发生聚合作用的原因在于 7S 和 11S 亚基之间通过静电作用形成了可溶性复合物。虽然在该系统中二硫键的作用似乎不大，但蛋白质浓度的增加可以提高二硫键的形成。从另一方面来说，热诱导产生的二硫键并不是高浓度蛋白-水混合物能量释放的前提条件。表 8-10 列出了热处理对大豆蛋白分子的影响情况。

关于挤压对蛋白质的影响情况，人们较难得知，这是因为高浓度蛋白是同时处于几种作用之下的。对在各种不同温度下挤出大豆肉的水浸出蛋白进行电泳分析，发现其中残留的蛋白质被分裂成亚基并引起水溶性下降。如果浸出蛋白在电泳前先用十二烷基硫酸钠解离，则分析结果并无两样。通过这些化学研究数据，结合电镜观察，我们可以得出结论：挤压对蛋白质最大的影响在于，首先分散它们，然后又将其重新组合，这对弄清组织化机理是必要的。

探讨不溶性蛋白中结合力的一种方法是用各种不同的溶剂将它溶解之后加以研究。

表 8-10　　挤出物在各种不同溶剂中的蛋白浸出率　　单位：%

试剂*	1	2	3	4	5**	6
中性缓冲剂（B）	8	8	8	28	19	—
碱性缓冲剂	24	—	16	30	—	—
B-脲	15	—	—	53	—	—
B-脲-SDS	17	—	—	—	—	—
B-脲-2ME	29	—	—	—	—	—
B-DTT	—	12	—	—	34	—
B-2ME	—	—	18	—	—	—
B-SDS	—	14	40	—	32	42
B-SDS-DTT	—	80	—	—	35	—
B-SDS-2ME	—	—	100	—	—	95
未挤出物料	8	10	55	62	74	—
挤出温度/℃	178	145	138	135	166	166

* SDS：十二烷基硫酸钠；2ME：2-巯基乙醇；DTT：二硫苏糖醇。

** 试剂 5 对应的是蚕豆挤出物，其他为大豆挤出物。

从表 8-10 可以得出这样的结论：①挤压降低了蛋白质的溶解性；②若要提高溶解性，可使用溶剂破坏离子键、氢键、疏水键及二硫键；③挤压温度影响浸出率。

有些人认为，通过添加十二烷基硫酸钠和二硫键破坏剂（2-巯基乙醇或二硫苏糖醇）可得到全部溶解产物，从而推知未经这些试剂作用的挤出物是带有二硫共价键的。还必须考虑温度的影响，因为在上述 6 个研究中所用的温度相差高达 40℃以上，提高挤压温度可减少蛋白质溶解性，温度的变化是导致溶解性结果不一致的主要原因。对挤压物惟一的客观研究方法是测定挤出物的流变学特性。因为人们常常忽略这些数据，又因这一标准方法尚未被广泛采用，因此要判定物料是否组织化就比较困难。从其他系统的组织结构关系得出了一个普遍结论，就是组织化或结构化是由于形成了相对较少数目的化学键（朊原蛋白的交联、植物组织的木质化等）的结果。可见，在某一温度下挤压植物蛋白发生可接受的组织化，是由于非二硫共价键、疏水键、氢键等的稳定作用力的作用结果。这个结论是合理的，它对研究分子组织化机理影响很大。

(2) 蛋白质交联　弱非共价键在组织化过程中所起的作用较小，然而，它能促进共价键的形成，而共价键则能够交联蛋白质，能在没有任何外加条件下将无形的大豆转变成组织化的类似肉的食品。蛋白质的交联会改变食品体系的功能和营养。交联的定义为："在特定空间不同的分子（通常为大分子）结合成为新的具有不同特性的持久统一体"。蛋白质交联反应有二硫键交联和非二硫键交联两种，非二硫键的交联主要是形成异肽键，对大豆蛋白组织化起着重要作用，二硫键的交联则不起作用。

挤压过程中非二硫共价键引起蛋白键的连接有三种可能，即赖氨酸与硫氨酸的分子间交联、美拉德反应、异肽键连接。蛋白质与氧化脂能发生聚合作用，但是脱脂大豆肉中脂肪含量低，故此反应难以发生，因此在这里不作讨论。

赖氨酸和硫氨酸分子间交联引起缩合作用和消去反应，形成所谓的非自然氨基酸，这个反应可被碱或热所催化。挤压过程中并不存在碱，故这种键在组织化作用中不可能起主要作用。

美拉德反应发生于蛋白质中氨基酸 ε-氨基和醛或酮式还原糖之间，增热处理和减小水分活度会增高相对分子质量较高的复杂结构物的生成率。有人认为蛋白质中交联物的产生是由于发生美拉德反应的缘故。含中等水分的食品，其蛋白质多聚物的生成会使产品的韧性增加，升高温度会促进蛋白质聚合物的生成，但却引起蛋白质的营养损失。

淀粉质原料，如豌豆和蚕豆，挤压后其还原糖含量有所增加，这是淀粉的糊化作用引起的。同时又出现了赖氨酸减少的现象，这是美拉德反应造成的，淀粉质原料经挤压后其赖氨酸损失率高达 25%。对大豆肉来说，由于原大豆所含的还原糖数量很少，故可认为可溶性糖在组织化过程中不与蛋白质发生反应，赖氨酸的损失率很小。蛋白质和蔗糖原料的混合物经挤压后其赖氨酸损失率可高达 40%，考虑到水分和温度的影响，赖氨酸的损失可能是由于蔗糖水解成还原糖后与蛋白质发生美拉德反应的缘故。

总之，在有足够的还原糖及条件允许的情况下，挤压过程中蛋白质是会发生美拉德反应的，但它对组织化形成的作用尚不清楚。然而，挤压过程中水分活度可能很高，而且分离蛋白在没有糖存在下其组织化效果仍很好。在玉米粉中，通过添加糖（还原糖）或蔗糖（非还原糖）挤压后蛋白质与糖之间发生了美拉德反应。添加糖使蛋白质的溶解性降低，溶解性随玉米粉的水分增加而减小，这表明美拉德反应是存在的。经^{14}C标记的乳糖试验表明，相对分子质量大的蛋白质能结合更多的还原糖，活性氨基酸残基含量越多的蛋白质，结合的还原糖越多。

热挤压发生组织化交联反应的第三种可能是形成了共价异肽键。在研究受热蛋白质化学变化与营养被破坏的关系时，人们考虑到了这种类型反应。低水分（14%）的几种不同蛋白含量的物料在 115℃条件下受热时，其赖氨酸与酰氨基靖氨的释放和变化有关。经研究发现，大豆蛋白挤压后赖氨酸有损失，同时还发现大豆蛋白富含谷氨酰胺和天冬酰胺的氨基酸。异肽键的形成促进了大豆蛋白组织化过程的进行。下面对它的一些证据进行讨论。

①氨基酸的组成及其有效性：有可能发生异肽交联的氨基酸有：天冬酰胺、天冬氨酸、半胱氨酸、谷氨酰胺、谷氨酸、组氨酸、赖氨酸和蛋氨酸。表 8-11 示出了这些氨基酸在挤压

前后的含量的变化情况。由表可知挤压会引起少量的氨基酸变化。

表 8-11　　大豆蛋白在挤压前后的氨基酸含量的变化　　单位：%

氨基酸	大豆肉	挤出物
天冬氨酸	13.5	13.0
胱氨酸	1.67	1.70
谷氨酸	21.0	20.5
组氨酸	3.1	3.0
赖氨酸	7.1	7.1
赖氨酸	0.41	0.51
蛋氨酸	1.54	1.45

大豆蛋白中约有一半的氨基酸含有游离的羟基、氨基或胺基；挤压过程中如果能得到足够的能量，它们则能够形成异肽键，少量的异肽键即可明显地促进大豆蛋白组织化的进程。经研究发现，加热过程中异肽键的生成与蛋白质中活性氨基酸的含量无关，而蛋白质结构中空间的联系是异肽键形成的控制性因素。蛋白质经热处理后会降低消化率，而异肽本身亦具有生物活性。

②模型研究：虽然没有从大豆蛋白挤出物中分离出异肽，但从经转谷氨酰胺酶（Transglutaminase）催化的 7S 和 11S 组分中发现过分子间或分子内的 Glu-Lys 交联，且交联反应是在氨释放后发生的。

（3）挤压添加剂和蛋白质变性　研究组织化转变机理的一种方法是添加一些挤压添加剂来观察它对蛋白质改性的影响。例如，用单体硫和硫化物（包括半胱氨酸）来改善挤出大豆蛋白的质构。单体硫和硫化物是交联剂，蛋白质本身是一种有效的组织化剂（texturizing agents）。像茚三酮、柠檬酸或天冬氨酸之类的试剂，能阻止交联反应或与之发生竞争，明显地改变大豆挤出物的物理性质。

关于蛋白质中专一活性基团的作用，可用微扰剂（perturbating agents）来研究。例如，可用无水乙酸和琥珀酸等酰化剂来掩盖氨基。乙酰化作用可掩盖约 90%的能与茚三酮发生反应的氨基，借仪器分析法得知，大豆蛋白质构下降 35%。琥珀酸酰化能掩盖 83%的氨基，使得大豆的上述仪器测定值减少 50%。这些试验数据强有力地证明未被掩盖的氨基是组织化结构的前提条件。

3. 脂类物质在膨化过程中的变化

食品物料在挤压膨化过程中，随着温度的上升，脂类的稳定性下降。这是因为随着挤压温度的上升，制品中过渡金属元素特别是铁元素的浓度显著增加。例如，在 175℃下的挤出物中，铁元素的增加量可达未挤压玉米淀粉和大豆油混合物中铁元素含量的 6 倍。而制品中大多数的金属元素对脂类的氧化起着催化作用，因而降低了脂类的稳定性，所以由于挤压温度升高而造成的脂类稳定性降低在很大程度上是由于金属元素含量增加导致的。随着挤压温度上升，通常模头处的扭矩和轴向力会增加，故剪切力也大，这就说明了挤出物中铁元素的来源是挤压机部件如螺杆、机筒和模头，且含量随着挤压温度上升而增加。

玉米粉与大豆油共挤出物的共轭氧化值（COP）、氧化二烯值以及过氧化值（PV）均随着挤出物的储存时间和挤压温度而变化，其中温度的影响最大。物料经挤压后不能立即对其过氧化值进行定量分析。通常温度从115℃上升到175℃时，制品的过氧化值会下降，这是因为在挤压过程中，过氧化物在高温下会很快分解。因此挤出物在挤压之后须经一段时间储存，再测定挤压温度对脂类氧化感受性的影响。对玉米淀粉与大豆油共挤出物研究表明，挤压温度对脂类氧化影响很大。在挤出后的最初8～12d内，过氧化值基本无变化，这个时期称为停滞阶段；而对储存10～12个月后的样品测定表明，挤压温度升高（135～175℃），样品的过氧化值也上升，共轭氧化值和氧化二烯值也有类似的情形。使用单螺杆挤压机时，含水量为30%，物料在机内停留时间为2min，挤出物储存时间为12个月（暗色玻璃瓶，室温），挤压温度分别为121、135和149℃时，挤出物的过氧化值分别为2.7、180.0和221.0。

含有添加乙酸亚铁（50mg/kg干基计）或丁基羟基茴香醚（BHA）（50mg/kg油基计）的挤出物的氧化值明显低于不添加抗氧化剂的对照物的氧化值，而且乙酸亚铁的抗氧化效果要大于BHA的抗氧化效果，这是因为在挤压期间，由于聚合作用或挥发作用而损失了部分BHA，所以在工业生产上使用乙酸亚铁会减少含油脂食品的氧化酸败。过渡金属元素，包括铁元素，促使氢化过氧化物单分子的分解，形成游离基。虽然铁优先与氢化过氧化物发生反应，但多余的游离铁与上述生成的游离基（过氧基、ROO-基及烷基等）发生反应，形成非游离基物质，使过渡金属元素催化剂转变成抑制剂。在其他一些食品研究中得知，乙酸亚铁显示出抗氧化活性，所以可使用乙酸亚铁作为挤压食品的抗氧化剂。过渡金属元素作为抗氧化剂只限于在低水分食品中应用，例如挤压食品。由于反应与溶剂有关，所以在有极性溶剂存在的情况下效果不明显。

五、影响膨化食品质量的主要因素

膨化比体积是评价膨化食品质量的重要指标之一，它表示单位质量产品的体积（mL/g）。一般膨化食品的比体积为3～10mL/g，也有高达25mL/g的。比体积的大小体现了膨化食品的膨胀能力，比体积愈大，则膨胀能力愈强。

膨化加工的关键是物料在挤压机中受剪切力的作用，剪切力愈大，则淀粉和蛋白质受到的损伤和破坏愈严重。剪切力的大小用输入比能（单位质量物料输入的机械能）表示。

影响膨化的因素很多，如原料粒度和含水量、进料速度、螺杆结构和转速以及模孔尺寸等等，总之，原料和设备是影响膨化的两个主要方面。

1. 原料对膨化加工的影响

（1）原料的水分

① 水分与输入比能和产品比体积的关系：当原料的水分在15%～27%之间时，产品的比体积随着水分降低和输入比能的增加而增大。对淀粉原料的实验证明，在输入比能小于250kJ/kg时，颗粒仅部分地扩散到淀粉的连续相内，但输入比能大于600kJ/kg时，淀粉颗粒结构的大部分受到破坏并扩散。提高输入比能可以提高淀粉颗粒的变性与扩散程度，即可提高产品的比体积。输入比能的增加能够加强对物料的剪切作用，增加摩擦，从而提高了物料在剪切区的温度，而温度与物料的含水量密切相关。当含水量增加时，引起摩擦力急剧降低，造成物料在剪切区的峰值温度和输入比能下降，产品的比体积也降低，如表8-12所示。

表 8-12　　　　物料含水量与输入比能、剪切区物料温度的关系

含水量/%	输入比能 / (kJ/kg)	剪切区物料温度/℃	含水量/%	输入比能 / (kJ/kg)	剪切区物料温度/℃
15	506	180	23	307	144
17	478	173	25	266	140
19	392	159	27	247	139
21	327	146			

工艺条件：进料速度 800g/min，螺杆转速 300r/min，模孔直径 4mm，各区温度（自进料口至模具）25、55、120、150、150℃。

②水分与产品径向收缩的关系：产品的最终大小是挤出物膨胀和稳定的加工过程协调一致的结果。加工过程稳定能够减少质地优良的膨化产品由于气泡破裂而造成的结构收缩。当含水量低于 19%时，产品具有较大的膨胀和较小的收缩。当含水量增至 21%时，挤出物的冷却收缩变得十分明显（冷却至室温），在直径方向上收缩最高达 43%，如图 8-4 所示。

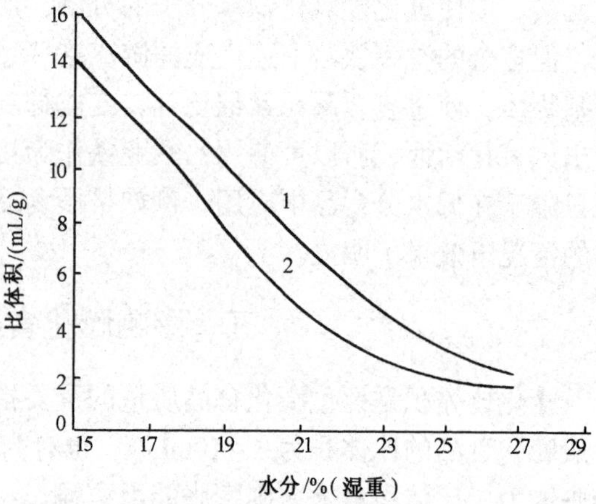

图 8-4　物料含水量与产品比体积的关系

1—模孔直径为 3mm　2—模孔直径为 4mm

挤出物的总体膨胀是水蒸气泡在淀粉聚合物可延伸的连续相中膨胀的结果。当气泡壁的延伸能力超过极限而引起气泡破裂时，挤出物的组织结构可能会在其自身重量和某些可能的弹性作用下发生塌陷，除非形成气泡壁的流体黏度高到足以能够平衡这些力，否则冷缩现象是不可避免的。当含水量很高时，挤出物流体中淀粉聚合物的浓度太低，不能为气泡壁提供足够的机械强度，以阻止气泡的破裂，从而导致多孔结构收缩直至最终稳定为止。

③水分与挤压机特性的关系：原料的水分也影响挤压设备的操作运行以及特性，如表 8-13所示。

原料的水分低时，挤压过程为干挤压，输入比能大，设备相对能耗也大，维修成本高。但原料水分太高时，产品的水分也高。为使产品达到安全储藏的水分，需要对产品进行干燥，这就增加了能耗。实验表明，理想的原料水分为 15%、9%、6%～20%。

(2) 原料对产品比体积的影响　原料的粒度大小是影响膨化的因素之一，膨化加工所用的原料可以是整粒的谷物、破碎的颗粒、磨细的面粉等与水组成的简单混合物，也可以在其中加入蛋白质、纤维、盐、油、糖等其他辅料。在相同的加工条件（如螺杆速度、进料速度、含水量、模具尺寸、缸套温度等）下，采用一组不同的粉状物料分别与水混合后进行实验，结果表明，弱力面粉的输入比能和比体积最小，强力面粉、小麦淀粉和玉米碎粒的输入

比能和比体积要大得多，而直链玉米淀粉的比体积最大，如表 8-14 所示。

表 8-13 挤压机按进料水分的分类

特　性	低　水　分	中等水分	高　水　分
进料水分（ω）	$w \leqslant 20\%$	$28\% \geqslant w \leqslant 20\%$	$w \geqslant 28\%$
能量输入来源	输入能量主要来源于机械能黏滞耗散	一半来源于机械能黏滞耗散，一半来源于蒸汽喷射或热交换器	主要来自蒸汽喷射，少量来自热交换器
机械能	0.1kW·h/kg	0.04kW·h/kg	<0.02kW·h/kg
制品干燥	最低要求：产品经冷却失水 6%以内	有些产品要求成品内水分达 12%以上	大部分产品要求干燥到低于成品水分
制品形状	除膨化片及碎片外能提供的产品形态最少	能提供许多种产品形状	对产品形状和组织非常灵活
制品密度	低密度膨化制品	中等密度	不同密度
生产能力	低档	中档	各档次

表 8-14 不同粉质物料的产品比体积

参　数	弱力粉	强力粉	小麦淀粉	玉米碎粒	直链玉米淀粉
比体积/（mL/g）	9.2	14.9	13.1	14.0	25.0
剪切区温度/℃	154	178	177	180	188
输入比能/（kJ/kg）	458	512	535	568	603

加工工艺条件：含水量 16%，螺杆转速 450r/min，进料速度 800g/min，模孔直径 4mm。

由表 8-14 可以看出，小麦淀粉需要较高的输入比能，这是在压缩的粉料中高浓度的淀粉颗粒造成的，即本来结晶状的淀粉颗粒在受叶片的压缩时产生很强的摩擦和剪切，从而导致输入比能的增加。

用含 70%直链淀粉的玉米粉进行的挤压实验证实了淀粉颗粒的作用。直链玉米淀粉的晶状区熔化温度比小麦淀粉的“熔点”高得多，当含水量较高时，其晶状区熔化温度为 130℃，而当含水量低时，这一温度要高得多，在挤压直链玉米淀粉时，需要很高的输入比能，而且在剪切区的物料温度高达 188℃，以实现固-液相的转化。硬颗粒不断摩擦生热，直到晶状区熔化，而后颗粒扩散变得相当容易，并形成极好的保气膜，以使挤出物产生巨大的膨胀，使比体积高达 25mL/g，而且没有明显的塌陷和冷缩。

(3) 辅料对产品比体积的影响　若用油、盐、糖等辅料置换部分谷物淀粉原料，则会引起输入比能、剪切区物料温度及产品比体积等一系列的变化。表 8-15 列出了以玉米为主要原料的三种不同配方的实验结果。其中配方 A 为 100%玉米碎粒，配方 B 中含有 7.5%的辅料，配方 C 中含有 21.5%的辅料。从表 8-15 可以看出，辅料对主要原料的置换，实际上是降低了淀粉的浓度。淀粉浓度的降低引起了物料在剪切区摩擦作用的降低，表现为物料温度和淀粉扩散程度下降，从而导致产品比体积大幅度降低。对其他谷物原料所进行的实验结果也证实了这一点。

表 8-15　　辅料对产品比体积的影响

参　数	配方 A	配方 B	配方 C
比体积/（mL/g）	14.2	11.3	1.7
剪切区温度/℃	178	169	141
输入比能/（kJ/kg）	486	460	287

（4）温度对物料膨化的影响　在膨化过程中，若温度低，则膨化后产品的水分高，膨化率低，淀粉熟化不完全；若温度高，则产品呈爆裂状，有焦煳味；若温度过高，则物料在套筒内焦煳。物料不同最佳膨化温度亦不相同，但产品感官达到最佳时，膨化率大都为 8 ~ 10 倍，此时产品色泽微黄，熟化完全，有浓郁的香味。对于挤压式膨化，在膨化率为8 ~ 10 倍时，大米、玉米的最佳膨化温度分别为 120 和 130℃。

2. 设备对膨化加工的影响

（1）螺杆与螺套的螺距和间隙　其他条件不变时，螺距愈大，则原料在机腔内推进速度愈快，机腔内形成压力愈大，产量愈高，但机腔内形成的温度愈低。螺距愈小，产量就愈低，但机腔内形成的温度愈高。因此，在其他条件不变的情况下，可以利用螺杆和螺套的螺距变化来调整机腔内温度和压力的变化，以及原料在机腔内的推进速度。在其他条件不变时，间隙愈小，则机腔内形成的压力和温度愈高，反之则效果相反。实验证明，螺杆和螺套间隙达 4 ~ 5mm 时就要报废。使用这种螺杆和螺套膨化出的食品的膨化率倍数很小，或机腔内已无法产生压力和温度，形成不了压差，失掉膨化的机能。

（2）螺杆转速和进料速度　螺杆转速增高，相当于螺距加大，进杆速度加快，机腔温度变低。其他条件不变时，如转速过低，则原料在机腔内推进时间过久，原料在机腔内容易焦化或变黄，产品比体积小且生产效率低。如转速过高，则原料排出过快，原料在机腔内被剪切揉和的时间过短，因而剪切揉和不均匀，产品中出现硬块、气泡不均或表皮结痂，产品质量差，比体积小。调节螺杆速度可改变机腔内的压力和温度，并可代替螺杆的螺距等几何参数的调整。日本的有关资料介绍，螺杆的转速一般在 20 ~ 350r/min。进料速度对产品比体积的影响与螺杆转速的影响相似，即进料速度太快或太低均会使产品比体积下降。

（3）模孔直径大小　原料含水量在 15% ~ 27%之间的情况下，当模孔直径由 4mm 降至 3mm 时，产品比体积会增加。模孔直径变小，使输入比能增加，同时也延长了物料滞留时间，从而提高了淀粉的熟化程度，因而增加了产品的比体积。实际上起决定作用的是喷嘴的长度 L 与其直径 D 的比值，即 L/D 值。随着 L/D 值的变大，挤压机的压力和产品的比体积均呈直线上升；当 L/D 增大到某一值时，比体积达最大值；若再增大 L/D 值，产品的比体积反而直线下降。所以可以通过调整挤压机的 L/D 值，使产品取得最佳的比体积。

第三节　膨化食品的生产

一、膨化食品生产的工艺流程

完整的挤压食品的加工过程：

原料粉碎 → 混合 → 预处理 → 喂料
↓
挤出 | 升压 | 熔融 | 加热 | 混合 | 粉碎 | 压缩 | 输送
↓
切断 → 烘干（冷却）→ 调味 → 成品包装

在这个食品加工设备流程中，物料先进入挤压机以前的上游各设备，即粉碎机、混合机、预处理机、喂料机等，这些设备所完成的工艺过程都只是对物料进行物理上的处理。如把大颗粒物料用机械方法破碎成粉粒状；把不同原料混合均匀；根据物料的含水量和工艺要求加湿或加温，以减轻挤压机的负担等。在这些机器中，食品原料都无质构上的变化。

挤压机出口以后的下游设备为切割机、烘干（冷却）机、调味机等，它们分别把产品切割成所要求的形状，对产品进行进一步的脱水、冷却，对产品的口味进行调整（喷涂一些调味料）等。在这些设备中食品产品也都不发生质构变化。

挤压食品加工过程中把原料变成食品产品，产生质构重组变化的设备只有挤压机。

二、几种类型挤压膨化食品的生产过程及工艺

生产膨化小食品的原料主要为玉米粉、大米粉、糖、乳粉和食盐，根据产品需要还可加入适量的咖喱粉、胡椒粉、小苏打粉、可可粉等。各种不同配比的原料需预先充分混合均匀，然后送入蒸煮挤压机，在挤压机中加适量水（一般总水量为15%左右），稍高的水分可使食品从模孔中挤出时产生更多的气孔，膨化率较高，但食品表面粗糙，干燥时易破裂。生产直接膨化小食品的挤压机可用单螺杆挤压，其螺杆长度和螺杆直径之比可以较低，也可不增加外热而靠螺杆和机筒与食品的摩擦、剪切热使食品升温，但这种挤压机因适应性差不能生产更多种类的食品。生产膨化小食品时，主要工艺参数：转速为200～350r/min，温度为120～160℃，挤压机内最高工作压力为0.8～1MPa，食品在挤压机内的停留时间为10～20s。食品经模孔后因水蒸气迅速蒸发而使食品体积急剧膨胀，此时，食品内的水分可下降8%～10%。为便于产品贮存，需经烘烤，常用的烘烤设备是回转圆筒干燥器，烘烤后食品的水分为3%～6%，当空气中相对湿度较低时，也可使膨化后的产品经传送带冷却后除去部分水分。为获得不同风味的小吃食品，常在食品表面喷洒极少量的液体或粉状调味品，然后再在80～100℃温度下烘烤到含3%～6%的水分。所喷洒的调味料需预先均匀调配好，并存放在带搅拌器的料筒里，用泵经阀门和喷雾头均匀地喷洒在食品表面，喷雾压力为0.3～0.5MPa。经烘烤的膨化小食品应在冷却后立即包装。常用的包装材料为聚丙烯/聚酯组成的复合膜或真空镀铝薄膜。为了防止产品在运输过程中压坏及产品氧化哈败，常在包装袋内充入氮气。

1. 婴儿食品生产线

用蒸煮挤压技术生产婴儿食品是新开发的加工方法，其优点是能够借助于改变加工条件生产出不同冲调性能的各类产品。由于物料在挤压机中经过彻底膨化，因此产品极易消化。生产工艺流程如下：

水 ↓

原料 → 混合 → 挤压、蒸煮 → 烘烤 → 粉碎 → 过筛 → 混合 → 包装

生产婴儿食品的主要原料是大米粉、大豆粉，根据需要还可添加小麦粉、玉米粉、脱脂乳粉、植物油等。原料要经充分混合，然后送入单螺杆或双螺杆挤压机，在挤压机原料入口处加适量水。经过模头的产品由于含水量较高，因而只有少许膨化。

为了防止产品互相粘连，产品必须尽快冷却，经切断面送入烘烤炉，产品经高温短时烘烤后水分降到6%左右。然后磨粉，过40目筛即得到制造婴儿食品的基础原料，根据需要再加入其他营养成分，如维生素、锌等。

2. 早餐谷物食品生产线

一般早餐谷物是指可在冷牛奶中冲泡的片状谷类食品，如米片、燕麦片等，其生产工艺为：

水 ↓ ↑→抽空

原料 → 混合 → 挤压、蒸煮、成型 → 造粒 → 轧片

↓

包装 ← 冷却 ← 烘烤

挤压技术生产早餐谷物制品，原料配方的范围更为广泛。可以使用单一的或混合的原料，可添加营养强化剂、蛋白质或含纤维素丰富的麦麸等，产品可以是直接膨化的或不膨化的。直接膨化的产品只要稍加蒸煮即能复水食用，如玉米粥等。

用挤压机生产的不膨化产品，通常是先制成直径为5～8mm的小丸，然后再经轧片、烘烤后即可食用。用双螺杆挤压机生产早餐谷物食品的具体过程是，谷物原料经磨粉、混合后送入蒸煮挤压机，在挤压机的物料入口部加水，使物料的总含水率在30%左右。物料在挤压机中被充分膨化。为了使产品在通过模头时不发生膨化，在离挤压机模头适当位置的机筒上有一开孔与真空系统连接，处于挤压机中高温高湿并经糊化的食品被螺杆输送到机管真空部位时，由于闪蒸而使物料部分脱水，温度迅速下降到该操作压力下的水蒸气饱和温度。物料经模具时因压力降低，故不会膨化。与模头相邻的旋转切刀迅速将产品切断，获得具有一定直径的小丸。风力输送装置将小丸送到双辊轧片机，产品被压制成极薄的小片，当小丸的直径为5～6mm时，薄片的长、宽、厚约为20mm×10mm×0.3mm，薄片由输送带送到回转圆筒干燥器被迅速烘烤，冷却后即可包装。

3. 非膨化挤压食品生产及产品膨化

用挤压机生产的非膨化食品的特点是：产品经高温处理，具有同方向组织结构，凝固后形成空洞的纤维状蛋白。

使蛋白组织化的方法有多种，如纺丝法、挤压蒸煮法、湿式加热法、冻结法、膨化法等，其中以挤压蒸煮法应用最广泛。大豆组织蛋白产品有以下特点。

①蛋白质结构全粒状，具有多孔性肉样组织，并有优良的保水性与咀嚼感。运用于各种形状的烹调食品、罐头、灌肠、仿真营养肉、盒式营养食品等中。

②经过短时高温、高水分与高压力条件下加工，消除了大豆中所含的多种有害物质（胰蛋白酶抑制素、脲素酶、皂素以及血球凝集素等），提高了对蛋白质的吸收消化能力。经过

湿热处理，使大豆中淀粉的营养价值有显著增加。膨化的蛋白质变性强烈，而对人体必需氨基酸成分的破坏却很轻微（仅损失5.5%～33%）。

③膨化时，由于小口处迅速减压喷爆，因而易去除大豆中的不良气体物质，降低大豆蛋白经代谢后因多糖作用而出现的产气性。

组织蛋白生产过程：

水＋其他添加剂（加入挤压、蒸煮、成型工序）

原料 → 混合 → 挤压、蒸煮、成型 → 造粒 → 干燥 → 冷却 → 包装

低温脱脂的豆粕粉在进入挤压机的同时加入适量的水，使总含水率在25%～30%。物料在挤压机内承受螺杆的剪切、压延，并伴随加热升温，使蛋白质分子在某种程度上形成一定方向的排列而趋于组织化。物料在组织化过程中，由于加热而使蛋白质变性凝固呈不溶化性，最后，在通过模头时因压力骤降而发生一定程度的膨化。经干燥后的产品在复水后仍能保持组织化状态、较好的软硬度和弹性。

生产组织蛋白的挤压螺杆与生产一般膨化食品的螺杆有较大差别。生产组织蛋白的螺杆必须赋予挤压机筒里的物料以更强的挤压、混炼和剪切作用。

大豆组织蛋白产品很多、标准不一，见表8-16、表8-17。

表8-16　膨化前配料方案参考（电感应筒外加热型膨化机）　%

添加物＼原料粉	高温粕	低温粕	冷榨粕	浓缩蛋白
配料后水分	25～45	25～45	40～35	30～35
加盐量	1	1	1	1
加碱量	0.5～1	0.5～1	1	pH6.5～7
磷脂量	—	—	—	—

表8-17　大豆组织蛋白的参考标准

项目＼标准	国内	ADM公司（美国）	日清公司（日本）	项目＼标准	国内参考标准
总蛋白/%	>51	52	51	卫生标准	
水分/%	<10	6	7	磁性金属	<0.003g/kg
脂肪/%	<1	1	1	残留溶剂	50mg/kg
糖类/%	31	31.5	32	脲素酶	合格（ΔpH<0.2）
纤维/%	<3	—	—	感官指标	（1）色泽：浅黄（褐）色
灰分/%	6～7	6	6		（2）气味：略有豆味，无霉焦异味
胆固醇	无	无	无		（3）脆而无硬心，吸水呈海绵状。吸水量为干重的1.5～2.5倍，无砂子，咬感好

三、膨化儿童食品的生产工艺实例

1. 膨香酥

(1) 工艺流程　膨香酥是以玉米为主要原料生产的直接膨化食品，具有香、甜、酥、脆

的特点，是一种粗粮细做的儿童食品，深受儿童喜爱。生产工艺流程如下。

加湿→膨化→烘烤→加味→成品

(2) 操作要点

①加湿：进入膨化机的玉米水分一般以72%～74%为宜。为此，常利用加湿机将适量的水分加进玉米中，搅拌均匀。水分不均匀，会导致成品膨化不均匀；水分低时，机体内部升温快，膨化率下降；水分高时，气泡变大，膨化体积大，产品表面粗糙，质地坚硬。此外，对玉米的粒度也有一定的要求。粒度过大，会影响设备的使用寿命；粒度过小，会导致出现滑脱现象，延长压缩时间，且易出现炭化现象。

②膨化：采用自热型挤压机生产时可先将膨化机喷头部位预热到150℃，然后开始正常生产。膨化机喷头的前部装有回转切刀（转速可调），可将膨化出的半成品切成理想的长度。

③烘烤：由膨化机出来的半成品，其中残留水分较多。为了使膨化后的淀粉不回生，并达到松脆可口的目的，必须及时进行烘烤。可采用圆筒烘干机烘烤，机内温度一般控制在120℃左右，烘烤时间为2～3min。

④加味：烘烤后的半成品需添加不同的调味品和营养物质，如白糖、味精、奶粉、精盐及各种维生素等。加味是在连续加味机中完成的，加味时，如以水作溶剂，或加进液体调味料，则加味后还需进行第二次干燥。干燥温度为70～80℃，干燥时间为8～20min，最终得到的成品可用聚乙烯薄膜袋等包装。从投料到制成成品，全部过程需20～40min。

2. 黑米营养虾条

黑米是营养与保健作用较高的食物，近年来备受人们青睐，但由于黑米的外皮坚硬，烹调困难，一定程度上限制了其消费。因此开发黑米方便食品是解决这一矛盾的现实途径。

目前市场上的黑米方便食品无论是品种还是花样均十分单一，已不能满足消费者的需求。黑米营养虾条则集黑米的营养、保健作用与膨化食品的方便于一身，深受消费者喜爱，具有广阔的市场前景。

(1) 生产工艺流程

原料预处理→水分调节、加调味料→膨化→油炸、脱油→包装→冷却

(2) 操作要点

①原料预处理：原料预处理包括物料净化和玉米破碎。物料净化是为了去除原料中的砂石等杂物，以免损坏机器及影响产品口感。玉米破碎至20目左右，以利于膨化。

②水分调节：加调味料原料含有的水分直接影响膨化程度，一般原料水分在15%左右较好。

在原料配比上，黑米与玉米搭配较之与大米搭配的产品风味更佳，香气尤为明显，而且黑米:玉米为1:1时，产品的膨化度最为理想，具备黑米虾条独特的深紫色。用100%黑米所获产品则有粘牙现象。调味料的添加时间、添加量对产品口味有很大影响。膨化后涂覆调味料，容易使虾条在油炸过程中损失较多的调味料；而在膨化前加调味料，可克服此缺点，且能增强产品口味，这是因为在膨化前调味，则在高温高压的膨化过程中，原辅料被牢固地结合在一起。当调味料按原料质量6%添加时，产品的口味最佳。

③油炸：膨化后的黑米虾条经油炸后，其产品比非油炸的口感更加酥松。这是因为膨化后的半成品中一般仍含有一定水分（7%左右），当高温油炸时，其内部水分迅速气化，加强了膨化后的网状结构所致。一般情况下，油炸温度愈高愈好，但油温与油炸时间两者具有交

互作用，油温愈高，则油炸时间愈短。为了便于大批量生产，油温应采取160℃，油炸时间为40s。

四、膨化糊（粉）类生产工艺实例

营养保健即食糊系列。

营养保健方便即食糊是以大米和民间熟知的药用食物淮山药（山药）、薏米、莲子、百合和蔗糖等为原料，经高压、高温膨化精制而成。食用时用热（温）开水冲调即成为带有以上各种食物风味和营养保健作用的糊。据我国《中药大辞典》介绍，上述食物具有健脾、补肺、固肾、益精、清热、利尿、益肾、止咳、养心安神等功效。此系列食品属于药食两用食品，起到了协同配合、相得益彰的作用。这类食品为免煮性食品，具有结构疏松、风味独特、容易消化吸收等特点，也是兼具风味性、保健性和老少咸宜的方便小食品，且便于携带和食用，储存期长。此项目的投资少，原料来源充足，是食品行业中值得开发的新产品。

(1) 生产工艺流程

大米→精选↘

膨化→粉碎→配料→混合→筛粉→包装→成品

药用食物→粗粉碎↗

(2) 操作要点

①原料的预处理：大米精选以除去大米中谷粒、稗子、沙、泥等杂质。将淮山药、薏米、莲子（去心）、百合等进行粗粉碎，使之成颗粒状，粒度要求在1~3mm间。蔗糖先经粉碎，过80目筛，在70℃的温度下烘1.5h，收集包装备用（密封）。

②膨化：把精选后的大米分别和经粗粉碎成颗粒状的各种药用食物原料，按一定比例混合后放入膨化机中，在温度150~180℃间、压力0.981MPa的条件下进行膨化处理。

③粉碎：分别把大米与各种药用食物原料的膨化条在容器内进行粗粉碎，然后放入粉碎机中进行细粉碎，用直径为0.5mm的筛网过滤。

④配料及混合：分别在大米与各种药用食物原料的膨化粉中加入蔗糖粉，放入搅拌混合机中混合均匀（如无混合机可用人工搅拌代替），搅拌10min。

⑤筛粉：将各种经搅拌混合后的粉料用60目筛网过筛，收集，密封包装即成为各种产品。

在上述操作过程中，可用大米与淮山药混合膨化制成淮山药糊，用大米与薏米混合膨化制成薏米糊，用大米与莲子混合膨化制成莲子糊，用大米与百合混合膨化制成百合糊，用大米与淮山药、薏米混合制成淮（山）薏（米）糊，用大米与淮山药、莲子混合膨化制成淮（山）莲（子）糊等等，可制成一系列营养保健即食糊。

(3) 产品质量指标

①感官指标：

色泽：呈均匀的白色或微黄色。

形状：松散细腻粉末状。

口感：均匀而细腻，味甜，有淮山药、薏米、莲子、百合风味。

成糊性：水中搅拌能迅速成为糊状。

②理化指标：水分≤4%，蛋白质≥4%，脂肪不定量，糖分≤50%，细度过60目筛，铅

≤0.5mg/kg，砷≤0.5mg/kg。

③微生物指标：细菌总数≤30000个/g，大肠菌群≤90个/g，致病菌不得检出。

五、早餐谷物食品的生产

早餐谷物是指可在冷牛乳中冲泡的片状谷类食品，如玉米片和燕麦片等。用挤压膨化技术生产早餐谷物食品所用的原料更为广泛，可以使用单一的或混合的原料，还可添加营养强化剂、蛋白质和富含纤维素的麦麸等。产品可以是直接膨化的，也可以是不膨化的，直接膨化的产品只需用开水冲调即可复水食用，而不膨化的产品一般是先制成直径为5~8mm的小丸，然后再轧片、烘烤后供食用。

1. 工艺流程

双螺杆挤压机生产不膨化的早餐谷物食品的工艺过程如下：

水（↓加入混合） 抽真空（↑自挤压成型）

原料→混合→挤压成型—造粒—轧片—烘烤—冷却—包装

2. 操作要点

谷物原料经磨粉、混合后送入挤压机，并在挤压机的物料入口部位加水，使物料的总含水量在30%左右，物料在挤压机中被充分糊化。为使其在通过模头时不膨化，在离挤压机模头适当位置的机筒上设一开孔并与真空系统连接，当高温、高湿和糊化的物料被螺杆输送到机管真空部位时，因闪蒸效果而使物料部分脱水，温度下降到该操作压力下的水蒸气饱和温度，使物料经过模头时，因压力较低而不会膨化。与此同时，与模头相邻的旋转切刀迅速对产品进行切割而获得具有一定直径大小的丸，风力输送装置再将小丸送入到双辊轧片机，产品则被压制成极薄的小片，薄片由输送带送到回转圆筒干燥器中被迅速烘烤，经冷却后即可包装。

主要参考文献

1. 无锡轻工业学院，天津轻工业学院编．食品工厂机械与设备 北京：轻工业出版社，1981
2. 无锡轻工业学院，天津轻工业学院编．食品工程原理．北京：轻工业出版社，1985
3. 石一兵主编．食品机械与设备．北京：中国商业出版让，1990
4. 编写组编．粮食加工厂通风和气力输送．北京：中国财政经济出版社，1981
5. 上海粮食学校组编．粮食机械．哈尔滨：黑龙江科学技术出版社，1983
6. 蔡林昌．挤压食品生产技术．食品与发酵，1993（5，6）
7. 张魁学．国内外膨化技术与膨化食品的发展．食品与机械，1993（5）
8. 陈大治等．植物蛋白的加工和利用．北京：中国食品出版社，1988
9. 王绍林编．微波食品工程．北京农业工程大学讲义，1993
10. 高福成主编．现代食品工程高新技术．北京：中国轻工业出版社，1997

第九章 植物蛋白及产品

第一节 概 述

一、世界植物蛋白工业生产发展情况

随着世界农业生产的发展和物质技术基础的加强，种植业和养殖业的生产水平都在不断提高，增加优质蛋白生产已成为全球性发展方向。近30年来，世界大豆总产量增加33.8倍，增长速度远远超过其他作物。

从世界角度来看，能提供蛋白资源的食品如表9-1所示，其中植物蛋白占蛋白总产量的70%以上，而动物性蛋白不足30%。在植物蛋白中，除谷类种子外，以油料种子包含的蛋白质所占比例最大，约为13%，这是一个较大的数量，应该予以重视和开发，从油料植物中可以提取的蛋白质约为3100万吨。过去，油料提油后的油子饼粕主要用于肥料和饲料，近20年来，许多国家对于食用油料蛋白的提取、加工和利用做了许多研究工作，生产了一定数量的食用蛋白。

表9-1　　世界蛋白质供应量

蛋白质来源	比例/%	蛋白质来源	比例/%
谷　类	49	肉类与家禽	13
豆类、油料种子、核	13	奶制品	11
根类	5	鱼	3
植物与果	4	蛋	2

开发植物蛋白资源的经济意义是很大的，这是因为用同样面积的土地生产出来的植物蛋白和动物蛋白相比较，则开发植物蛋白更为经济合算。若1hm^2土地用于种草喂牛，从牛肉中只能得到蛋白质26kg，如种小麦可得蛋白质82kg，种玉米得蛋白质147kg，而种大豆可得蛋白质227kg。如将谷类、大豆等饲养家畜，以进行蛋白的转换生产，其蛋白利用率仅为：肉牛12%，猪18%，鸡19%，鸡蛋21%，乳牛25%。可见，植物蛋白的生产成本要比动物蛋白低得多。据国外资料报道，大豆蛋白的成本约等于牛肉的1/5，猪肉的1/3。换算成纯蛋白质，大豆蛋白生产成本等于动物蛋白质的10%~25%，甚至更低。

第二次世界大战后，植物蛋白工业首先是由大豆蛋白资源丰富的美国发展起来的。日本的蛋白研究工作，特别是对于大豆蛋白的研究工作，早在20世纪40年代就已经开始，并曾研究过大豆蛋白制成纤维纺织品的试验，1960年后研究食用蛋白。日本蛋白工业的发展，在技术和机械制造方面，主要是从美国引进的，并且在他们自己的经验基础上加以研究提高。目前，日本植物蛋白工业的产品主要为小麦蛋白和大豆蛋白两类，随着蛋白资源的开发与利用，蛋白制品的产量与品种日益增加。1976年9月，日本公布了植物性蛋白的农林标准，并

于同年10月实施。日本植物蛋白食品协会受农林水产部委托，对植物蛋白利用情况进行了调查，在所调查的全日本809家食品加工厂中，实际上已有68.3%的厂家程度不同地利用了植物蛋白。由于植物蛋白具有经济性、营养性、功能性等优点，在近10年间，已成为食品加工不可缺少的原料。目前，对植物蛋白的研究和利用，不论从基础研究和应用方面，还是从生产及消费的数量方面，美国和日本都是较先进的国家。

二、植物蛋白及其营养价值

1. 植物蛋白的效用

蛋白质是生命的重要物质基础，而人体所需要的蛋白质只能由食物中的蛋白质转化而来，所以蛋白质是衡量食品质量的重要标志。表9-2为中国、日本、美国居民主要食品构成。

表9-2　　中国、日本、美国居民的主要食品构成

项　目	中　国	日　本	美　国
成品粮食用量/（kg/年）	184	122	63
成品油脂用量/（g/d）	<11	26	65
植物蛋白用量/（g/d）	60	80	110
肉类用量/（kg/年）	7.5	18	94

蛋白质中动物性蛋白质主要来源于肉、鱼、奶、蛋等食物，这些食物一方面价格较高，另一方面动物肉如猪肉等含有易导致心血管疾病的饱和脂肪酸和胆固醇。而植物性蛋白质，特别是油料植物蛋白是一种具有较好机能特性的食品原料，蛋白质含量（干基）高于60%，而且这些蛋白质的组织具有类似于肉的性质。由于植物蛋白具有保水性、乳化性、弹性和黏结性等特性，既可以单独制成食品，也可以与蔬菜或肉类等配制成多种多样的食品，同时用作食品具有安全可靠性。

植物蛋白质虽然有时某种氨基酸含量缺少，但可同其他食品混合食用，使营养效果在互相补充中得到提高。植物性蛋白质食物不含胆固醇，因此，比动物蛋白质更具独有的特性。它在加工过程中，具有保水性和保形性，所以在机械成形、加热调理后不再产生收缩等变化，制品品质均匀，有利于延长保存期。

2. 植物蛋白与动物蛋白发热量及其营养价值的比较

营养学家认为，植物蛋白质和动物蛋白质各有特点，营养效果不相同。从食物中按比例平衡摄取这两类蛋白质是比较理想的。有人认为，植物蛋白质与动物蛋白质以2:1配合，对居住在温带的人最好。年龄不同，其比例有所不同，小孩以1:1为宜，青壮年以65:35为宜，老人以80:20最好。

表9-3为动、植物蛋白发热量及成分比较。由表可以看出，大豆的发热量和各种营养成分都不亚于动物蛋白，其氨基酸组成比较齐全，与肉类相仿，是一种比较理想的蛋白食品原料。

表 9-3　　动、植物蛋白发热量及成分比较

食品名称	发热量/(kcal/100g)	成分/%					
		水分	蛋白质	脂肪	糖类	灰分	纤维素
干燥大豆	392	12	34.3	17.5	26.0	5.0	4.5
脱脂大豆	322	8	49.0	0.4	33.6	6.0	3.0
小麦	330	13	13.0	2.2	67.8	1.6	2.4
精白米	351	15.5	6.2	0.8	76.6	0.6	0.3
猪肉							
特肥	451	42.9	12.0	44.3	0.1	0.7	
瘦肉	146	71.6	21.0	6.1	0.3	1.0	
牛肉	429	45.6	12.4	41.0	0.2	0.8	
鸡肉	135~122	72.8~72.1	21~24.9	5.0~1.7	0	1.2~1.3	
鸡蛋	156	75.0	12.7	11.2	0	1.1	
牛乳	59	88.6	2.9	3.3	4.5	0.7	

注：1kcal = 4.18kJ。

3. 主要植物蛋白质的特性

(1) 大豆蛋白质　大豆的蛋白质含量比较丰富，一般在40%左右，个别品种可高达52%。按蛋白质40%计算，1kg大豆的蛋白质含量相当于2.3kg猪瘦肉或2kg牛瘦肉中的蛋白质含量，所以被人称誉为“绿色乳牛”、“植物肉”。大豆的这一优良特性，对于改善我国人民膳食中蛋白质不足的现状具有非常重要的意义。

大豆的蛋白质主要是大豆球蛋白，占大豆总蛋白量的80%~90%，也含有少量的清蛋白。

大豆球蛋白的相对分子质量约为24000，等电点为pH5.0。将大豆球蛋白溶液加热至70℃，可促使其聚合，低离子强度可加速其聚合。酸（pH2）、碱（pH11）或尿素可使其离解和变性。

大豆球蛋白在水中呈乳状溶液，溶于10%的氯化钠（NaCl）溶液，加稀酸至pH5可使其沉淀。也可被熟石膏（$CaSO_4$）或盐卤（主要成分为氯化镁）沉淀。我国制豆腐脑时常用熟石膏，制豆腐时多用盐卤作沉淀剂。盐类沉淀大豆蛋白的原理是因为盐类可破坏蛋白质粒子周围的水膜，同时盐的正离子还能中和蛋白质粒子的负电荷（大豆球蛋白在水溶液中带负电荷）。大豆球蛋白溶液在煮沸时不凝固。

表9-4是大豆蛋白质的氨基酸组成。由表可见，大豆球蛋白的氨基酸组成相当完全，它含有各种必需氨基酸成分，但蛋氨酸和半胱氨酸的含量稍低，不能满足人和动物维持正常生理的需要。如果以大豆球蛋白为唯一蛋白来源饲养大白鼠，则会引起脱毛现象。

表 9-4　　大豆蛋白质的氨基酸组成

氨基酸	大豆蛋白质/%	大豆球蛋白/%	大豆粕粉/(g/16gN)	大豆浓缩蛋白/(g/16gN)	大豆分离蛋白/(g/16gN)
异亮氨酸	4.2	6.0	5.1	4.8	4.9
亮氨酸	9.6	8.0	7.7	7.8	7.7

续表

氨　基　酸	大豆蛋白质/%	大豆球蛋白/%	大豆粕粉/(g/16gN)	大豆浓缩蛋白/(g/16gN)	大豆分离蛋白/(g/16gN)
赖氨酸	6.1	6.8	6.9	6.3	6.1
蛋氨酸	2.4	1.7	1.6	1.4	1.1
胱氨酸	2.4	1.9	1.6	1.6	1.0
苏氨酸	4.3	3.9	4.3	4.2	3.7
色氨酸	1.2	1.4	1.3	1.5	1.4
缬氨酸	4.8	5.3	5.4	4.9	4.8
苯丙氨酸	9.2	5.3	5.0	5.2	5.4
酪氨酸	9.2	4.0	3.9	3.9	3.7
甘氨酸		4.0	4.5	4.4	4.6
丙氨酸		3.3	4.5	4.4	3.9
丝氨酸		4.2	5.6	5.7	5.5
精氨酸		7.3	8.4	7.5	7.8
组氨酸		2.9	2.6	2.7	2.5
天冬氨酸		3.7	12.0	12.0	11.9
谷氨酸		18.4	21.0	19.8	20.5
脯氨酸		5.0	6.3	5.2	5.3

大豆蛋白质虽含蛋氨酸和半胱氨酸较少，但其余的必需氨基酸均达到或超过世界卫生组织的推荐值水平，可见大豆蛋白质的质量接近于完全蛋白质。按照食品蛋白质中所含氨基酸的构成评分，大豆为74，大米为66.5，小米为63，小麦为53，玉米为49。大豆蛋白质的一个重要优点是含有较多赖氨酸。通常禾谷粮食都缺乏赖氨酸，如果把大豆与其他粮食混合食用，不仅可以补充其蛋白质数量上的不足，而且由于补充了其他粮食所缺乏的氨基酸，从而提高混合食品的营养价值。如每摄食500g小麦粉的同时，能摄食75g的大豆，那么，小麦粉的蛋白质人体利用率可提高1.8倍。我国人民多数是以禾谷类粮食为主食，利用大豆蛋白质的这一优良特性，把大豆与禾谷类粮食混合食用，对改善人民群众的营养状况、增强人民体质有着十分重大的现实意义。

大豆的蛋白质虽然接近于完全蛋白质，但蛋氨酸、半胱氨酸的含量不能满足人体需要，若在大豆中添入适量的蛋氨酸，或者将大豆与动物性食物配合食用，大豆蛋白质的营养价值会更高。

在生大豆及其制品中含有胰蛋白酶阻碍因子、凝血素、肠胃产气因素等抗营养物质。这些抗营养物质有的能抑制人或动物体内胰蛋白酶的活性，使人或动物不能正常地消化吸收蛋白质，有的能造成人畜轻度中毒。所以，吃了未充分煮熟的大豆或喝了没有煮开的豆浆，会引起腹胀、腹泻、呕吐、胃肠胀气，严重的还会导致全身虚弱、呼吸急促。不过大豆中的抗营养物质在100℃高温下即丧失活性，只要把大豆或豆制品充分煮熟，即可消除抗营养物质对人体的不良影响。

在食品工业中，可利用大豆制成营养丰富、风味鲜美的传统蛋白食品，使大豆蛋白质在人体营养中发挥着营养强化的作用。因此，大豆蛋白质在我国人民的食品营养中占有十分重要的地位。

(2) 花生蛋白质　干花生仁平均含蛋白质25%～30%，其中约有10%是水溶性的，称为清蛋白，其余的90%为球蛋白，它是由花生球蛋白和伴花生球蛋白两部分组成，二者的比例因分离的方法不同是（2:2）~（4:1），花生蛋白的等电点在pH4.5左右。

花生蛋白质溶于水、10%氯化钠或10%氯化钾溶液，在pH7.5的稀氢氧化钠溶液中溶解度亦很大。利用不同饱和度的硫酸铵 $(NH_4)_2SO_4$ 溶液，可使花生球蛋白和伴花生球蛋白分开。

花生球蛋白质的相对分子质量约为30000，等电点为pH5~5.2，在pH5的低浓度盐溶液中，花生球蛋白离解成2个相对分子质量约为15000的小分子。因此，花生球蛋白是两个亚单位组成的二聚体。

伴花生球蛋白的等电点为pH3.9~4.0。据沉降分析的结果得知，伴花生球蛋白是由相对分子质量 2×10^4 ~ 2×10^6 的6~7个单体所组成。

花生球蛋白的氨基酸成分较完全（表9-5），但蛋氨酸和色氨酸量较少。伴花生球蛋白的氨基酸分析尚不完全。

表9-5　花生蛋白质的氨基酸组成　单位：%

氨基酸	FAO标准	花生蛋白质	脱脂花生粕	花生球蛋白	伴花生球蛋白
异亮氨酸	4.2	4.6	4.1	4.46	4.00
亮氨酸	4.8	6.7	6.62	7.61	6.61
赖氨酸	4.2	3.0	3.0	2.72	4.69
蛋氨酸	2.2	1	0.9	0.65	2.09
胱氨酸	—	—	—	1.50	2.93
苏氨酸	2.8	2.6	2.5	2.89	2.02
缬氨酸	4.2	4.4	4.0	4.85	3.68
苯丙氨酸	2.8	5.1	5.2	6.96	4.32
酪氨酸	—	—	—	5.68	2.86
甘氨酸	—	—	—	1.8	—
丙氨酸	—	—	—	4.11	—
丝氨酸	—	—	—	2.26	1.78
精氨酸	—	—	—	13.58	16.53
组氨酸	—	—	—	2.16	2.05
天冬氨酸	—	—	—	5.3	—
谷氨酸	—	—	—	16.7	—
脯氨酸	—	—	—	1.4	—

花生中蛋白质含量比牛奶、猪肉、鸡蛋都高，且胆固醇含量低，蛋白质的营养价值与动物蛋白质相近，其营养价值在植物蛋白质中仅次于大豆蛋白质。

花生蛋白中含有大量人体必需氨基酸，其中谷氨酸和天冬氨酸含量较高，赖氨酸含量比大米、面粉、玉米都高，其有效利用率高达98.94%。在人体必需氨基酸中，花生蛋白除蛋氨酸含量较低外，赖氨酸、色氨酸和苏氨酸含量接近联合国粮农组织（FAO）规定标准，苯丙氨酸、亮氨酸、异亮氨酸、缬氨酸含量超过FAO规定标准，因而，除蛋氨酸需稍加补充外，其余可基本满足人体的需要。

花生蛋白质的生物价（BV）为58，蛋白质效率比值（PER）为1.7（酪蛋白为2.5），比面粉、玉米高。通过对不同地区生长的8种不同的花生研究表明：花生球蛋白的氨基酸分数为31%～38%，伴花生球蛋白的氨基酸分数为68%～82%。

花生蛋白的可消化率高，消化系数达90%，极易被人体吸收利用。花生蛋白基本不含胆固醇，饱和脂肪酸的含量低，亚油酸的含量高，经常食用可预防高血压、动脉硬化等心血管疾病。值得提出的是，花生蛋白中棉子糖和水苏糖含量很低，相当于大豆蛋白的1/7，这两种不消化糖，食用后腹内会胀气，因而食用花生蛋白制品不会产生腹胀嗝气现象。花生中所含胰蛋白酶阻碍因子的量为大豆的20%，此外，还含有甲状腺肿素、凝血素及植酸、草酸等抗营养物质，但是这些抗营养物质经过热加工处理后容易被破坏而失去活性。

由上述分析可以看出，花生蛋白质具有较高的营养价值，所以，它在畜饲料中同样占有重要地位。

(3) 菜子蛋白质　油菜子含蛋白质约25%，去油后的菜子饼粕中含35%～45%的蛋白质，略低于大豆粕中蛋白质的含量。菜子蛋白为完全蛋白质，几乎不存在限制氨基酸。与其他植物蛋白相比，菜子蛋白的蛋氨酸、胱氨酸含量高，赖氨酸含量略低于大豆蛋白质（见表9-6）。因此从蛋白质的氨基酸组成来看，菜子蛋白的营养价值较高，与大豆蛋白质以及联合国粮农组织（FAO）和世界卫生组织（WHO）推荐值非常接近。

表9-6　菜子蛋白质的氨基酸组成　单位：g/16gN

氨基酸	FAO/WHO推荐值	菜子饼	菜子浓缩蛋白
异亮氨酸	4.0	4.4	3.8～4.2
亮氨酸	7.0	7.9	6.7～7.3
赖氨酸	5.5	6.7	5.8～5.9
苯丙氨酸	6.0	3.8	3.9～4.1
酪氨酸	6.0	3.2	2.4～3.1
半胱氨酸	3.5	—	1.3～2.6
蛋氨酸	3.5	2.2	1.8～2.3
苏氨酸	4.0	4.7	3.8～4.8
色氨酸	1.0	1.6	1.4
缬氨酸	5.0	5.6	4.7～5.2

(4) 棉子蛋白质　带壳棉子含蛋白质20%，脱壳棉子含蛋白质40%～45%，棉子仁提油后的棉子饼粕蛋白质高达50%，远比谷类种子高。棉子蛋白在质量上近于豆类蛋白质，营养价值也比谷类蛋白高。

棉子蛋白质的主要成分是球蛋白（含90%左右），其次是谷蛋白。棉子蛋白中氨基酸组成见表9-7。从棉子蛋白质的氨基酸组成来看，除蛋氨酸稍低外，其余必需氨基酸均达到联合国粮农组织（FAO）推荐的标准，因而棉子是一种很好的食物蛋白质或饲料蛋白的来源。

棉子中含有一种毒性的多酚类色素即棉酚，在以棉子蛋白作单胃动物（如猪、鸡、兔等）饲料及供人类食用时，使用前必须将棉酚除去。

表 9-7　　棉子蛋白质的氨基酸组成　　单位：%

氨　基　酸	棉子球蛋白	棉子蛋白质	棉　子　粕
异亮氨酸	2.2	1.33	4.1
亮氨酸	8.0	2.40	5.7
赖氨酸	5.2	1.79	4.3
蛋氨酸	2.3	0.51	1.2
胱氨酸	1.0	0.62	—
苏氨酸	2.7	1.34	3.2
色氨酸	1.5	0.52	1.4
缬氨酸	6.1	1.28	4.8
苯丙氨酸	7.9	2.23	5.3
酪氨酸	3.1	—	—
甘氨酸	—	1.69	—
丝氨酸	2.7	—	—
精氨酸	12.8	4.66	10.2
组氨酸	3.0	1.1	2.7
谷氨酸	17	—	—

(5) 葵花子蛋白质　国产的葵花子仁中含蛋白质 21% ~ 30.4%，取油后的葵花子饼粕一般含蛋白质 29% ~ 43%。葵花子的蛋白质中，球蛋白占 55% ~ 60%，清蛋白占 17% ~ 23%，谷蛋白占 11% ~ 17%，醇溶谷蛋白占 1% ~ 4%。葵花子蛋白中氨基酸的组成，除赖氨酸的含量较低外，其他的各种氨基酸具有良好的平衡性。表 9-8 中列出葵花子粕及葵花子分离蛋白中的主要氨基酸组成。为了便于比较，还列出了鸡和成人对氨基酸的需要量。

表 9-8　　葵花子蛋白质的氨基酸组成　　单位：g/16gN

氨　基　酸	葵花子粕	葵花子分离蛋白	鸡的需要量	成人的需要量
异亮氨酸	5.2	5.2	3.0	4.2
亮氨酸	7.0	7.1	7.0	4.8
赖氨酸	3.9	4.0	4.5	4.2
蛋氨酸	2.6	3.0	2.25	1.7
胱氨酸	1.3	1.6	—	—
苏氨酸	4.0	3.6	2.25	3.3
缬氨酸	5.2	5.0	4.0	4.2
苯丙氨酸	5.4	5.1	4.5	2.8
精氨酸	8.0	8.0	6.0	2.0
组氨酸	2.5	2.6	0.75	2.4

由表 9-8 可见，葵花子粕和葵花子分离蛋白中，赖氨酸的含量较低，但其他必需氨基酸均高于或与 FAO 值相似，可以满足鸡和成人的需要量。葵花子蛋白中，蛋氨酸的含量较高，如把蛋氨酸含量较高的葵花子蛋白与大豆蛋白混合使用，可以补充大豆蛋白蛋氨酸的不足，它们的混合物用作食品是很有前途的。

葵花子仁中含有绿原酸、咖啡酸等抗营养物质，它们经氧化后生成绿色的产物，影响蛋白的颜色，且绿原酸可抑制胃蛋白酶，会引起人体消化不良及胃胀现象，需要在提取蛋白过程中将其除去，以保证产品质量。此外，葵花子蛋白中不含有其他抗营养物质，同时它又是钙、磷及烟酸、核黄素等维生素的重要来源，所以说，葵花子蛋白用于人类食品的添加剂具有较高的营养价值。

(6) 小麦蛋白质　小麦约含有13%的蛋白质，构成面筋的麦胶蛋白和麦谷蛋白是小麦籽粒中的主要蛋白质。

①麦胶蛋白：小麦麦胶蛋白是粮食中最重要的蛋白质之一，它与麦谷蛋白一起构成面粉中的面筋质，其相对分子质量为27000~28000，是一种多聚物。它溶解于中等浓度的乙醇之中（在60%~70%的乙醇中溶解度最大），在无水乙醇中不溶解。

麦胶蛋白微溶于水，在稀的甲醇、丙醇、苯醇溶液和酚、对甲苯、冰醋酸溶液中都能溶解，也能溶解在弱酸和弱碱的溶液中。

小麦麦胶蛋白含有17.7%的氮素，水解时生成多量的氨、谷氨酸、脯氨酸和少量的组氨酸和精氨酸。从表9-9可见，小麦麦胶蛋白的氨基酸组成相当完全，其中谷氨酸的含量高达38.87%，因此，常用小麦面筋制取味精（谷氨酸钠）。

一般认为，麦胶蛋白的等电点为pH 6.41~7.1。

②麦谷蛋白：麦谷蛋白和麦胶蛋白一起组成面筋蛋白质，它不溶于水和酒精，与麦胶蛋白结合在一起很难分离，稍溶于热的稀乙醇中，但冷却后便成絮状而沉淀；只有新制得的尚未干燥的麦谷蛋白才非常容易溶解于弱碱和弱酸中，并在中和时又沉淀出来。

表9-9　小麦蛋白质的氨基酸组成　单位：%

氨基酸	FAO/WHO推荐值	小麦蛋白质	麦胶蛋白	麦谷蛋白	麦清蛋白	小麦面粉
异亮氨酸	4.0	3.6	4.31	3.74		3.7
亮氨酸	7.0	7.1	6.85	6.58	11.34	7.5
赖氨酸	5.5	2.4	0.64	2.26	2.75	1.9
蛋氨酸	3.5	3.9	1.43	1.66		2.6
胱氨酸			2.97	2.37		1.9
苏氨酸	4.0	3.1	2.16	3.11		2.7
色氨酸	1.0	1.1	0.71	2.09		1.0
缬氨酸	5.0	4.2	4.12	4.24	0.18	4.2
苯丙氨酸	6.0	4.5	5.52	4.76	3.83	5.2
酪氨酸	6.0	—	2.61	3.61	3.34	3.8
甘氨酸			1.53	3.82	0.94	4.3
丙氨酸			2.03	2.77	4.45	2.7
丝氨酸			4.67	5.38		4.3
精氨酸			2.72	9.13	5.94	3.0
组氨酸			2.23	2.32	2.83	2.2
天冬氨酸			2.86	3.73	3.55	1.3
谷氨酸			38.87	33.15	6.73	4.0
脯氨酸			13.79	10.29	3.18	14.1

麦谷蛋白与麦胶蛋白的氨基酸组成非常相似，麦谷蛋白含较多的赖氨酸、甘氨酸、色氨

酸和精氨酸，酪氨酸、苏氨酸、天冬氨酸、丝氨酸和丙氨酸的含量也略为高些。小麦麦胶蛋白的脯氨酸、胱氨酸、苯丙氨酸、异亮氨酸、谷氨酸含量都比麦谷蛋白高，蛋氨酸、缬氨酸、亮氨酸及组氨酸的含量无太大差异。此外，在麦谷蛋白中还发现含有 1.8% 的羟基氨基酸。

③麦清蛋白：小麦麦清蛋白为籽粒质量的 0.3% ~ 0.4%，虽然麦清蛋白在整个籽粒中的含量不多，但它在胚里的含量则占全干物的 10%以上。其物理性质和水解产物有些类似于动物性蛋白质。麦清蛋白的等电点为 pH4.5 ~ 4.6。

麦清蛋白的主要氨基酸组成见表 9-9。

④面筋：当小麦的面团在水中揉洗的时候，它的一部分淀粉粒和麸皮微粒脱离面团成为悬浮状态，另一部分溶解于水中，剩余部分为块状的胶皮状物，称为面筋。对洗净的小麦面筋的化学分析证明，面筋是一种水化的蛋白质形成物，另外还有少量的淀粉、纤维素、脂肪和矿物质。面筋的干物质按面粉品质的不同含 70% ~ 80% 的蛋白质。其成分大致如下：

麦胶蛋白	43.02%	脂肪	2.80%
麦谷蛋白	39.10%	糖	2.13%
其他蛋白质	4.41%	淀粉	6.45%

小麦面筋的质量和数量主要与小麦粉中蛋白质的含量和性质有关,其氨基酸组成见表 9-9。

从表中看出，除了亮氨酸、蛋氨酸、胱氨酸和色氨酸外，其余的必需氨基酸均达不到世界卫生组织推荐的标准，特别是严重缺乏赖氨酸。因此，小麦粉蛋白质属于不完全蛋白质。其生物价仅为 67，不但远比动物性食品低，而且也比大米等品种低，但由于小麦粉的蛋白质含量高，可以弥补质上的不足。据有关部门测定，小麦蛋白质总的营养价值仍高于大米等品种。

（7）玉米蛋白质　玉米子粒的主要蛋白质是玉米胶蛋白和谷蛋白，并含有少量的玉米球蛋白。

①玉米胶蛋白：溶解在乙醇中的玉米蛋白质称作玉米胶蛋白，它与其他醇溶蛋白的区别在于它极易溶于 90% ~ 93% 的乙醇之中。

玉米胶蛋白的氨基酸组成见表 9-10。从表中看出，玉米胶蛋白含有大量的谷氨酸和亮氨酸，但赖氨酸和甘氨酸含量较少，有些类似于麦胶蛋白。

表 9-10　　玉米蛋白质的氨基酸组成　　单位：%

氨基酸	普通玉米蛋白质	玉米胶蛋白	玉米谷蛋白
异亮氨酸	4.2	5.0	6.2
亮氨酸	14.6	21.1	2.9
赖氨酸	2.0	0	
蛋氨酸	1.3	2.41	
胱氨酸	1.7	0.83	
苏氨酸	4.1	3.45	
色氨酸	0.6	0.16	
缬氨酸	5.7	3.98	1.7
苯丙氨酸	5.8	7.3	3.8
酪氨酸	5.2	5.25	

续表

氨　基　酸	普通玉米蛋白质	玉米胶蛋白	玉米谷蛋白
甘氨酸	4.7	0.4	0.2
丙氨酸	9.2	10.52	
丝氨酸	5.6	7.05	
精氨酸	2.6	1.32	3.0
天冬氨酸	9.2	4.61	0.6
谷氨酸	22.6	26.9	12.7
脯氨酸	9.6	10.53	5.0

营养学家们认为，玉米胶蛋白中的氨基酸不完全，是造成癞皮病的主要原因，这些疾病常流行在以玉米为主要粮食的地区。现已证明，癞皮病的发生是由于缺少一种称作烟酸的维生素，而烟酸的形成又与氨基酸有关。

玉米胶蛋白的等电点位于 pH 5.6 ~ 6.4 之间。

②玉米谷蛋白：玉米谷蛋白占玉米子粒中全部蛋白质的 40% 左右，其氨基酸与玉米胶蛋白不同（见表 9-10）。玉米谷蛋白的等电点为 pH6.45。

普通玉米的蛋白质含量较低，一般只有 8% 左右，同时玉米蛋白质中必需氨基酸的构成不平衡。从表 9-10 中可看出，玉米蛋白质中严重缺乏赖氨酸，同时色氨酸和蛋氨酸也较少，而亮氨酸的含量极高。因此，玉米蛋白质的氨基酸构成很不平衡，其生物价仅为 60，人体的消化率仅 66%，均低于一般粮食的水平。

(8) 大米蛋白质　大米的蛋白质含量一般在 8% 左右，其中主要成分为米精蛋白，也含有少量的清蛋白。米精蛋白是非醇溶性蛋白，溶于稀酸和稀碱溶液。

米精蛋白的氨基酸成分比较完全，含有人体和动物生长所必需的各种氨基酸，但色氨酸、胱氨酸和蛋氨酸含量较低（见表 9-11）。

表 9-11　　大米蛋白质的氨基酸组成　　单位：%

氨基酸	米精蛋白质	籼米蛋白质
异亮氨酸	4.46	3.4
亮氨酸	0.35	9.0
赖氨酸	2.15	3.8
蛋氨酸	1.49	4.1
胱氨酸	0.88	4.1
苏氨酸	3.32	3.9
色氨酸	1.52	1.6
缬氨酸	6.31	5.5
苯丙氨酸	5.80	4.7
酪氨酸	5.47	
甘氨酸	4.41	
丙氨酸	5.26	
丝氨酸	5.6	
精氨酸	3.06	

续表

氨基酸	米精蛋白质	籼米蛋白质
组氨酸	2.15	
天冬氨酸	9.71	
谷氨酸	19.9	
脯氨酸	4.45	

大米中蛋白质的含量虽低于小麦粉及大多数粮食品种，但其必需氨基酸构成比较完整。从表9-11可见，大米蛋白质与理想蛋白质相比，赖氨酸、异亮氨酸、苏氨酸略微不足。因此，大米蛋白质的营养价值高于小麦而接近于完全蛋白质。大米蛋白质的生物价为77，不但在各种粮食中（包括大豆）居第一位，而且可以与白鱼（生物价76）、虾及牛肉相媲美。

第二节　大豆蛋白生产工艺

一、大豆粉生产

1. 工艺技术关键与处理要点

豆粉不论以何种方法生产，要使产品达到冲调性好、无豆腥味、不分层、不沉淀、不结块、不上浮，有许多工艺技术关键必须掌握并进行科学处理，由于大豆蛋白的特性所致，如工艺处理技术不当，不但生产合格率低，而且很难生产出优质产品。根据产品的特性和工艺特点需正确掌握与处理如下技术关键。

(1) 抗营养因子的处理　大豆中含有几种抗营养因子（阻碍因子），如胰蛋白酶抑制素、血细胞凝集素、皂素及甲状腺肥大素等物质，在加工过程中如不采取有效方法予以去除，而残留于产品中，不但影响人体的消化吸收，且影响产品风味，并可能引起腹胀等不适感觉。

实验表明，这些阻碍因子均为水溶性的，且耐热性弱。因此在生产工艺中（可在调浆、脱腥、杀菌、浓缩等工序中），选定适宜的工艺条件（如温度、压力、时间）即可全部破除。

(2) 豆腥味与苦涩味的处理　大豆制品在加工过程中，很易产生令人厌恶的豆腥味，并带有苦涩味，影响产品风味和人们的食欲。研究成果表明，大豆的这种豆腥味与多价不饱和脂肪酸的氧化有关，而在此氧化过程中脂肪氧化酶起着催化剂的作用，氧化最终产物为正乙醛、正乙醇和戊基呋喃化合物等，均有挥发性腥味。因此，在加工过程中，采取除掉脂肪氧化酶的方法，即可防止其对脂肪酸促进氧化，便可消除豆腥味。

脂肪氧化酶存在于许多植物中，以在大豆中的脂肪氧化酶的活性为最高，经研究最有效的方法是采用加热方式使脂肪氧化酶失去活性，即通常称为的脱腥或灭酶。

常用的脱腥方法有四种：

①脱臭法：用乙烷酒精系统等有机溶剂萃取，或输入水蒸气蒸馏去，也可以用酶或发酵法把腥味物质变成无味成分。

②掩盖法：采用风味物质，如可可、咖啡、香草、胡椒等掩盖制品的豆腥味，亦可添加吸味的环状糊精吸收豆腥味。

③破坏法：以湿法生产时，可用热水浸泡大豆，对原料进行湿热处理，或在大豆制浆过程中以热水处理，以破坏脂肪氧化酶，阻止其催化作用，防止脂肪酸的氧化分解。

④抑制法：又称钝化法，即按产生豆腥味的机理和脂肪氧化酶的特性，在工艺过程中选定正确的工序和工艺参数，利用加热使脂肪氧化酶钝化而失活。

根据干湿结合法的工艺特点，采用抑制法与破坏法并举的脱腥效果较理想。

(3) 防止脂肪上浮及纤维素沉淀　干湿结合法制成的产品，含大豆全脂肪和约1%的纤维素，如工艺处理不当，则会影响产品的冲调性和速溶性，严重的便出现脂肪上浮或纤维素沉淀。

通过研究试验，采取大豆脱皮破碎后先经磨粉机粉碎成400目的超微豆粉，在调浆后再以胶体磨、均质机研磨，使豆浆粒度均匀地通过剪切、冲撞及空穴作用，使脂肪球和纤维微细化，以使其粒子稳定地悬浮在浆液中的方法，最终确保产品获得良好的冲调性和稳定性。

(4) 解决受热对蛋白质的影响及其水溶性　大豆蛋白主要是球蛋白，它与牛乳中的酪蛋白很相似。在加工过程中，介质（浆体）的酸碱质不同，再经过高温和长时间的处理，会导致蛋白质变性，影响成品的冲调性和溶解性，这是由于蛋白质在受热过程中发生聚合作用。通过实验从超速离心分离图可以看出，这种聚合作用在70℃经10min便开始，在80℃下10min则迅速沉淀出聚合物。聚合作用与蛋白质的—SH和疏水性氨基酸残基有关，由于受热，—SH和疏水性氨基酸残基裸露于分子表面而活性化，并在干燥成粉时蛋白质间相互靠近，因二硫键与疏水氨基酸残基的结合，形成不溶化的状态。

为防止上述聚合作用，解决大豆蛋白的溶解性，选择科学的工艺参数和处理方法十分重要。日本豆乳的处理条件为80℃下10min。通过实验采用78℃、10~15min的杀菌参数为最佳，但要严格控制浆体的pH，使之稳定在pH7.0~7.2。也可以添加适量的阻断剂和表面活性剂，如半胱氨酸、维生素C和大豆磷脂、蔗糖酯等。

(5) 提高产品的冲调性和速溶性　速溶脱腥全脂豆粉的最大特点是速溶，若获得良好的冲调性和速溶性，除上述诸因素外，尚需适当控制成品粉的颗粒度、疏散性和含水量。

成品豆粉的粒度过细或过大都影响其冲调性，实验结果表明粒度在100~150μm速溶性最佳。为此需正确控制浓缩豆乳的浓度、喷雾干燥塔内的温度、离心机速度和豆乳流量等工艺参数，同时要准确地掌握成品豆粉的含水量，以获得良好的湿润性和保存性。

速溶脱腥全脂豆粉是一种营养高、食用方便的高蛋白食品，质地明显优于全豆粉，食用性和大豆利用率均好于其他大豆制品。所以是一种新型的大豆蛋白食品，为大豆深加工开创了新的途径。这种豆粉人们可以随意直接冲调饮用，同时又是其他食品工业良好的蛋白质添加剂，如可衍生出豆奶粉、豆奶晶及各种豆乳饮料。可将速溶豆粉添加在冰制品中，生产出高蛋白的冰砖、雪糕、冰淇淋，也可用于奶糖、蛋糕、面包、香肠等产品中，均能制成高蛋白、风味好的食品。因此，脱腥豆粉有广泛的实用价值和推广价值。

2. 大豆粉生产工艺

(1) 速溶脱腥全脂豆粉　速溶脱腥全脂豆粉是大豆子叶全利用产品，不脱脂、不除渣，大豆利用率提高20%~28%，蛋白质利用率提高20%。

目前国内类似产品的工艺方法多采用湿法，而国外多为干法。速溶脱腥全脂豆粉的工艺方法则是“干湿结合法”。从大豆精选到磨粉采用干法。豆粉经调浆再通过微化处理，脱腥杀菌，浓缩干燥成成品豆粉。干湿结合法的特点是灭酶脱腥效果明显优于干法，而工艺路线较湿法简便，占地面积和耗水量少于湿法。其工艺流程如下：

大豆→精选→烘干→脱皮→破碎→磨粉→调浆→研磨→均质→脱腥→杀菌→浓缩→喷雾干燥→凉粉→筛粉→包装

速溶脱腥全脂豆粉的特性概括起来即速溶，无豆腥味，不除渣，不脱脂。

速溶即冲调性与溶解性好。制品以15~20倍的沸水（水温在80℃以上为宜）冲调，稍加搅动即刻全部溶成均匀的豆乳，不必再行煮沸，冲成的豆乳不结块、不沉淀。通过比较，其冲调性与速溶性均优于日本、瑞典的干法产品和国内的湿法产品。

脱腥效果好，冲成豆乳饮用，豆香味纯正明显，毫无豆腥味及苦涩等异味。对比后得知，干法产品与湿法产品的脱腥效果均不如干湿结合法制成的豆粉。

原料大豆不脱脂，不但营养价值高，而且风味好，更可贵的是全脂豆粉成乳后，脂肪不上浮、不分层。

速溶脱腥全脂豆粉为脱皮后子叶利用，即不除渣，不但原料利用率高，并使产品中含部分纤维素。近代科学报道：食品纤维素可促进肠蠕动，而不被胃肠消化吸收，原样排除体外，因此可使通便正常、防止便秘，且有预防消化道癌症的功能。

(2) 全脂大豆蛋白发泡粉

①全脂大豆蛋白发泡粉的提取工艺：

大豆→除杂→软化→压坯→提升→检质→提取→过滤→除渣→离心滤液→滤液酸沉→离心浓缩→回调→酶解→喷雾干燥→成品

②操作方法与工艺条件：

a. 原料性质：不脱脂大豆胚，含油17%左右，胚厚0.3mm左右。

b. 提取剂：用碱性溶液（提取液的pH9.5~10）NaOH和Ca（OH）$_2$均可，为加大蛋白质溶解度可采用有增溶作用的$NaHSO_2$作为提取剂。提取条件：一次提取的，料∶水=1∶20；提取温度35~40℃；加NaOH或Ca（OH）$_2$调溶液pH9.5；搅拌转速n=33r/min；提取时间约2h；提取液放到过滤筒过滤。二次提取的，料∶水=1∶18；提取时间约1.5h；加NaOH或Ca（OH）$_2$调溶液pH9.0~9.6；提取温度、搅拌转速同第一次提取。滤除不脱脂豆坯。

c. 酸沉：过滤后的提取液经离心分离去除细大豆粉，将纯净液泵入酸沉罐中。在不断搅拌情况下，加入HCl溶液成为酸性时，蛋白质由钠盐生成盐酸盐。

d. 酶解：酸沉液经离心浓缩后泵入回调罐，加NaOH溶液调蛋白液pH6.5~7.0，蛋白质又成为钠朊盐，成品会稍有咸味；酶解温度35~40℃；搅拌转速n=8r/min；加入提纯后的中性蛋白酶，水解40~45min。

e. 喷粉：酶解后的蛋白液经离心式喷雾机喷入干燥塔。热风温度160~170℃；排潮温度85~95℃；塔温保持在95~100℃，塔内负压97.3kPa。

(3) 脱脂大豆粉（干式分离） 目前，从脱脂大豆中提取蛋白质含量高的大豆粉，多采用湿法加工。但是，采用湿法加工，在提取蛋白质时需将脱脂大豆放在碱液或水中浸泡，然后浓缩、干燥，工序复杂，而且在处理废液时还会污染环境，造成公害。

经过对脱脂大豆的粉碎程度及粒径与蛋白质含量的关系进行分析与研究后，得出了采用干式分离法可提高制品得率的结论，即将脱脂大豆粉碎成一定粒度，通过风选，获取特定的微小颗粒成分，可以得到高蛋白含量的脱脂大豆粉。

加工方法：首先将脱脂大豆粉碎成平均粒径为5~20μm。如粒径大于20μm，则不能充分分离高蛋白质的成分，如果粒径小于5μm，则又会混入非蛋白成分，为后面的粒度分级处理造成障碍。

脱脂大豆粉碎所采用的粉碎机，只要在粉碎加工过程中不使被粉碎物质发热即可。通常多采用冲击式粉碎机、如使用锤式粉碎机、轴流式粉碎机、旋转板式粉碎机等冲击型粉碎机均可，并要根据所选用的粉碎机来确定转速和加工的时间，通常粉碎机的转速选定为 40～150r/s，粉碎数秒即可。

将经粉碎加工所得到的脱脂大豆进行粒度分级处理。当以含大豆种皮的脱脂大豆为原料时，在进行粒度分级处理之前，要预先筛分，用 80～170 目的筛子，筛出粒径大于 170 目的种皮粗粒，然后进行粒度分级处理。

粒度分级可采用干式气流分级装置，如使用自由涡流型气流分级器、强制气流分级器等。利用这些分级装置可筛分出 5～10μm 这一粒径范围的微粒，该粒径的大豆粉蛋白含量高，得率高，而且容易获取。这种高蛋白脱脂大豆粉的用途极为广泛，特别适用于汉堡包类食品加工。

(4) 脱脂大豆蛋白发泡粉的提取

①工艺流程：

水 ↓ 豆粕→ 豆乳→ 酸沉（↓ 酸；↓ 豆渣）→ 大豆蛋白……酶钝化（↓ 酶（蛋白酶等）；（调整 pH））→干燥、粉碎→成品

②操作方法：用浸出法制油后的豆粕作原料，用水从豆粕中浸出蛋白质，接着去掉豆渣得到豆乳，调豆乳 pH4.2～4.5，使蛋白质在等电点沉淀，在除去乳浆的凝乳中添加酸，调 pH1.5，使之溶解，通过蛋白酶等蛋白分解酶的作用后，加水分解，用碱中和后加热，使酶钝化，最后喷雾干燥得到脱脂大豆蛋白发泡粉。

二、大豆蛋白生产

1. 大豆浓缩蛋白

大豆浓缩蛋白是以脱脂豆粕为原料，除去其中的可溶性碳水化合物，得到含蛋白质 70% 左右的粉状产品。

(1) 大豆浓缩蛋白生产的工艺原理　生产浓缩蛋白时，提取或去除蛋白粉中的水溶性糖类的方法，主要有以下几种。

①稀酸沉淀浓缩分离法：该方法是利用大豆粉浸取液中的蛋白质在酸性状态下（pH 4.3～4.5）溶解度为最低（等电点），用离心方法将不溶性蛋白质多糖与可溶性糖类及低分子蛋白质分开，然后再中和浓缩并进行干燥脱水，所得即浓缩蛋白粉。

用稀酸沉淀浓缩分离法生产的浓缩蛋白粉，水溶性较好，但生产中需酸量较大，中和还需大量碱。排出的含可溶性营养物的废水，一般难以回收，营养物损失较大，产品风味也不理想。

②酒精水溶液洗涤浓缩法：实验表明，在酒精浓度为 60%～65%的溶液中，可溶性大豆蛋白质的溶解度最低。所以，利用 60%～65%浓度的酒精溶液与低变性浸出粕混合，便能洗涤出其中的可溶性糖类（蔗糖、棉子糖、水苏糖等）、灰分和醇溶性蛋白质等。将醇溶液及抽提出的可溶性成分分离，浓浆液经干燥而得到浓缩蛋白粉，分离出去的酒精液经蒸馏可得

到大豆糖产品并回收酒精。

该方法生产的浓缩蛋白粉，色泽和风味较好，蛋白质损失少。缺点是在酒精的作用下，蛋白质变性程度高，而且在产品中含有少量不易去除的酒精，使食用价值和应用受到一定的限制。

③酸浸醇洗法：采用常规浸出法制油后产生的高温粕作原料提取浓缩蛋白时，多应用此法。将豆粕粉碎后，先用1∶10的水浸泡，再用稀盐酸调节水溶液的pH4.4～4.6，使达到蛋白质的等电点。然后将沉淀的蛋白质和纤维与浸液分开，分离出的固形物再用60%～80%的酒精溶液洗涤两次，去除低分子糖类、色素、豆腥味物质等，而且具有良好的灭菌能力。醇洗后的大豆蛋白经过常压或真空干燥，即得到蛋白质含量为70%的浓缩蛋白粉。该法产品得率较高、色泽较浅且豆腥味不重，但也同时兼具酸洗法和醇洗法的缺点。

④湿热水洗法：此方法是将低变性脱脂粕先用水蒸气加热，使蛋白质变性，失去水溶性，然后再用水洗法将水溶性糖类等溶解并分离出来。该法生产的浓缩蛋白得率低、溶解度差、色泽深、豆腥味重，较少应用于生产。

⑤膜分离技术的应用：应用膜分离法制得浓缩大豆蛋白，其原理是基于利用纤维质膜分离出小分子可溶物，而得到蛋白质与纤维等不溶物，经脱水干燥得到浓缩大豆蛋白。

该法的突出优点是用超滤膜脱糖而不用溶剂或酸碱，蛋白粉不变性，用反渗透脱水还能回收水溶性的低分子蛋白质与糖类，不需废水处理。

(2) 大豆浓缩蛋白生产工艺

① 稀酸法生产工艺：

a. 粉碎：将低变性脱脂粕粉碎至0.15～0.30mm粒度，通过100目/25.4mm孔筛。

b. 酸浸：在脱脂豆粉中加入10倍水，在不断搅拌下缓缓加入浓度为37%的盐酸，调溶液pH4.5左右，在50℃左右恒温搅拌浸提40～60min，这样使大部分可溶性糖、灰分等都可以溶到酸液中，经分离即可除去。

c. 分离、洗涤：酸浸后用离心机将可溶物与不溶物分离，分离设备可用碟片式离心机。分离得到的固形物中再加入10倍55℃温水，搅匀后再用离心机分离，如此重复两次，得到酸性蛋白质乳状物。

d. 中和：在乳状物中加入适量碱中和至pH6.7～7.1。

e. 干燥：可以采用真空干燥或喷雾干燥。采用真空干燥，温度应控制在60～70℃；采用喷雾干燥时，可将两次洗涤后的乳状物再加水调浆，使其浓度在18%～20%，然后进行喷雾干燥。

②酒精洗涤法生产工艺：

a. 粉碎：将原料粕粉碎至0.15～0.30mm。

b. 浸提：在豆粕粉中加入10倍的60%～70%的乙醇溶液，在50min浸提过程中要不断搅拌。

c. 分离、洗涤：浸提结束后，可溶性糖及灰分等溶出，用离心机将不溶物与酒精液分离。分离后的固形物再用70%～80%浓度的酒精溶液洗涤两次，洗涤温度为70℃，每次洗涤10～15min。

d. 干燥：同稀酸法。

e. 酒精回收：分离出的含可溶性糖等成分的稀酒精液，经第一和第二两个酒精蒸发器进行真空、低温浓缩蒸发，浓缩至合适浓度后可供再循环使用。蒸发出酒精的水溶液中可分离出大豆糖产品。

2. 大豆分离蛋白

大豆分离蛋白质是一种高纯度的大豆蛋白质产品，蛋白质含量90%以上（以干基计）。生产分离蛋白不但要从低温脱脂豆粕中除去低分子可溶性的非蛋白质部分，而且还要除去不溶性的高分子成分。生产分离蛋白的方法主要是碱溶酸沉法，随着科技进步，美国、日本等国家已开始试用超滤膜法和离子交换法。

(1) 大豆分离蛋白生产的工艺原理

①碱溶酸沉法：低温脱脂豆粉中的蛋白质大部分能溶于稀碱溶液。所以，将低温脱脂大豆用稀碱液浸提后，经过滤或离心分离就可以除去豆粕中的不溶性物质。浸提液再用酸调至pH4.5左右，蛋白质处于等电点状态而凝集沉淀下来，再离心除去乳清液，得到的蛋白质沉淀物经干燥脱水即为分离大豆蛋白。

②超滤法：超滤技术是近代发展起来的一种膜分离技术，超滤的原理与常规过滤相类似，是一个简单的物理过程，只是超滤借助于特别的高分子半透膜，以压差为动力，将液体中的组分进行有效的分离。

超滤膜有天然和人工合成膜两大类，天然膜一般仅在研究时使用，生产上应用的基本上都是人工合成膜。它的种类很多，如醋酸纤维、聚砜、聚酰胺、聚丙烯腈、聚呋喃、聚四氯乙烯等。

大豆分离蛋白制取的超滤方式一般有三种，即直接超滤法、连续二次超滤法、不连续二次超滤法。

直接超滤法，即把物料经超滤一次浓缩到一定的体积浓缩比（超滤后体积/超滤前料液体积）。不连续二次超滤法是指将已经浓缩到一定体积浓缩比值的物料，加入清水稀释到一定体积，再进行超滤。连续二次超滤法是指物料经过直接超滤后，把适当温度和pH的水溶液连续以超滤速度加入到被超滤的蛋白萃取液中进行超滤。后两种方法常用来精制产品。

分离大豆蛋白的超滤处理有两个作用，即浓缩与分离，由于超滤膜的截留作用，经过超滤可以得到浓缩，而低分子可溶物质则可随超滤液被滤出。

③离子交换法：应用离子交换法生产分离蛋白的原理与碱溶酸沉法基本相同，其区别在于离子交换法不是用碱使蛋白质溶解，而是通过离子交换法来调节pH，从而使蛋白质从饼粕中溶出及沉淀。

当用阴离子变换树脂处理脱脂大豆浆料时，提取液显碱性，脱脂大豆中的蛋白质逐渐溶解到碱性溶液中，而阴离子交换树脂将脱脂大豆中的有机酸根吸附住，这样通过固液分离就可以得到含有蛋白质的提取液。

把含有蛋白质的提取液用阳离子交换树脂处理，反应结果是交换树脂将蛋白溶液中的金属离子吸附，置换出阳离子，使液体逐渐趋于中性，再借助盐酸调至等电点，蛋白质即可沉淀分离出来。

(2) 大豆分离蛋白生产工艺

①碱溶酸沉工艺：碱溶酸沉法生产分离大豆蛋白的工艺流程如图9-1所示。

a. 原料选择：高质量的豆粕是获得高质量和高得率分离蛋白产品的前提，一般要求原料无霉变，含皮量低，含杂质少，蛋白质含量高，变性程度低。

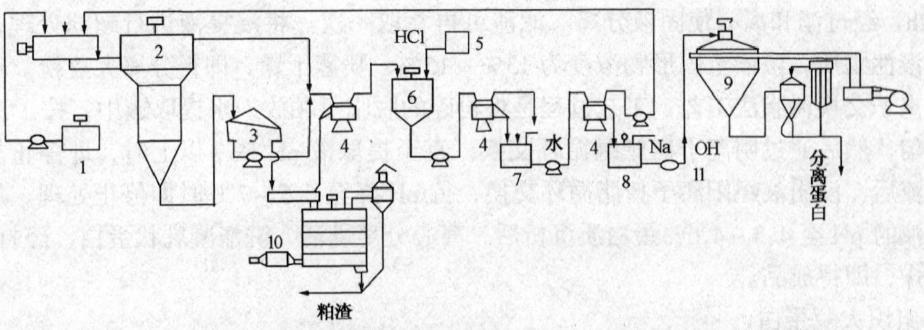

图 9-1　碱溶酸沉法大豆分离蛋白生产流程示意图

1—碱液罐　2—蛋白质浸出罐　3—振动筛　4—离心分离机　5—酸液调配器

6—酸沉析罐　7—粗蛋白回收器（水洗罐）　8—水洗蛋白回收器

9—喷雾干燥装置　10—粕渣干燥器　11—高压泵

b. 粉碎与浸提：豆粕的粉碎可用干法或湿法，干法是在浸提前将豆粕粉碎至通过 40～60 目筛。湿法是将豆粕用水浸提一段时间后，用胶体磨研磨，然后再继续浸提。后者溶出的蛋白质多，浸提效果好。

浸提的加水量为原料的 12～20 倍，浸提温度控制在 30～70℃之间，pH 控制在 7.0～9.5 之间，浸提时间一般不超过 120min。

浸提的操作过程为，将脱脂豆粉投入浸提罐中，注入豆粕质量 14～16 倍的水，用 NaOH 溶液将浸提液 pH 调至 9.0～9.5，浸提过程需不断搅拌，搅拌速度以 30～35r/min 为宜，终止提取前 30min 停止搅拌，将提取液通过滤筒放出，剩余残渣还应再加原料质量约 10 倍的水，调整 pH8.5～9.0，继续浸提一段时间。

c. 粗滤与离心分离：将浸提液经过滤筒放出，再经离心机分离除去滤液中的细滤渣。粗滤的筛网一般在 60～80 目之间，离心机的筛网一般在 100～140 目。

d. 酸沉：将过滤后的滤液输入酸沉析罐中，在不断搅拌的情况下，缓缓加入 10%～35% 的盐酸溶液，调整溶液的 pH 至 4.4～4.6，使蛋白质在等电点状态下沉淀，当全部溶液达到等电点时，应立即停止搅拌，静置 20～30min，使蛋白质能形成较大的凝聚粒而沉淀。调酸时，搅拌速度不宜过快，以 30～40r/min 为宜。

e. 蛋白质的分离与洗涤：用离心机将沉淀下来的蛋白质离心脱水，弃去乳清液。但酸沉分离出的蛋白质凝乳中仍残留较多的氢离子，应加水洗涤，一般用 50～60℃温水冲洗两次，经水洗后的蛋白质凝乳状物 pH 在 6 左右。

f. 打浆、回调：由分离机排出的蛋白质沉淀物呈凝乳状，且有较多的团块，为进行喷雾干燥，需加入适量的水并搅打成均匀的浆状液。为提高凝乳蛋白的分散性和产品的实用性，可加入 5% 的 NaOH 溶液进行中和回调，回调至 pH6.5～7.0 之间。根据分离蛋白产品的应用需要，可在打浆、回调时进行某些改性处理，如乙酰化、磷酸化等。

g. 干燥分离：大豆蛋白的干燥普遍采用的是喷雾干燥法。料液浓度在 12%～20%之间。压力喷雾时，设备进风温度 160～170℃，塔体温度 95～100℃，排潮温度 85～90℃。

②超滤法工艺：低温脱脂大豆粕粉碎后，加入 10～16 倍的水，同时用盐酸调 pH 4.3～4.6，在50～60℃，采用过滤式离心分离机分离，以 8～10 倍的 40～50℃温水清洗两次，滤去清液，在滤渣中加 12～16 倍清水，用氢氧化钠调 pH8.5～9.0，在 40～50℃的条件下浸

提 1~2h，经过滤和离心使固液分离。滤渣可再萃取一次。将浸提液进行超滤处理，除去低分子可溶性物质，浓缩至固形物浓度为 13%~15%，喷雾干燥，即得分离大豆粉。

③离子交换树脂法工艺：工艺过程是将粉碎的脱脂豆粕放入水提取罐中，按 1:（8~10）加水调匀，然后通过阴离子树脂罐循环交换，直至提取液 pH 在 9 以上时，即停止交换。经分离除渣后，浸出液经阳离子树脂循环交换，待 pH 降至 6.5~7.0 时即停止处理。加盐酸调整浸出液的 pH 至 4.3~4.6，蛋白质沉析后，离心分离乳清，洗涤凝乳状蛋白，经打浆回调、喷雾干燥，即得成品。

3. 组织大豆蛋白

组织大豆蛋白是以脱脂豆粉、浓缩蛋白或分离蛋白为原料，利用专用设备进行特殊加工而成的形同瘦肉又具有咀嚼感的蛋白质食品。所谓组织蛋白，就是指加工成形后的蛋白质分子重新排列整齐，具有同方向组织结构，同时凝固后形成丁度纤维状蛋白。

使植物蛋白质组织化的方法很多，例如纺丝法、挤压膨化法、冻结法、湿热法以及胶化法等。生产上应用较多的是挤压膨化法和纺丝法。

（1）挤压膨化法

①膨化法生产原理：挤压膨化法的关键设备是膨化机。生产组织蛋白时，蛋白粉加水形成面团进入机内，受到强烈的加温、加压、剪切和融合等综合作用后，在压出机膛时喷爆成形。在高温高压的作用下，分子内部高度规则的空间结构被破坏，次级键断裂，肽链松散，易于伸展，在受到定向力的作用时，蛋白质在变性的同时发生一定程度的定向排列，形成一定的组织结构，最后由于温、压突降而产生一定的膨化，即得到多孔的组织蛋白。由于蛋白质在加工过程中发生了热变性，而变成了不溶状态。因而成品干燥后再复水，也可保持良好的组织状态和口感。

在所用原料中蛋白质已经变性的情况下，蛋白质分子不同程度地失去了原有的规则结构，并发生一定程度的相互缠绕。为打开缠绕在一起的多肽键，并使蛋白质分子发生一定程度的定向排列，不仅需要高温高压的作用，而且需要有剪切力的存在才能完成。所以利用高变性的蛋白质原料生产组织蛋白时，首先是在高温、高压及剪切力的作用下，使已经变性的蛋白质重新伸展，同时在定向力的作用下使其产生单向排列，然后通过喷爆、冷凝，即可获得组织化大豆蛋白。

②挤压膨化法生产工艺：

a. 原料的粉碎：最好采用浓缩大豆蛋白、分离大豆蛋白、低温脱溶豆粕，也可利用豆粕。无论什么原料，在调配前，都应通过粉碎使原料粒度在 40~100 目之间。

b. 调和：将粉碎后的原料粉加适量水、改良剂及调味料和成面团。加水是调和工序的关键，水加得适量，挤压膨化时进料顺利、产量高、组织化效果好。加水量多少，不同的挤压膨化机还有不同的要求。

添加的改良剂主要有碳酸氢钠和碳酸钠，添加量一般在 1.0%~2.5%，调粉料的 pH 在 7.5~8.0 之间。调味剂主要有食盐、味精、香料等。添加量根据产品的要求而定。

c. 挤压膨化：挤压膨化是组织蛋白生产的最关键工序，挤压膨化的效果决定产品的质量。大豆蛋白挤压膨化过程中，温度是一个很重要的因素，温度的高低决定着膨化区内的压力大小，决定着蛋白质组织结构的好坏。低变性的原料，温度相对要求低些，高变性的原料相对要求温度较高。一般挤出机的出口温度不应低于 180℃，入口温度控制在 80℃左右。挤压机膛内工作温度随机器类型有的分三区，有的分四区，也有的分二区。用低变性原料生产组织蛋白时，一般选用二区或三区挤出机，温度控制范围一般是，第一区 100～121℃，第二区 121～186℃，或第一区 70℃，第二区 140℃，第三区 180℃。用高变性原料生产组织大豆蛋白时一般选用四区挤出机，其温度控制范围是，第一区 70～90℃，第二区 140～150℃，第三区 160～190℃，第四区 190～220℃。

挤出工序进料量及均匀度也影响组织大豆蛋白的质量。进料量要与机轴转速相配合，不能空料。

挤压膨化机出口处装有旋转切割刀，可将喷爆成形的物料切割成所要求的形状。

d. 烘干：经过膨化后的产品一般含水分较高，达 18%～30%，为确保贮藏和食用要求，应脱水使之降至 8%～13%。脱水设备有沸腾床烘干冷却器、远红外隧道式烘干机等。

一些容易在高温下挥发或变性的添加剂，如香料、色素、维生素等，可在烘干冷却后拌入产品内包装即得成品。

如果对产品质量有更高的要求，还可以采用二次膨化工艺，即经第一次膨化后，烘干去水，再粉碎，调配后进行第二次膨化。二次膨化后，产品质量进一步提高，但动力消耗大，成本提高。

(2) 纺丝粘结法　纺丝粘结法生产组织大豆蛋白，是以大豆蛋白纤维的制作为基础的。在 20 世纪 40 年代初，美国的博伊尔制备出了第一批食用大豆蛋白纤维，1952 年获得制备人造纤维结构肉类制品方面的第一批专利，1960 年此项技术在美国进入实用阶段。

①生产原理：将高纯度的分离大豆蛋白溶解在碱液中，大豆蛋白质分子发生变性，次级键断裂，并在碱液中伸展开，形成具有一定黏度的纺丝液。将这种纺丝液通过有数千个小孔的膜，挤入含有食盐的醋酸溶液中，使蛋白质以丝状凝固析出，成丝状的同时，使其延伸，分子发生一定程度的定向排列，从而形成蛋白纤维。纤维的粗细、软硬，可以根据制备不同食品的要求进行调整。将蛋白纤维用粘结剂粘结压制，就得到似瘦肉状的组织化大豆蛋白。

②生产工艺：

a. 调浆：就是把分离大豆蛋白用稀碱液调和成蛋白质含量为 10%～30%、pH9～13.5 的纺丝液。纺丝液的黏度是此道工序的主要技术指标，生产不同的产品，选用不同的喷丝头(孔)，所要求的纺丝液的黏度也不相同。在一定条件下，纺丝液的黏度越大，可纺丝性越好。纺丝液的黏度主要取决于蛋白质的浓度、加碱量、老化时间和温度。

一般情况下，刚刚溶解的大豆蛋白溶液黏度高、弹性大、呈凝胶状，不具可纺丝性。只有在一定温度下老化一段时间（1h 左右），方可出现纺丝性。

纺丝液的 pH 一般在 10 以上，在这种条件下，蛋白质很容易发生水解，并可生成溶胞丙氨酸等有毒物质，因此，应尽量缩短老化时间和老化温度。

大豆蛋白质溶液的黏度随着老化时间的延长而降低，黏度降低会影响成丝质量，所以可在纺丝液中加入适量的二硫键阻断剂，如半胱氨酸、亚硫酸钠、亚硫酸钾、巯基乙醇等。

b. 纺丝：这道工序是经喷丝和凝固拉伸两步完成的。经老化后的喷丝液，经喷丝机的喷嘴被挤压到盛有食盐和醋酸溶液的凝聚池中，蛋白质凝固的同时，进行适当的拉伸即可制得蛋白纤维。在拉伸的过程中，蛋白质分子发生定向排列，蛋白纤维的强度增加。在一定的限度内，拉伸度越大，分子定向排列越好，纤维强度越高。当喷丝头孔径为 0.05～0.2mm 时，拉伸度为 50%～400%。

此外，纤维强度还受原料（分离大豆蛋白）的品质、纺丝液中碱的浓度、蛋白质浓度、醋酸的浓度以及盐浓度等的影响。

c. 粘结成型：为把单一或复合的蛋白纤维加工成各种仿肉制品，需经粘结和压制等工序来完成。

常用的粘结剂有蛋清蛋白和其他具有热凝固作用的蛋白以及淀粉、糊精、海藻胶、羧甲基纤维素钠（CMC）等，也可利用蛋白纤维经碱处理后的表面黏度来粘合。

为了使仿肉制品具有良好的风味和口感，可在粘结剂调制时加入一些风味剂、着色剂及品质改良剂等。

将蛋白纤维与调好的粘结剂混合，进行压制、整形，经干燥或冷藏即为成品。

第三节 植物蛋白饮料生产工艺

一、豆乳生产

豆乳也称豆奶，是以大豆为主要原料，添加或强化其他成分，其组分像牛乳，而营养水平比牛乳更高的一种大豆饮料。豆乳中不含胆固醇，亚油酸含量高，对老年人心血管病有一定疗效。加上豆乳中含有丰富的维生素 E 和磷，有延缓衰老和增强记忆的功用。此外，豆乳中还含有钙、锌、铁等多种矿物质和微量元素，又是碱性食品，可与肉类、米饭等酸性食物进行中和。因此，经常饮用豆乳，不仅可满足人体的营养需要，还能增强人体对疾病的抵抗力。豆乳价廉物美，又适于工业化大批量生产，豆乳生产在我国大有作为。

豆乳生产是在我国小作坊式的豆浆生产基础上改进的。豆浆中豆腥味浓，味道不佳，而且还含有不少有害因子，如胰蛋白酶抑制素等，影响消化吸收。而豆乳的生产过程中，有专门克服这些不利因素的工序，脱腥去苦涩味后，与豆浆风味迥异。在豆乳配料工序中，对大豆营养成分进行了改善，如添加果汁、氨基酸、维生素、糖和稳定剂等，使其营养成分更加合理。

豆乳生产工艺各国略有不同，但主要工序大体相同，一般是：

选料→去皮→大豆浸泡→加水研磨→用蒸汽钝化酶→脱臭→均质→在缓冲器内进行豆乳萃取→配料（加入添加物）→超高温处理→无菌包装→成品

豆乳除直接饮用外，还可用来代替牛奶作原料，加工酸豆乳、豆乳干酪和配制其他营养饮料。豆乳及豆乳饮料在我国将越来越受欢迎。

1. 工艺流程

大豆除杂→去皮→灭酶→粗磨→超微磨→连续离心分离→浸泡→调和→超高温短时杀菌→真空脱臭→均质→冷却→贮存→成品

2. 操作要点

（1）清洗和浸泡　大豆表面上有很多尘土和微生物附着，浸泡前应充分地进行清洗，至少三遍。

将大豆浸泡于 3 倍的水中，夏天浸泡 8~10h，冬天 16~20h。浸泡水中加入 0.1%浓度的碳酸氢钠溶液，可防止产生豆腥味，缩短浸泡时间，提高均质效果，改善豆乳的风味。

大豆浸泡的目的是为了软化细胞结构，降低磨浆时能耗与磨损，提高胶体分散和悬浮性，增加蛋白质收率。

(2) 脱皮　大豆也可以先经脱皮然后浸泡，即先将大豆在干燥机中通入 105～110℃的热空气，进行干燥处理，冷却后再用脱皮机去皮。脱皮中重量损耗约在 15%。

(3) 磨碎与钝化脂肪氧化酶　大豆磨碎成的白色糊状物称为豆糊，将豆糊与适量水混合后得浆体，现多采用加入足量的水直接磨碎成浆体的方法。将浆体经分离除去豆渣而取出豆浆液。浆体中应有 90%以上的固形物可通过 150 目。

热磨法是钝化脂肪氧化酶的一个很好的方法，即用 80～100℃的热水磨浆，保持 10min，就能使脂肪氧化酶钝化，从而防止油脂氧化产生的豆腥味。此外，也可以在磨前进行热烫，即在近于 100℃的水中热烫，但应掌握好时间，以钝化脂肪氧化酶为度，尽量防止蛋白质变性。或磨前以蒸汽进行汽蒸，即在加工过程中，通入蒸汽加热到 100℃，保持 10min，使脂肪氧化酶钝化。

(4) 分离　浆体经分离将浆液和豆渣分开，这步操作对蛋白质和固形物回收影响很大。豆渣中含水分应在 80%左右，含水过多，则蛋白质回收率降低。以热浆进行分离，可降低浆体黏度，有助于分离。

用离心机除去豆渣，再用胶体磨将豆浆研磨一遍，以提高豆浆的质地，增强豆浆的乳化程度，使之口感细腻、爽滑。

(5) 调制　纯豆乳经调制后可生产出在营养和口感上接近于牛乳的调制豆乳，也可调制各种风味的豆乳饮料或酸豆乳饮料。

尽管豆乳中含有营养完全的蛋白质和大量不饱和脂肪酸等重要营养成分，但也有其不足之处需加补充。豆乳中一般维生素 B_1 和维生素 B_2 含量不足，维生素 A 和维生素 C 含量也很低，不含维生素 B_{12} 和维生素 D。为弥补这些不足，每 100g 豆乳增补维生素量如下：

维生素 A	880IU	维生素 C	7mg
维生素 B_1	0.26mg	维生素 D	176IU
维生素 B_2	0.31mg	维生素 B_{12}	1.5μg

豆乳中最常增补的无机盐是钙盐，以用碳酸钙（$CaCO_3$）最好，因其溶解度很低，不易造成蛋白质沉淀问题，并可提高豆乳的消化率。每升豆乳中添加 1.2g 碳酸钙，可使豆乳含钙量与牛乳相同。碳酸钙先用一个 V 型均质器进行一次乳化处理后加入。

豆乳中加入油脂可提高口感和改善色泽。油脂也需先经乳化后加入，添加量在 1.5%左右。

豆乳添加的糖，可选用甜味温和的双糖。单糖在杀菌时易发生褐变反应，使豆乳色泽发暗，不宜选用。糖添加量在 6%左右。

(6) 加热处理　经调制后的豆乳应尽快进行加热杀菌，以免引起 pH 下降，如不尽快加热杀菌，就会产生蛋白质的凝固现象，使饮料发生沉淀。

加热杀菌的目的一是为了杀灭微生物和腐败菌，二是为了破坏不良因子，特别是胰蛋白酶抑制素。

加热杀菌可在常压下进行，但只能生产当日销售的玻璃瓶或塑料瓶装的消毒豆乳。如在低于 4℃下存放，也可在 10d 以内保持良好品质。欲得室温下长期存放的制品，必须用加压杀菌法，加压杀菌可将豆乳灌装于玻璃瓶中或复合蒸煮袋中，采用 121℃下保温 15min 的杀菌规程，冷却时必须加反压，否则会因杀菌锅中压力降低而将瓶盖冲掉，或薄膜袋爆破。此方法设备费用低，但工效不高，且降低产品质量，对有的品种易引起沉淀产生、蛋白变性等问题。

近年来在豆乳生产中广泛采用高温短时连续杀菌法，其优点是产品在130℃以上的高温下，仅需保持20s时间，然后迅速冷却，可显著提高产品的色、香、味，又能较好地保持豆乳中的营养成分。

(7) 真空脱臭　豆乳经注射蒸汽加热之后应立即进入真空罐中进行脱臭处理。这一工序除了脱臭之外，还具有下列作用。

①豆乳经高温加热处理后，喷入真空罐中，在蒸发时吸收热量，豆乳可迅速降温（低于85℃），这样可避免受热时间过长。

②在进行蒸汽注射加热时，冷凝水混入豆乳中，经这步操作，可将这部分水蒸发掉。

③豆乳迅速降温，可避免出现加热臭，减轻褐变现象。经真空脱臭后的豆乳，才能够与各种香味调和，易于加香。操作控制在26.6～40kPa真空度为佳，不宜过高，以防气泡冲出。

(8) 均质　均质可改善豆乳口感和稳定性。通常采用均质机以13～23MPa压力，在90℃下均质一次，可获良好效果。

从豆乳生产工艺流程安排上，均质工序可安排在杀菌脱臭之前，也可安排在杀菌脱臭之后。若安排在杀菌脱臭之前，效果较差，但设备费用低（不需无菌均质机），否则情况相反。

(9) 包装　豆乳很易变质，除了以散装供应外，均需以一定包装形式供应给消费者，一般可采用玻璃瓶、塑料瓶或复合蒸煮袋包装。纸盒无菌包装是瑞典利乐公司的专利，可显著提高产品质量，在常温下豆乳货架期可达半年以上。

二、酶法制豆乳生产工艺

传统豆乳生产工艺存在着许多难以解决的问题，如原材料利用率低、产品稳定性差等，因此，人们试图摆脱传统加工方法的限制，采用新的技术解决这些问题。从生物技术出发，发展了两种新型的豆乳工艺，即酶法豆乳工艺和发酵豆乳工艺。它们与传统工艺最根本的区别在于在工艺过程中采用了酶学技术和微生物发酵技术。

酶技术用于大豆食品的研究开始于20世纪60年代后期，最初人们的注意力主要集中在用酶法生产大豆蛋白水解液，并将水解物用作为软饮料的营养补充剂。这方面的工作做得很好，也比较深入，是酶法食品加工的一个重要成果。采用的酶也很广泛，但是，工业生产上主要采用微生物蛋白酶，包括中性酶、碱性酶和酸性酶，采用的原料也多为脱脂豆粉。后来商品大豆分离蛋白质出现后，人们发现，经用蛋白酶处理后，大豆分离蛋白质的功能性质，如分散性、乳化性质及发泡性质有明显改变。这些现象促进人们进一步深入研究，随之出现了蛋白质酶法改性这一新领域，进一步的工作表明，用蛋白酶、果胶酶和纤维素/半纤维素酶处理大豆原料后，可以显著提高蛋白质和原料的利用率，而这些正是传统工艺及方法的难题。这样，蛋白酶、果胶酶及纤维素酶就开始用于豆乳的研究，酶法豆乳工艺随之开始出现。

目前有Drachenderg、Hsieh、Olsen三种酶法豆乳工艺。

1. 工艺流程（Drachenderg法）

大豆→脱壳→微波烘烤→磨粉→分散调浆→胶体磨磨浆→酶处理→胶体磨磨浆→调味→稀释→热处理→均质化→豆乳

2. 操作要点

(1) 微波烘烤　微波烘烤是本工艺的一个重要步骤，其主要作用在于消除产品的豆腥味，并使胰蛋白酶抑制因子失活。在这一步中，大豆是否脱壳无关紧要，关键是要保证均匀性。过筛时间的长短决定于脂肪氧化酶失活程度的大小。若整粒大豆直接处理，一般需3~5min，最终温度在采用了辅助热源后可达100℃。若原料为脱脂大豆粉，处理时间相应变短，50~100s时间即可得到良好的效果。烘烤程度对产品质量影响很大，如果烘烤程度不够，不足以破坏脂肪氧化酶和蛋白酶；如果处理过度，则会影响蛋白质及原料的利用率和产品的稳定性。

(2) 磨粉　经过烘烤后，工艺途径变化较大，具体情况决定于原料的性质，当原料为脱壳大豆时，则需经磨粉处理，若豆粉粒度依然较大，调浆后再用胶体磨处理一次，以进一步减小粒度。在调浆及磨浆过程中最好保持一定温度，温度的高低取决于所使用酶的性质，一般控制在45~70℃之间即可。

(3) 酶处理　本工艺中使用的酶有蛋白酶、淀粉酶和纤维素酶，其目的是减小豆乳粒子的粒度。酶的用量极小，大概为原料量的0.01%~1%，具体用量则取决于酶活性的大小、原料的性质和加工条件。作用时间是一个很重要的因素，一般以15~120min为宜，如果超过2h，就会产生不良后果。

(4) 磨浆　酶处理后，一般应再用胶体磨处理一次，目的是进一步减小粒度，同时又可防止结块。粒度对豆乳的口感影响较大，粒度在0.05mm时，豆乳的口感较好。

(5) 调味　经过上述步骤后，即可调味，配制成风味与牛乳相似的豆乳。调味时常用的添加物有：

①植物油：常用的有大豆油、玉米油及氢化植物油，以玉米油为最好。用量多少取决于豆乳原料中脂肪的含量，加入植物油后，应使产品脂肪的含量与牛乳相同；

②甜味剂：最常用的是蔗糖，每3.785L全豆乳加60~75g；

③卵磷脂；

④牛乳风味物质；

⑤食盐。

调味后，可稀释至合适的浓度，并进行热处理，热处理的作用在于破坏豆乳中的酶，同时也有消毒作用。

三、改进豆乳质量的相应措施

豆乳的风味和口感是体现豆乳质量的最主要的因素。目前各国豆乳工厂常有自己的独特工艺，在一些关键的工序上有自己特有的加工方法，以保证产品的质量。同时，大豆中蛋白质和固形物的回收率高低直接影响产品的成本，是豆乳生产中另一个关键问题。

1. 改善豆乳风味

改善豆乳风味，关键在于两个方面，一是钝化或抑制脂肪氧化酶活性，防止产生豆腥味；二是采用脱臭的方法除去豆乳中固有的不良气味。

热磨法是抑制和钝化脂肪氧化酶活性的良好方法。美国康乃尔大学威更斯等曾发现，当磨豆时保持浆料在80℃以上，就可抑制脂肪氧化酶的活性。如将浆料在该温度下保持10min以上，就可破坏这种酶的活性，而防止产生豆腥味。

预煮法是另一个防止豆腥味的成功方法，由美国纳尔逊·斯坦伯格和威等教授所创建。将脱皮大豆在沸水中煮3~5min，以钝化脂肪氧化酶，水中可加入$NaHCO_3$ 0.25%增强效果，可以获得风味良好的豆乳。

真空脱臭法是除去豆乳中不良风味的一个有效的方法。将加热的豆乳于高温下喷入真空罐中，部分水分瞬时蒸发，同时带出挥发性的不良风味成分，由真空泵抽出，脱臭效用显著。

2. 提高豆乳口感

品质优良的豆乳应是组织细腻，口感柔和、舒适，产品存放时稳定性好。反之，质量不佳的豆乳，组织粗糙，产品的稳定性差，存放时会产生沉淀。欲得到质地优良的制品，除大豆磨碎时应达到一定细度外，均质处理影响也很大。在进行两次均质处理中，第一次均质时，温度是最重要的因素，不管第二次均质时温度高或低，只要第一次温度高（82℃），则可得口感非常好的制品。若第一次均质温度低，第二次均质温度高（82℃），可得品质良好的制品，如果两次均质均于低温下，则仅能得尚可的制品。

另一方面，对压力而言，情况恰好相反。第二次均质压力比第一次均质更为重要。较高的第二次均质压力可弥补第一次均质压力低的不足。但从经济性来考虑，以两次均质采用相同的 13~23MPa 的压力为宜。

3. 提高蛋白质和固形物的回收率

影响蛋白质和固形物回收率的因素很多。大豆在磨碎前加热与否及加热程度对回收率有很大影响。全粒豆若经加热，则造成蛋白质变性，在磨碎时，蛋白体颗粒不易磨碎，再经离心，则蛋白体颗粒与豆渣一起除去，造成损失，引起回收降低。如果全粒不经加热，或加热时同时进行粉碎，则蛋白体颗粒易于破碎，可萃取入浆液中，离心时可以从渣中分离出来。大豆中脂肪氧化酶活性很高，在大豆磨浆时，脂肪氧化酶可迅速引起豆腥味，就是立即进行加热，也无法避免。因此，从钝化脂肪氧化酶的要求来看，以大豆破碎前先经钝化为好。但这样做又引起蛋白质变性和回收率降低问题，因此将这两方面综合考虑，采取大豆在磨碎前进行适度的加热，再配合应用热磨法，这样可兼顾两方面的要求。

磨豆时加水量（水与豆的质量比）是另一个影响回收的重要因素，例如水与豆之比从 5:1 增加到 10:1，固形物回收率可增加 40%。但用水量不能任意增加，还需考虑产品的浓度要求，通常以取 8:1 为宜，此时生产出来的豆乳即可按需要配制成各类产品。

第四节　传统大豆制品的加工

以大豆为主要原料经过加工制作或精炼提取得到的产品称为大豆制品。据统计，到目前为止，大豆制品已有几千种，其中包括具有几千年生产历史的中国传统豆制品和采用新科学、新技术生产的新兴大豆制品。其中传统大豆制品历史悠久、品种繁多，分为发酵大豆制品和非发酵大豆制品两大类。

一、传统豆制品加工的理论基础

中国传统大豆制品种类繁多，其生产工艺也各不相同，但其本质都属于高度水化的大豆蛋白质凝胶，因此说生产豆制品的过程就是制取不同性质的蛋白质胶体的过程。

大豆蛋白质存在于大豆子叶的蛋白体之中，而蛋白体表面有一层坚硬的皮膜组织。当将大豆浸泡在水中时，蛋白体膜同其他组织一样吸水溶胀，质地由硬变脆最后变软。处于脆性状态下的蛋白体膜，受到机械破坏时易破碎，蛋白质就可分散在水中，形成蛋白质溶胶，即生豆浆。

天然大豆蛋白质分子的特定结构决定了这种大豆蛋白质溶胶具有相对的稳定性。大豆蛋白质的疏水性基团处于分子内部，而亲水性基团处于分子的表面。在亲水性基团中含有大量的氧原子和氮原子，由于它们有共用的电子对，能吸引水分子中的氢原子并形成氢键，正是在氢键的作用下，大量的水分子将蛋白质胶粒包围起来，形成水化膜。大豆蛋白质分子表面的亲水性基团还能电离，并能静电吸附水化离子，形成稳定的静电吸附层，构成了蛋白质胶粒表面的双电层。正是由于水化膜和双电层的保护作用，防止了水中大豆蛋白质胶粒之间的相互聚集，保持了相对的稳定性，只是一旦有外加因素的干扰，这种相对稳定就可能受到破坏。

生豆浆加热后，体系内能增加，蛋白质分子热运动加剧，很多维系蛋白质分子二、三、四级结构的次级键断裂，蛋白质的空间结构开始改变，多肽链由卷曲而伸展。展开后的多肽键表面的静电荷变稀，胶粒间的吸引力增大，互相靠近，并通过分子间的疏水基和硫氢基形成分子间的疏水键和二硫键，使胶粒之间发生一定程度的聚结。随着聚结的进行，蛋白质胶粒表面的静电荷密度及亲水性基团再度增加，胶粒间的吸引力相对减少，再加上胶粒热运动的阻力增大、速度减慢，而豆浆中的蛋白质浓度又较低，胶粒之间的相互聚结受到限制，形成一种新的相对稳定体系——前凝胶体系，即熟豆浆。

从宏观上看，生豆浆与熟豆浆似乎无区别，但物化分析表明，在这两个体系中，蛋白质分子的存在状态是绝对不同的。生豆浆中蛋白质相对分子质量最多不过60万，而熟豆浆中蛋白质相对分子质量可达800万以上，且生豆浆中的蛋白质未变性，而熟豆浆中的蛋白质则完全变性。大豆蛋白质在形成前凝胶的同时，还能与少量脂肪结合成脂质蛋白，使豆浆产生香气。

豆浆的煮沸，即前凝胶的形成，并不是生产的最终目的，关键是如何使前凝胶进一步形成凝胶。

无机盐、电解质可增加蛋白质的变性。向煮沸过的豆浆中加入电解质，由于静电作用破坏了蛋白质胶粒表面的双电层，使蛋白质胶粒进一步聚集。在豆制品生产中，常用的电解质有：石膏、卤水、α-葡萄糖酸内酯及氯化钙等盐类。它们在豆浆中解离出镁离子和钙离子，Mg^{2+}不但可以破坏蛋白质的膜和双电层，而且具有“搭桥”作用，蛋白质分子之间通过-Mg-或-Ca-桥相互连接，形成立体网状结构，并将水分子包容在网络中，形成豆腐脑。

豆腐脑的形成比较快，但刚刚形成的豆腐脑结构不稳定、不完全，还需有一段完善和巩固的时间，这就是蛋白质凝胶网络形成的第二阶段，工艺上称蹲脑，蹲脑过程要在保温和静止的条件下进行。

将经过蹲脑强化的凝胶适当加压，排出一定量的自由水，即可获得具有一定形状、弹性、硬度和保水性的凝胶体——豆制品。

二、传统豆制品加工的辅料

1. 凝固剂

凝固剂是传统豆制品生产不可缺少的辅料，它可分为盐类和酸类两种类型。目前，国内外也研制了一些复合型凝固剂。

(1) 卤水　卤水又称为盐卤，是海水制盐后的副产品，有固体和液体两种，使用时均需调成浓度为9%～10%的溶液。使用量大致范围为100kg大豆需盐卤（以固体计）2～5kg。

用卤水点豆腐，由于卤水易溶解于水，所以与豆浆中蛋白质作用强烈，凝固力强，做出的新豆腐香气和口味都比较好，缺点是保水性差和不易操作。

（2）石膏　石膏是一种矿产品，主要成分是硫酸钙，有生石膏、半熟石膏、熟石膏及过熟石膏之分。对豆浆的凝固作用以生石膏最快，熟石膏较慢，而过熟石膏则几乎不起作用。生石膏作凝固剂，由于凝固速度太快，生产中不易掌握，因此生产中多采用熟石膏。

表9-12　　100份水中硫酸钙溶解量

温度/℃	0	18	24	32	38	41	53	72	90
硫酸钙	0.214	0.259	0.265	0.269	0.272	0.269	0.266	0.255	0.222

石膏的溶解度较低（见表9-12），因其凝固速度缓慢，故能制成保水性好、光滑细嫩的豆腐。用石膏点脑，多采用冲浆法：把需要加入的石膏和少量的熟浆放在同一容器中，然后把其余的熟浆同时冲入容器中，即可凝固成脑。使用石膏作凝固剂，豆浆的温度不能过高，否则豆腐发硬。一般豆浆温度控制在85℃较为适宜。每100kg大豆需凝固剂石膏粉2.2～2.8kg。

用石膏作凝固剂，难免会在制品中残存少量的硫酸钙，所以制品均带有一定的苦涩味，缺乏大豆的香味。

有资料介绍，用硬脂酸钙或氯化钙可代替石膏点浆，用法与石膏相同，用量约为石膏的一半，且产品中蛋白质的凝固率高，豆腐洁白细嫩，无酸涩味，光泽好，出品率可比传统石膏点豆腐提高1/4～1/3。

（3）α-葡萄糖酸内酯　α-葡萄糖酸内酯（简称GDL）是一种新型的酸类凝固剂。它的特点是不易沉淀，容易和豆浆混合。内酯溶在豆浆中会慢慢转变为葡萄糖酸，在加热的条件下则分解速度加快，pH高时转变也快。

加入内酯的熟豆浆，当豆浆温度达60℃时，大豆蛋白质开始凝固，在80～90℃时，凝固成的蛋白质凝胶持水性佳，制成的豆腐弹性大、有劲，质地滑润爽口。在生产中使用时可在30℃以下的豆浆中加入内酯，再装入塑料袋或盒内，经90～98℃的水加热15～20min，然后冷却即成豆腐。内酯的使用量一般在0.25%～0.35%之间（以豆浆计）。

（4）复合凝固剂　复合凝固剂是人为地用两种或两种以上的成分加工成的凝固剂。美国一家公司生产的复合凝固剂，其主要成分除葡萄糖内酯（约40%）外，还含有磷酸氢钙、酒石酸钾、磷酸氢钠、富马酸、玉米淀粉等。

2.消泡剂

在煮浆时，豆浆沸腾会产生泡沫，这种泡沫是由于水变成蒸汽，鼓起蛋白质形成的。由于这些泡沫的存在，煮浆时易出现假沸现象，点脑时影响凝固剂分散。为了保证产品质量，必须使用消泡剂消泡。目前使用的消泡剂有以下几种：

（1）油脚　油脚是油炸过食品后的废油，含杂质较多，色泽黑暗，不卫生，但价格便宜。

（2）油脂膏　油脂膏是酸败油脂与氢氧化钙混合制成的膏状物，油脂与氢氧化钙的配比为10:1，使用量为1.0%。

（3）硅有机树脂　硅有机树脂是近年发展的一种消泡剂，有较强的消泡能力。硅有机树脂有两种类型，即油剂型和乳剂型，在豆制品生产中适用水溶性好的乳剂型。

硅有机树脂的允许使用量为十万分之五，使用时可预先将规定量的消泡剂加入大豆的磨碎物中使其充分分散，可达到消泡的目的。

(4) 脂肪酸甘油酯　脂肪酸甘油酯分为蒸馏品（纯度90%以上）和未蒸馏品（纯度为40%～50%）。蒸馏品的使用量为1.0%，使用时均匀地加在豆糊中，一起加热即可。

3. 防腐剂

豆制品生产中采用的防腐剂主要是硝基呋喃系化合物2，3-丙烯酸。2，3-丙烯酸抗菌力强、热稳定性高，在规定允许使用量内无毒、无害，其使用量为豆浆的5%以下。该防腐剂主要用于包装豆腐，对产品色泽稍有影响，对其物理性质如硬度、弹性、保水性和味道几乎无不良影响。

4. 水

水是大豆制品生产中不可缺少的，水质的好坏直接关系到大豆蛋白质的溶解、提取、凝固剂的使用量及豆腐的出品率、产品质量等。

实践证明，软水制豆腐要比硬水好得多，表9-13是用不同水源制成6.5%的豆浆中蛋白质含量与制成品豆腐得率（以豆浆计）的结果比较。

另外,生产中应注意水的pH,最好为中性或微碱性,要尽量避免使用酸性和碱性强的水。

表9-13　　水质对豆腐出品率的影响　　单位:%

水　质	豆浆中蛋白质	豆腐得率
经处理后的软水	3.69	44.0
纯　水	3.62	41.5
自来水	3.41	38.1
含 Ca^{2+} 0.03%的硬水	2.49	26.5

三、豆腐的制作工艺

1. 生产工艺流程

原料→清理除杂→计量→浸泡→水洗→磨浆→过滤→煮浆→点浆→蹲脑→成型→豆腐

2. 操作要点

(1) 清理除杂

①选料：豆制品的质量，很大程度上取决于原料大豆的品质。一般凡无霉变或未经热处理的大豆，无论新陈都可用来制作豆制品，而以色泽光亮、籽粒饱满、无虫蛀的新大豆为佳。但刚刚收获的大豆不宜使用，应存放2～3个月以上再用。

此外，应选择蛋白质含量高，尤其是7S和11S球蛋白含量高的品种来生产豆制品，可提高成品的营养价值。

②除杂：原料大豆在收获、贮运过程中难免要混入一些杂质，如草屑、泥土、砂子、石块和金属碎屑等，这些杂质不仅影响产品的卫生和质量，也会影响机械设备的使用寿命，所以必须除去。

(2) 浸泡　除杂后的大豆需加水浸泡，浸泡的目的是使豆粒吸水膨胀，利于大豆粉碎后充分提取其中的蛋白质。

①浸泡程度：大豆的浸泡程度将直接影响产品的质量和得率。浸泡适度的大豆蛋白体膜呈脆性状态，在研磨时蛋白体可得到充分破碎，使蛋白质能最大限度地溶解出来，而浸泡不足和浸泡过度都不利于蛋白体的机械破碎，蛋白质溶出不彻底。

浸泡好的大豆吸水量为1：（1～2），大豆表面光滑，无皱皮。最简单的判断方法就是把浸泡后的大豆分成两瓣，豆瓣内表面基本呈平面，断面无硬心。

②浸泡温度和时间：在不同温度下，大豆的浸泡时间不相同，温度越高，浸泡时间越短。但应注意泡豆的温度不宜过度，否则消耗大豆本身的营养成分多且易导致腐败，较适宜的水温为15～20℃。

③加水量：浸泡好的大豆吸水1～1.2倍，体积增加1～1.5倍，所以大豆浸泡时的用水量最好为2.0～2.3倍。

④浸泡设备：小型生产可采用木桶或水缸浸泡，也有用内衬耐酸材料的水泥池浸泡的。最好采用不锈钢浸泡设备，如圆盘泡料设备和立柱式泡料桶。

（3）磨浆　浸泡好的大豆，经过水洗后开始磨浆。磨浆是用石磨或砂轮磨将大豆破碎，破碎时需加入一定的水，形成较稠的沫糊。从理论上看，大豆破碎得越彻底，蛋白质越易溶出，但实际生产中受到机械设备的限制。综合溶出与分离效果看，大豆粉碎细度在100～120目，颗粒直径为1012μm时，比较适宜。

大豆研磨时，必须随料定量进水。其作用是：起润滑作用；起冷却作用，能防止机身过热和大豆蛋白质变性；还可使被磨碎的大豆中的蛋白质溶解分离出来，形成良好的溶胶体。

加水时，水流要稳，要与进豆速度相适应，只有这样才能使磨出的豆浆细腻均匀，达到预期的要求。磨豆时的加水量，一般为每千克浸好的大豆加水2～5kg。

磨浆的设备类型很多，主要有石磨、钢磨和砂轮磨三种。

石磨是我国传统的磨浆设备，目前电动立磨使用广泛，它生产能力大，豆糊质量也比较好。工作时，原料由料斗进入磨膛，经两个磨片把大豆磨碎，利用离心力甩出磨膛。

钢磨的磨片是用生铁浇铸，比石磨占地面积小，效率高，但磨浆时大豆组织破坏不彻底。

砂轮磨是目前国内外认为比较理想的磨浆设备。大豆进入磨片后，先进入粗碎区，再进入精磨区，磨碎程度均匀，且可直接分离豆渣，生产效率高。

（4）滤浆　滤浆又称过滤或分离，其主要目的是把豆糊中的豆渣分离除去，制得以蛋白质为主要分散质的溶胶体——豆浆。另外，滤浆过程也是豆浆浓度调节过程，生产不同的产品，滤浆时的加水量也不同。

滤浆的方法很多，传统的方法有吊包滤浆和刮包滤浆，工业化机械滤浆方法主要有卧式离心滤浆、平筛滤浆、圆筛滤浆及挤渣滤浆等。卧式离心筛滤浆机是目前较先进、较普遍采用的滤浆设备，它速度快、噪音低、动力小、分离净。为了充分提取沫糊中的蛋白质，一般采取三次分离，每次分离后的豆渣加热水稀释，作再次分离，加入热水的温度一般为50～55℃。第一次分离后的豆渣，加入第三次分离后的稀浆水混合溶解后，流入第二次分离机分离。分离出的豆渣，加入50～55℃热水混合溶解后，流入第三次分离机分离。分离出的豆渣送到渣池，成为生产废料。

(5) 煮浆　分离后的豆浆要迅速进行煮沸，目前采用的煮浆方法是用高压蒸汽直接煮沸，其速度快、质量好。煮沸的目的是通过高温使豆浆的豆腥味和苦味消失，增进大豆的香味和提高蛋白质的消化率，并通过高温灭菌保证产品卫生。煮浆温度要求在95~98℃之间，并在此温度下保持2min。

值得注意的是煮浆时蒸汽直接加热会产生原料大豆质量1~2倍的冷凝水，这部分水包括在大豆总的加水量之中。大豆做成豆浆，加水量和浓度的关系见表9-14。

表9-14　　加水量与豆浆浓度的关系

加水倍数	5.3	5.9	6.5	7.3	8	9	10	14	16.5	19
浓度/%	12	11	10	9	8	7	6	5	4	3

高温煮浆使蛋白质发生热变性，是指由于温度增加，使蛋白质分子内部运动加速，互相撞击使氢键折断。在水溶解状态，水分子运动也在加速，使氢键折断，从而使蛋白质的结构发生了变化，处在蛋白质结构内部的疏水基趋向表面。原来处在蛋白质结构外部的亲水基被疏水基包围，因此在水中的溶解度随之降低，为点浆时蛋白质的凝固创造了必要条件。如果煮浆温度达不到要求，必然影响凝固效果。

(6) 点浆　经过煮沸后的豆浆，蛋白质发生了热变性。它的内部结构虽然有了变化，溶解度也有所降低，黏度增加，但是仍不能凝固，而需要进一步破坏蛋白质分子外层的水膜和双电层。在热豆浆中加入盐卤或石膏后，能产生大量的碱金属中性盐等电解质成分，可改变豆浆中的pH，使它达到大豆蛋白质的等电点，使蛋白质凝固，即形成凝胶。

由于豆制品中各种产品的特点不同，点浆工艺要求也不相同。豆腐、豆干、豆片等成品或半成品点浆的工艺参数见表9-15。

表9-15　　几种产品点浆工艺参数

项目 名称	豆浆浓度/%	点浆温度/℃	调节温度、浓度方法	点浆方法	凝固剂品种及添加量（每100kg原料）
北豆腐	7.5~8	78~80	加冷水降温	手工点浆	盐卤4kg
南豆腐	8~9	85~90	自然降温	冲浆法	石膏3.5kg
内酯豆腐	11~12	25~30	板式热交换器降温	升温成型	葡萄糖酸内酯
豆干半成品	7~8	80~82	加冷水降温	手工点浆	盐卤4.5kg
炸制半成品	7.5~8	78~80	加冷水降温	手工点浆	盐卤4.5kg
豆　片	7~7.5	82~85	加冷水降温	手工点浆	盐卤4~4.5kg

在蛋白质凝胶的网眼中充满水分，所以具有弹性。根据网眼大小，凝胶的保水性不同。影响成脑质量主要有以下几个因素：

①豆浆温度：豆浆温度直接影响蛋白质的凝固速度。温度高，凝固快，保水性差，产品弹性小；温度低，脑的水分含量过多，产品成型不好，易碎。

②豆浆浓度：豆浆浓度太低，下卤后形成脑太小，保水性差；豆浆浓度太高，下卤后生成大块豆脑，底部点脑不均匀，易损失一部分蛋白质。

③豆浆 pH：大豆蛋白质从原来的溶解状态到凝固有一个过程，向豆浆中加入盐类凝固剂，豆浆变成豆脑，成脑后豆浆的 pH 比达到凝固点时的 pH 要低。这是由于凝固盐类中的金属离子取代了蛋白质中的氢离子，豆浆中的氢离子改变了 pH。一般凝固成脑时 pH5.8～6.0 为宜。

④点浆操作方法：点浆方式大致可分为手工点浆和机械点浆两大类。由于机械动作与工艺要求存在一定的差别，质量远不如手工点浆的好。

手工点浆是在盛豆浆的容器中，用一个小勺深入豆浆中左右翻动，将豆浆自下而上翻起，逐渐加入适量的卤水，使豆浆和卤水充分混合、凝固。待豆浆基本上全凝固成豆脑后，先停止加卤水，再放慢翻动速度，最后停止翻动。

(7) 蹲脑　蹲脑即豆浆的溶胶转变为豆腐脑的凝脑过程。蹲脑时大豆蛋白质由分散逐渐交联成网状组织。蹲脑要保持相应的时间，一般为 20～25min。

(8) 成型　豆腐成型包括上箱、压制和切块三道工序。

手工压制豆腐一般都用木箱。首先将豆脑轻轻地舀进铺好豆包的大木箱中，放走少量黄浆水，然后把豆包封好，均匀地放上竹板、木杠进行压制。压制时一般用手动千斤顶，压力在 3t 以上，压制时间一般为 15～18min。压制后用刀把豆腐切成大小适宜的长方形块。

豆腐成形后，需适当降温，防止变质。其出品率一般为每 100kg 原料出新豆腐 270～300kg，或出南豆腐 450～500kg。

四、内酯豆腐生产

1. 工艺流程

豆浆→煮沸降温→过滤→混合→罐装→升温成型→冷却→成品

2. 工艺要点

目前，内酯豆腐的生产主要是采用专门的内酯豆腐生产线（见图9-2）来完成的。它是

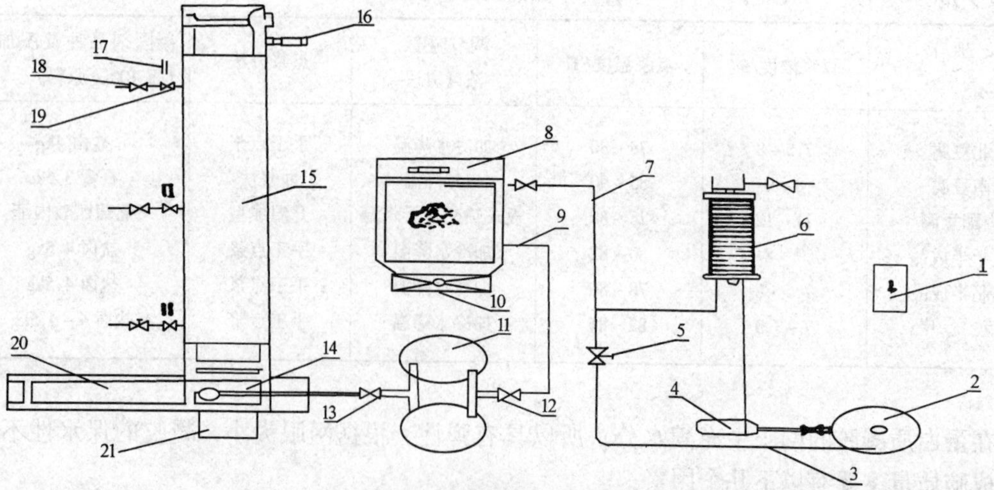

图 9-2　内酯豆腐生产线

1—电气控制　2—贮浆桶　3—回流管　4—浆泵　5—回流电磁阀　6—板式热交换器　7—出浆管　8—振动筛　9—浆管　10—出渣斗　11—混合桶　12—放浆阀门（混合前）　13—放浆阀门（混合后）　14—浆槽　15—升温成型槽　16—电机　17—温度控制仪　18—电磁阀　19—手动阀门　20—升温周转箱输送机　21—灌装机

根据生产工艺要求，用泵把豆浆打入板式热交换器煮沸和降温，豆浆加热到98℃，同时在热交换器中降温至30℃以下，输送至过滤环节。豆浆经振动平筛过滤后存入贮浆桶，贮浆桶设置两个，均为标准定量桶，每一桶豆浆内加入定量的α-葡萄糖酸内酯凝固剂混合，α-葡萄糖酸内酯在低温豆浆中不发生凝固作用。将混合后的豆浆放入灌装机，灌装机把豆浆注入塑料袋（盒）中。塑料袋放在升温周转箱内，升温周转箱由液压油缸推入升温成型槽，槽内有两条输送链条，升温周转箱从升温槽的另一头送出时，豆腐已在塑料袋（盒）内成型。将周转箱搬出，码放在通风的地方自然冷却，即完成内酯豆腐生产的全过程。机械动作过程和温度控制等基本上实现电气自动控制。

五、素制品的加工

素制品是以大豆为原料，先加工成豆腐类、豆干或豆片类半成品，配以植物油、调味料、香辛料、糖等，再经炸、卤、炒、熏等工艺制成的熟制品或方便食品，素制品大部分可以直接食用。

1. 豆干类半成品

豆制品中的许多品种都是由豆干白坯再经加工而成的，白坯制作的好坏会直接影响到产品的质量和出品率。

豆干类半成品生产工艺流程为：

点浆→蹲脑→上板→压制→切块→半成品

（1）点浆　豆干的点浆是用盐卤作为凝固剂。点浆时盐卤水的溶液要比做豆腐时使用盐卤水的浓度高2%，其用量为每100kg原料需盐卤5kg。点浆的速度比北豆腐快，因此豆脑大，且包水性差，有利于压制和提高豆干白坯的硬度。点浆时豆浆的温度为75～80℃，操作方法与北豆腐相同。

（2）蹲脑　点浆后蹲脑8～10min，用葫芦瓢在缸内翻动三次，这样黄浆水就浮在表层，待再蹲脑5min后，利用吸水管头把黄浆水吸出。当豆脑露出后即停止吸水。

（3）上板　豆干的压制，是用葫芦瓢将豆脑舀到模子里，用一个竹板把豆脑摊开充满四角，把豆包布封好取出形框，即上好一板。如此反复操作，将一缸内的豆脑全部上完，再将上好的板搬到压榨器上压制。

（4）压榨　一般有油压榨和电力压榨两种。压制时要从轻到重，逐渐加压。压制时一般紧榨4～5次，压制时间15～20min。压制的软硬程度要根据不同产品要求而灵活掌握。

（5）切块　各种不同的产品有不同的规格，按照产品的需要将豆干白坯切成不同形状。切块方法有手工切制和机器切制两种。

2. 豆片类半成品

豆片是一种薄如卷帕的片状半成品，利用豆片半成品又可以加工出多种产品。行业上称豆片为“百叶”，也可制作成更薄的半成品，称为“千张”。

“百叶”加工工艺流程为：

点浆→蹲脑→打花→波制→压制→揭片→切制→半成品

（1）点浆　豆片点浆是用盐卤为凝固剂。盐卤水浓度7%，豆浆浓度控制在7.5%～8%。点浆前加适量冷水将煮沸后的豆浆温度降到85℃，开始点浆，操作方法同北豆腐。

（2）蹲脑　点浆后蹲脑10～12min，然后开缸，用葫芦瓢深入缸内搅动1～2次，静止3～5min后，适量吸出黄浆水，即可打花。

（3）打花　手工波片时不用打花，采用机器波制时要打花。把打花机头插入缸内转动，将豆脑打成米粒大就可波制。

（4）波制　波制是在波片机中进行的。利用波片机将豆脑均匀地分布在底布和盖布中间，再经过自然脱水过程，折叠成50cm的重叠层后准备压制。

（5）压制　豆片压制分为两个阶段，首先在特制箱套内预压，时间为5～8min，压力为10kg，预压的目的是使豆片基本定形，加压时不会跑脑、变形。预压后取出箱套，放在油压榨机内加压，加压时间约15min，压力为10～15t。

（6）揭片　利用专用揭片机把豆片从包布上揭下。

（7）切制　对揭下的豆片进行人工整理，去掉软边后切成55cm×40cm的整齐豆片，根据产品的需要再切成各种丝、条，成为豆片的半成品。

3. 素制品

（1）油炸制品　油炸制品是指加工成型的坯料经油炸制成的产品。这类产品有的可直接食用，有的可与其他蔬菜一起烹调后食用。油炸制品大多酥脆味美、外焦里嫩，色泽多为浅黄、金黄或棕黄色。

主要产品有油豆腐、炸豆腐、豆腐泡、豆腐果、油豆果、油炸丝、油炸条、炸素虾、炸丸子、炸素卷等。油炸制品的贮存期较长。

（2）卤制品　卤制品是把加工成型的坯料经卤汤煮制而成的产品。这类产品多呈褐色，具有五香风味，可以直接食用，也可与其他蔬菜一起烹调后食用。

主要产品有五香豆腐干（简称香干）、苏州香干、五香豆腐片、五香豆腐卷、五香豆腐丝等。这些产品大同小异，加工过程几乎没有什么差异，只是所用料坯的形状、大小及汤料略有差异。

一般情况下，汤料配制方法如下：卤制100kg料坯，需酱油5kg，食盐2.5kg，白糖0.5kg，八角0.5kg，桂皮0.12kg，五香粉0.35kg，水125kg。煮沸2～3min即可。

（3）炸卤制品　炸卤制品是指加工成型的坯料，经油炸和卤制两道工序而制成的产品。主要产品有兰花干、素蟹、素鸡等。

（4）熏制品　这类产品在加工中均有一道特殊的烟熏工艺，产品表面呈茶褐色，具有特殊的烟熏香气。熏料一般是用红糖、木屑及水配成的，其大致比例为4:2:3。熏制时先将炉底烧红，然后将待熏料坯放在炉内摆好，再在炉底均匀撒上熏料，立即关闭炉门，使产品被充分烟熏。主要产品有熏干、熏素肠、熏鹅脖等。

4. 腐竹

腐竹是由煮沸后的豆浆，经一定时间保温，表面产生软皮，挑出后下垂成枝条状，再经过烘干而成的。因其形状像竹笋，所以叫腐竹。它的别名很多，如豆腐皮、豆腐衣、腐衣及豆笋等。它是一种营养价值高（蛋白质50%、脂肪25%）、易于贮存、食用方便、可做成多种美味佳肴的豆制品。

（1）生产原理　腐竹是由热变性蛋白质分子依活性反应基团借副价键聚结成的蛋白质膜，其他成分在薄膜形成过程中被包埋在蛋白质网状结构之中，不是构成薄膜的必要成分，用电子显微镜可以观察到小于0.5μm的脂肪球。

豆浆是一种以大豆蛋白质为主体的溶胶体，大豆蛋白质以蛋白质分子集合体——胶粒的形式分散于豆浆之中，大豆脂肪以脂肪球的形式悬浮在豆浆里。豆浆煮沸后，蛋白质受热变性，蛋白质胶粒进一步聚集，并且疏水性相对升高。因此熟豆浆中的蛋白质胶粒有向浆表面运动的倾向。

当煮熟的豆浆保持在较高的温度条件下时，一方面浆表面的水分不断蒸发，表面蛋白质浓度相对增高，另一方面蛋白质胶粒获得较高的内能，运动加剧，这样使蛋白质胶粒间的接触、碰撞机会增加，价键形成容易、聚合度加大，以致形成薄膜，随时间的推移薄膜越结越厚，到一定程度揭起烘干即为腐竹。

(2) 腐竹生产工艺

原料大豆→清选→脱皮→浸泡→磨浆→滤浆→煮浆→揭竹→烘干→包装→成品

(3) 操作要点

①制浆：腐竹生产中的制浆过程与豆腐类生产的制浆过程极为相似，生产腐竹用大豆最好在浸泡前破瓣脱皮，这样所得产品色泽光亮明快，利于产品质量的提高。

②揭竹：煮沸后的豆浆，倾入腐竹成型锅内成型。成型锅是一个长方形的浅槽，槽内每隔 50cm 有一个格板，格板上隔下通，槽底及四周带有夹层，用于通蒸汽或热水保温。成型锅的深度一般为 4cm，豆浆只放一半，即 2cm 左右。放入成型锅的豆浆应在 82℃ ± 2℃条件下保温 10min 左右，即可在表面形成一层淡黄色的薄膜，达到一定厚度时用手或竹竿把膜揭起，即为湿腐竹。在生产腐竹时还要求有良好的通风，以提高腐竹的质量和生产效率。

③烘干：湿腐竹揭起后，搭在竹竿上沥尽豆浆后，应及时烘干。腐竹烘干的方法有两种，即暖房烘干和机械烘干。目前国内生产厂家大部分都采用暖房烘干。

普通暖房烘干，大多采用一次烘干法，即将湿腐竹悬挂在温度为 35℃ ± 45℃、安有通风装置的暖房内，连续烘干 8 ~ 10h，这种方法制得的腐竹极易碎。后经改进采用三次烘干法，方法是：第一次在 60℃左右的暖房内烘 30min 左右，使腐竹表面不粘后即出暖房，稍凉后从杆上取下平摆在竹篷上，再在 60℃暖房内继续烘干 120min 左右，至水分降到 15% ~ 20%时，再出暖房。经分级整理后，进另一暖房，在 45 ~ 50℃温度下继续烘干 5h 左右，水分可降至 7% ~ 8%。后一种方法生产的腐竹不易断裂，内外干燥均匀，枝条不扭曲。